微纳米含能材料

任　慧　焦清介　著

MICRON-NANOMETER
ENERGETIC MATERIALS

北京理工大学出版社
BEIJING INSTITUTE OF TECHNOLOGY PRESS

图书在版编目（CIP）数据

微纳米含能材料／任慧，焦清介著 . —北京：北京理工大学出版社，2015. 4
ISBN 978 - 7 -5682 -0522 -1

Ⅰ . ①微…　　Ⅱ . ①任…②焦…　　Ⅲ . ①纳米材料 - 功能材料 - 研究
Ⅳ. ①TB383

中国版本图书馆 CIP 数据核字（2015）第 082079 号

出版发行／北京理工大学出版社有限责任公司
社　　址／北京市海淀区中关村南大街 5 号
邮　　编／100081
电　　话／（010）68914775（总编室）
　　　　　（010）82562903（教材售后服务热线）
　　　　　（010）68948351（其他图书服务热线）
网　　址／http：//www. bitpress. com. cn
经　　销／全国各地新华书店
印　　刷／保定市中画美凯印刷有限公司
开　　本／787 毫米×1092 毫米　1/16
印　　张／25. 25
字　　数／605 千字
版　　次／2015 年 4 月第 1 版　2015 年 4 月第 1 次印刷
定　　价／78. 00 元

责任编辑／王玲玲
文案编辑／王玲玲
责任校对／周瑞红
责任印制／王美丽

前言

纳米材料和纳米技术是 21 世纪公认的三大技术之一，随着时代的进步，纳米科技逐步从最初的概念启蒙发展成为影响国计民生的重要支柱产业。当今纳米材料和纳米技术已经渗透到人类社会与生活的各个层面，并与传统支柱产业相结合，催生了新能源、微纳米催化、纳米吸附和纳米医药等高新工程。含能材料，俗称火炸药，在国防建设和国民经济中均具有举足轻重的地位。将微纳米技术引入含能材料设计、制造与应用，可以显著提高能量释放效率和反应速率，并在降低机械感度、减小临界起爆直径、MEMS 火工品制造等方面具有独特的优势。20 世纪末，美国劳伦斯利弗莫尔国家实验室的 Simpson 和 Tilloston 教授率先采用溶胶凝胶方法制备了多种含能材料的纳米复合物，并予以公开报道，由此拉开了纳米含能复合材料研究的序幕。在随后的 10 年间，各国纷纷撰文阐述纳米含能材料领域的相关成果，该领域已成为火炸药行业的研究热点。纵观学者们发表的文章及申请的专利，发现已有的研究成果主要集中于实验制备与分析表征，关于机理和应用方面的研究较少。由于微纳米含能材料应用的特殊性，我国火炸药专业的发展一直秉承"自主创新"的原则，国外最新技术思路与实质性进展对我们始终是封锁和屏蔽的，因此微纳米含能材料的深入研究，特别是面向新型武器弹药系统，如 MEMS 火工品微装药、不敏感弹药、高能推进剂、高热值烟火剂等的研发，完全依靠我们自己。

作者从 2001 年始在北京理工大学爆炸科学与技术国家重点实验室从事微纳米粉体技术研究，10 多年来一直致力于微纳米含能材料的制备、表征与应用研究，先后在国家自然科学基金、教育部博士点科研基金（新教师课题）、教育部留学回国人员科研启动基金、国防预研基金等的资助下，取得了一些原创性成果。本书重点介绍作者所在课题组多年来的研究工作，对软化学手段制备微纳米含能材料的基本原理、技术路线、表征分析及应用性探索等进行了详细的叙述。此外，基于我们掌握的国内外文献资料，对相关成果进行了评述。

全书内容包括绪论、微纳米单质炸药、微纳米氧化剂、微纳米可燃剂及混合型含能材料的微纳米化，共 5 章。其中第 1、4 章的部分章节由焦清介撰写，其余内容由任慧撰写。中科院有机所的姜夏冰博士，北方化学工业公司的黄浩博士，工程物理研究院一所的裴红波博士，北京理工大学的李振华硕士、王思懿硕士、刘璐硕士、金振华硕士和刘洁博士等参与了部分内容的研究、整理、审校及图片处理工作，在此对他们的辛勤付出表示感谢。

本书是一本有关微纳米含能材料的专著，对于从事推进剂、炸药、烟火药和火工品等研究的科技工作者具有参考价值，可适用于特种能源与烟火技术、弹药工程、引信、爆炸力学、炸药理论、爆破工程、安全工程等专业本科生、研究生的专业知识学习，同时适用于火炸药从业人员和其他国防工业领域工程师的职业教育和培训。

微纳米含能材料是超细粉体技术和纳米技术与含能材料相结合的新兴学科方向，在理论研究与工程应用上都具有十分重要的意义和价值。目前该领域的研究仍处于持续升温状态，希望本书的出版能起到抛砖引玉的作用，促进与推动微纳米技术在火炸药领域的应用。当然，伴随纳米技术的日新月异及不断涌现的弹药装备新需求，微纳米含能材料未来发展的道路还很长，本书只是前期基础性实验与研究工作的汇总，鉴于作者水平有限，掌握的信息不够精准、充分，加之时间仓促，疏漏之处希望广大读者批评指正，以利于本书的更新、补充和修正。

作　者
2015 年 4 月

目 录
CONTENTS

第1章 绪 论

1.1 含能材料简介

含能材料的科学表述为：一类含有爆炸性基团或含有氧化剂和可燃物，能独立地进行化学反应并输出能量的化合物或混合物[1]，主要包括发射药、推进剂、猛炸药、起爆药、烟火药等，是用来制造弹药和火工部件的材料。含能材料是处于亚稳定状态的物质，其主要的化学反应是燃烧和爆炸。它具有的重要特征是：①分子中有含能基团的化合物，或含有该化合物的混合物，或含有氧化剂、可燃物的混合物。这些含能基团可能是 $C-NO_2$、$=N-NO_2$、$-O-NO_2$、$-ClO_4$、NF_2、$-N_3$、$-N=N-$等。②化学反应可以在隔绝大气的条件下进行。③化学反应能在瞬间输出巨大的功率[2,3]。

含能材料可以是单质化合物，也可以是混合物。典型的化合物有三硝基甲苯等芳香族硝基化合物，硝基胍、黑索今、奥克托今等硝胺化合物，丙三醇三硝酸酯（硝化甘油）、纤维素硝酸酯（硝化棉）、季戊四醇四硝酸酯（太安）等硝酸酯化合物，以及叠氮化铅、二硝基重氮酚、高氯酸盐、二氟氨基化合物等。混合型含能材料主要是由氧化剂和可燃物组成的混合物。例如，由硝酸钾、硫和碳组成的黑火药，由硝酸铵和燃料油组成的混合物——露天用矿山炸药，由高氯酸铵和高分子黏合剂组成的复合推进剂等。含能材料的另一类重要成分是附加物，如钝感剂石蜡、苯二甲酸二丁酯，催化剂和消焰剂氧化铅、硝酸钾，安定剂二苯胺，中定剂等。例如，发射药中的单基药主要成分是硝化棉，同时含有非爆炸性物质安定剂。双基药含有硝化棉和硝化甘油两种爆炸性化合物，同时含有苯二甲酸二丁酯等非爆炸性物质。三基药除了硝化棉和硝化甘油外，还含有第三种爆炸性物质硝基胍。

严格地讲，火炸药（发射药、推进剂、炸药和烟火剂）是含能材料，但含能材料不只是火炸药，还有尚未被人们作为能量利用的含能物质。比如硝基二苯胺、氯酸钾和赤磷的混合物等，它们独立进行的化学反应并有能量输出，但其能量释放还没有达到有规律和可被人们所利用的程度。所以它们不是火炸药，但它们的能量释放问题可能会被解决并得到应用。这类"含能"的、现在还不能作为能量利用的材料不是火炸药，但它们是含能材料。由于含能材料的主体是火炸药，所以本书所讲的"含能材料"指的就是"火炸药"。

1.1.1 含能材料的历史及特点

我国古代的炼丹士从公元3世纪开始，经过不断总结经验指导，于公元808年形成了固定的黑火药配方，指明黑火药是硝石（硝酸钾）、硫黄和木炭组成的一种混合物，这就是世界上最初的含能材料[4]。约在10世纪初，黑火药开始进入军事应用，使武器由冷兵器逐渐转变为热兵器，这是兵器史上一个重要的里程碑，为近代枪炮的发展奠定了初步基础，具有划时代的意义。13世纪，中国黑火药先传入阿拉伯国家，以后又传到欧洲，于16世纪开始用于工程爆破。黑火药作为独一无二的火炸药，一直延续数百年之久。

1833年和1846年欧洲人相继发明了硝化纤维素和硝化甘油，为火炸药的发展提供了新的原料。1866年，A·B·诺贝尔（Nobel）以硅藻土吸收硝化甘油制得了代那买特，开创了火炸药的新纪元，同时宣告黑火药独树一帜的时代终结了。因此，可以说从19世纪中叶开始，俗语中的"火炸药"（也即含能材料）逐渐产生了分支，并派生出不同的研究方向。根据火炸药的用途，一般来说，将含能材料笼统分为三类：炸药、火药（推进剂和发射药的统称）和烟火药。图1.1所示为含能材料的简单分类。

在单质炸药方面：1863年合成了梯恩梯（TNT），1891年实现了梯恩梯的工业化生产，1902年用TNT装填炮弹以代替苦味酸，并成为第一次及第二次世界大战中的主要军用炸药。1877年合成出特屈儿，1894年合成出太安，1899年合成的黑索今及1941年发现的奥克托今，形成了沿用至今的三大系列单质炸药（硝基化合物、硝胺及硝酸酯）。

在混合炸药方面：早先主要使用苦味酸作混合炸药主体。第一次世界大战中含TNT的多种混合炸药（包括含铝粉的炸药）是装填各类弹药的主角。第二次世界大战期间，各国相继使用了特屈儿、太安、黑索今为混合炸药的原料，发展了熔铸混合炸药特屈儿、彭利托特、塞克洛托儿和B炸药等几个系列。以黑索今为主要成分的塑性炸药（C炸药）及钝感黑索今（A炸药）都在这一时期形成，一直沿用至今。

在推进剂方面：1935年苏联首先将双基推进剂应用于军用火箭，1942年美国研制成功了第一个复合推进剂——高氯酸铵、沥青复合推进剂，为发展更高能量的固体推进剂开辟了新领域。与此同时，美国发展了浇铸工艺，出现了浇铸双基推进剂，随后出现了聚硫橡胶推进剂（PS）。20世纪50—60年代进入固体推进剂研发的鼎盛期，美国的研究所和公司联手相继发展了聚氨酯推进剂（PU）、聚丁二烯丙烯推进剂

（PBAA）、聚丁二烯丙烯酸丙烯腈推进剂（PBAN）及沿用至今的端羧基聚丁二烯推进剂（CTPB）和端羟基聚丁二烯推进剂（HTPB）。在双基和复合推进剂基础上发展了一种新型固体推进剂——改性双基推进剂，随后衍生出复合改性双基推进剂（CMDB）、交联改性双基推进剂（XLDB）与硝酸酯增塑聚醚推进剂（NEPE）。

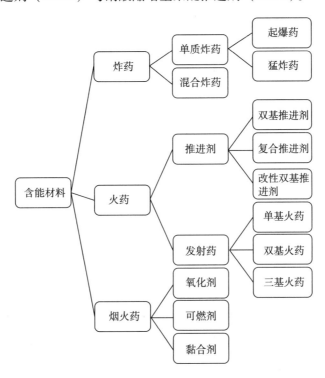

图1.1 含能材料的简单分类

在发射药方面：法国科学家 P·维也里（Vieille）于1884年用醇、醚混合溶剂塑化硝化棉制得了单基药。1888年，诺贝尔在代那买特炸药的基础上，用低氮量的硝化棉吸收硝化甘油制成了双基发射药。1890年，英国 F·A·艾贝尔（Abel）和 J·迪尤尔（Dwyer）用丙酮和硝化甘油共同塑化高氮量硝化棉，制成了柯达型双基发射药。1937年，德国人在双基发射药中加入硝基胍，制成了三基发射药，发射药的性能得以改善和提高。20世纪70年代以来，在已有的单、双、三基药的基础上又开发了混合硝酸酯发射药和硝胺发射药。与此同时，低易损性发射药和液体发射药被普遍重视。

从火炸药的发展历史可以看出它是具有特殊用途的一类化学能源材料，隶属于材料学领域，在国防与国民经济中占有重要地位。其独特的性能特征集中表现在以下三个方面[5]。

①火炸药可以在隔绝大气的条件下进行成气、放热和做功的化学反应，相应的装

置或发动机无须供氧系统。

②火炸药反应的主要形式是燃烧反应或爆炸反应，其反应可以在短时间或瞬间完成。

③火炸药具有敏感性和不安定性。它是氧化剂和可燃物共聚一体的含能物质，在热、机械、电、光等初始冲量作用下即可触发反应；另外，它自身还不断地进行着热分解反应。

1.1.2 新时期含能材料研究进展

冷战结束至今，世界格局逐步向多极化方向发展。在当前和平与发展为主流的形势下，霸权主义和强权政治依然存在，局部战争和武装冲突连续不断。火炸药是海、陆、空、二炮各类武器必不可少的重要组成部分，是国家的重要战略物资。含能材料的综合研发实力直接影响甚至决定着武器装备的性能和军队战斗力的发挥，是赢得战争胜利的必要保障。高新技术的发展和准备打赢一场高技术条件下的局部战争对武器装备提出了更迫切的要求，为提高装备的技术质量、综合作战效能和战场适应能力，新时期含能材料的发展需要满足高能量水平、高安全性和高可靠性等更加苛刻的要求，这一契机也带动了火炸药领域的繁荣。

总的来说，含能材料的发展大致经历了四个重要时期：20 世纪初以梯恩梯为代表材料的广泛应用；20 世纪 30 年代，以追求高能量为主的材料，如 RDX、HMX 的应用；20 世纪 60 年代，以追求安全性能为主的材料，如钝感炸药 TATB 的应用；20 世纪 80 年代至今，以实验和理论相结合，寻找新型高能钝（低）感炸药的新阶段。20 世纪 80 年代，美国首次提出了高能量密度材料（HEDM）计划，目的在于系统地开发能量密度更高的含能材料，显著提高导弹武器和航天推进系统效能[6]。1990 年，高能量密度材料单独列入了美国国防部关键技术计划，HEDM 是指用作炸药、火药或装填于火工品的高能组合物，不仅能量密度高，而且具有可接受的其他有关性能。HEDM 是由氧化剂、可燃剂、黏结剂及其他添加剂构成的复合系统，而不是一种化合物，但 HEDM 中通常含有高能组分，即高能量密度化合物（HEDC）。近 20 年来，针对高能量密度化合物的研究进入了繁荣时期，很多新成果纷涌而现。本节主要评述应用前景较好或已经着手应用的部分新含能材料。

1. 最具应用潜力的高能量密度化合物

（1）笼型硝胺类化合物 – HNIW

1987 年，美国的 A·T·尼尔逊（Nielsen）合成出了六硝基六氮杂异伍兹烷（HNIW）。ε – CL – 20 的晶体密度达 $2.04 \sim 2.05$ g/cm^3，标准生成焓约为 900 kJ/kg，氧平衡为 – 10.95%，这几个参数均优于 HMX。ε – CL – 20 的最大爆速及爆压可分别达 $9.5 \sim 9.6$ km/s 及 $43 \sim 44$ GPa，能量输出比 HMX 高 10% ～15%。CL – 20 一问世，即引

起了各国的极大重视，随后法国、英国、瑞典及日本等国也相继合成出 CL－20[7]。我国于 1994 年掌握了这种高能炸药的制备方法。CL－20 问世以来，人们对它的性能、合成路线、生产工艺及应用进行了大量的、卓有成效的研究，现在 CL－20 的生产工艺已趋于成熟，生产已达一定规模，但是较敏感和生产成本高是 CL－20 大规模应用的两个障碍。

法国、德国、美国、印度等国已研制出含 CL－20 的推进剂配方。法国 SNPE 研制的 GAP/CL－20 推进剂配方由 60% 的 CL－20，黏结剂 GAP 和增塑剂 TMETN/BTTN（共计 36%），以及 4% 的弹道改良剂组成，比冲为 2 524 N·s/kg，密度为 1.73 g/cm^3，燃速为 13.4 mm/s。该推进剂配方具有低特征、低毒性、高燃速、低压力指数和低温度系数的特点，可满足大多数火箭发动机的要求。此外，该公司还研制了用 CL－20 替代 RDX 的一种交联改性双基（XLDB）推进剂，这种低特征信号推进剂的一次烟和二次烟均为 A 级，标准比冲达 2 458 N·s/kg，密度为 1.72 g/cm^3，体积冲量较 RDX 配方提高 11% 以上[8]。

德国化学工艺研究所（ICT）采用 BTTN/TMETN/GAPA 混合含能增塑剂研制的 GAP/CL－20 低特征信号推进剂[9]，其配方为 20% AP、42% CL－20、35% GAPA（含叠氮端基 GAP）和 BTTN/TMETN 及 3% 添加剂，标准比冲达 2 500 N·s/kg，密度为 1.76～1.77 g/cm^3，10 MPa 燃速达 50 mm/s，4～25 MPa 的压力指数为 0.3～0.5，其加工性能好、化学稳定性高、力学性能优良。尽管机械感度略高，但仍在高燃速复合推进剂允许范围内。

在军用混合炸药方面，国外已将 CL－20 用于制备 PBX 炸药及浇铸、固化和压装炸药等[10-12]。其中美国研究者的成果尤为显著，已研制成功的 CL－20 基炸药有 LX－19、PAX－12、PAX－11、PAX－29 和 PBXW－16 等，并且在不断探索性能更优的新配方。美国劳伦斯·利弗莫尔国家实验室含能材料中心研究出来的 LX－19，是一种新型 CL－20 基塑料黏结炸药配方，由质量分数为 95.8% 的 ε－CL－20 和 4.2% 的 Estane5703－P 黏结剂组成，密度为 1.920 g/cm^3，爆压为 41.5 GPa，爆速为 9.104 km/s。实验结果表明，LX－19 的性能超过奥克托今、LX－14 和 A5 炸药，这对定向能弹药极其重要。美国陆军研究发展与工程中心和聚硫橡胶公司联合开发了 PATHX 系列和 CL－20 含铝 PAX 系列配方。PAX－12 是一种压装炸药，其中 CL－20 的质量分数为 90%，撞击感度、摩擦感度、热和老化性能与 LX－14 相当或优于 LX－14，冲击感度与 LX－14 相同，能量明显高于 LX－14。PAX－12 的压药性能很好，在 70.4 kg/cm^3、80 ℃ 条件下，可达到理论最大密度的 99%。PAX－11 和 PAX－29 炸药是最近研制成功的两种新型 CL－20 含铝炸药，这些炸药可用于反装甲战斗部和高爆战斗部中。此外，PAX－29 具有很好的感度性能，与 LX－14 相比，其总能量比提高了 42%；在 V/V_0 为 6.5 时，测得的膨胀能也增加了 28%。美国 ATK 公司最新研制出一种含 90% CL－20 的高性能浇铸固化 HTPB 炸药 DLE - CO38，其配方为 90% CL - 20、10% HTPB/PL1（一种增塑剂），密度为 1.821 g/cm^3，爆压为 33.0 GPa，实测爆速为 8.73 km/s；在 V/V_0 为 6.5 时，膨胀能为 8.41 kJ/cm^3；总机械能为 10.24 kJ/cm^3，其能量与 LX - 14 相同。该药加工性能好、力学性能优良、能量高而感度极好，符合 IM 要求，对于高价值、高性能的爆炸、破片驱动应用非常合适。此外，其他国家也都在对 CL - 20 混合炸药进行不同程度的研究。瑞士学者采用新工艺（Isogen 工艺）研究了空心装药用的 CL - 20 基压装炸药，配方为 94% CL - 20、4% HTPB 和 2% 其他组分，其爆速可达到 9 200 m/s，且力学性能优良。日本 Asahi 化学公司也成功地研制出了两种含 CL - 20 的高威力、低易损伤性炸药：一种是用硝酸纤维素羧甲基醚作黏结剂；另一种是用含能聚合物（如 BAMO 或 NIMO）作黏结剂，并加入了 BDNPA/F 含能增塑剂。这些配方具有高能、高热安定性，耐冲击和低易损性等特点。2006 年，法国火炸药公司报道了含 92% CL - 20 的浇注塑料黏结炸药，爆速达到 9 052 m/s，具有极好的加工性能和安全性能。

（2）二硝基偶氮氧化二呋咱

俄罗斯科学院 Zelinsky 有机化学研究所 20 多年来一直研究呋咱含能化合物。他们认为设计含 C、H、N、O 元素的高能量密度化合物，呋咱环是一个非常有效的结构单元。雷永鹏等计算了呋咱系列含能化合物的生成焓，结果表明，分子中呋咱环越多，则相应化合物的生成焓值越高[13]。近年来，Sheremeteev 等对呋咱含能衍生物进行了大量研究，合成了大批硝基呋咱和氧化呋咱，其中有不少能量超过 HMX，能量密度高且热稳定性好。最引人关注的是二硝基偶氮氧化二呋咱（DNAF），其单晶密度为 2.002 g/cm^3，生成焓为 667.8 kJ/mol，熔点为 128 ℃，实测爆速为 10 000 m/s，爆速超过 CL - 20。

（3）八硝基立方烷

1964 年，芝加哥大学的 Eaton 教授首次合成出立方烷及立方烷体系；2000 年，美国芝加哥大学的 Zhang 及 Eaton 成功得到了七硝基立方烷和八硝基立方烷（ONC），实现了多硝基立方烷研究的重要突破。ONC 是白色固体，略溶于己烷，易溶于极性有机溶剂。根据计算，ONC 的晶体密度有可能达到 2.2 g/cm^3，ONC 是 HEDM 中能量密度最高的化合物，其合成代表了炸药研究的最前沿。ONC 是立方烷（C_8H_8）的硝基衍生物，骨架为立方形，是近 25 年来出现的第一个新的硝基立方烷，尽管其张力能非常大（161 kcal/mol），但其动力学热稳定性很高。立方烷的张力能极有利于提高固体及液体推进剂的能量。Kamlet - Jacobs 方程预测，ONC 的能量水平比 HMX 高 15% ~ 30%，比 HNIW 高 6%。另外，ONC 的冲击感度可能低于 CL - 20[14]。ONC 的氧平衡极佳，它完全爆轰时，1 mol ONC 生成 8 mol CO_2 和 4 mol N_2。因为 ONC 中不含氢，所以燃烧后不生成水，因此用于推进剂时火箭及导弹排出的羽烟中无可见烟雾。其缺陷在于制造困难，价格高昂，目前的研究热点集中于寻找一种经济的合成路线。

（4）RDX 的替代物 – TKX50

在新型富氮化合物的开发中，德国慕尼黑大学合成出 5 – 氰基四唑盐、2 – 甲基 – 5 – 硝铵四唑富氮盐和带有 N10 长链的 1，1′ – 偶氮 – 双（四唑）等带有四唑环结构的高能富氮化合物，氮长链上的原子数最多达到 10 个，爆速最高可达 9.18km/s，爆压最高可达 36.1 GPa。2012 年，该大学又成功合成出 RDX 的替代物 5，5 – 联四唑 – 1，1 – 二氧化物二羟铵（代号为 TKX50）[15,16]。该炸药的合成得率很高，计算的爆轰性能优于 HMX 且接近 CL – 20，爆速达 9.698 km/s；热安定性优异，起始分解温度为 221 ℃；与其他混合物的相容性好，且感度低于 RDX、HMX 等常用炸药；撞击感度和摩擦感度分别为 20 J、120 N。新型高能炸药与现役炸药的性能比较见表 1.1。图 1.2 所示为部分典型单质炸药的分子构型。

表 1.1　新型高能炸药与现役炸药的性能比较

化合物	学名	分子式	熔点/℃	密度/(g·cm^{-3})	生成焓/(kJ·mol^{-1})	氧平衡/%	爆速/(m·s^{-1})	爆压/GPa
TNT	2，4，6 – 三硝基甲苯	$C_7H_5N_3O_6$	80.8	1.65	– 63	– 74	6 950	18.9
RDX	1，3，5 – 三硝基 – 1，3，5 – 三氮杂环己烷	$C_3H_6N_6O_6$	204	1.82	61.78	– 22	8 700	34.3
HMX	1，3，5，7 – 四硝基 – 1，3，5，7 – 四氮杂环辛烷	$C_4H_8N_8O_8$	286	1.91	75.30	– 22	9 100	39.5
CL – 20	2，4，6，8，10，12 – 六硝基 – 2，4，6，8，10，12 – 六氮杂四环	$C_6H_6N_{12}O_{12}$	>220	2.04	419	– 11	9 400	41.9
ONC	八硝基立方烷	$C_8N_8O_{16}$	>200	2.1	340 ~ 600	0	9 800	46.7
DNAF	4，4′ – 二硝基 – 3，3′ – 氧化偶氮呋咱	$C_4N_8O_8$	128	2.0	668	0	10 000	—
TKX – 50	5，5 – 联四唑 – 1，1′ – 二氧化物二羟铵	$C_2H_8N_{10}O_4$	236	1.88	446.6	– 27	9 698	42.4

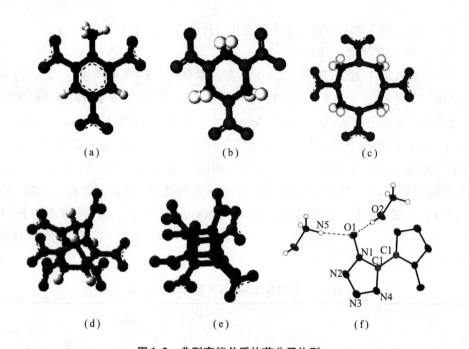

图 1.2 典型高能单质炸药分子构型

(a) TNT；(b) RDX；(c) HMX；(d) CL - 20；(e) ONC；(f) TKX - 50

2. 环境友好型高能化合物

长期以来，高氯酸钾、高氯酸铵、氯酸钾、叠氮化铅、斯蒂芬酸铅等盐类物质广泛应用于含能材料配方设计与制造。例如，高氯酸盐是推进剂常用的氧化剂，叠氮化铅是爆轰成长期短的起爆药。过量重金属可引起植物神经功能紊乱，铅污染物在土壤中移动性很小，不易随水淋滤，不为微生物降解，通过食物链进入人体后，潜在危害极大。铅可以通过呼吸道和消化系统进入人体，致使神经系统损害和红蛋白合成障碍。另外，土壤中氯离子浓度增大会导致腐蚀速率快速增加。综上，氯和铅都对人体健康和环境卫生造成不可逆的破坏。因此，开发环境友好型高能化合物是当代的重要课题。

（1）洁净型氧化剂 – ADN

俄罗斯科学院 Zelinsky 有机化学研究所于 20 世纪 70 年代初首先合成出二硝酰胺铵（AND），ADN 既可作为高能氧化剂，也是一种猛炸药。它具有高氧和高氮含量的明显特点，对低特征信号推进剂提高能量和抑制爆轰有重大作用，是目前最有可能代替 AP 作为固体推进剂的新型无氯氧化剂。ADN 外观为白色针形固体，熔点为 90 ℃ ~ 92 ℃（温台法），密度为 1.849 g/cm^3，燃烧热为 2 174.76 kJ/mol，生成热为 – 150.36 kJ/mol，ADN 撞击感度 3.7 J，摩擦感度大于 353 N，DSC 分解热安定性 134 ℃，真空试验 80 ℃ 产气量为 1 cm^3，静电感度大于 726 mJ[17]。与 AN 相比，AND 的吸湿率高，临界相对湿度低（25 ℃时，AND 约为 55.2%，而 AN 约为 61.9%），因此要防止 AND 在加工、储存和处理过程中吸收水分。ADN 作为空间助推器用推进剂的氧化剂，其比冲较一般端羟复合推进剂高10 s，密度高0.025 g/cm³，密度比冲高24 s·g/cm³。相容性实验表明，ADN与NC、RDX、DNPA、HTPB相容性好；与NG、NG/BTTN、AP的相容性较好，第一分解峰降低，但起始分解温度都大于130 ℃。因此，将ADN和NG、NG/BTTN、AP共同使用，不会因化学安定性而引起安全问题[18]。Langlet等认为ADN经球形化技术加工后，其吸湿性、热稳定性、燃烧性能及安全性得到了极大的改善[19]。Abraham等用ADN代替TNT作为基体，采用与TNT熔铸混合炸药相同的工艺和设备，分别制成ADN与RDX、HMX和CL-20的混合炸药，其爆轰性能比相应的TNT混合炸药高很多。ADN也可以与TNB（1，3，5-三硝基苯）、TNAZ及CL-20形成二元配合物，能够明显改善相关单质炸药的性能，控制配合物的组成，还可以获得良好氧平衡的炸药。Batog等人认为[20]，在HTPB推进剂体系中使用40%的ADN，可将比冲提高100 N·s/kg，用于含铝推进剂，比冲可提高10%，且ADN为低特征信号，是AP最现实的替代物。目前，俄罗斯已将ADN推进剂用于部分空空导弹及SS-24、SS-27洲际导弹。

（2）含能肼盐

硝仿肼（HNF）由一个盐的离子肼（$N_2H_5^+$）和硝酸根阴离子［$C(NO_2)_3^-$］组成。它是一种高能、无卤素强氧化剂，易溶于各种有机溶剂，可用来开发高比冲、低特征信号、无烟推进剂。HNF自1951年发现以来就受到了各国研究者的重视，美国和欧洲对HNF进行了大量研究，并申请了许多合成专利。20世纪70年代早期，由于在合成过程中发生了几次火灾和爆炸事故，HNF的合成研究被迫停止。另外，HNF与HTPB推进剂在贮存过程中会膨胀而导致力学性能下降，因此其应用研究也随之停止。20世纪90年代初，美国洛克威尔国际公司解决了HNF生产过程中的安全问题，使得HNF的合成研究能顺利进行。同时，许多主链饱和的含能黏结剂的出现，如聚缩水甘油硝酸酯（PGN）、缩水甘油叠氮聚醚（GAP）、聚（3-硝酸酯甲基-3-甲基）氧杂环丁烷（PNM）等，使HNF的研究再次活跃起来。

近年来，关于HNF的研究在国外取得了显著成果[21,22]，HNF的质量和产率显著提高，生产成本明显降低。新的结晶技术，如超声波冷却结晶技术、加压结晶技术、共结晶技术和纳米诱导结晶技术等的应用，在显著改善晶粒形貌的同时，也明显提高了HNF的稳定性和安全性能。这些研究均为HNF在推进剂中的应用奠定了坚实的基础。例如，法国SNPE公司研究了GAP/HNF推进剂的制备方法，发现了固化GAP的新方法。英国化学工业公司（ICI）Nobel进行了HNF的结晶研究；英国皇家军械公司的研究发现，PNM/HNF推进剂的温度敏感度很低。意大利FIAT-Avio公司研究了HNF的综合性能及GAP/HNF的制备方法。荷兰应用科学研究院自20世纪90年代以来，一直对氧化剂硝仿肼（HNF）在推进剂中的应用进行研究，开发了安全制备高纯度HNF的工业生产方法，建立了年产300 kg的试生产线，把HNF晶体长细比从8～15降到

1~4，使 HNF 堆积密度提高约6%，这样推进剂固体含量可望达到80%，且 HNF/HT-PB 样品贮存1年以上不存在变色、膨胀、变软或氧化等现象[23]。Welland 等的研究表明，在 HNF 的沉淀（制备）过程中，加入纳米滑石粉可使 HNF 的晶粒平均粒度和长径比大幅度减小，而真空热稳定性变化不大。在今后一段时间里，各国将继续深入开展硝仿肼的研制工作，其中包括成球、包覆、改善热稳定性等新工艺及在推进剂中的应用探索。

2001 年，慕尼黑大学的 Hammer 等报道了偶氮四唑肼盐（HZT）及其二水合物 HZT·2H$_2$O、二肼化物 HZT·2N$_2$H$_4$ 的合成[24]。这是一类新的高氮高密度含能材料，其中 HZT 的生成焓高达 1 130.5 kJ/mol，是已报道的四唑类化合物中生成焓最高的化合物，而 HZT·2N$_2$H$_4$ 也是目前报道的高氮高密度含能材料中氮含量最高的，达85.7%。表1.2 列出了推进剂配方中常用氧化剂与洁净输出型氧化剂的各项性能对比。图1.3 给出了部分氧化剂的构型。

表1.2　常用氧化剂与洁净输出型氧化剂的各项性能对比

性能	HNF	AP	AN	ADN
分子式	N$_2$H$_5$C(NO$_2$)$_3$	NH$_4$ClO$_4$	NH$_4$NO$_3$	NH$_4$N(NO$_2$)$_2$
相对分子质量	189.03	117.5	80.04	126.04
密度/(g·cm^{-3})	1.87	1.95	1.72	1.83
熔点/℃	122	130（分解）	170	92.5
生成热/(kJ·mol^{-1})	−72	−296	−365	−151
撞击感度/J	3−5	15	49	—
摩擦感度/N	25	—	353	—
氧平衡/%	13.1	34	20	26

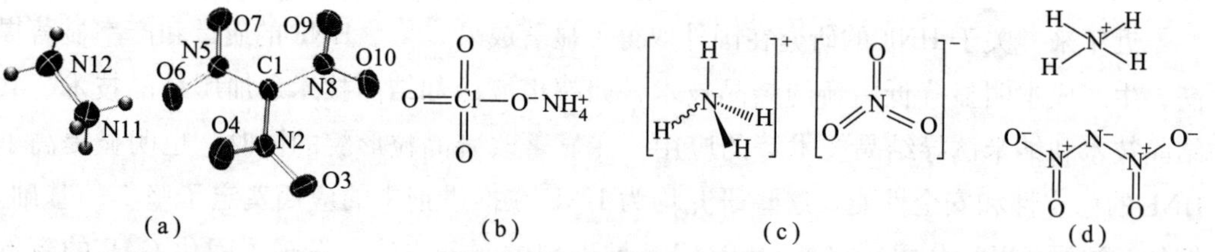

图1.3　部分氧化剂的构型

(a) HNF；(b) AP；(c) AN；(d) ADN

3. 耐热型炸药

耐热型炸药是指经受长时间高温环境后仍能保持适当的机械感度且可靠起爆的一类炸药，这类炸药都具有较高的熔点、较低的蒸气压和优良的热安定性。耐热型炸药可以作为主装药、传爆药或起爆药，也可以制成高聚物黏结的大型装药、挠性线型聚能装药及各种起爆器和传爆器，还可以用于装填导弹战斗部、火箭及宇宙飞行器、飞船的分离等。耐热型炸药还有一个非常重要的用途是制造油气井的射孔爆破器材。根据耐热性能的不同，耐热型炸药主要分为两个级别：高温耐热炸药和超高温耐热炸药[25]。耐热性不超过 220 ℃ 的单质炸药或其混合炸药称为高温耐热炸药，此类炸药世界各国均用奥克托今作为主炸药；耐热性在 250 ℃ 或更高的单质炸药或其混合炸药称为超高温耐热炸药。随着油气井深度的不断提高，对高温耐热炸药的要求也越来越高。近年来，世界各国普遍将 2，2′，4，4′，6，6′-六硝基二苯基乙烯（HNS）、1，3，5-三氨基-2，4，6-三硝基苯（TATB）、2，6-二氨基-3，5-二硝基-1-氧吡嗪（LLM-105）、皮威克斯（PYX）、塔考特（TACOT）、九硝基联三苯（NONA）等作为高温耐热炸药的主要研究对象。

（1）综合性能最优的耐热炸药 LLM-105

美国劳伦斯利弗莫尔（LLNL）国家实验室 1995 年报道的新型单质炸药 1-氧-2，6-二氨基-3，5-二硝基吡嗪（LLM-105），其密度为 1.913 g/cm^3，理论爆速为 8 560 m/s，爆压 33.4 GPa，分解温度（DSC）不低于 354 ℃，撞击感度 H_{50} > 117 cm，能量比 TATB 高 25%，综合性能优异，它的出现是高能钝感炸药领域的重大突破[26]。LLM-105 是一种耐热高能钝感炸药，可用在某些特殊用途的武器中，如要求具有抗高过载能力的钻地武器中代替 TATB 作传爆药或者主装药，也可用在石油深井射孔等方面。由于合成困难，国外一直难以实现批量生产，美国在 2001 年达到了 2 kg 量级的实验室合成量，下一步将改进合成途径、降低成本、工艺放大作为研究重点。

（2）超高温耐热炸药-HNS

2，2′，4，4′，6，6′-六硝基二苯基乙烯，又称为六硝基芪，代号 HNS，是一种浅黄色晶体。HNS 最早由美国的 Shipp 通过将 TNT 在碱性条件下与次氯酸盐的反应制得，虽然此方法具有反应迅速、工艺简便等优点，但得率太低，溶剂量大，成本高。此后，又发展了由六硝基联苄、三硝基苄基氯（TNBCl）作为原料合成六硝基芪，虽然得率有所提高，但是溶剂、催化剂的用量较大，成本较高。目前，关于降低六硝基芪生产成本的途径主要有两个：一是提高六硝基芪的得率；二是简化溶剂体系，用单一溶剂来代替混合溶剂，减少溶剂用量，或用廉价的一般溶剂代替价格高昂的溶剂。

HNS 的爆炸性能略优于 TNT，具有很高的耐热性，适宜在 260 ℃ 温度条件下工作，并有极好的化学安定性和良好的感度性能。HNS 在宇航飞行器、空间技术领域中发挥着重要的作用。HNS 特别适用于宇宙空间所经受的大范围高低温和真空环境条件。将 HNS 制成软导爆索和挠性线性聚能装药，长时间高温放置后仍能可靠传爆。添加有 Viton 等高分子材料的黏结炸药已用于月球表面的地震探测[27]。在石油深井射孔作业中，采用以 HNS 为基的射孔弹装药，耐热温度可达 250 ℃ 以上。

此外，HNS 在 TNT 基熔铸炸药中也有令人满意的使用效果[28]。HNS 与 TNT 形成络合物（TNT）₂HNS，它在熔化 TNT 中的溶解度不大，往 TNT 中加入 HNS，并经过两次热循环，或直接往熔化的 TNT 中加入络合物，可在熔化的 TNT 中形成大量晶核，凝固时形成无序排列的细小晶体，使这种药柱具有较高的密度和强度。HNS 具有很好的爆炸性能和安定性，它使以 TNT 和 TNT 为基础的混合炸药铸件得到无定向的、精细的结晶结构，克服了炸药凝固时的不均匀收缩、空化作用、密度低、易产生裂缝等疵病。实验证明，只要加入 0.25% 左右的 HNS，即可获得无裂纹细药柱。

（3）钝感耐热炸药 – TATB

1，3，5 – 三氨基 – 2，4，6 – 三硝基苯（TATB）是一种感度较低的耐热炸药，1888 年，Jackson 和 Wing 用 TBTNB（均三溴三硝基苯）与氨的乙醇溶液反应首先制得。TATB 是在 RDX 和 HMX 所装备武器的安全问题非常突出的情况下应运而生的重要钝感炸药。作为美国唯一承认的钝感炸药，它对热、光、冲击波、摩擦和机械撞击等外界作用极不敏感[29]。TATB 的爆轰波感度也很低，且临界直径较大，在苏珊试验、滑道试验、高温（285 ℃）缓慢加热、子弹射击及燃料火焰等形成的能量作用下，TATB 均不发生爆炸，也不以爆炸形式反应。TATB 为黄色粉末状结晶，在太阳光或紫外光照射下变为绿色。不吸湿，室温下不挥发，高温时升华，几乎不溶于所有的有机溶剂，高温下略溶于二甲基甲酰胺和二甲亚砜，但其在二甲亚砜中最大溶解量还不足 0.15 mg/mL。TATB 可溶于无机溶剂浓硫酸，研究表明，当 TATB 溶于浓硫酸时，其内部晶格结构发生很大的变化。从严格意义上讲，溶于浓硫酸的 TATB 已经不是原有物质。TATB 的溶解性不好，限制了其在很多方面的应用。TATB 晶体密度为 1.94 g/cm³，熔点为 350 ℃（分解）。标准生成焓约为 – 150 kJ/mol。250 ℃、2 h 失重 0.8%，100 ℃第一及第二个 48 h 均不失重，经 100 h 不发生爆炸，TATB 开始放热温度为 330 ℃。爆热 5.0 MJ/kg（液态水，计算值），爆速为 7 606 m/s（密度为 1.857 g/cm³），撞击感度大于 320 cm（12 型装置），摩擦感度非常低，真空安定性为 0.5 mL/g（48 h，200 ℃）[30]。

早期的 TATB 合成都是含氯 TATB，由于 TATB 中含有少量含氯化合物，所以导致 TATB 纯度不高，稳定性较差。为解决 TATB 中含氯化合物对稳定性的影响，国内外先后进行了无氯 TATB 合成工艺的研究并取得了满意的效果。1987 年，波兰人 Mieczyslaw Makosza 发明了 VNS 方法，成功合成了多胺基多硝基芳香化合物。其基本原理为：在亲电性芳香环上引入碳亲核物质，如 RCH₂X 等，然后通过脱去中性分子如 HX 等进行重芳香化，得到多胺基多硝基芳香化合物。VNS 方法也可用于不含氯 TATB 的合成，如将硝基苯、苯胺、邻位硝基苯胺、对位硝基苯胺等经过处理得 2，4，6 – 三硝基苯胺，然后在常温常压下用 NH₂OR 等胺化剂，胺化 2，4，6 – 三硝基苯胺可得 TATB。用 VNS 方法合成 TATB 原料易得，工艺简单，反应条件温和。

TATB 极强的稳定性使其在钝感弹药中备受青睐。国外将其应用于核弹头。TATB

基炸药配方的使用大大提高了现代战争中军需、武器的安全和参战人员的生存能力。

（4）NTO

3-硝基-1，2，4-三唑-5-酮（NTO），也称为5-硝基-1，2，4-三唑-3-酮或2，4-二氢-5-硝基-3-氢-2，4-三唑-3-酮，是一种白色晶体。NTO 于1905年首次由 Manehot 和 Loll 合成，但直到1983年才由美国的洛斯阿拉莫斯国家实验室将其开发成一种含能材料。NTO 合成一般采用两步法制得，以盐酸氨基脲与甲酸通过缩合环化制得 TO，TO 通过硝化制得 NTO。其密度高达1.93 g/cm^3，爆轰能量接近于黑索今（RDX），但感度近似于三氨基三硝基苯（TATB），是一种很有应用前景的低易损性钝感炸药[31]。它毒性小，原材料价廉易得，容易制备，与其他材料相容性较好，有关其合成、性能及应用等方面的研究受到了国外普遍的关注，并得到广泛应用。国内对 NTO 的研究起步较晚，目前仅限于实验室合成、应用阶段，还没有装备到武器系统。NTO 在法国已达到工业生产规模，年产几百吨，用作不敏感炸药，其粒度从400纳米到几个微米。试验结果表明，含 NTO、HMX 的 B2214 塑料黏结炸药比含 HMX 的ORA86 塑料黏结炸药和 B 炸药易损性好得多[32]。作为新一代的 IHE，NTO 在军用及民用方面受到重视。美国海军已将 NTO 作为低感组分代替 RDX 用于装填炮弹，美国 Morton 公司也已将 NTO 作为主要成分用于自动空气袋系统代替叠氮化钠。

（5）其他耐热炸药

2，6-二（苦氨基）-3，5-二硝基吡啶（PYX）是20世纪60年代由美国劳伦斯利弗莫尔国家实验室合成的。它具有较高的熔点（360 ℃）和相当好的热安定性。PYX 分子式为 $C_{16}H_6N_{12}O_{16}$，相对分子质量为622.3，氧平衡为-48.9%，单质为淡黄色粉末，密度为1.77 g/cm^3 时爆速为7 448 m/s，爆压24.2 GPa（计算值），密度为1.695 g/cm^3 的实测爆速为7 254 m/s。350 ℃ 以下热安定性较好，50%爆炸特性落高62 cm[33]。目前比较成熟的 PYX 制备方法是以2，6-二胺基吡啶和苦基氯为原料，经过两步反应合成 PYX。此合成工艺反应步骤较少，中间产物较少，得率较高。

四硝基二苯并-1，3a，4，6a-四氮杂戊搭烯（TACOT）由美国 Dupont 公司首先合成成功，1962年解密而公之于世。TACOT 的分子式为 $C_{12}H_4N_8O_8$，相对分子质量为388.2，氧平衡为-74.2%，单质为红橙色晶体，熔点为410 ℃。热安定性很高，316 ℃ 以下可长时期加热而不发生爆炸，爆热为4 103 kJ/kg[34]。国内北京理工大学的李战雄对 TACOT 的合成工艺进行了工艺优化研究，使 TACOT 的得率由26.7%提高到52.0%。20世纪70年代，国外首先有专利报道九硝基联三苯（NONA）的合成方法，其分子式为 $C_{18}H_5N_9O_{18}$，相对分子质量为635.3，氧平衡为-39.0%。西安近代化学研究所的丁伟邦在20个世纪90年代探索了九硝基联三苯的合成，其合成工艺采用乌尔曼反应，由三氯三硝基苯和苦基氯在催化剂的作用下合成而得。由于反应产物较多，主要有六硝基二联苯（HNB）、十二硝基四联苯（DODECA）等，产物之间性质相近，导致 NONA

的分离工艺较为复杂，得率较低，只有25%，纯度不是很高，稳定性较差。表1.3列出了若干耐热型炸药的各项性能对比。图1.4所示为典型耐热型炸药的分子构型。

表1.3 若干耐热型炸药的各项性能对比

性能	HNS	TATB	NTO	LLM-105	TACOT	PYX
分子式	$C_{14}H_6N_6O_{12}$	$C_6H_6N_6O_6$	$C_2H_2N_4O_3$	$C_4H_4N_6O_5$	$C_{12}H_4N_8O_8$	$C_{16}H_6N_{12}O_{16}$
相对分子质量	450.2	258.2	130.08	216.1	388.2	622.3
密度/($g \cdot cm^{-3}$)	1.70	1.94	1.93	1.91	1.85	1.77
起始分解温度/℃	316	350	252	216	401①	357①
爆速/($m \cdot s^{-1}$)	7 000	8 000	8 120	8 560	7 200	7 448
爆压/GPa	26.2	29.1	30.7	35	24.5	24.2
撞击感度 H_{50}（2 kg落锤）/cm	80	175	87	117	64②	—
摩擦感度/kg	16.8	36	>36	36		
氧平衡/%	-67.6	-55.8	-24.60	-37	-74.2	-48.9

①所测为物质的熔点，其实分解温度高于此。
②撞击感度试验条件：落锤质量5 kg，落高为25 cm。

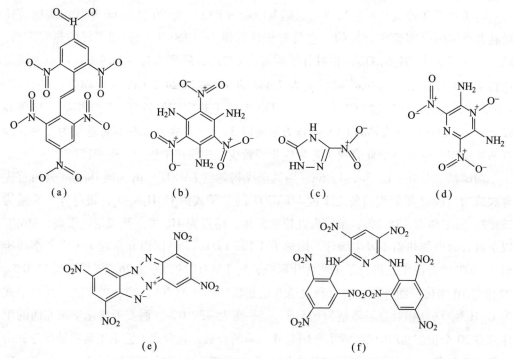

图1.4 典型耐热型炸药的分子构型

(a) HNS；(b) TATB；(c) NTO；(d) LLM-105；(e) TACOT；(f) PYX

4. 熔铸炸药

熔铸炸药是指能以熔融态进行铸装的混合炸药，是当前应用最广泛的一类军用混合炸药，约占军用混合炸药的 90% 以上。它们能适应各种形状药室的装药，综合性能较好，多用于迫击炮、手榴弹、炮弹、导弹弹头和地雷装药，在军用混合炸药中占有重要的地位。理想的熔铸炸药应该具有以下性质[35]：①熔点不超过 110 ℃，可以采用蒸汽熔化炸药；②载体炸药的蒸气及粉尘应无毒或毒性很小；③温度高于熔点 20 ℃时，应保持数小时不分解；④冷却时没有收缩和扩张；⑤高密度和优良的爆炸性能；⑥绿色合成。

现阶段熔铸炸药主要采用 TNT 作为液相载体炸药，以 TNT 为基的熔铸炸药在 20 世纪发挥了巨大的作用，得到了世界范围的认可，广泛应用于工业炸药和军用炸药中。然而 TNT 类炸药存在渗油、收缩、空洞、发脆和膨胀现象，对弹药造成一定的安全隐患，而且其生产过程中排放的废物对工人健康和环境都有危害。随着现代武器的发展，TNT 不再能满足当前钝感弹药标准（IM）的要求。因此，取代 TNT 的新型熔铸炸药载体近年来成为业界关注热点。

（1）氮杂环类——TNAZ

1，3，3 - 三硝基氮杂环丁烷（TNAZ）的能量水平介于 RDX 和 HMX 之间，它是美国加州 Asuza 氟化学研究所的 K. Baum 和 T. Archibald 首先合成的。由于四元环分子间的张力，其生成焓达 26.1 kJ/mol，密度为 1.84 g/cm³，撞击感度为 HMX 的 50%，热稳定性优异，起始热分解温度超过 240 ℃[36]。1994 年，美国洛斯阿拉莫斯国家实验室的 Hiskey 等研发了 TNAZ 的新合成路径，并降低了 TANZ 的成本。1997 年，德国费劳恩霍费尔化学工艺研究所成立了独立的研究室来集中研究 TNAZ 的工业化合成，将 TNAZ 总得率提高到 15% ~20%。TNAZ 特别吸引人的性质是它的熔点低，熔点为 101 ℃，是可以用水蒸气熔化的熔铸炸药。与其他炸药的相容性优良，且与金属（Al、Cu）、玻璃和钢等材料也有很好的相容性，不吸湿，不存在加工问题，有望取代 TNT 作为熔铸炸药的主要组分。美国航空海事研究实验室的 Duncan 等对 TNAZ 的性能进行了全面研究，同时研制了代号为 ARX - 4007 的熔铸炸药，其配方组成为 RDX/TNAZ 60/40，爆速和爆压高达 8 660 m/s 和 33.0 GPa。TNAZ 还可作为增塑剂、固体火箭推进剂和枪炮推进剂的主要成分，其性能可与 CL - 20 媲美，应用前景十分广阔。在低易损性炸药（LOVA）XM - 39 发射药中，TNAZ 提供的能量比 RDX 高 10%[37]。它的主要缺陷是易挥发和合成成本高。澳大利亚学者 DSC 实验表明，TNAZ 有较高的挥发性，因此液态 TNAZ（>101 ℃）能迅速蒸发，熔融 TNAZ 固化时会分层，且形成很多的收缩孔隙，导致药的力学性能不稳定。

TNAZ 部分代替 NG 或 DINA 应用到无烟改性双基推进剂中，在一定程度上提高了推进剂的密度和爆热，使推进剂在不同压力下的燃速均有所降低。

（2）苯环类——DNAN

二硝基茴香醚（DNAN）是当前国外研究较为活跃的一种新型熔铸介质，尤其是美国，已实现工业化生产，年生产能约为 1.1 万吨，并陆续推出了 PAX – 21、PAX – 34、IMX – 101、IMX – 104 等一系列新配方[38]。澳大利亚、波兰也开展了 ARX – 4027、ARX – 4028 和 ARX – 4029 等 DNAN 基熔铸炸药研究。这类新型熔铸炸药主要有以下优点：感度低；便于去军事化处理并可回收利用；加工时收缩量小、冷却快、无须反复加热，因此比传统熔铸炸药更易于加工。在生产成本方面，虽然目前高于 TNT，但在可接受的范围之内；随着批量化生产规模的不断扩大，并考虑整个寿命周期的维护成本，总成本的降低将是必然。

IMX – 101 炸药是美国霍斯顿陆军弹药厂最新研制的一种低成本 DNAN 基不敏感熔铸炸药，配方为（质量分数）：40% DNAN、40% 硝基胍（NQ）和 20% 3 – 硝基 – 1，2，4 – 三唑 – 5 – 酮（NTO）。2010 年，美国陆军基于 IMX – 101 炸药定型试验结果，用 IMX – 101 炸药替代 TNT 作为 1 200 枚 M795 式 155 mm 榴弹的主装药，2011 年开始转入大规模生产并装备陆军和海军陆战队。这标志着 IMX – 101 炸药成功用作大口径榴弹的新型主装药，并率先在美国装备部队。除 M795 式榴弹外，美陆军还将该炸药用作 M1 式 105 mm 炮弹和 M107 式 155 mm 训练弹的新型主装药；同时，在 M1El 式 105 mm 炮弹、M1122 式 155 mm 训练弹上加紧进行评价与定型试验。IMX104 炸药是美国新开发的一种 DNAN 基新型熔铸炸药，用于替代 B 炸药，其配方为（质量分数）：31.7% DNAN、53% NTO 和 15.3% RDX。2010—2012 年，美国陆军先后完成了 IMX – 104 炸药的一系列不敏感弹药试验并定型，并完成 81 mm 迫击炮实弹的系统级鉴定及 60 mm、120 mm 迫击炮实弹的系统级鉴定工作，最终将该炸药用作美国陆军迫击炮弹的新型主装药。2012 年，美国陆军对其霍尔斯顿陆军弹药厂的 IMX – 104 炸药生产工艺进行了优化，包括改进 DNAN 进料方法、加快组分进料速度、缩短混合时间等，将批产量从 590 kg 提高到 680 kg；同时，对现有生产设施进行了现代化改造[39]。美国将 IMX – 101 和 IMX – 104 炸药率先应用于装备，开启了二硝基茴香醚基不敏感熔铸炸药的应用时代，其意义在于：①标志着传统熔铸炸药的换装计划正式启动；②推动了不敏感弹药的装备进程；③大幅提升武器弹药的使用安全；④有效降低弹药全寿命周期的维护成本。

（3）呋咱类——DNTF

DNTF 是一种新型高能量密度材料，其能量优于 HMX 而接近 CL – 20，具有熔点低、密度大、安定性好、感度适中、合成工艺比较简单等特点。20 世纪 80 年代首次由俄罗斯合成，我国于 20 世纪 90 年代合成成功。目前已达到千克级合成规模。DNTF 熔点为 107 ℃ ~ 110 ℃，密度为 1.937 g/cm^3，爆速为 9 250 m/s，可与 TNT 混合形成低共熔熔铸炸药液相载体，且能量和熔点可调，可配制出不同性能要求的熔铸炸药配方。

DNTF 在 110 ℃ 以下可长时间受热不分解，仅有微量挥发性[40]。DNTF 的熔点已经达到了熔铸炸药载体炸药的上限，这给熔铸工艺带来了困难，但 DNTF 能与其他化合物形成低共熔物，更有可能与其生成络合物。因此，要寻找能与其形成低共熔物的炸药，这样既降低熔铸温度、改善熔铸工艺，又可以提高组分能量利用率。已见报道的 DNTF 低共熔体有 DNTF/PETN、DNTF/TNT。

西安近代化学研究所通过研究发现 DNTF 和 TNT 及某炸药可形成三相低共熔体系，该体系的特点是爆轰感度高，爆轰临界直径小，并应用于定向战斗部的起爆。定向方位的破片速度可提高 20%，破片密度增加 10%，微型柔性导爆索也显示了良好的传爆特性[41]。DNTF 可用作低特征信号推进剂的氧化剂，具有无卤素、无烟、安全性好的特点。初步研究表明，在无烟、微烟改性双基推进剂中，DNTF 对比冲的贡献与 CL-20 相当。由于其熔点较低，在组分间能起到一定的"润滑"作用，可提高装药质量，对提高燃速也有较好效果。

（4）咪唑类——MTNI

多硝基咪唑环具有芳香性，环上氮原子的电负性较高，能形成类苯结构的大 π 键，具有对静电、摩擦和撞击钝感、热稳定性好的性质，并且热分解的主要产物是小分子，能量高，在含能材料领域备受研究者关注[42]。2001 年，韩国国防开发局首次报道 Jin Rai Cho 等人合成了 MTNI。2006 年，《世界兵器发展年度报告》介绍了美国匹克尼丁兵工厂通过六步法合成 MTNI，提出它是更好的 TNT 替代品。但 MTNI 合成路线较长，不易工业化生产[43]。据初步预测，MTNI 的感度在 RDX 和 TNT 之间，爆炸性能与 RDX 相当，是一种优良的熔铸炸药，具有较低蒸气压，可作为 TNT 的替代品，但目前报道的合成路线复杂，且成本较高。表 1.4 列出了部分熔铸炸药载体的基本性能，图 1.5 所示为常用熔铸炸药的分子构型。

表 1.4 部分熔铸炸药载体的基本性能

炸药代号	分子式	密度/$(g \cdot cm^{-3})$	熔点/℃	爆速/$(m \cdot s^{-1})$	爆压/GPa	氧平衡/%	撞击感度 H_{50} (2 kg 落锤)/cm
TNAZ	$C_3H_4N_4O_6$	1.85	99~101	8 730	37.2	-16.7	45
DNAN	$C_7H_6N_2O_5$	1.34	94~96	5 344	9.51	-93.40	>220
MTNI	$C_4H_4N_4O_4$	1.64	82	8 800	35.58	-25.81	100
DNTF	$C_6N_8O_8$	1.94	107~110	8 930	41.1	-20.51	—

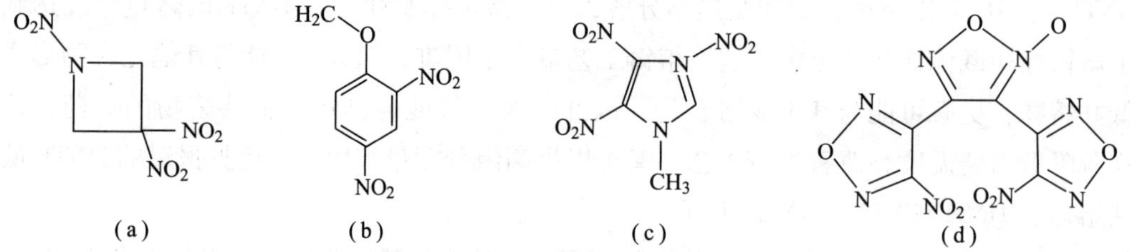

图 1.5　常用熔铸炸药的分子构型

(a) TNAZ；(b) DNAN；(c) MTNI；(d) DNTF

5. 低易损性炸药

未来战争高效毁伤的特点，要求提高弹药的能量密度，而能量水平提高常带来安全水平的下降。能量与安全（包括感度、稳定性、相容性等）是含能材料永恒的主题，当两者相矛盾时，人们只能选择后者，或在两者中求得最佳平衡。近年来，随着战场环境的恶化，武器弹药的损失很大一部分来自意外点火或火灾造成的弹药自爆。研究高能、低敏感弹药是提高弹药战场生存能力的关键技术。典型的低易损性炸药除上述提及的 TATB、LLM - 105、NTO 等之外，还有 FOX - 7、FOX - 12、TEX 及 DAAzF 等。

（1）1，1 - 二氨基 - 2，2 - 二硝基乙烯

1998 年，Ostmark 等首次报道了 1，1 - 二氨基 - 2，2 - 二硝基乙烯（简称 DADE，又叫 FOX - 7），其分子结构特点是分子内和分子间存在大量氢键，可以降低感度，增加稳定性（热稳定性好于 HMX 和 RDX）。FOX - 7 晶体密度大，感度明显低于 RDX，而能量与 RDX 相当（预计其能量为 HMX 的 85% ~ 90%）。FOX - 7 与聚合物相容性好，可作为 B 炸药的替代物[44]，是目前不敏感炸药系列中综合性能最好的炸药，因此受到西方发达国家，特别是美国、瑞典等含能材料研究机构的重视。现已达到日产 14 kg 的规模。

目前，已研发出三种合成 FOX - 7 的路线，都是将杂环化合物硝化后水解以合成 FOX - 7。FOX - 7 虽有商品供应，但价格高于 3 000 美元/千克。由于 FOX - 7 问世不久，故对它的性能，如加工性及相容性等，尚知之甚少。现在 FOX - 7 的研究重点应是对其各种性能的深入了解，且有些关于它的计算数据还有待实验验证。在此之前，应提高 FOX - 7 的质量及降低它的价格，才能提供试样，对它进行性能及应用研究。

西安近代化学研究所在国内率先合成出 FOX - 7 样品，并鉴定了结构，测试了其性能。该工艺原料易得，成本较低，在严格控制反应条件下，合成工艺安全，收率较高。中国工程物理研究院化工材料研究所也进行了相关工作[45,46]。初步研究表明，FOX - 7 与 TNT、RDX、HMX、HTPB、AP、铝粉等相容，与聚合物 CAB、ESTANE、GAP、HMDI、VITON 等有较好的相容性，其与含能增塑剂正丁基 NENA、K - 10 也有良好的

相容性。用 FOX -7 代替或部分代替 RDX 而保持其他成分不变，则可能研制出能量高而且安全性能稳定的新型不敏感弹药。

（2）N - 脒基脲二硝酰胺

1998 年，瑞典国防研究院 Bemn 等首次报道了 N - 脒基脲二硝酰胺盐（GUDN，又名 FOX -12），它是以 ADN 水溶液与脒基脲硫酸盐溶液制得[47]。与 ADN 相比，基本不吸湿，安定性好，感度低，氮含量高。FOX -12 为黄色固体，熔点为 214 ℃（分解），溶于热水，不溶于冷水，在 213 ℃ ~238 ℃ 迅速分解，失重 82% ~84%。FOX -12 与 RDX、HMX、NG + NC、NG + BTTN、AP 相容性较好，尽管混合系统的热分解温度较单一组分有所下降，但是起始分解温度仍大于 190 ℃。在钝感弹头装药中，FOX -12 可以作为一个主要组分，其计算能量在 RDX 和 TNT 之间。另外，FOX -12 在 LOVA 推进剂中也具有潜在的应用背景。

（3）4，10 - 二硝基 -2，6，8，12 - 四氧杂 -4，10 - 二氮杂四环十二烷

1979 年，陈福波教授率先合成出高性能炸药 TEX。1990 年，美国的 Ramakrishan 等也报道了 TEX 的合成，由甲酰胺和乙二醛为起始物，在弱碱性条件下成环，进一步经浓硝酸/硫酸混酸氧化得到。2006 年，徐容等对 TEX 的合成条件进行了详细研究。以甲酰胺和乙二醛为起始物，经两步反应获得了纯度为 99.5% 的 TEX，总收率 34.8%。TEX 属于氮杂环多硝铵化合物，具有典型的笼形结构，为白色至浅黄色晶体[48]。Karagh Iosoff 等认为，其分子是封闭六元环的笼形结构，含有两对氢键和杂异伍兹烷结构，硝基占据了笼形分子内部的空隙。许多性能与 TATB 相似，可用作低易损性炸药。TEX 密度为 1.99 g/cm^3，爆速为 8 665 m/s，爆压为 37 GPa。标准条件下撞击感度为 44%，摩擦感度为 8%，均好于 HMX 和 RDX。TEX 的能量密度高于 RDX，其理论计算爆速为 8 170 m/s，爆压为 31.4 GPa，不溶于普通溶剂。美国 Thiokol 公司的 Lurd 等对 TEX 进行了大量研究。TEX 在装填密度分别为 1.68 g/cm^3 和 1.65 g/cm^3 时的实测爆速分别为 7 889 m/s 和 7 776 m/s，接近 RDX。在密度为 1.61 g/cm^3 时的实测爆速为 7 973 m/s，可见其爆轰性能良好。同时，通过隔板试验比较 TEX、NTO 和 RDX 的安定性，在隔板距离为 17.78 mm 时，只有 TEX 不发生爆炸，可见 TEX 比后两种炸药都要钝感。真空安定性实验表明，TEX 具有很好的热安定性能，因此，从长远看，TEX 在浇铸和压装炸药中具有潜在的应用价值。

TEX 的制备较简单，产率、纯度也较高，无须重结晶或进一步提纯便可直接用作炸药组分，简化了炸药的制作工艺，降低了成本。Braithwaite 等利用 TEX 和黏合剂、金属、氧化剂或其他常用炸药（如 TNT）制备廉价的熔铸性炸药，其典型配方为：TEX/黏合剂/氧化剂/反应性金属（30% ~90%，10% ~30%，0% ~50%，0% ~30%）。TEX 和少量黏合剂可用于制备压装炸药（TEX 质量分数高于 95%）或浇铸固化炸药[49]。此外，Wallace 等认为，TEX 还可用作固体推进剂燃料或者起爆装置用药。

所以，TEX 在含能材料中极具应用潜力。

（4）3，3* - 二氨基 - 4，4* - 偶氮呋咱

自 1968 年 Coburn 首次合成出呋咱含能化合物，俄罗斯科学院 Zelinsky 有机化学研究所 Sleremeteev 等一直致力于该类化合物的合成。他们以 3，4 - 二氨基呋咱（DAF）为原料，将 DAF 处于不同的反应体系和反应条件下，通过引入偶氮基、氧化偶氮基、硝基、叠氮基等爆炸基团合成了上百种呋咱含能化合物。3，3* - 二氨基 - 4，4* - 偶氮呋咱（DAAzF）和 3，3* - 二氨基 - 4，4* - 氧化偶氮呋咱（DAAF）是该类化合物中两种重要的炸药[50]。DAAzF 首先由俄罗斯合成，美国 Los Alamos 国家实验室随后仿制成功。含有氨基的呋咱衍生物不太敏感，还能提供合适的氧平衡。在 18 ℃条件下，用 H_2O_2/H_2SO_4 氧化二氨基呋咱生成可溶的绿色亚硝基 - 氨基呋咱。搅拌 24 h 后，中间产物亚硝基 - 氨基呋咱转变成不溶的橙黄色 DAAF，产率 88%。将 DAAF 制成 3，3′ - 二氨基 - 4，4′ - 氢化偶氮呋咱，然后再制备得 DAAzF。DAAzF 在非极性溶剂、弱极性溶剂和极性较强的质子溶剂中几乎不溶，在极性非质子溶剂乙酸乙酯、丙酮中有较小的溶解度，在二甲基亚砜中有较大的溶解度。DAAzF 热稳定性好，DSC 测定 315 ℃ 开始分解，同时对撞击（$H_{50} > 320$ cm，12 型落锤）、摩擦（> 36 kg，BAM）和电火花（> 0.36 J）都不敏感，安全性能与当前广泛使用的钝感传爆药六硝基芪（HNS）相当。另外，其密度为 1.767 g/cm³，生成热为 535 kJ/mol，爆速为 7 600 m/s（1.65 g/cm³），具有六硝基芪（HNS）优良的耐热性，而且能量略高于 HNS，临界直径小于 3 mm，远小于 TATB 的临界直径，预计在将来钝感炸药特别是钝感传爆药的应用中会起重要的作用。表 1.5 列出了低易损性炸药重要参数，图 1.6 所示为部分低易损性炸药的分子构型。

表 1.5　低易损性炸药重要参数

性能	FOX - 7	TATB	TEX	LLM - 105	FOX - 12	DAAzF
分子式	$C_2H_4N_4O_4$	$C_6H_6N_6O_6$	$C_6H_6N_4O_8$	$C_4H_4N_6O_5$	$C_2H_7N_7O_5$	$C_4H_8N_8O_2$
相对分子质量	148.08	258.2	194	216.1	209.12	200
密度/(g·cm⁻³)	1.88	1.94	1.99	1.91	1.755	1.767
起始分解温度/℃	254	350	262	216	215	—
爆速/(m·s⁻¹)	8 800	8 000	8 560	8 560	8 210	7 600
爆压（2 kg 落锤）/GPa	36	29.1	31	35	25.7	26.2
撞击感度 H_{50}/cm	126	175	>177	117	>177	>320①
摩擦感度/kg	36	36	36	36	35.7	—
氧平衡/%	-21.61	-55.8	-24.60	-37	-19.13	-80

①实验数据采用 12 型落锤。

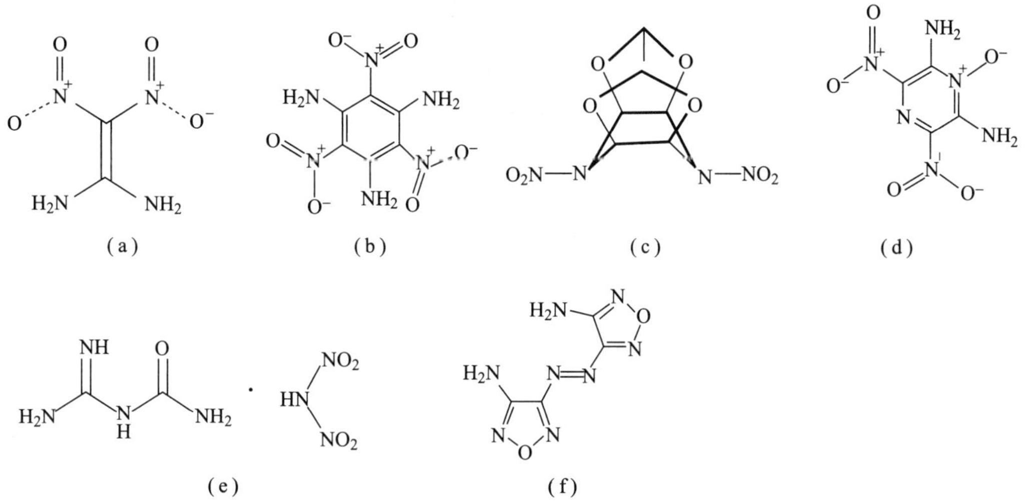

图 1.6　部分低易损性炸药的分子构型

（a）FOX - 7；（b）TATB；（c）TEX；（d）LLM - 105；（e）FOX - 12；（f）DAAzF

6. 含能聚合物

含能聚合物是一种分子链上带有大量含能基团的聚合物[51]。这些含能基团主要包括硝酸酯基（—ONO_2）、硝基（—NO_2）、硝铵基（—NO_2）、叠氮基（—N_3）和二氟氨基（—NF_2）等，其最显著的特点是燃烧时能够释放出大量的热，并生成大量相对分子质量小的气体，从而提高火炸药的燃烧热和做功能力。下面就几种典型的含能聚合物做简单介绍。

（1）叠氮类含能聚合物

由于叠氮基官能团能量高，其热分解先于主链且独立进行，故不仅能增加含能材料的能量，还能起到加速含能材料分解的作用。聚叠氮缩水甘油醚 GAP 是目前最引人注目的叠氮类含能黏合剂，1982 年报道首次合成，它具有一系列的优异性能，如高的能量和密度、较低的玻璃温度、热安定性好，燃烧性能优良等。目前研究重点在于GAP 的改性和应用研究[52]。

法国火炸药协会（SNPE）生产 GAP 已有 20 年经验，并获得美国 Rocketdyne 公司在欧洲生产销售 GAP 的许可证。已批量生产三种 GAP：二官能团 GAP、三官能团 GAP和 GAPA。前两种作为含能黏结剂，后者为含叠氮基团的增塑剂。这些 GAP 衍生物与AP、HMX、CL - 20 相结合有较高的燃速。美国空军研究实验室探索在 GAP 无烟推进剂体系中把 NON_3、NO_2N_3、$N(N_3)_3$ 作为氧化剂使用；与二硝酰胺（AND）推进剂体系相比，此体系理论比冲（I_{sp}）值提高 294 ~ 392 N·s/kg，密度比冲也相应提高。在PEG、HMX、NG、N - 3200 配方中，使用 $N(N_3)_3$ 代替 HMX 制成的单元推进剂 I_{sp} 值提高 520 N·s/kg。

此外，GAP 应用于少烟火箭推进剂和枪炮发射药[53]。例如，以 GAP 为黏结剂的推进剂比以 AP 为黏结剂的推进剂比冲高 7.5 s，密度为 0.012 g/cm³，密度比冲高 15 s·g/cm³。以 GAP – RDX 为基的 LOVA 发射药，如 GAP/RDX 配方与 NG – NC/RDX 配方相比，火药力分别为 1.390 MJ/kg 和 1.321 MJ/kg，密度分别为 1.675 g/cm³ 和 1.711 g/cm³，燃温分别为 3 377 K 和 3 905 K。GAP – RDX 配方燃温低，能量高，对降低烧蚀有利，同时也有利于降低配方的易损性。

叠氮氧丁环是四原子杂环化合物，它们比三原子氧丙环在聚合时更易于控制相对分子质量和官能度，而且可聚合成延伸率较大的聚合物。目前，人们研究较多的叠氮氧丁环系列是 BAMO 和 AMMO 的均聚物和共聚物。

（2）硝酸酯类含能聚合物

硝酸酯类含能聚合物是指含有硝酸酯基团（—ONO_2）的聚合物。硝化纤维素就是一类典型的硝酸酯类含能聚合物，由天然纤维素经硝化改性而来。目前，国内外研究较多的硝酸酯类含能聚合物主要是聚缩水甘油醚硝酸酯（Poly – GLYN，PGN）和聚 3 – 硝酸酯甲基 – 3 – 甲基氧杂丁环（Poly – NIMMO）。PGN 是一种高能钝感的含能黏合剂，它与硝酸酯有很好的相容性，且含氧量高，可大大改善发射药和固体推进剂燃烧过程中的氧平衡，燃气也较为洁净[54]。以 PGN 为黏合剂的推进剂可少用或不用感度高的硝酸酯增塑剂，从而降低发射药和推进剂的感度，提高其使用安全性。Poly – NIMMO 是美国重点研究的一种含能聚合物，他们认为 Poly – NIMMO 对由其组成的发射药或推进剂的能量和氧平衡都有贡献。

（3）硝基类含能聚合物

硝基类含能聚合物是指含有硝基基团（—NO_2）的聚合物。典型的代表有多硝基苯亚基聚合物（PNP）、硝基聚醚和聚丙烯酸偕二硝基丙酯（PDNPA）等。PNP 是一种耐热无定型聚合物，其相对分子质量一般在 2 000 左右，故可以作为耐高温火炸药的含能黏合剂使用。1987 年，德国 Nobel 化学公司的 Redecker 等人为配合无壳弹的研究，在开发耐热高分子含能黏合剂的过程中，首次成功合成了 PNP，并且在 G11 无壳枪弹系统中获得了实际应用。之后我国的甘孝贤等人也对 PNP 的合成进行了探索。近年来，Ou 等人[55]以丙烯酸偕二硝基丙酯为单体，偶氮二异丁腈为引发剂，甲苯为溶剂，采用溶液聚合的方法合成了含能聚合物——聚丙烯酸偕二硝基丙酯，并对其结构和物理性能进行了表征。差示扫描热分析 DSC 和真空安定性 VST 测试结果表明，聚丙烯酸偕二硝基丙酯的热分解温度为 252.8 ℃，放气量为 0.06 mL/g，是较稳定的含能聚合物。

（4）含能均聚物或共聚物

为了进一步提高含能聚合物的综合性能（如提高能量、改善力学性能、增加氧平衡或与含能增塑剂的相容性等），含能材料研究者们设计并合成了一些具有两种或两种以上含能基团的含能聚合物，这类聚合物可以是由含有不同含能基团的含能单体共聚形成的共聚物，也可以是由一种含有两种以上含能基团含能单体均聚成的均聚物。前一种含能聚合物主要为 BAMO – NMMO，其平均数均相对分子质量为 3 160，热分解温度有两个，分别对应于 BAMO 链段的 261 ℃和 NMMO 链段的 224 ℃附近，撞击感度 H_{50} 为 24 ~ 44 cm，摩擦感度为 352.8 N[56]。另外，3 – 甲基 – 3 – 叠氮甲基氧丁环（AMMO）和 3 – 甲基氧丁环（AZOX）不仅能形成均聚物，还可形成共聚物。

BAMO 的均聚物在室温下均为液体或蜡状固体，易于加工处理，安定性和力学性能满足含能黏合剂的要求。通常 BAMO 均聚物的平均相对分子质量为 2 000 左右，官能度大于 2，标准生成焓为 420 kJ/kg，密度为 1.3 g/cm³，熔点为 76 ℃ ~ 80 ℃，玻璃化温度为 – 28 ℃，最大放热峰温为 250 ℃。BAMO 均聚物分子中含有强极性、大体积的叠氮甲基，使其主链承载原子数大为减少，且分子链上的叠氮甲基极大地阻碍了链旋转，使主链柔软性恶化，力学性能降低。虽然叠氮甲基使侧链运动自由度增大，有利于降低玻璃化温度，但这不足以克服主链柔软性差的影响。因此，针对 BAMO 均聚物的改性研究是热点。表 1.6 列出了典型含能聚合物的主要性能，图 1.7 所示为新型含能聚合物的分子构型。

表 1.6 典型含能聚合物的主要性能

含能聚合物	密度/(g·cm⁻³)	玻璃化温度/℃	氧平衡/%	生成热/(kJ·mol⁻¹)
GAP	1.30	– 50	– 121	+ 117
Poly – BAMO	1.30	– 39	– 124	+ 413
Poly – AMMO	1.06	– 35	– 170	+ 18
Poly – NMMO	1.26	– 25	– 114	– 335
PGN	1.39	– 35	– 61	– 285
TWETN	1.48	—	– 34	– 411
BTTN	1.52	—	– 16.6	– 91.4
TEGDN	—	—	– 66	– 601.8

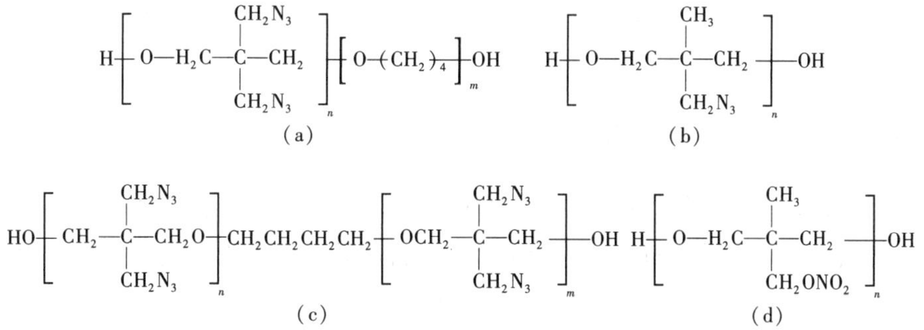

图 1.7 新型含能聚合物的分子构型

（a）GAP；（b）Poly – BAMO；（c）Poly – AMMO；（d）Poly – NMMO

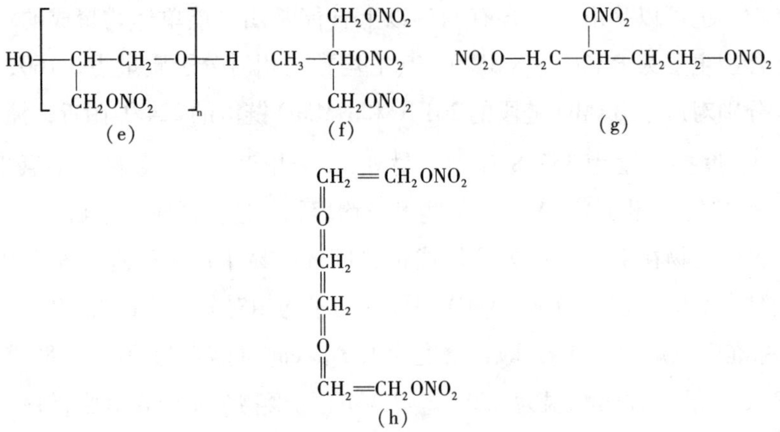

图 1.7　新型含能聚合物的分子构型（续）

（e）PGN；（f）TWETN；（g）BTTN；（h）TEGDN

除了以上这些新颖的含能材料之外，进入 21 世纪以来，美、俄率先在高活性金属储能材料、全氮物质、金属氢和核同质异能素研究上取得重大突破。在美、俄带动下，德国、瑞典、印度和日本等国也纷纷启动相关发展计划和研究项目，推动超高能含能材料的研究与应用。超高能含能材料一旦获得应用，武器装备将迎来重大变革，并从根本上改变战争形态和作战模式，从而引发新一轮军事变革。超高能含能材料是指能量比常规炸药（通常为 10^3 J/g）至少高一个数量级的新型高能物质[57,58]。目前主要分为两大类：一类是基于化学能的，能量水平为 $10^4 \sim 10^5$ J/g，如高能/高释放率材料（纳米铝、纳米硼、纳米多孔硅等高活性储能材料）、全氮物质（氮原子簇）、金属氢等；另一类是基于物理能的，能量水平在 10^5 J/g 以上，如亚稳态核同质异能素、反物质材料等。

未来一二十年，超高能含能材料技术将呈加速发展的态势，超高能含能材料继续朝更高能量的方向发展，即由多氮向高氮、氢合金向金属氢发展；能量水平更高的氮原子簇（全氮材料）将成为研究的热点；金属氢及金属氢武器将面临新的发展机遇；核同质异能素的应用研究步伐将进一步加快。这些技术的发展和应用将给常规毁伤技术与能力带来一场新的重大变革。

1.1.3　存在的问题与技术"瓶颈"

含能材料的研究应用比通用材料受到更多的制约因素（如能量释放、感度、安定性、相容性、成本和环保等），一种新型含能材料从研发到应用的周期很长。能否获得实用，首先要评估它的能量水平，而能量水平主要取决于以下三个性能参数：真密度、标准生成焓及氧平衡。一般而言，真密度越高，氧平衡越接近于零，标准生成焓为高正值的高能量密度化合物，其能量水平越高。目前，已知的含能材料主要是以—NO$_2$

为致爆基团的 CHNO 类硝基化合物，但 CHNO 类含能材料存在局限性：一方面，晶体密度存在极限（$\rho_{\max}=2.2\ \text{g/cm}^3$），其贮能释能已接近极限；另一方面，能量与感度及稳定性之间存在固有矛盾，能量越高，感度越高，稳定性越差，因此，要协调好这对矛盾，获得高能量、低感度及综合性能优良的新型含能材料，满足现代武器装备高性能的军事需求需要人们不断探索和技术创新。

　　除单质炸药之外，复合型含能材料在工程实践中具有非常重要的地位和广泛应用。例如，含铝混合炸药和复合推进剂等，复合型含能材料主要由单质含能材料、燃料、氧化剂及其他功能组分通过常规物理方式混合后制造成型，是氧化剂和燃料组分在宏观尺度上混合（组装）的复合体系。在混合炸药中，通过调节氧化剂和燃料的比例可调节炸药的能量，当氧化剂和燃料完全匹配时，体系的能量密度达最大值。表 1.7 列出了某些单质炸药和混合炸药的能量密度[59]。

表 1.7　某些单质炸药和混合炸药的能量密度

含能材料	能量密度/$(\text{kJ}\cdot\text{cm}^{-3})$
ADN/Al	23
模压炸药	19~22
战略导弹推进剂	14~16
CL-20（纯）	12.6
Tritonal［TNT（80）/Al（20）］	12.1
HMX（纯）	11.1
LX-14	10
TATB（纯）	8.5
混合炸药 C-4	8
LX-17	7.7
TNT（纯）	7.6

注：加利福尼亚州劳伦斯·利弗莫尔（Lawrence Livermore）国家实验室数据。

　　由表 1.7 可知，目前混合炸药的能量密度理论上最高可达 23 kJ/cm³。但是，由于混合炸药组分的颗粒特性，其反应动力学明显依赖各组分间的传质速率。因此，即便混合炸药的能量密度很高，在化学动力学控制的反应过程中，其能量释放速率也难以达到理论值。原因在于：炸药所要求的化学稳定性及其合成工艺影响了炸药的氧化剂——燃料平衡和物理密度，高品质炸药必须集混合炸药优异的热力学性质与单质炸药的快速动态响应于一身。因此，要实现炸药威力和能量可控，就必须实现氧化剂和燃料在纳米尺度上的物理混合。

随着纳米材料科学技术的发展，近年来国内外同行掀起了超细炸药的研究热潮。纳米含能材料是指氧化剂和燃料等组分具有纳米级分散水平，并且可通过调节这种分散水平的尺度变化来调控其性能的复合含能材料[60]。2001年，在纳米含能材料领域投入的研究经费占整个纳米技术研究经费的11%。美国陆军研究实验室武器与材料研究部的Miziolek博士指出：纳米含能材料正成为美国一个新兴的国家重要技术领域[61]。美国陆军在寻求下一代火炸药的基础研究工作框架中，也将纳米含能材料列为重要的研究领域。在理论上，将固体炸药细化到微米级（粒径小于10 μm）及纳米级（粒径小于100 nm），其总表面积将显著增大，表面活性原子及基团增多，更有利于起爆，爆炸时释放能量更完全，并且爆速提高、爆炸威力增大、燃烧速率提高、机械感度发生变化、爆轰机理转变、爆轰波传播更快更稳定、爆轰临界直径降低、装药强度提高，这些特点改善了含能材料的品质，为含能材料成功应用于武器系统达到功效性能（能量密度、能量释放速率）、长期贮存安定性、对意外刺激的敏感性及能量释放的高度可调控性等要求提供了可能性和突破口[62,63]。

总之，面临新CHON型单质炸药合成极限及复合型含能材料能量密度无法完全释放的"瓶颈"，微纳米含能材料因其具有独特的性能和结构而成为突破国防应用技术障碍的重要途径，微纳米含能材料不仅可以贮存更多的能量，还可按非传统的方法控制能量释放，其发展和应用对提高火炸药技术综合性能具有重要的意义。

1.2　微纳米技术的发展与应用

化学的研究对象是原子、分子、离子，其大小一般小于1 nm。凝聚态物理所研究的对象是由原子、分子、离子组成的聚集体，尺寸一般大于100 nm。在这两个领域之间，还存在一个重要的尺寸区域，其范围为1~100 nm。在该尺寸范围内的物质，其行为常常既不能用量子化学来解释，也不遵循经典物理定律。在这些物质中，其电子能级既不像在原子、分子、离子中那样完全分立，也不像在块体中那样形成连续的能带。它们中虽然也存在着强有力的化学键，但其价电子可以根据体系的尺寸在较大范围内运动。这些作用及随尺寸改变而发生的结构变化会影响物质的物理性质、化学性质，如磁性、光学性质、熔点、比热容、表面活性等。

通常将三维空间中至少有一维处于纳米尺寸范围（1~100 mn）的研究对象或由纳米尺寸范围（1~100 nm）的基本结构单元构成的研究对象称为纳米体系[64]。如果按维数，这些基本结构单元可以分为三类：①零维单元，空间三维尺寸均在纳米尺寸范围，如纳米粒子、原子团簇，这类基本单元又常被称为量子点；②一维单元，空间有两维为纳米尺寸，如纳米线、纳米棒、纳米管、纳米电缆，它们又常被称为量子线；③二维单元，空间有一维处于纳米尺寸，如超薄膜、多层膜、超晶格等，它们又常被称为量子阱。纳米体系的性质与基本单元的组成、尺寸、结构及其相互作用密切相关。在涉及纳米科技范畴时，要注意一些术语的特定含义[65]：

①团簇（cluster），是指由几个、几十个原子、分子组成的尺寸范围在 1~10 nm 的聚集体；

②纳米粒子（nanoparticle），是指尺寸范围在 1~100 nm 的固态粒子，可以是具有各种形状的非晶粒子、多晶粒子或单晶粒子；

③纳晶（nanocrystal），是指纳米尺寸范围内的固态单晶粒子；

④纳米结构材料（nanostructured material）、纳米尺寸材料（nanoscale material）或纳米相材料（nanophase material），都是指至少有一维处于纳米尺寸范围内的固态材料。

对于纳米体系的研究，包含纳米科学和纳米技术两方面内容。前者侧重于研究纳米体系的性质、结构，探索性质与结构相互联系的内在规律等理论问题；后者侧重于纳米体系的制备、研究方法和技术以及应用研究。从应用角度讲，纳米体系的研究包含纳米材料、纳米器件、纳米结构的检测和表征等方面内容。

1.2.1 微纳米技术的历史

1861 年，随着胶体化学的建立，科学家们开始了对直径为 1~100 nm 的粒子体系的研究工作。真正有意识地研究纳米粒子可追溯到 20 世纪 30 年代的日本为了军事需要而开展的"沉烟试验"，但受到当时试验水平和条件限制，虽用真空蒸发法制成了世界第一批超微铅粉，但光吸收性能很不稳定。1959 年 12 月 29 日，Richard Phillips Feynman 在美国加州理工学院发表题为《There's Plenty of Room at the Bottom—An Invitation to Enter a New Field of Physics》的演讲："至少依我看来，物理学的规律不排除一个原子一个原子地制造物品的可能性"，"如果人类能够在原子/分子的尺度上来加工材料，制备装置，我们将有许多激动人心的发现。……我们需要新型的微型化仪器来操纵微小结构并测定其性质。……那时，化学将变成根据人们的意愿逐个地准确放置原子的问题。"他预言："当 2000 年人们回顾历史的时候，他们会为直到 1960 年才有人想到直接用原子、分子来制造机器而感到惊讶。"人类能够用宏观的机器制造比其体积小的机器，而这较小的机器可以制作更小的机器，这样一步步达到分子线度，即逐级地缩小生产装置，以至最后直接按意愿排列原子、制造产品。

1963 年，Uyeda 用气体蒸发冷凝法制备金属纳米微粒，并对其进行了电镜和电子衍射研究。1981 年，G. Binning 和 H. Rohrer 发明扫描隧道显微镜（Scanning Tunneling

Microscope，STM），其横向分辨率达0.1 nm，纵向分辨率达0.01 nm。1984 年，德国萨尔兰大学（Saarland University）的 Gleiter 及美国阿贡实验室的 Siegal 相继成功地制得了纯物质的纳米细粉。Gleiter 在高真空的条件下将粒子直径为 6 nm 的铁粒子原位加压成型，烧结得到了纳米微晶体块。1986 年，诺贝尔物理学奖实现了人类的两个梦想：直接看到原子和按意愿去安排原子、分子。G. Binning、C. F. Quate 和 C. Gerber 等发明了原子力显微镜（Atomic Force Microscope，AFM），从此，人类获得了微观表征和操纵技术。1990 年 7 月，在美国巴尔的摩（Baltimore）召开了第一届国际纳米科技技术会议（International Conference on Nanoscience & Technology），正式宣布纳米材料科学为材料科学的一个新分支。《Nanotechnology》（1991 年创刊）、《Nanostructured Materials》（1992 年创刊）与《Nanobiology》（1992 年创刊）这几种国际性专业期刊也相继问世，标志着一门崭新的科学技术——纳米科学技术的正式诞生。

自 20 世纪 70 年代纳米颗粒材料问世以来，根据研究内涵和特点，纳米技术大致可划分为三个阶段[66]。

第一阶段（1990 年以前）：主要是在实验室探索用各种方法制备纳米颗粒粉体或合成块体，研究评估表征的方法，探索纳米材料不同于普通材料的特殊性能；研究对象一般局限在单一材料和单相材料，国际上通常把这种材料称为纳米晶或纳米相材料。

第二阶段（1990—1994 年）：人们关注的热点是如何利用纳米材料已发掘的物理和化学特性，设计纳米复合材料。复合材料的合成和物性探索一度成为纳米材料研究的主导方向。

第三阶段（1994 年至今）：纳米组装体系、人工组装合成的纳米结构材料体系正在成为纳米材料研究的新热点。国际上把这类材料称为纳米组装材料体系或者纳米尺度的图案材料。它的基本内涵是以纳米颗粒及由它们组成的纳米丝、纳米管为基本单元，在一维、二维和三维空间组装排列成具有纳米结构的体系。

1.2.2 微纳米技术的特点

微纳米技术（MEMS nano technology）为微机电系统（MEMS）技术和纳米科学技术（nano Science and Technology，nano ST）的简称，是 20 世纪 80 年代末在美国、日本等发达国家兴起的高新科学技术[67]。由于其巨大的应用前景，因此自问世以来，微纳米技术受到了各国政府和学者的普遍重视，是当前科技界的热门研究领域之一。

微机电系统技术主要涉及 0.1 μm 到数毫米尺度范围内的传感器、微执行器和微系统的研究开发，它以单晶硅为基本材料，以光刻并行制造为主要加工特点，采用微电子工艺设备结合其他特殊工艺设备作为加工手段[68]。图 1.8 所示为由 MEMS 技术加工得到的图案。纳米尺度一般是指 1 ~ 100 nm，纳米科学是研究纳米尺度范围内原子、分子和其他类型物质运动与变化的科学，而在同样尺度范围内对原子、分子等进行操纵和加工的技术则称为纳米技术，纳米尺度的机电系统称作纳机电系统。可见微纳米技术和微机电系统技术之间既有联系又有区别，前者是后者的基础，而后者是前者的发展方向。

图 1.8　由 MEMS 技术加工得到的图案

微纳米技术是以许多现代先进科学技术为基础的科学技术，它是现代科学（混沌物理、量子力学、分子生物学）和现代技术（计算机技术、微电子和扫描隧道显微镜技术、核分析技术）结合的产物。因此，微纳米技术涵盖物理、化学、机械、生物、环境等多学科，是一门具有前瞻性、战略性和基础性的科学和技术。

微纳米技术的广义范围包括纳米材料技术及纳米加工技术、纳米测量技术、纳米应用技术等方面。其中纳米材料技术着重于纳米功能性材料的生产（超微粉、镀膜、纳米改性材料等）和性能检测技术（化学组成、微结构、表面形态、物、化、电、磁、热及光学等性能）。纳米加工技术包含精密加工技术（能量束加工等）及扫描探针技术。总的来说，微纳米技术的研究方式有以下两种：

①从大到小、自上而下（top down）利用机械和蚀刻技术制造纳米尺度结构（通过微加工或固态技术，不断在尺寸上将人类创造的功能产品微型化）；

②从小到大、自下而上（bottom up）以原子、分子为基本单元，根据人们的意愿进行设计和组装，创造无机结构、有机物，从而构筑具有特定功能的产品。

纳米材料晶粒极小，表面积特大，在晶粒表面无序排列的原子分数远远大于晶态材料表面原子所占的百分数，导致了纳米材料具有传统固体所不具备的许多特殊基本性质，如体积效应、表面效应、量子尺寸效应、宏观量子隧道效应和介电限域效应等，从而使纳米材料具有微波吸收性能、高表面活性、强氧化性、超顺磁性及吸收光谱表现明显的蓝移或红移现象等。除上述的基本特性以外，纳米材料还具有特殊的光学性质、催化性质、光电化学性质、化学反应性质、化学反应动力学性质和特殊的物理机械性质。

（1）纳米材料的体积效应

当纳米材料的颗粒尺寸与光波波长、德布罗意波长及超导态的相干长度或透射深度等物理特征尺寸相当或更小时，晶体周期性的边界条件被改变，无论是否是非晶态的纳米颗粒，其颗粒表面层附近的原子密度都减小，结果导致声、光、电、磁、热、力学等特性呈现出与普通非纳米材料不同的新的效应。这些小尺寸效应为纳米材料的应用开拓了广阔的新领域。

（2）纳米材料的表面效应

表面效应是指纳米粒子表面原子数与总原子数之比随粒径变小而急剧增大后所引起的性质上的变化。例如，当粒径降至 10 nm 时，表面原子所占的比例为 20%，而粒径为 1 nm 时，几乎全部原子都集中在粒子的表面，纳米晶粒粒径的减小结果导致其表面积、表面能的增大，并具有不饱和性质，表现出很高的化学活性。特别是 1 ~ 10 nm 粒径范围内的纳米粒子的表面化学活性尤为突出，它们的表面与反应物之间的相互反应几乎是反应计量的。之所以如此，主要归于如下几个原因。首先，纳米结构材料的巨大表面积致使许多原子处在表面，从而极大地增加了表面 – 气体、表面 – 液体甚至表面 – 固体反应原子的接触机会。可见，为了增加反应原子的接触机会，反应粒子越小越好。表面化学活性增加的另一个原因是晶体形状的变化。此外，随着晶体尺寸的减小，阴离子/阳离子空穴变得越来越突出，表面原子的键合形式也会发生变异，这些也会影响表面能量。

由于纳米结构材料具有非常巨大的表面积，其表面具有丰富的边、角、各种缺陷和其他一些不寻常的特征结构，如槽沟、空穴等，所有这些都为吸附质提供了丰富而良好的吸附位。此外，如做进一步处理，在这些纳米材料上也能形成所需的特殊孔结构，因此，纳米结构材料是具有非常大发展前景的吸附剂。

（3）纳米材料的量子尺寸效应

当纳米粒子的尺寸下降到某一值时，金属粒子费米面附近电子能级由准连续变为离散能级，并且纳米半导体微粒存在不连续的最高被占据的分子轨道能级和最低未被占据的分子轨道能级，使能隙变宽的现象称为纳米材料的量子尺寸效应。在纳米粒子中，处于分立的量子化能级中的电子的波动性带来了纳米粒子的一系列特殊性质，如高的光学非线性、特异的催化和光催化性质等。

当纳米粒子的尺寸与光波波长、德布罗意波长、超导态的相干长度或与磁场穿透深度相当或更小时，晶体周期性边界条件将被破坏，非晶态纳米微粒的颗粒表面层附近的原子密度减小，导致声、光、电、磁、热力学等特性出现异常。

由于纳米粒子细化，晶界数量大幅度增加，可使材料的强度、韧性和超塑性大为提高。其结构颗粒对光、机械应力和电的反应完全不同于微米或毫米级的结构颗粒，使得纳米材料在宏观上显示出许多奇妙的特性，纳米材料从根本上改变了材料的结构，可望得到诸如高强度金属和合金、塑性陶瓷、金属间化合物及性能特异的原子规模复合材料等新一代材料，为材料科学研究领域开辟了新的途径。

（4）纳米材料的宏观量子隧道效应和介电限域效应

在半导体物理中，微观粒子具有贯穿势垒的能力，称为隧道效应。近年来发现，诸如像微颗粒的磁化强度、量子相干器件中的磁通量等一些宏观量，都具有隧道效应，故称为宏观量子隧道效应。介电限域效应主要是指纳米微粒分散在异质介质中，由各分散体的界面引起的体系介电效应增强的现象。一般来说，过渡族金属氧化物和半导体微粒都可能产生这种介电限域效应。纳米微粒的介电限域对光吸收、光化学、光学非线性等都有重要的影响。

1.2.3　微纳米技术的发展

微纳米技术的研究和发展必将对 21 世纪的航空、航天、军事、生命科学和健康保健、汽车工业、仿生机器人、家用电器等领域产生深远的影响。

据美国国家科学基金会预测，未来 15～20 年，全球纳米技术市场规模将达到每年 1 万亿美元左右。欧洲联盟委员会在一项研究报告中说，未来 10 年纳米技术的开发将成为仅次于芯片制造的世界第二产业。到 2010 年，纳米技术市场的价值达 400 亿英镑[69]。在充满生机的 21 世纪，信息技术、生物技术、能源、环境、先进制造技术和国防技术的高速发展，必然对材料和器件提出新的需求，器件小型化、智能化、高集成、高密度和信息超快传输成为未来发展的方向。新材料和新产品的创新是未来 10 年对社会发展、经济振兴、国力增强最具有影响力的战略研究领域，其中微纳技术将起着关键的作用。图 1.9 所示为近年来一些国家在纳米技术领域发表文章的数量统计[70]。

在纳米材料研究方面，近年来人们在小尺寸纳米粒子的制备、控制、应用和理解上都进入了一个新的阶段。实现了用多种物理、化学方法规模化制备金属与合金（晶态、非晶态）、氧化物、氮化物、碳化物等化合物纳米粉体的工艺，建立了相应的设备，做到纳米晶粒的尺寸与组成可控，为纳米材料的研究与开发奠定了基础。然而，针对纳米粒子的粒径与气氛（组分、压力等）之间的关系，虽有定性的描述，仍需系统地研究和数据积累。建立这样的关系对纳米粒子的制备和生产十分必要，因为应用上常常要求能够有效地控制粒径或粒径分布，同时制造平均粒径在 5 nm 以下的超微粒子仍是一个具有一定挑战性的课题。纳米粒子的结晶状态及粒子生长过程直接的实验观察对人们理解及控制纳米粒子的形成是非常有意义的。在今后很长一段

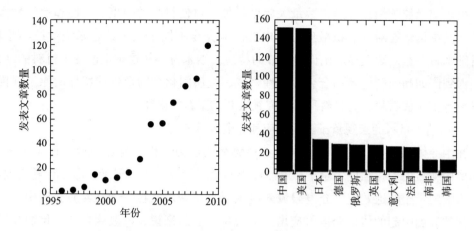

图 1.9　近年来部分国家在纳米技术领域发表文章的数量统计（搜索关键词用
"纳米" + "燃料"或者"火药"或者"含能材料"或者"炸药"）

时期内，获得尺寸与结构可控的纳米材料及构筑人工有序组装体将是纳米制备技术研究的重点。

表征与测试技术是科学鉴别纳米材料、认识其多样化结构、评价其特殊性能及优异物理化学性质、评估其毒性与安全性的根本途径，也是纳米材料产业健康持续发展不可或缺的技术手段。然而，当前纳米材料的表征与测试技术尚不完善，与我国持续快速发展的纳米材料产业存在巨大差距。据统计[71]，由于缺乏纳米材料的表征与测量数据，仅 2006 年和 2007 两年，我国被通报和退回的出口纳米材料相关产品共 116 个批次，进出口贸易额损失逾百亿美元。所以，进行纳米材料表征与测试技术研究对规避贸易技术壁垒、发展我国纳米材料产业具有重要的社会经济意义。因此，今后需要大力发展表征纳米体系的新原理、新手段和微区探测。建立表征纳米体系结构、特性的新概念、新理论和新方法，发展一些适用于纳米体系表征的新技术和新仪器，为纳米科技研究提供技术支撑。在纳米器件与制造方面，纳电子学和纳米器件则要突破传统硅基微电子技术极限的新原理器件及其科学基础，开发纳米传感、检测、存储与显示器件。目前 MEMS 器件正在加速向具有信号处理功能的微传感器芯片，以及能够完成独立功能的"片上系统"（微系统）方向发展[72]。我国的 MEMS 研究与国际上的最大差别是在产业化推进方面尚未具备大批量生产的能力。因此，需要产业界及时介入来引领中国的 MEMS 研究从实验室走向市场，打造科技向现实生产力转化的技术平台。

1.2.4　微纳米技术的应用

目前在欧洲、美国、日本已有多家厂商相继将纳米粉末和纳米元件产业化，我国也在国际环境影响下创立了一些影响不大的纳米材料开发公司。美国 2001 年通过了

"国家纳米技术启动计划（National Technology Initiative）"，年度拨款已达到 5 亿美元以上。美国科技战略的重点已由过去的国家通信基础构想转向国家纳米技术计划。布什总统上台后，制定了新的发展纳米技术的战略规划目标：到 2010 年，在全国培养 80 万名纳米技术人才，纳米技术创造的 GDP 要达到万亿美元以上，并由此提供 200 万个就业岗位。2003 年，在美国政府支持下，英特尔、惠普、IBM 及康柏 4 家公司正式成立研究中心，在硅谷建立了世界上第一条纳米芯生产线。许多大学也相继建立了一系列纳米技术研究中心。在商业上，纳米技术已经用于陶瓷、金属、聚合物的纳米粒子、纳米结构合金、着色剂与化妆品、电子元件等的制备。

目前美国在纳米合成、纳米装置精密加工、纳米生物技术、纳米基础理论等多方面处于世界领先地位。欧洲在涂层和新仪器应用方面处于世界领先地位。早在"尤里卡计划"中就将纳米技术研究纳入其中，现在又将纳米技术列入欧盟科研框架计划。日本在纳米设备和纳米结构领域处于世界先进地位。日本政府把纳米技术列入国家科技发展战略四大重点领域，加大预算投入，制定了宏伟而严密的"纳米技术发展计划"。日本的各个大学、研究机构和企业界也纷纷以各种方式投入到纳米技术开发大潮中来。

中国在 20 世纪 80 年代，将纳米材料科学列入国家"863 计划"和国家自然基金项目，投资上亿元用于有关纳米材料和技术的研究。目前我国有 50 多所大学、20 多家研究机构和 300 多所企业从事纳米研究，已经建立了十多条纳米技术生产线，以纳米技术注册的公司有 100 多个，主要生产超细纳米粉末、生物化学纳米粉末等初级产品。

纳米粒子的光学、热学、电学、磁学、力学及化学方面的性质和大块固体相比有显著的不同，从而使它在催化、粉末冶金、燃料、磁记录、涂料、传热、雷达波吸收、光吸收、光电转换、气敏传感等方面有巨大的应用前景，可用作高密度磁记录材料、吸波隐身材料、磁流体材料、防辐射材料、单晶硅和精密光学器件抛光材料、微芯片导热基片与布线材料、微电子封装材料、光电子材料、电池电极材料、太阳能电池材料、高效催化剂、高效助燃剂、敏感元件、高韧性陶瓷材料、人体修复材料及抗癌制剂等。可以说，纳米材料及技术已经渗透到国计民生的各个领域。图 1.10 所示为纳米技术的主要应用领域。

（1）环保领域中的应用[73]

纳米技术可用于监控和治理环境，减少副产物和污染物的排放，发展清洁的绿色加工技术。纳米技术的出现为大气净化提供了新的途径。如以 50～70 nm 钛酸钴作为催化活体，多孔硅胶作为载体的催化剂，可去除石油中 99.99% 以上的硫。纳米技术在环保中的另一个应用就是城市固体垃圾的处理。其优越性主要体现在：一是纳米级处理剂降解城市垃圾的速度快；二是利用纳米技术可以将橡胶塑料制品等制成超细粉末，

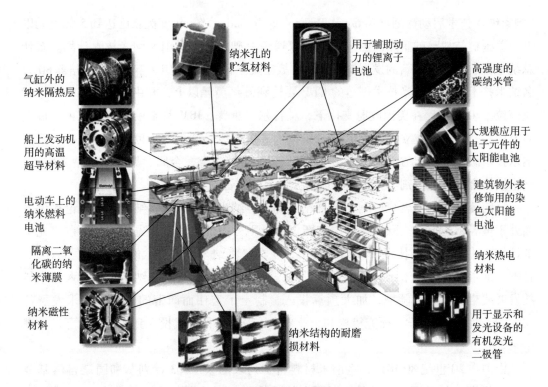

气缸外的
纳米隔热层

船上发动机
用的高温
超导材料

电动车上的
纳米燃料
电池

隔离二氧
化碳的纳
米薄膜

纳米磁性
材料

纳米孔的
贮氢材料

用于辅助动
力的锂离子
电池

纳米结构的耐磨
损材料

高强度的
碳纳米管

大规模应用于
电子元件的
太阳能电池

建筑物外表
修饰用的染
色太阳能
电池

纳米热电
材料

用于显示和
发光设备的
有机发光
二极管

图 1.10　纳米技术的主要应用领域

除去其中的杂物，将其作为再生原料回收。

（2）陶瓷领域中的应用[74]

工程陶瓷又叫结构陶瓷。因其具有硬度高、耐高温、耐磨损、耐腐蚀等优点而在工业及人们的生活中获得了广泛的应用，被称为是材料的三大支柱之一。但工程陶瓷质地脆、韧性差的缺点严重制约着它的应用。纳米技术的出现有望克服工程陶瓷的脆性，使其获得金属般的柔韧性。

20 世纪 80 年代初，日本 Nihara 首次报道了以纳米尺寸的碳化硅颗粒为第二相的纳米复相陶瓷。近年来，国内外的研究也发现在微米基体引入纳米分散相进行复合，可使材料的断裂强度、断裂韧性提高 2 ~ 4 倍，使其最高使用温度提高 400 ℃ ~ 600 ℃，同时材料的硬度、弹性模量等都有较大改善。

（3）纺织领域中的应用

人造功能纤维是化纤和纺织行业发展的总趋势，而纳米技术是开发这些新纺织材料的核心技术。随着臭氧空洞的日益增大，防紫外线问题已经成为一个很重要的问题。研究表明，纳米 TiO_2、ZnO、SiO_2、Al_2O_3 和纳米云母都具有在这个波段吸收紫外线的特征。如果将少量纳米微粒添加到化纤中，就会产生紫外线吸收，从而有效地保护人体免受紫外线的伤害。我国的纳米纤维产业发展潜力很大，现在北京、江苏、山东等一些大的企业竞相使用纳米技术完成产品的换代升级，已有部分纳米纤维产品进入市场。

（4）作为润滑油添加剂的应用

据报道，俄罗斯科学家将纳米铜合金粉末加入润滑油中，可使润滑油性能提高 10 倍以上，并能显著降低机械部件的磨损，提高燃料效率，改善动力性，延长寿命。在国内，一项高级润滑油专利则使用纳米金刚石墨粉作添加剂。美国密执安州大学通过性能比较试验也证明使用纳米添加剂的润滑油具有更好的性能。

（5）电子、信息产业的应用

应用纳米技术可以使电子产品缩微化，解决目前微细加工领域的一些难题，使计算机袖珍化，使笔记本电脑更易携带。此外，纳米结构的涂层可用于数据存储和光电绘图，纳米粒子可用作着色剂。利用纳米电子学已经研制成功各种纳米器件。例如单电子晶体管、红绿蓝三基色可调谐的纳米发光二极管。

纳米技术和材料在轻工业与家电行业也出现了应用的热潮。新一代的具有纳米技术含量的冰箱已经开发成功，它具有抗菌、除臭、抑霉等一系列独特性能。电视机显示屏使用的纳米三防涂料（防静电、防辐射、防眩光）也已开发成功。

（6）化工领域中的应用[75]

纳米粒子作为光催化剂有很多优点。首先是粒径小，比表面大，光催化效率高；其次，纳米粒子生成的电子、空穴在到达表面之前，大部分不会重新结合；最后是纳米粒子分散在介质中往往具有透明性，容易运用光学手段和方法来观察界面间的电荷转移、质子转移、半导体能级结构与表面态密度的影响。用纳米材料制作的反应器可以将化学反应局限于一个很小的范围内进行，在纳米反应器中反应物在分子水平上有一定的取向和有序系列，但同时限定反应物分子和反应中间体的运动。这种取向、排列和限制的综合作用将决定反应的速度与方向。

（7）生物、医学领域中的应用[76]

随着纳米技术的发展，它也开始在医学、生物领域中发挥作用。纳米金属粒子已被用来研究肿瘤药物及致癌物质的作用机理；还可以研究细胞分离技术，磁性纳米粒子可将异常的细胞与生物体内正常细胞分离，如癌细胞的分离。采用纳米技术制成的芯片和微小的纳米机器人可进行分子识别，用于疾病诊断。在制药方面，具有增加人体免疫和清除自由基功能的纳米硒和纳米钙已经商品化。纳米氧化锌消毒软膏、消毒试剂也在开发中。

（8）涂料工业中的应用

涂料中加入纳米材料，如纳米级 TiO_2、ZnO 及炭黑作为颜色填料或着助剂，可以显著提高涂膜的力学强度、附着力、防腐性能等特殊性能。当材料达到纳米级的分散时，可以作为优良的罩光漆，由于是透明的并且可以屏蔽紫外光，因而可以大大增加其保光、保色及抗老化性能。另外，添加了纳米助剂的涂料和油漆的热流动性能得以改善，热稳定性及涂膜的玻璃化转变温度都得到了很大的提高。

（9）能源领域中的应用

纳米技术在能源中的有效利用、存储和制造方面有潜在的应用前景。纳米碳管可以用作储氢材料，制造清洁能源[77]。对于我国而言，煤、石油、天然气在一个相当长的时间内仍是主要的燃料能源，煤仍是主要的发电燃料，纳米技术的引入能够有效地提高燃烧率，减少有害气体的排放。

（10）汽车、航空航天及军事领域中的应用

纳米技术在军事领域的应用很广泛，不仅可制备高性能的材料，还可以提供具有特殊功能的智能化材料，如雷达波吸收、远红外吸收、抗电磁干扰等新型材料。另外，利用昆虫作平台，可把分子机器人植入昆虫的神经系统中控制昆虫飞向敌方收集情报，或使目标丧失功能。同时，纳米材料因其优异的力学性能、阻燃性能、热性能而广泛应用于汽车工业中。

吸波材料具有吸收频带宽、密度大的特点，光吸收显著增加，超导相向正常相转变，金属熔点降低，微波吸收增强等。利用等离子共振频移随颗粒尺寸变化的性质，可以改变颗粒尺寸，控制吸收波的位移，制造具有一定频宽的微波吸收纳米材料，因此，纳米材料被大量应用于军用飞行器的隐身涂层设计中[78]。

（11）其他应用

纳米技术除在以上的领域应用外，还可以用作化妆品添加剂[79]。例如，用在化妆品中有很好的护肤美容作用。与电子、生物制药、环境等应用领域相比，纳米科学在含能材料领域的研究和应用要少得多。

1.3　微纳米含能材料概述

1.3.1　研究意义与背景

随着现代武器系统的快速发展，对含能材料的性能提出了更高要求：①更强的军事打击能力；②能量释放的高度可控性；③低钝感；④环境友好等。然而，传统的含能材料无法同时满足以上要求，发展新型含能材料是解决问题的关键所在。近年来，在探索新型含能材料过程中，纳米含能材料（Nano Energetic Materials，NEMs）的概念开始形成、发展，并日益引起科技人员的重视[80]。2001 年 4 月由美国化学会召开的第221 届全国会议中所探讨的四个专题之一即为纳米含能材料，在此之后，世界各国纷纷在该领域投入大量经费、精力，以期获得理想的综合性能。美国国防部通过"国防部大学纳米技术研究倡议计划"为大学研究项目进行投资，对纳米含能材料的高速生产

和性能进行全面、多学科的研究。美国已将纳米技术列入国防部和能源部的基础发展规划。研究资料表明，美国三军、能源部及学术界的部分实验室已经参与了相关的实验研究。主要集中在开发和探索纳米含能材料用作火炸药和推进剂时的潜能及效用，研究热点及内容主要是针对纳米含能材料制备过程中的技术难题。俄罗斯、日本、意大利等国也开展了纳米高能复合推进剂的研究工作，并取得了一定进展。

除了具有普通尺寸含能材料的优异性能外，含能材料的纳米化，可以在很大程度上改善包括其熔点、分解温度等在内的多种热力学性能，有利于材料的快速分解和完全燃烧（或爆炸），从而提高其能量性能[81,82]。同时，纳米催化剂由于具有十分优异的催化性能，可以加速含能材料的分解，使含能材料在能量释放的时候反应更充分、更彻底，间接地提高了含能材料的能量使用效能。纳米含能材料还具有许多新的物化性能和新的规律，有许多潜在的性能优势，除显著提高能量释放速率，使爆轰更接近于理想状态，加强能量可控性，提高燃烧（能量转化）效率之外，还能降低炸药自身敏感度，装药强度大幅度提高，从而增强火炸药的力学性能，增加运输、装药过程的安全性等。

纳米含能材料的发展将极大推进武器装备部队高科技建设的发展。发展纳米含能材料科技是长远国策、未来高科技战争之必需。纳米科技的迅猛发展和现代高科技战争对含能材料的更高要求也促使纳米含能材料得到空前发展，目前所有发达国家都对纳米含能材料研究给予高度重视。关注纳米含能材料的研究，并尽快组织和部署相关纳米含能材料的发展规划，对我国国防事业发展影响深远。

1.3.2　相关文献综述

20 年前，纳米化学和纳米技术的发展开启了制造业"自底而上"的途径。纳米技术在含能材料领域的应用，首先开始于微纳米活性金属粉 - 超细铝粉的应用。研究表明，在固体复合推进剂中 20%（质量分数）的纳米铝粉比相同含量的微米铝粉的燃速提高 70% ~ 100%。黄辉等在 RDX 基复合炸药中加入纳米铝粉，结果表明，含 50 nm 铝粉复合炸药的做功能力比含 5 μm 铝粉的复合炸药明显提高，反应时间缩短 14.4%[83]。纳米金属材料还可以用作助燃剂，有关研究表明，只要在火箭燃料中添加不到 1% 的纳米铝粉或镍粉，可使燃料的燃烧热提高两倍多。目前纳米铝粉颗粒很容易获取并广泛应用于提高反应性能和推进剂、炸药、烟火药的比冲。Al 毫无疑问是研究最热的燃料[84,85]，其余的还原剂如 P、Zr 和 Si 等正在开发中。硅的优势在于较薄的表面钝化层，火焰温度高并且硅表面很容易功能化[86]。Miller 等人发表的文章陈述了硅粉和含氟氧化物混合产物的使用效果，拓展了研究方向[87]。Fuente 等人的论文将铝、钛和锆等纳米颗粒添加到 HTPB 推进剂中，并研究其对燃速和摩擦感度的影响规律[88]。

最初的微纳米含能材料制作基本都采用简单的物理混合方法，将纳米颗粒的铝粉和纳米氧化剂（通常是金属或金属氧化物）混合，得到的颗粒尺寸为 50 ~ 300 nm。已有实验表明，氧化剂和铝粉的尺度影响到点火温度、燃烧速率和动态压力。

尽管溶胶－凝胶化学法可制备纳米材料早已为人所知，但直到最近人们才将它用于含能材料[89,90]。美国劳伦斯利弗莫尔重点实验室的研究人员首次采用溶胶－凝胶方法合成出纳米铝热剂。该法之所以应用于含能材料，其最大吸引力在于可实现目标纳米材料的组成、密度、形态和粒径的精确控制，以改变含能药剂的安全性和能量水平，而这是用传统方法所难以达到的。此外，溶胶－凝胶法还为含能材料的加工提供安全性和稳定性保障。例如，室温凝胶和低温干燥避免了含能材料的分子分解，凝胶前溶胶的黏度与水的相近，因而易于浇铸成类似网状的结构，使加工过程更为安全。图 1.11 所示为化学法制备的纳米铝热剂。

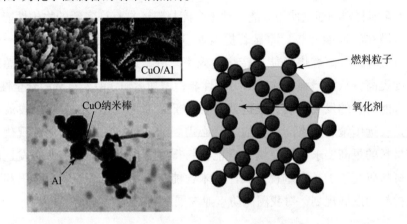

图 1.11　化学法制备的纳米铝热剂

继溶胶－凝胶工艺用于制备纳米含能材料之后，众多的学者先后运用多种现代先进技术[91,92]，如喷墨技术、气相沉积、低温喷射或者活性保护研磨技术等来控制含能结构材料的精确性，以及氧化剂与还原剂颗粒的结合率和分布。同时，设法将其集成于含能装置上，直接放置于功能器件或其他表面。除了金属氧化物体系[93-95]（例如 Al/CuO、Al/MoO_3、Al/Fe_2O_3、Al/Bi_2O_3），金属－金属化合物[96,97]（例如 Al/Ni、Al/Ti、Ti/B、Zr/B、…）都是研究的热点。国外已将超细含能材料与微纳米制造技术相融合，先后制备出新型的活性纳米结构、多层纳米箔片、壳/核结构、活性纳米线、直接组装颗粒、由球磨法生成的密实纳米复合物、纳米多孔颗粒和基底等。

除了深入研究铝基活性纳米材料之外，微纳米技术在高能炸药中也有长足进展，目前主要集中于合成结晶品质良好的超细炸药晶粒。近期报道的实验和计算数据清晰地表明，随着晶粒尺寸的降低，炸药对外界刺激的敏感程度下降，同时反应活性增强。这促使研究者致力于用不同的方法制备炸药纳米粒子，例如超临界溶液的膨胀、等离子体辅助结晶及电喷射结晶[98-100]。Kumar 等人提出的运用辅助蒸发的溶剂－非溶剂法沉淀技术制备了纳米黑索今，并研究了制备工艺对黑索今颗粒尺度和形貌的影响。

Stepanov 等人提出一种改善晶体品质和纯度的方法，通过超临界技术获得纳米 RDX。Ahmed 等人提出了纳米 CL-20 溶液降感技术。Stepanov、Ahmed、Peter 等人提出纳米颗粒 TATB 的生成和表征，使用二氧化碳辅助喷雾方法，加上气泡烘干技术得到直径为 100～400 nm 的颗粒[101-103]。

在炸药细化的过程中，人们逐渐发现超细炸药颗粒很难以凝聚相形式长期稳定存在于室温环境下。因此，研究者又着手利用模板、微乳液、微胶囊等技术将微纳米级炸药表界面进行修饰或改性，从空间上限制微纳米颗粒失控性生长，同时还能提高与其他含能组分的结合力，并降低整个体系的感度。图 1.12 所示为文献报道的纳米含能材料最新研究成果[104-106]。纳米复合含能材料由纳米尺寸的构筑单元构成，而且大量纳米颗粒具有很大的比表面积，大量的界面接触面积在很大程度上影响了含能材料的性能，这直接导致了纳米复合材料具有传统材料所不具备的特殊性能，这势必带动起爆技术、爆轰理论、性能检测与评估及含能材料制造技术等方面的发展和创新。图 1.13 所示为纳米复合含能材料的几种可能的复合方式[107]。目前，国内外众多研究机构在这方面都有较大的突破[108,109]。纳米含能复合材料将成为今后含能材料的一个重要技术领域，纳米化的含能材料和含能材料的纳米结构化都可为武器发展提供新的思路，可改进钝感弹药的设计和起爆传爆序列，可有效提高含能材料的爆轰性能与安全性能，并有可能突破原有 CHNO 炸药的能量"瓶颈"，满足未来高性能武器的需求，并在环境清洁型底火、雷管、改性火箭推进剂、炸药、热电池、原位焊接等其他领域具有广阔的应用。

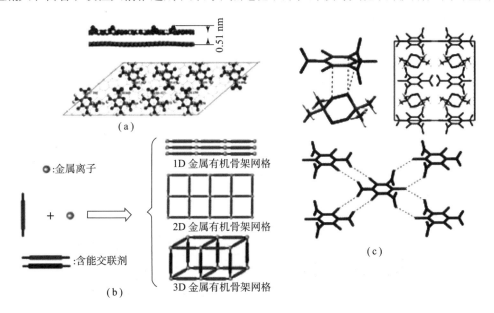

图 1.12　纳米含能材料最新研究成果

（a）单层 LLM-105 在 HOPG 表面；（b）含能金属有机骨架结构；（c）DADP/TCTNB 含能共晶

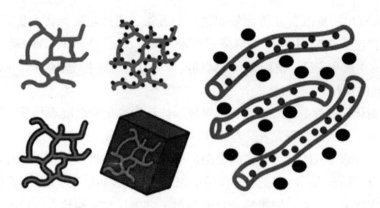

图1.13　纳米复合含能材料的几种可能的复合方式

微纳米含能材料的设计核心就在于氧燃比例的精确调控及纳米尺度的均匀分布。这就是所有研究人员努力的最终结果和最高目标。20多年来,这个新兴的学科方向不仅没有随着武器更新换代、各类新式装备平台的出现而萎缩,相反,纳米含能材料越来越受到各国国防科研工作者的高度重视。美国几个具有军工背景的高校已经强强联合,致力于微纳米含能材料与微纳含能器件的研究,在雄厚资金的资助下获得了令世人瞩目的成果,基本上实现了燃料和氧化剂分布的精确控制。例如,以Bahrami为首的研究团队通过实验研究了喷涂Al/CuO多层纳米复合物的化学计量比、层厚等对反应活性和燃烧特性的影响,并详细说明了潜在的可调控性及这类材料的设备集成。Staley提出采用硝化棉作为黏合剂来制造高性能的纳米铝热剂推进剂,用作推冲器,通过改变铝热剂和硝化棉的比例调控整体的比冲的可行性。图1.14所示为多层反应膜的制作。基于金属和金属氧化物的多层组装结构,是目前微含能器件制作的基础。图1.15所示为纳米铝热剂为含能药剂的微型动力装置。

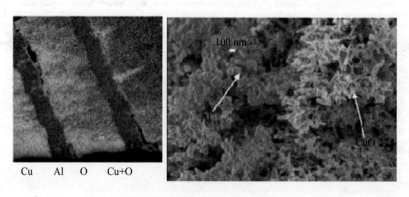

图1.14　多层反应膜的制作

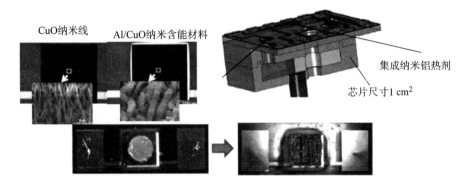

CuO纳米线　　Al/CuO纳米含能材料

集成纳米铝热剂

芯片尺寸1 cm²

图 1.15 纳米铝热剂为含能药剂的微型动力装置

　　硅是微纳米制造与加工中经常用到的基底材料，兼之硅本身具有一定的还原性和可燃性，因而除纳米铝热剂之外，以多孔硅或硅为基底，在其上复合微纳米含能材料，由此制备得到的含能 MEMS 装置，在推进、起爆、引燃或者烟火作用等方面都有广泛的用途[110]。图 1.16 所示为复合硅的各种微含能器件装置图[111,112]。

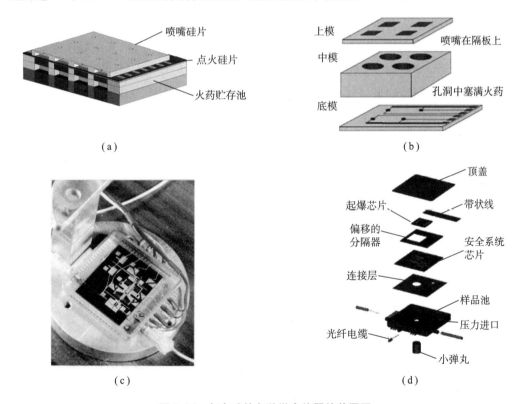

喷嘴硅片
点火硅片
火药贮存池

（a）

上模　　喷嘴在隔板上
中模
底模　　孔洞中塞满火药

（b）

（c）

顶盖
起爆芯片　　带状线
偏移的分隔器　　安全系统芯片
连接层
样品池
光纤电缆　　压力进口
小弹丸

（d）

图 1.16 复合硅的各种微含能器件装置图

（a）MEMS 点火件；（b）MEMS 烟火器；（c）微起爆器；（d）微起爆器解剖

图 1.16　复合硅的各种微含能器件装置图（续）

(e) 微推冲器内部；(f) 微推冲器外观

1.3.3　发展趋势

综上所述，含能材料的微纳米化已经取得了一定积极成果，但是从目前诸多研究成果来看，国内纳米含能材料的研究还处于初级阶段，大量的科研工作还只是基础性研究，许多基础理论和实践方面的问题亟待解决，且目前采用的纳米化技术手段与制备方法还没有一种能够满足工业化生产需求，具有工程应用价值的成果很少。尽管在纳米工程和控制活性纳米材料与反应中取得了不可否认的成效，但是仍旧面临着很多挑战和悬而未决的疑问，主要有以下几个方面。

①从材料功效的角度出发，纳米含能颗粒的尺度是不是越小越好？是否存在一个最适宜的尺度？在混合型含能体系中是否存在最佳的粒度级配？如果有这样的尺度存在，理论上如何解释？随着含能体系配方组成的不同，最佳尺度的变化规律又是什么呢？

例如，李维等人提出铝粉粒子直径在 20 ~ 50 nm，燃速是微米颗粒混合物的 1 000 倍，然而，在 80 nm 以下的混合物中未观测到燃速的提高[113]。Ohkura[114]讨论了还原剂颗粒对 Al/CuO 纳米粉末燃速的影响，并计算了颗粒加热时间随着颗粒尺寸和气体加热率变化的函数，他发现如果氧化剂是纳米级的，铝的尺度是微米级并不会对反应性造成明显的不利。对于含铝炸药，铝粉的粒度选用微米还是纳米对爆炸作用究竟有何影响？

②纳米含能材料设计是一个理论与实验并重的新领域，在材料设计中最重要的科学本质是什么？是氧燃组分的分布，还是含能物质的体积或者能量密度变化或是活性组分之间的界面？其影响规律是什么？

在纳米含能混合物中，铝粉通过表层氧化物膜的扩散貌似是导致点火延迟的原因。在反应过程中，氧化铝壳的破碎导致氧化反应加速，因此氧化铝壳何时破裂成为控制反应速度的关键。如果完全剥去氧化铝壳或者用一些功能材料（例如塑性黏结炸药或者氟碳羧酸钝化）取代惰性的氧化铝薄层，可能会使传播速率加速。在相同的对比条件下，被氟碳羧酸钝化的铝粉燃速较高，优于被氧化铝钝化的铝粉。

对于任意形式的活性纳米复合物，无论它们是层叠的纳米箔片、壳核结构还是压装粉末等，如何理解铝粉的氧化及在氧化气氛中界面的形成机制，如何控制感度和纳米复合物的反应活性，这方面的研究仍旧存在争议。

③如何验证或者剖析材料设计参数（如结构、尺寸等）与活性纳米复合物的密度、能量、力学性能之间的关系？也就是微纳米含能材料的构效关系未知。

Wang 等人提出在 Al/CuO 纳米铝热剂的传播中采用彩色相机高温测定仪进行温度测量，并给出了在一定压力和容积下的绝热火焰温度[115]。Kwon 等人提出了一个基于两组分 Al/CuO 体系铝热剂的扩散模型，并对比了计算与实验得到的燃速和反应温度值[116]。该文进一步指出，精确预估反应参数是很困难的。Kappagantula 等人研究了 Al/CuO 和 Al/PTFE 混合物的反应温度场，研究了温度场和气体生成的相关性[117]。

含能材料尺度的变化势必会影响到化学反应历程和动力学机理，目前关于这方面的研究远不够透彻，一些新的基于反应力场的动力学计算软件虽然可以做一些理论分析，但是计算模型往往缺乏普适性，所得结论也只能是针对某一个具体体系，无法拉动纳米含能材料的整体理论水平。

另外，随着纳米表征技术的迅猛发展，各种新的测试手段层出不穷，因此纳米含能材料的微结构表征目前基本能够满足，然而相应的性能检测技术，特别是微型含能器件的实验方法没有统一标准，受到狭小空间的局限，很多信号难以拾取，数据偏差较大。

综上所述，笔者认为纳米含能材料亟待解决的问题很多，今后的研究重点有如下几点。

①加强理论研究，对微纳米含能材料生成、生长机理、结构的精确控制以及输入输出的响应过程进行预测，要特别注意纳米含能材料表界面状态的结构演化、物理化学行为研究，要特别重视微纳米含能体系的局部化学性质、热稳定性机理及能量释放规律。

②深入研究现有制备方法的具体工艺条件、分析各种方法的优缺点，掌握制备微纳米含能材料的影响因素，优化实验条件，降低生产成本，提高产品质量，从而保证纳米含能材料合成的可重复性，以期达到工业量级的制备，解决大部分微纳米含能材料至今无法投入实际应用的难题。这其中需要攻关并重点突破的核心技术包括纳米含能材料的粒子控制技术、采用湿化学法制备的干燥处理、纳米粒子的防团聚问题及其分散技术等。

另外，结合新式武器的新需求，发展制备新方法，特别是要经常关注其他行业合成纳米粉体的新思路、新工艺、新手段和新构型，注重这些新技术与含能材料制造的相融合，加快纳米含能材料配方的研究，从而提升我国火炸药领域的原始创新能力。

③目前有关纳米含能材料点火、燃烧和能量性能方面的研究大多是半定量的，故在其结构与性能表征上还需开展更深入细致的工作，特别是加强纳米含能材料的长贮安定性、老化行为、与其他组分间相容性、安全性和感度等综合性能的研究。应尽快建立纳米含能材料的评估体系和检测标准，为微纳米含能材料的构效关系研究奠定基础。

参 考 文 献

［1］王泽山. 含能材料概论［M］. 哈尔滨：哈尔滨工业大学出版社，2006.

［2］Jai Prakash Agrawal. 高能材料——火药、炸药和烟火药［M］. 欧育湘，等，译. 北京：国防工业出版社，2013.

［3］欧育湘. 炸药学［M］. 北京：北京理工大学出版社，2014.

［4］潘功配，杨硕. 烟火学［M］. 北京：北京理工大学出版社，1997.

［5］林儒生. 含能材料漫谈［J］. 兵器知识，2013（1）：76－78.

［6］黄辉，王泽山，黄亨建，李金山. 新型含能材料的研究进展［J］. 火炸药学报，2005（04）：9－13.

［7］欧育湘，刘进全. 高能量密度化合物［M］. 北京：国防工业出版社，2005.

［8］Golfier M，Graindorgc H，Longevialle Y，et al. Newenergeticmolecules and their application in energetic materials［C］. Proc. of 29th International Annual Conference of ICT，1998：1－3.

［9］Teipel U. Energetic materials［M］. Germany：WILEY-VCH Verlag GmbH & Co. KGaA，2009.

［10］Van der Steen A C. Influence of RDX Cyrsatl Shape on the shock sensitivity of PBXs［C］. Porc. 10th Symposium（International）on Deotnation，1989：83.

［11］Bircher H R，Mäder P，Mathieu J. Properties of CL－20 based high explosives［C］. Proceedings of the 29th ICT Conference on Propellants，Explosives and Pyrotechnics. Karlsruhe，Germany，1998，94：1－14.

［12］Nair U R，Sivabalan R，Gore G M，et al. Hexanitrohexaazaisowurtzitane（CL－20）and CL－20－based formulations（Review）［J］. Combustion，Explosion and Shock Waves，2005，41（2）：121－132.

［13］雷永鹏，徐松林，阳世清，张彤. 国外高能材料研究机构及主要研究成果概况［J］. 火工品，2006（5）：45－50.

［14］ Walter K C, Aumann C E, Carpenter R D, et al. Energetic materials development at technology materials development ［C］. MRS Proceedings, 2003, 800：AA1 - 3.

［15］ Niko Fischer, Dennis Fischer, Thomas M Klapötke, Davin G Piercey, Jörg Stierstorfer. Pushing the Limits of Energetic Materials—The synthesis and characterization of dihydroxylammonium 5, 5′-bistetrazole - 1, 1′ - diolate ［J］. J. Mater. Chem., 2012, 22：20418 - 20422.

［16］ JiřiA Vágenknecht, Pavel Mareček, Waldemar A. Trzciński. Sensitivity and performance properties of tex explosives ［J］. Journal of Energetic Materials, 2002, 20：245 - 253.

［17］ 欧育湘, 王艳飞, 刘进全, 孟征. 近 20 年问世的 5 个新高能量密度化合物 ［J］. 化学通报 (网络版), 2006, 69 (1).

［18］ Robert W, Thomas H, Robert S. ADN manufacturing technology［C］. International Annual Conference of ICT (Energetic Material), 1998.

［19］ Langlet A. Meltcast charges ［P］. WO 98/49123, 1998.

［20］ Batog L V, Konstantiova L S, Lebedev O V, et al. Hypohalites as reagents for the macrocyclization of diamines of the furazan series ［J］. Mendeleev Communications, 1996, 6 (5)：193 - 195.

［21］ Mul J M, Gadiot M H J L, Meulenbrugge J J. Newsolid propellants based on energetic binders and HNF, AIAA - 92 - 3627 ［R］. Nashville：The American Institute of Aeronautics and Astronautics, 1992.

［22］ Schoyer H F R, Welland Veltmans W H M, Louwers J. Overview of the development of hydrazinium nitroformate-based propellants ［J］. Journal of Propulsion and Power, 2002, 18 (1)：138 - 145.

［23］ Schoyer H F R, Schnorhk A J, Korting P A O G, et al. High-performance propellants based on hydrazinium nitraformate ［J］. Journal of Propulsion and Power, 1995, 11 (4)：856 - 869.

［24］ Hammer A, Hiskey M, Holl G, et al. Azidoformamidinium and guanidinium 5, 5 - prime-azotetrazolate salts ［J］. Chemistry of Materials, 2005, 17 (14)：3784 - 3793.

［25］ 杨建纲, 赵丹丹. 耐热炸药的研究现状与进展 ［J］. 山东化工, 2012 (14)：54 - 59.

［26］ 李海波, 聂福德, 李金山, 等. 2, 6 - 二氨基 - 3, 5 - 二硝基吡嗪 - 1 - 氧化物的合成及其晶体结构 ［J］. 合成化学, 2007, 73 (3)：296 - 300, 315.

［27］ 惠君明. 六硝基芪炸药及其应用 ［J］. 爆破器材, 1990 (4)：9 - 11.

［28］ 陈智群, 郑晓龙. HNS 热行为研究 ［J］. 含能材料, 2005, 13 (4)：249 - 251.

［29］黄亚峰，王晓峰，冯晓军，等．高温耐热炸药的研究现状与发展［J］．爆破器材，2012，41（6）：1－7．

［30］陈智群，郑小龙，刘子如，等．TATB、DATB 热分解动力学和机理研究［J］．固体火箭技术，2005，28（3）：201－204．

［31］Lee K Y. 3－Nitro－1，2，4－trlazole－5－ono，a less sensitive explosive［J］. Journal of Energetic Materials，1990，16（5）：27－33.

［32］王小军，鲁志艳，尚凤琴，等．NTO 炸药研究进展［J］．现代化工，2013，33（2）：38－43．

［33］王乃兴，李纪生．2，6－二苦氨基－3，5－二硝基吡啶的新合成探讨［J］．含能材料，1994，2（3）：25－28．

［34］李战雄，欧育湘，陈博仁．四硝基二苯并－1，3，4，6－四氮杂戊搭烯合成工艺改进［J］．火炸药学报，2001，24（2）：32－34．

［35］曹端林，李雅津，杜耀，等．熔铸炸药载体的研究评述［J］．含能材料，2013，21（2）：157－165．

［36］彭翠枝，范夕萍，任晓雪，张培，彭玲霞．国外超高能含能材料研发状况分析［J］．飞航导弹，2011（7）：92－95．

［37］Sikder N，Sikder A K，Bulakh N R. 1，3，3－Trini-troazetidine（TNAZ），a melt-cast explosive：synthesis，characterization andthermal behavior［J］. Journal of Hazardous Materials，2004（1－3）：35－43.

［38］Nicolich S，Niles J，Ferlazzo P，et al. Recent developments in reduced sensitivity meIt pour explosives［C］. The 34th Int. Annual Conference of ICT，Karlsruhe，Gemlany，2003：24－27.

［39］Provatas A，Wall C. Thermal testing of 2，4－dinitro-anisole（DNAN）as a TNT replacement for melt-castexplosives［C］. The 42nd Int Annual Conferena of ICT. Karlsruhe：ICT，2011.

［40］Hu H，Zhang Z，Zhao F，et al. A study on the properties and applications of high energy density material DNTF［J］. Acta Armamentarii，2004，2：155－158.

［41］Wang Q. DNTF-based melt cast explosives［J］. Chin，J Explosive，Propellants，2003（3）：57－59.

［42］刘慧君，曹端林，李永祥，等．2，4－DNI 的研究进展［J］．含能材料，2005，13（4）：270－271．

［43］Jin Rai Cho，Soo Gyeong Cho，Kwang Joo Kim，et al. A candidate of new insensitive high explosive MTNI［C］. Insensitive Munitions&Energetic Materials Technology Symposium，Enschede，2000：393－400.

[44] Gao B, Wu P, Huang, et al. Preparation and characterization of nano - 1, 1 - diamino - 2, 2 - dinitroethene (FOX - 7) explosive [J]. New Journal of Chemistry, 2014, 38 (6), 2334 - 2341.

[45] 付小龙, 樊学忠, 李吉祯, 等. FOX - 7 研究新进展 [J]. 科学技术与工程, 2014, (14): 112 - 119.

[46] 王振宇. 国外近年研制的新型不敏感单质炸药 [J]. 含能材料, 2003, 11 (4): 228 - 229.

[47] 王伯周. 新型含能材料 FOX - 12 性能研究 [J]. 含能材料, 2004, 12 (1): 38 - 39.

[48] Wang W. Advances and prospects of energetic material technologies [J]. Journal of Solid Rocket Technology, 2003, 26 (3): 42 - 45, 48.

[49] 李上文, 赵凤歧. 国外含能材料发展动态 [J]. 兵工学报 (火化工分册), 1997 (1): 63 - 67.

[50] Mousavi S, Esmaeilpour K, Keshavarz M H. Preparation and characterization of nano N, N′ - bis (1, 2, 4 - triazol - 3 - yl -) - 4, 4′ - diamino - 2, 2′, 3, 3′, 5, 5′, 6, 6′ - octanitroazo-benzene explosive [J]. Indian Journal of Engineering and Materials Sciences, 2014, 21 (5): 585 - 588.

[51] 罗运军, 王晓青, 葛震. 含能聚合物 [M]. 北京: 国防工业出版社, 2011.

[52] 彭翠枝, 范夕萍, 任晓雪, 等. 国外火炸药技术发展新动向分析 [J]. 火炸药学报, 2013, 36 (3): 1 - 5.

[53] 陶俊, 赵省向, 韩仲熙, 等. 含能高聚物黏结剂及其在炸药中应用的研究进展 [J]. 化学与生物工程, 2013 (11): 10 - 14.

[54] Asthana S N, Nair U R, Subhananda Rao, Gandhe B R. Advances in high energy materials [J]. Defence Science Journal, 2010, 60 (2): 137 - 151.

[55] Ou Y, Che B, Yan H, et al. Development of energetic additives for propellantsin China [J]. J. Propul. Power, 1995, 11 (4): 838 - 47.

[56] Wallace I A, Braithwaite P C, Haaland A C, et al. Evaluation of a homologousseries of high energy oxetane thermoplastic elastomergun propellants [C]. In 29th International Annual Conference of ICT, 1998, 87: 1 - 7.

[57] Hui H, Zeshan W, Hengjian H, et al. Researches and Progresses of Novel Energetic Materials [J]. Chinese Journal of Explosives & Propellants, 2005, 28 (4): 9 - 13.

[58] 卢艳华, 何金选, 雷晴, 等. 全氮化合物研究进展 [J]. 化学推进剂与高分子材料, 2013 (3): 23 - 29.

［59］Rai A，Zhou L，Prakash A，et al. Understanding and tuning the reactivity of nano-energetic materials ［C］. In Multifunctional Energetic Materials，Thadhani，2006，896：99 – 110.

［60］Spitzer D，Comet M，Baras C，et al. Energetic nano-materials：Opportunities for enhanced performances ［J］. Journal of Physics and Chemistry of Solids，2010，71（2）：100 – 108.

［61］Ruffin P B. In Nanotechnology for missiles ［C］. Conference on Quantum Sensing and Nanophotonic Devices，San Jose，CA，2004：177 – 187.

［62］Kuo K K，Yetter R. Unique features of nano-sized energetic materials and challenges in their further development for defense applications ［C］. Abstracts of Papers of the American Chemical Society，2001，221：U609.

［63］Yan Q，Zhang X，Qi X，et al. Preparation and application of nano-sized composite energetic materials ［J］. New Chemical Materials，2011，39（11）：36 – 38，70.

［64］瑟奇伊. 纳米化学（导读版）［M］. 北京：科学出版社，2007.

［65］张立德，牟季美. 纳米材料和纳米结构［M］. 北京：科学出版社，2011.

［66］曹茂盛，曹传宝，徐甲强. 纳米材料学［M］. 哈尔滨：哈尔滨工业大学出版社，2002.

［67］Braeuer J，Besser J，Wiemer M，et al. A novel technique for MEMS packaging：Reactive bonding with integrated material systems ［J］. Sensors and Actuators a-Physical，2012，188，212 – 219.

［68］宫宁. MEMS 引信安全发火装置关键部件设计与制作 ［D］. 南京：南京理工大学，2009.

［69］王成玲. MEMS 数字固体微推进器的制备与性能研究 ［D］. 南京：南京理工大学，2014.

［70］Richard A. Yetter. Nanoengineered Reactive Materials and their Combustion and Synthesis ［R］. 2012 Princeton—CEFRC Summer School On Combustion，2012（6）：25 – 29.

［71］师昌绪，李克健，吴述尧. 关于发展我国纳米科学技术的几点思考 ［J］. 新材料产业，2001（9）：51 – 53.

［72］Feng S，Wang X，Wang Y，et al. Material，Fabrication and Device Physics on Micro-Nano Systems ［J］. Bulletin of National Natural Science Foundation of China，2014，28（2）：81 – 91.

［73］Javili A，McBride A，Mergheim J，et al. Micro-to-macro transitions for continua with surface structure at the microscale ［J］. International Journal of Solids and Structures，

2013, 50 (16 – 17): 2561 – 2572.

[74] 曾令可, 李秀艳. 纳米陶瓷技术 [M]. 广州: 华南理工大学出版社, 2006.

[75] 徐志军, 初瑞清. 纳米材料与纳米技术 [M]. 北京: 化学工业出版社, 2010.

[76] Tejal Desai, Sangeeta Bhatia. 面向医学治疗的微纳米技术 [M]. 北京: 科学出版社, 2008.

[77] 钱新. 纳米技术在能源发展中将扮演关键角色 [J]. 中国石化, 2008 (11): 61 – 63.

[78] Freund M M. Nanotechnology strategic plan for the US Air Force [J]. Nanosensing: Materials and Devices, 2004 (5593): 82 – 87.

[79] 王成云, 龚丽雯, 等. 纳米技术在化妆品中的应用 [J]. 香料香精化妆品, 2001 (6): 31 – 34.

[80] 莫红军, 赵凤起. 纳米含能材料的概念与实践 [J]. 火炸药学报, 2005 (3): 79 – 82.

[81] Zohari N, Keshavarz M H, Seyedsadjadi S A, The Advantages and Shortcomings of Using Nano-sized Energetic Materials [J]. Central European Journal of Energetic Materials, 2013, 10 (1): 135 – 147.

[82] Yu W, Huang H, Nie F, et al. Research on Nano-Composite Energetic Materials [J]. Energetic Materials, 2005, 13 (5): 340 – 343.

[83] 郁卫飞, 黄辉, 聂福德, 等. 纳米复合含能材料研究 [C]. 科技、工程与经济社会协调发展——中国科协第五届青年学术年会论文集, 中国土木工程学会, 2004: 2.

[84] An T, Zhao F, Xiao L. Progress of Study on High Activity Nano-Energetic Materials [J]. Chinese Journal of Explosives & Propellants, 2010, 33 (3): 55 – 62, 67.

[85] Weismiller M R, Malchi J Y, Lee J G, et al. Effects of fuel and oxidizer particle dimensions on the propagation of aluminum containing thermites [J]. Proceedings of the Combustion Institute, 2011, 33: 1989 – 1996.

[86] Yen N H, Wang L Y. Reactive Metals in Explosives [J]. Propellants Explosives Pyrotechnics, 2012, 37 (2): 143 – 155.

[87] Miller H A, Kusel B S, Danielson S T, et al. Metastable nanostructured metallized fluoropolymer composites for energetics [J]. Journal of Materials Chemistry, 2013, 1 (24): 7050 – 7058.

[88] Luis de la Fuente J, Mosquera G, Paris R. High Performance HTPB-Based Energetic Nanomaterial with CuO Nanoparticles [J]. Journal of Nanoscience and Nanotechnology,

2009, 9 (12): 6851 – 6857.

[89] Tillotson T M, Gash A E, Simpson R L, et al. Nanostructured energetic materials using sol-gel methodologies [J]. Journal of Non-Crystalline Solids, 2001, 285 (1 – 3): 338 – 345.

[90] Li J, Brill T B. Nanostructured energetic composites of CL – 20 and binders synthesized by sol gel methods [J]. Propellants Explosives Pyrotechnics, 2006, 31 (1): 61 – 69.

[91] Ru C, Zhang X, Ye Y, et al. Study on Nano-thermite Energetic Material for Inkjet Printing Micro-charge Method [J]. Initiators & Pyrotechnics, 2013, (4): 33 – 36.

[92] Bacciochini A, Bourdon-Lafleur S, Poupart C, et al. Nanoscale Energetic Materials: Phenomena Involved During the Manufacturing of Bulk Samples by Cold Spray [J]. Journal of Thermal Spray Technology, 2014, 23 (7): 1142 – 1148.

[93] Yang Y, Xu D, Zhang K. Effect of nanostructures on the exothermic reaction and ignition of Al/CuO_x based energetic materials [J]. Journal of Materials Science, 2012, 47 (3): 1296 – 1305.

[94] Williams R A, Schoenitz M, Dreizin E L. validation of the thermal oxidation model for ai/cuo nanocomposite powder [J]. Combustion Science and Technology, 2014, 186 (1): 47 – 67.

[95] Wang J, Zhang W, Shen R, et al. Research Progress of Nano Thermite [J]. Chinese Journal of Explosives & Propellants, 2014, 37 (4): 1 – 8, 44.

[96] Wang J, Liu Y, Yan L, et al. Preparation and Performances of Nano-micron Flaky Energetic Material for Integrated Device [J]. Acta Armamentarii, 2013, 34 (8): 953 – 957.

[97] Politano O, Baras F, Mukasyan A S, et al. Microstructure development during NiAl intermetallic synthesis in reactive Ni-Al nanolayers: Numerical investigations vs TEM observations [J]. Surface & Coatings Technology, 2013, 215: 485 – 492.

[98] van der Heijden A E D M, Bouma R H B, Carton E P, et al. In Processing, application and characterization of (ultra) fine and nanometric materials in energetic compositions [C]. Conference of the American Physical Society Topical Group on Shock Compression of Condensed Matter, Baltimore, MD, 2005: 1121 – 1126.

[99] Gao B, Zhu Z, Li R, et al. Research Status and Prospects on the Micro/Nano-single Compound Explosives [J]. Materials Review, 2013, 27 (12A): 7 – 10, 17.

[100] Huang B, Hao X, Zhang H, et al. Ultrasonic approach to the synthesis of HMX @ TATB core-shell microparticles with improved mechanical sensitivity [J]. Ultrasonics Sono-

chemistry, 2014, 21 (4): 1349 – 1357.

[101] Stepanov V, Krasnoperov L N, Elkina I B, et al. Production of Nanocrystalline RDX by Rapid Expansion of Supercritical Solutions [J]. Propellants, Explosives, Pyrotechnics, 2005, 30: 178 – 183.

[102] Ahmed E, Adela H, Svatopluk Z. Path to ε-HNIW with reduced impact sensitivity [J]. Central European Journal of Energetic Materials, 2011, 8 (3): 173 – 182.

[103] Peter J Hotchkiss, Ryan R Wixom. Alexander S. Tappan, et al. Nanoparticle Tri-amino-trinitrobenzene Fabricated by Carbon Dioxide Assisted Nebulization with a Bubble Dryer [J]. Propellants Explosives Pyrotechnics, 2014, 39 (3): 402 – 406.

[104] Rossi C. Two Decades of Research on Nano-Energetic Materials [J]. Propellants Explosives Pyrotechnics, 2014, 39 (3): 323 – 327.

[105] Guangcheng Yang, Hailong Hu, Yong Zhou, et al. Synthesis of one-molecule-thicksingle-crystalline nanosheets of energeticmaterial for high-sensitive force sensor [J]. Scientific Reports, 2012, 2: 698, 1 – 7.

[106] Kira B Landenberger, Onas Bolton, Adam J. Matzger. Two Isostructural Explosive Cocrystals with Significantly Different Thermodynamic Stabilities [J]. Angew. Chem. Int. Ed, 2013, 52: 6468 – 6471.

[107] Qinghua Zhang, Jean'ne M Shreeve. Metal-Organic Frameworks as High Explosives: A New Concept for Energetic Materials Angew [J]. Chem. Int. Ed, 2014, 53: 2540 – 2542.

[108] Wang S, Peng H, Zhang, et al. Review on Energetic Thin Films for MEMS [J]. Energetic Materials, 2012, 20 (2): 234 – 239.

[109] Wang J, Liu Y, Yan L, et al. Preparation and Performances of Nano-micron Flaky Energetic Material for Integrated Device [J]. Acta Armamentarii, 2013, 34 (8): 953 – 957.

[110] Varadan V K. In Nanotechnology, MEMS and NEMS and their applications to smart systems and devices [C]. Smart Materials, Structures and Systems. International Society for Optics and Photonics, 2003: 20 – 43.

[111] Zhang K L, Ang S S, Chou S K. Microlnano functional manufacturing: From microthruster to nano energetic material to micro/nano initiator [C]. Key Engineering Materials, Trans. Tech. Publications, 2010, 426: 240 – 244.

[112] Martirosyan K S, Hobosyan M, Lyshevski S E. Ieee, Enabling Nanoenergetic Materials With Integrated Microelectronics and MEMS Platforms [C]. 2012 12th IEEE Conference on Nanotechnology (Ieee-Nano), 2012.

[113] 李维，蒋小华，蒋道建. 微机电灵巧起爆器研究 [J]. 四川兵工学报，

2011, 32 (4): 50 - 55.

[114] Ohkura Y, Liu S - Y, Rao P M, et al. Synthesis and ignition of energetic CuO/Al core/shell nanowires [J]. Proceedings of the Combustion Institute, 2011, 33: 1909 - 1915.

[115] Wang H, Jian G, Egan G C, et al. Assembly and reactive properties of Al/CuO based nanothermite microparticles [J]. Combustion and Flame, 2014, 161 (8): 2203 - 2208.

[116] Kwon J, Ducere J M, Alphonse P, et al. Interfacial Chemistry in Al/CuO Reactive Nanomaterial and Its Role in Exothermic Reaction [J]. Acs Applied Materials & Interfaces, 2013, 5 (3): 605 - 613.

[117] Keerti Kappagantula, Charles Crane, Michelle Pantoya. Factors Influencing Temperature Fields during Combustion Reactions [J]. Propellants Explosives Pyrotechnics, 2014, 39 (3): 38 - 44.

第 2 章　微纳米单质炸药

含能材料的感度通常随能量密度的增大而提高，然而，当其粒度降至纳米级之后，情况发生了剧烈变化，不仅能量利用率得以大幅提升，而且冲击波感度、撞击感度也大幅下降。因此，超细的含能材料在爆炸逻辑网络[1]、推进剂、激光起爆等诸多领域中都有重要的应用。单质炸药是含能材料领域中主要研究对象之一，其性能不仅与炸药种类有关，还受炸药粒度、形貌、晶体缺陷的影响。在军事领域中，高爆速、高杀伤力及高的区域打击能力是武器系统发展的趋势，常规单质炸药不能满足上述要求。研究发现，经过细化（微纳米化）的炸药晶体粒径变小，比表面积变大，晶体缺陷少，产物空洞小，杂质少，可在很大程度上改善常规单质炸药的不足[2,3]。

对于纳米粒子的合成，小尺寸并不是唯一的要求。在含能材料应用中，需要控制工艺条件以使纳米粒子具有如下特征[4,5]：①全部粒子尽可能具有一致的大小（也称为单一尺寸或均匀尺寸分布）；②制备的纳米粒子具有一定的形状或形貌；③具有一致的化学组成和晶体结构；④单个粒子分散或单分散，也就是没有团聚，如果团聚发生，纳米粒子应该是易于再分散。

本章讨论的微纳米粒子包括单晶体、多晶和非晶粒子，它们可以有任何形貌，如球形、立方体和片状。总之，粒子的尺寸特征不大于几百个纳米，大部分小于 100 nm。如果纳米粒子为单晶体，它们通常又被称为纳米晶。

2.1　"软化学"技术

众所周知，制备纳米粒子的方法很多，根据反应状态，可分为固相法、液相法和气相法；根据是否发生化学反应，可分为物理法和化学法。物理法主要有真空冷凝法、重结晶、喷射细化、物理粉碎、机械球磨、物理气相沉积、爆炸丝法、等离子体/激光加热等；化学法包括微乳液法、溶胶－凝胶法、水热法、喷雾热解、沉淀法、模板法、分子组装等[6]。应用上述方法已经成功制备出氧化物、陶瓷、高分子等纳米材料，有的已经实现了工业化批量生产，工艺非常成熟，这些制备方法被广泛应用于生物医药、环境科学、材料工程、能源技术等领域。然而，这些成熟的工艺和合成手段绝大多数不能简单移植到纳米含能材料的制备中。因为含能材材料的本质是一种特殊用途的功能材料，它具有一定的敏感性和高能量释放率，兼之纳米粒子本身表面积大，反应活性高，与常规尺度材料相比，纳米粒子往往会显现独特的物理化学性质，所以微纳米单质炸药的制备有一定的危险性，其制备工艺过程的设计非常重要，应充分考虑每个环节和步骤的安全性。

考虑到纳米含能材料的特殊性，无法使用"硬化学"合成手段，只能从"软化学"方法中遴选。"硬化学"是指在比较极端条件下的化学，即在超高温、超高压、强辐射、无重力等条件下探索物质的合成，并研究其反应、结构和物理性质。虽然苛刻或极端条件下的合成可以导致具有特定结构与性能材料的生成，但是由于其苛刻条件对实验设备的依赖与技术上的不易控制性，以及化学上的不易操作性，从而减弱了材料合成的定向程度。"软化学合成"即温和条件下的合成化学，具有对实验设备要求简单及化学上的易控性和可操作性的特点。软化学方法是相对于传统的高温固相的"硬化学"而言的，它是通过化学反应克服固相反应过程中的反应势垒，在温和的反应条件下和缓慢的反应进程中，以可控制的步骤一步步地进行化学反应，实现制备新材料的方法。用此方法可以合成组成特殊、形貌各异、性能优异的材料，这些性质是传统的高温固相反应难以达到的。

当一个化学反应在溶液中进行的时候，从反应物到产物之间的过渡态势垒是必须克服的。这一过程的最高反应势垒往往是制备反应的决定性步骤，此反应势垒的大小在很大程度上取决于溶剂的性质，特别是在极性溶剂中的化学反应。在极性溶剂中，反应物分子与溶剂分子之间存在着电荷的不平衡，因此它们之间存在着很强的静电相互作用。但是溶剂化动力学（即溶质分子以多快速率改组或调整自身以适应反应过程中的不断改变的电荷）也是非常重要的。J. T. Hynes 用化学方法证明，溶剂化动力学过程是由溶液中溶剂分子的倾斜或扭曲等惯性反应决定的，而不是由溶剂分子的扩散和再定向运动决定的。总之，反应速率与长程溶剂化动力学关系密切。当电子过渡势垒较低时，反应就容易发生，而且电子传递经过过渡态可以在较温和的条件下进行，这是溶剂化动力学的决定性作用所在。

软化学方法就是通过选择不同的溶剂，降低反应势垒，使反应在温和的条件和缓慢的进程中以可控制的步骤进行，实现材料的制备。例如，溶胶－凝胶法经过源物质→分子的聚合、缩合→团簇→胶粒→溶胶→凝胶→热解等步骤，可以制得具有指定组成、结构和物性的纳米微粒、薄膜、纤维、致密或多孔玻璃、致密或多孔陶瓷、复合材料等，也可以直接形成器件。

2.2 纳米晶成核与生长

纳米粒子的制备可以简单划分为以下三种情况：通过在液相或气相中均匀成核方

法制备；通过在渐变温度下热处理相关固态材料，然后由相分离的方式获得，如沉淀法；通过控制化学反应在微小空间中成核和生长而获得。第三种手段属于动力学限域生长过程，当有限的空间被完全充满时，生长过程就会停止，如微乳液和反相微乳液法。限域合成原理将在后续章节中详细讨论，本节主要讲述单分散体系零维纳米晶的成核与生长，并结合文献中涉及的纳米单质炸药的制备工艺，进行理论模型推导和各因素的影响规律分析。

2.2.1　经典成核理论

零维纳米粒子的合成过程包括[7]：①形成超饱和状态；②成核；③后续生长。对于通过均匀成核形成的纳米粒子，必须首先创造生长物质的过饱和状态。过饱和度是指在相同条件下，过饱和溶液的浓度超过饱和溶液浓度的程度。降低平衡态混合物如饱和溶液的温度，能够产生过饱和状态。在晶核产生或者生长的过程中，都需要这个内在的推动力，即溶液的过饱和度。

当一种溶剂中的溶质浓度超过平衡溶解度或温度低于相转变点时，新相开始出现。考虑过饱和溶液中固相均匀成核的例子，一种溶液中的溶质超过溶解度或处于过饱和状态，则其具有高吉布斯自由能；系统总能量将通过分离出溶质而减少。吉布斯自由能的减小是成核与长大的驱动力。单位体积固相的吉布斯自由能 ΔG_V 的变化依赖于溶质浓度[8,9]：

$$\Delta G_V = \frac{-k_B T}{V \ln \frac{C}{C_0}} = \frac{-k_B T}{V \ln(1+S)} \tag{2.1}$$

式中　C——溶质的浓度；

C_0——平衡浓度或溶解度；

V——摩尔体积；

k_B——玻尔兹曼常数；

T——体系的温度；

S——过饱和度，其定义为 $(C-C_0)/C_0$。如果没有过饱和，则 ΔG_V 为零，不会发生成核。当 $C>C_0$ 时，则 ΔG 为负，说明有成核现象发生。

如果形成半径为 r 的球形核，吉布斯自由能或体积能量的变化 $\Delta \mu_V$ 可以表述为

$$\Delta \mu_V = \frac{4}{3}\pi r^3 \Delta G_V \tag{2.2}$$

但是这个能量减少与表面能量的引入保持平衡，并伴随着新相的形成。这将导致体系表面能的增加（$\Delta \mu_s$），即

$$\Delta \mu_s = 4\pi r^2 \gamma \tag{2.3}$$

这里 γ 为单位面积表面能。成核过程的总化学势变化 ΔG 为

$$\Delta G = \Delta\mu_V + \Delta\mu_s = \frac{4}{3}\pi r^3 \Delta G_V + 4\pi r^2 \gamma \tag{2.4}$$

图 2.1 所示为体积自由能变化 $\Delta\mu_V$、表面自由能变化 $\Delta\mu_s$ 及总自由能变化 ΔG 随晶核半径的变化关系。从这个图中可以知道新晶核在其半径超过临界尺寸 r_c 时才能够稳定。一个晶核的半径小于 r_c 时，将溶解到溶液中，以降低总自由能；当核半径大于 r_c 时，将稳定存在并连续生长。在临界半径 $r = r_c$ 时，临界半径 r_c 和临界自由能 ΔG_{max} 定义为

$$r_c = \frac{-2\gamma}{\Delta G_V} = \frac{2\gamma V}{T\ln S} \tag{2.5}$$

$$\Delta G_{max} = \frac{16\pi\gamma}{3(\Delta G_V)^2} = \frac{4}{3}\pi\gamma r_c^2 = \Delta G_{crit}^{homo} \tag{2.6}$$

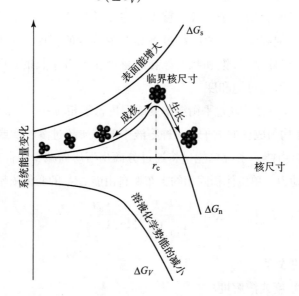

图 2.1　体积自由能、表面自由能及总自由能随晶核半径的变化关系

从图 2.1 可知，ΔG_V、ΔG_s 和 ΔG 都是成核粒子尺寸的函数，随着半径的增加，ΔG 存在最大值 ΔG_{max}，对应的半径为 r_c。对于半径为 r_c 的晶核而言，增大或减小尺寸都是吉布斯自由能降的过程，均可以自动进行。只有当 $r \geq r_c$ 时，晶核才能从饱和溶液中自动长大。因此，r_c 代表稳定球形晶核的临界尺寸。对于简单的无机物结晶，$r_c = 10^{-10} \sim 10^{-8}$ m。上面的讨论基于过饱和溶液，但相关的概念适用于过饱和气体、过冷气体或液体。相应地，ΔG_{max} 是形核过程中必须克服的能垒，其客观存在是经过反复实验验证过的。图 2.2 中，即使溶质的浓度超过平衡溶解度，也不会发生成核。只有当过饱和度大于溶解度一定程度后，才出现成核，原因在于成核时需要克服能垒（式（2.6））。最初的成核完成后，生长物质的浓度或过饱和度减小，体积自由能的变化量也将减小。当浓度继续减小到临界能量对应的一定浓度时，不再成核，但生长过程将持续到生长物质浓度达到平衡浓度或溶解度。

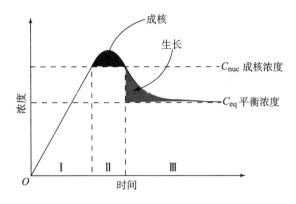

图 2.2　成核和后续生长过程示意图

通过从过饱和溶液或气相中成核的方法合成纳米粒子或量子点时，这个临界尺寸是界限，意味着可以合成多小的纳米粒子。为了减小临界尺寸和自由能，需要提高吉布斯自由能的变化 ΔG_V，减小新相的表面能 γ。式（2.1）表明，ΔG_V 可通过增加给定体系的过饱和度而得到提高。为了得到纳米尺度的炸药晶粒，通常采用以下四种办法增加过饱和度。

①冷却结晶法。使溶液冷却，变成过饱和溶液，这个方法适用于溶解度随温度降低而显著减小的溶质。

②蒸发结晶法。采用蒸发掉一部分溶剂的办法使溶液浓缩，产生过饱和，从而析出溶质。基于这个原理的有喷雾细化炸药技术。

③真空结晶法。将溶液在真空下快速蒸发或者汽化，溶液在加压和冷却的双重作用下达到过饱和，从而析出细化的颗粒，这就是超临界细化的本质。

④溶剂/非溶剂沉淀结晶法。在溶液中加入非溶剂（或称之为稀释剂），使溶液变成过饱和态，并析出晶体。此方法适用于溶剂/非溶剂细化和高品质炸药重结晶。

事实上，形成浓度差仅仅是第一步，在溶液中存在着成核和生长两种速率的竞争。图 2.3 所示为冰晶随温度增加的成核与生长速率。其中成核与生长期之间有交互。

从胶体科学的角度来看，任何纳米晶的生长都会经历成核、生长两个过程，其中成核所需的过饱和度较生长所需的更高。生长基元扩散到晶核的表面，发生沉积而后生长。晶核形成过程是结晶第一步，纳米粒子可以在三种介质中通过均匀成核而形成：液态、气态和固态。它们的成核和后续生长机理本质上相同。图 2.4 所示为晶粒的形核、生长与奥斯瓦尔德熟化过程尺度的变化。首先快速均相成核，从而导致单体浓度过饱和，晶粒聚集生长，单体浓度降低；在成核、生长阶段，通过控制晶相参数可最终决定纳米晶的尺寸。

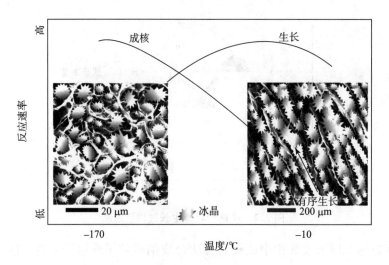

图 2.3　冰晶随温度增加的成核与生长速率

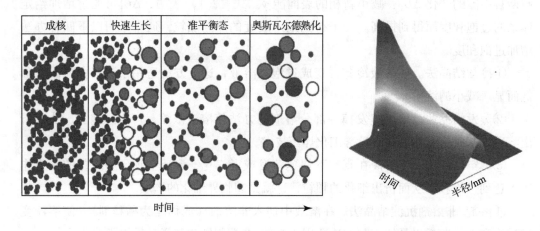

图 2.4　晶粒的形核、生长与奥斯瓦尔德熟化过程尺度的变化

　　当溶液体系中的过饱和度上升时，出现形成固相的推动力。反应达到一定程度，过饱和度突破成核所需临界值，溶质结晶析出，成核阶段完成。之后溶液保持较低过饱和度，是纳米晶生长的过程。如果在这一生长阶段中，某一区域局部的过饱和度再次突破成核所需临界值，会再次成核。两次或多次成核造成颗粒生长时间不一致，会导致产品粒度差异变大。这一成核 – 生长过程完毕后的"熟化"过程（ostwald ripening）是一个大颗粒"吃"小颗粒的过程，它对于最终产物的形貌、尺寸和性质也有着显著的影响[10]。对于最终产物维度、尺寸和形貌的控制，各种调控方式依颗粒种类、尺寸和形貌等结构的要求不同而变化，并且可以在合成的各个阶段实现。

　　对于纳米晶粒的生长而言，成核过程中如何获得单分散纳米颗粒是关键。一般来说，成核过程可分为三类：均相成核、异相成核和二次成核[11,12]。

均相成核是指在一个体系内各个地方成核的概率均相等（理想、统计平均的宏观看法）。实际上，处在母相与新相平衡条件下的任何瞬间，由于热起伏（或涨落），体系的某些局部区域总有偏离平衡态的密度起伏。这时，原始态的原子或分子可能一瞬间聚集起来成为新相的原子集团（称为晶核）；另一瞬间，这些原子集团又拆散，恢复成原始态的状态。如果体系处于过饱和或过冷的亚稳态，则这种起伏过程的总趋势是：促使旧相向新相过渡，形成的晶核有可能稳定存在，从而成为生长的核心。最初的成核完成之后，生长物质的浓度或过饱和度减小，体积自由能的变化量也减小。当浓度继续减小到临界能量对应的一定浓度时，不再成核，但生长过程将持续到生长物质浓度达到平衡浓度或溶解度。因此，要想大量制备尺寸均一的纳米颗粒，必须在尽可能短的时间内以爆发的方式成核，使成核和生长两个阶段得以分离，统一的生长过程可以造就尺寸大致相同的纳米颗粒。为此，需要降低成核所需克服的能量，使成核相对容易，增加成核数量，同时，在纳米颗粒成核之后迅速使反应物消耗殆尽或改变外部条件终止反应，这样颗粒自然无法长大。

2.2.2　成核速率与生长速率

晶体成核速率为单位时间内在单位体积的溶液中新生成粒子的数目。成核速率是决定晶体产品粒度分布的首要动力学因素。通过对单体颗粒的核化与生长理论进行简化处理，根据液相中的均匀核化理论，N 个颗粒在时间 t 内成核的速率可以用阿伦尼乌斯型公式表示[13]

$$\frac{\mathrm{d}N}{\mathrm{d}t} = A\exp\left(-\frac{\Delta G_{\mathrm{crit}}}{kT}\right) = A\exp\left(\frac{-16\pi\gamma^3 V^2}{3k_{\mathrm{B}}{}^3 T^3 \ln^2 S}\right) \tag{2.7}$$

式中　A——指前因子；

　　　γ——液相界面能；

　　　k_{B}——玻尔兹曼常数；

　　　T——体系的热力学温度；

　　　V——摩尔体积；

　　　S——过饱和比。

由式（2.7）可知，调控成核速率可以通过改变三个实验参数来实现，它们分别是过饱和度、温度和表界面自由能。其中表面自由能的改变通过使用不同的表面活性剂来实现。文献指出，上述三个实验量，过饱和度对成核速率的影响最为显著，以 CdSe 纳米晶的生长为例，过饱和度 S 从 2 变化到 4 时，相应的成核速率变化达 10^{70} 量级。均相成核是理想状态，在真正的溶液体系当中，非均相成核更有研究的意义。在有其他活性中心存在的情况下（如杂质、管壁、气泡等），实现成核所需逾越的能垒会大幅降低（图 2.5）。与均相成核不同的是，非均相成核的核往往首先在客体物质的表层形成。

欲结晶于表面的胚芽不再是球形的，而是与界面之间形成一个球面的接触角 θ，如图2.6所示。如果 $\theta \leqslant \pi$（图2.6（a）），表明核与活性中心具有较高的亲和性，也即 ΔG_s 的值会下降。为了研究这一现象，在原有的均相成核计算公式中引入一个校正项。因此，异相成核所需的自由能等于均相成核的自由能乘以一个接触角的函数，见式（2.8）。

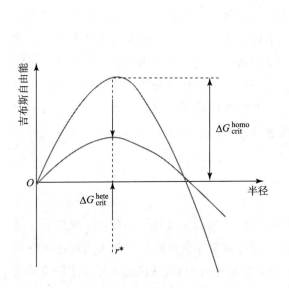

图2.5 均相成核与非均相成核的自由能

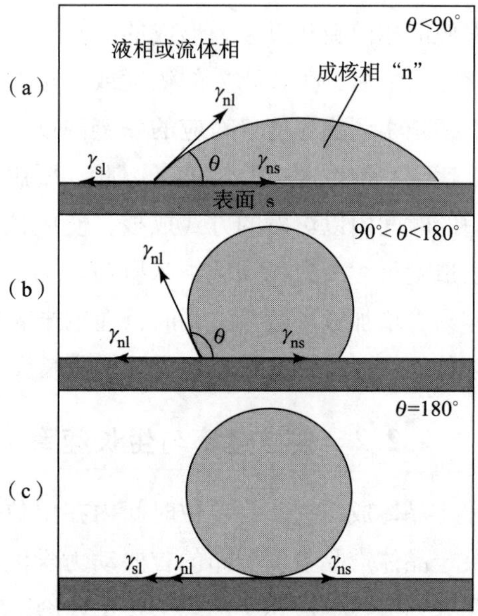

图2.6 固-液界面的接触角

$$\Delta G_{crit}^{hete} = \phi \Delta G_{crit}^{homo} \tag{2.8}$$

式中 ϕ——与接触角 θ 相关的因子。其数学表达式如下：

$$\phi = \frac{(2 + \cos\theta)(1 - \cos\theta)^2}{4} \tag{2.9}$$

当稳定晶核形成后，在一定温度和一定的过饱和比下，核按照一定的速率增长，核的生长速率可用式（2.10）表示：

$$R_G = f\lambda\gamma_0 \exp\left(-\frac{\Delta E}{k_B T}\right) \times \left\{1 - \exp\left[-V_s \Delta G_V / (Tk_B)\right]\right\} \tag{2.10}$$

式中 f——附加因子，指核界面能够吸附分子的集团分数；

$\quad\quad \lambda$——原子间距；

$\quad\quad \gamma_0$——跃迁频率；

$\quad\quad \Delta E$——活化能；

$\quad\quad \Delta G_V$——单位体积的自由能变化值。

将其中的指数展为级数，忽略高阶项，得到

$$\exp\left(-\frac{V_s\Delta G_V}{k_B T}\right) = 1 - V_s\Delta G_V/(k_B T) \tag{2.11}$$

因此，核生长速率公式可改写成

$$R_G = f\lambda\gamma_0\left[-V_s\Delta G_V/(Tk_B)\right]\exp\left[-\Delta E/(k_B T)\right] \tag{2.12}$$

从式（2.7）和式（2.10）可以看出，成核速率与生长速率均是过饱和度 S 的函数。国外文献指出，这两个公式可以简写成式（2.13）的形式：

$$\begin{cases} R_G = k_g S^g \\ R_N = k_b S^b \end{cases} \tag{2.13}$$

式中　g——生长速率的指数；

　　　b——成核速率的指数；

　　　k_g，k_a——分别是生长速率常数和成核速率常数。

对于炸药结晶体系而言，当其浓度提高到平衡浓度以上时，初期不会成核。但当浓度达到对应于产生临界自由能的最小饱和度时，成核开始，形核速率也随浓度的进一步增加而快速提高。尽管没有晶核就不会有生长，但浓度超过平衡溶解度时，就会有大于零的生长速率。一旦形核，生长就要同时发生。在最小浓度以上，成核与生长是不可分割的过程，但二者的速率不同。按照式（2.13），核生长速率的指数通常取值在 1～2。因此，生长速率与过饱和度之间近似呈线性关系，而成核速率的指数一般取值为 5～10，其与过饱和度呈指数关系。因此，如果将二者放在一张图中，控制过饱和度的重要性就显而易见。如图 2.7 所示，当溶液处于较低的过饱和度时，晶体的生长速率明显快于成核速率，因此得到的炸药晶粒具有较大的尺度分布；如果提高过饱和度，晶体成核速率就会成为控制结晶的步骤，生长速率较慢，最终导致细颗粒的形成。图 2.7 所示反映了两种速率同时存在，在相互竞争条件下，产物粒径变化的趋势，由此可以看出，调整成核速率与生长速率的快慢主要在于过饱和度的控制，体系过饱和度的大小直接关系到晶体的尺度分布。

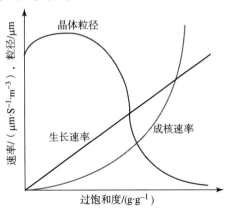

图 2.7　晶体粒径与过饱和度、成核速率、生长速率的关系

对于合成均匀尺寸分布的纳米粒子，如果所有的晶核在同一时间以同样的尺寸形成，那将是最为理想的。在此情况下，晶核可能具有同样或相似的尺寸，因为它们的形成条件相同。另外，全部晶核将有相同的后续生长。这样可以获得单一尺寸的纳米粒子。因此，需要在非常短的时间内完成成核过程。实际上，为了达到快速成核，生长物质浓度被快速提高到非常高的过饱和状态，然后又快速下降到最小的成核浓度以下。低于这个浓度，不再有新核产生，然而，已经形成的晶核将持续生长到浓度降到平衡浓度为止。后续生长将进一步改变纳米粒子的尺寸分布。最初晶核尺寸分布的提高或降低依赖于后续生长的动力学。如果适当控制生长过程，可以获得尺寸均匀分布的纳米粒子。

2.2.3　晶核的后续生长

纳米粒子的尺寸分布依赖于晶核的后续生长。晶核的生长包括多个步骤，其主要步骤为[14]：①生长物质的产生；②生长物质从液相到生长表面的扩散；③生长物质吸附到生长表面；④固态表面不可逆地结合生长物质，促使表面生长。这些步骤可以进一步分成两个过程。在生长表面上提供生长物质称为扩散，包括生长物质的产生、扩散及吸附到生长表面，而生长表面吸附的生长物质进入到固态结构中则称为生长。与有限生长过程相比较，有限扩散生长过程产生不同的纳米粒子的尺寸分布。

当生长物质浓度低于成核的最小浓度时，成核停止，然而生长将继续进行。如果生长过程受到生长物质从溶液到粒子表面扩散的控制，根据斐克第一扩散定律，则其生长速率为

$$J = 4\pi x^2 D \frac{\mathrm{d}C}{\mathrm{d}x} \tag{2.14}$$

式中　r——颗粒的半径；

　　　J——单层晶粒在半径为 x 的球面上的通量；

　　　D，C——分别表示在距离为 x 的区间内扩散系数和浓度。

同理，斐克第一扩散定律也可以写成类似式（2.15）的形式，假设溶液中的纳米粒子表面与单分散溶液体系的距离为 δ，C_b 为单分散溶液的浓度，C_i 是固－液界面的浓度，C_r 是颗粒的溶解度，则有

$$J = \frac{4\pi D r (r+\delta)}{\delta}(C_b - C_i) \tag{2.15}$$

在稳定的溶液扩散体系当中，J 是与 x 无关的常数。因此，式（2.14）对 $C(x)$ 积分，得到

$$J = 4\pi D r (C_b - C_i) \tag{2.16}$$

假设 k 是表面生长的速率，k 与颗粒尺寸无关，可写出式（2.17）：

$$J = 4\pi r^2 k (C_i - C_r) \tag{2.17}$$

由式（2.16）和式（2.17）可见，颗粒生长过程受到两种因素的影响，即扩散生长和表面生长。假设扩散过程为控制反应步骤，那么，颗粒尺寸随时间变化的关系式为

$$\frac{\mathrm{d}r}{\mathrm{d}t} = \frac{D}{r}(C_b - C_r) \tag{2.18}$$

同理，如果表面生长反应为控制步骤，式（2.16）和式（2.17）可简化为

$$\frac{\mathrm{d}r}{\mathrm{d}t} = kV(C_b - C_r) \tag{2.19}$$

如果纳米颗粒的生长既不属于扩散控制，也不属于表面反应控制，则颗粒半径随时间的增长为

$$\frac{\mathrm{d}r}{\mathrm{d}t} = \frac{D(C_b - C_r)}{r + D/k} \tag{2.20}$$

严格来说，依据吉布斯－汤姆逊关系式（2.21），纳米颗粒的溶解度与颗粒尺寸是有内在关联的。球形颗粒具有化学势 $\Delta\mu = 2\gamma V/r$。由此，C_r 可以表达为 r 的函数，式中 V 是晶体的摩尔体积，C_b 是溶液的溶度。

$$C_r = C_b \exp \frac{2\gamma V}{rkT} \tag{2.21}$$

对于纳米颗粒的生长而言

$$\frac{\mathrm{d}r^*}{\mathrm{d}\tau} = \frac{S - \exp \frac{1}{r_{cap}}}{r_{cap} + K} \tag{2.22}$$

式中有三个量纲为 1 的常数，分别定义为

$$r_{cap} = \frac{RT}{2\gamma V} r \tag{2.23}$$

$$\tau = \frac{k_B^2 T^2 D C_b}{4\gamma^2 V} t \tag{2.24}$$

$$K = \frac{k_B T D}{2\gamma V k} \tag{2.25}$$

在式（2.24）和式（2.25）中，$2\gamma V/(k_B T)$ 是毛细长度，k 是达姆科勒数。达姆科勒数表明反应控制步骤是扩散过程还是表面反应。当 $D \ll 1$ 时，扩散过程优于表面反应。

图 2.8 所示反映了不同生长机制下的晶粒尺度[15,16]。显然，扩散控制生长机制符合均匀形核方式，适用于合成单一尺寸的粒子。Williams 等人提出纳米粒子的生长过程包含全部三种机制。当晶核很小时，单层生长机制可能占优；而晶核较大时，多核生长机制可能占主导。扩散在相对大粒子生长时占主导地位。当然，这些只在没有其他

方法或措施以抑制特定生长机制的情况下符合。不同的生长机制在有利其于生长的条件时成为主导因素。例如，由于慢化学反应使得生长物质供应速度很慢时，晶核生长很可能是扩散控制生长过程。

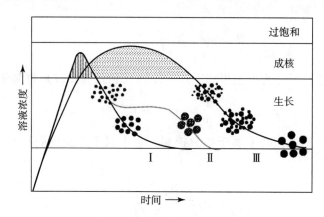

图2.8　溶液中晶粒尺寸的形成机制

曲线Ⅰ—扩散控制的单核生长机制；曲线Ⅱ—形核、生长及由二次成核
引起的晶粒凝并或团聚；曲线Ⅲ—多核生长机制和"熟化"生长

对于形成单一尺寸的纳米粒子，所期望的是有限扩散生长。有几种方法可以达到有限扩散生长。例如，当生长物质浓度保持在很低的水平时，扩散距离将非常大，因而扩散可能成为有限步骤。增加溶液黏度可提供另外一种可能性。引入扩散能垒或控制生长物质的供应量也是控制生长过程的方法。当生长物质通过化学反应产生时，反应速率可通过控制副产品浓度、反应物和催化剂来调整。

2.2.4　尺寸分布的形成

如前所述，在临界半径之上的颗粒开始形成并生长，临界半径之下，颗粒会重新溶解。然而，这无法解释为何在同一个生长过程中颗粒尺寸存在差异。关于这方面的研究，最著名的是奥斯特瓦尔德熟化理论。奥斯特瓦尔德熟化（Ostwald Ripening）又称粗化（Coarsening），是关于在沉淀粒子生长过程中，较小的粒子被较大的粒子逐渐消耗的现象。该理论由德国物理学家奥斯特瓦尔德提出并得名。结晶时，有大的晶体微粒，也有小的晶体微粒，小的晶体微粒由于曲率较大，能量较高，所以会逐渐溶解到周围的介质中，然后在较大的晶体微粒的表面重新析出，这使较大的晶体微粒进一步增大，而小的晶体微粒进一步变小。即大的更大，小的更小。对于粒径较小的粒子来说，溶解度较大；相反，对于粒径较大的粒子来说，溶解度较小，因此，小粒径的粒子有转变为大粒子的趋势。描述奥斯特瓦尔德熟化的数学模型首先是由 Lifshitz、Slyozov 和 Wagner 三人提出的，所以又被称为 LSW 理论。该理论将扩散视为控制生长反应步骤，将式（2.21）代入式（2.18），得到式（2.26），其中，r^* 是溶液体系中颗粒处于平衡态的半径。

$$\frac{\mathrm{d}r}{\mathrm{d}t} = \frac{K_\mathrm{D}}{r}\left(\frac{1}{r^*} - \frac{1}{r}\right) \tag{2.26}$$

式中，K_D定义为

$$K_\mathrm{D} = \frac{2\gamma D V^2 C_\mathrm{b}}{k_\mathrm{B} T} \tag{2.27}$$

如果尺寸分布窄，Δr 为半径变化的标准方差，与平衡态粒子半径的关系为

$$\frac{\mathrm{d}(\Delta r)}{\mathrm{d}t} = \frac{K_\mathrm{D} \Delta r}{\bar{r}^2}\left(\frac{2}{\bar{r}} - \frac{1}{r^*}\right) \tag{2.28}$$

式中　$\bar{r}$——粒子半径的平均值。

由式（2.28）可见，过饱和度在晶粒的尺寸分布中仍占重要地位。如果过饱和度较高，也即 $\bar{r}/r^* \geqslant 2$，那么 $\mathrm{d}(\Delta r)/\mathrm{d}t \leqslant 0$，体系生长晶粒呈窄分布；反之，如果 $\bar{r}/r^* < 2$，$\mathrm{d}(\Delta r)/\mathrm{d}t > 0$，即使生长机制属于扩散控制生长，此时得到的晶粒尺度趋于宽分布。

同理，表面反应控制的生长过程可用一系列方程式表达。如式（2.29），式中，K_R 由式（2.30）给出，式（2.31）是在这种反应机制下颗粒半径变化的方差值随时间的变化关系。

$$\frac{\mathrm{d}r}{\mathrm{d}t} = K_\mathrm{R}\left(\frac{1}{r^*} - \frac{1}{r}\right) \tag{2.29}$$

$$K_\mathrm{R} = \frac{2\gamma k V^2 C_\mathrm{b}}{RT} \tag{2.30}$$

$$\frac{\mathrm{d}(\Delta r)}{\mathrm{d}t} = \frac{K_\mathrm{R} \Delta r}{\bar{r}^2} \tag{2.31}$$

如果表面反应占优势，晶粒尺寸总是趋于宽分布，这是因为依据古布斯－汤姆逊关系式（2.31），对于任意的 $\bar{r}$，$\mathrm{d}(\Delta r)/\mathrm{d}t$ 总是正数。在扩散控制生长状态下，随着反应时间的增加，吉布斯－汤姆逊效应（关于溶解度与尺度间的关系）会逐渐变得可以忽略不计。因此，窄分布的颗粒尺寸平均粒径在 $r^* \sim 3r^*$，如图 2.9 的实线所示。然而，所有 $r^* > 1$ 以上的值，$(1/K_\mathrm{D})(\mathrm{d}\bar{r}/\mathrm{d}t)$ 是正数，表示晶粒生长的窄分布。当然，随着颗粒尺度的增长，自锐效应逐渐可以忽略不计。

近半个世纪以来，晶体生长基础理论研究进展缓慢，对晶体生长基元究竟是原子还是分子的认识仍然含糊不清，对于同一种晶体在不同的生长条件下其结晶形态千姿百态，其变化的原因至今尚未破解。本节虽然对纳米晶粒的结晶理论进行了分析讨论，但是影响超细炸药结晶的影响因素很复杂，在运用结晶学解释实验现象方面也存在很多争议。

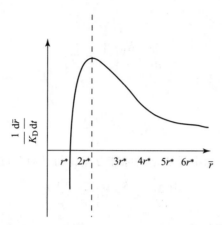

图 2.9　扩散控制反应条件下，$(1/K_D)(d\bar{r}/dt)$ 与平均粒径的关系

2.3　纳米晶粒形貌控制机理

　　由于纳米材料的生长是在非热力学平衡条件下进行的，因此对微观条件变化非常敏感，生长环境的微小差异就可能会导致生长形貌的巨大变化，这使得到的纳米结构形貌千变万化。图 2.10 所示[17-19]为零维到三维的多尺度纳米结构的分类。可以看出，纳米材料的形貌是多种多样的，而形貌在很大程度上制约了这种纳米结构的应用，形貌及尺寸规整可控的纳米晶体的合成是目前十分引人注目的纳米材料研究领域。制备合成中的形貌调控及其功能化是这些纳米材料能够得到应用的关键问题。如何控制实验参数以实现形貌的控制生长，并在最大限度上满足材料的应用要求，是纳米材料作为纳米器件推广应用的前提。

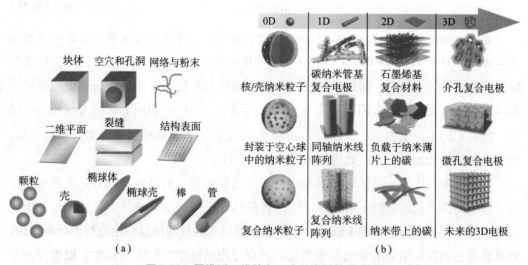

图 2.10　零维到三维的多尺度纳米结构的分类

（a）均相纳米粒子；（b）非均相纳米粒子

炸药的晶形主要受内部结构和外部生长环境的控制，因而炸药晶体外形在一定程度上反映了其内部结构特征，同时，外部生长条件的变化也影响着晶体的形貌，并随外界条件的变化而发生规律性的变化。在晶形成长过程中，内部结构对晶形的控制是基础，同时外部环境又影响晶体生长的速率，两者的共同作用决定炸药晶体的形貌及粒径。研究者们希望在炸药纳米晶的任一阶段均能实现控制并在期望的阶段停止，从而得到尺寸、形态、结构及组成确定的微纳米炸药。但是炸药属于危险品，其合成与表面修饰的实验研究有一定的特殊性，因此纳微米炸药晶体的成核和生长机理不能完全套用现有的理论。微纳米结晶的特殊性在于介观结晶时，液相中形成大量的晶核，在无外界诱导作用下，通过微小晶核的无序堆垛凝并完成。若不对其成长速度加以控制，晶体将沿表面能降低最快的方向生长成针状及枝状，并且团聚严重、结构弛豫，势必影响其性质，因此研究不同形貌纳米粒子的形成机制至关重要，也是系统地制备所需纳米材料的前提之一。

近年来，许多研究人员就如何可控地生长纳米晶体，提出了一些不同的生长机理。本节主要针对微纳米含能材料的形貌调控原理和影响规律进行深入讨论，按照调控方法不同，分成以下四个途径：①基于炸药表界面效应进行形貌调控；②通过聚集生长实现形貌转变，包括定向连接和介观连接等；③空间限域生长调控形貌；④改变反应条件或工艺参数，从而调控晶体形貌。所有这些生长机理均可在成核与生长阶段得到控制，这一点是制备形貌可控纳米晶的先决条件。

2.3.1　基于炸药晶体表面效应调控形貌

尺寸效应与表面效应是引起纳米尺度材料性能改变的核心所在。材料的纳米化，一方面，因增大比表面积、提供更多的活性反应位点，从而大大提高了化学反应的效率；另一方面，通过形貌控制合成来调控纳米材料的表面结构，如控制暴露不同的晶面及制备表面缺陷结构，实现对材料本征化学反应活性的调节。设计纳米晶的形貌控制合成，材料的内在结构是首要考虑的因素，因为结构的对称性在材料生长过程中起着主导作用，它们本身所属的空间群结构往往决定了最终的形貌类型。晶体生长形态由构成晶体的各个晶面生长速率决定，与晶体的内部结构和外部生长条件密切相关。因晶面结构差异而导致的化学反应活性的差别称为晶面效应，纳米材料形貌控制合成的本质即是通过选择性暴露不同的晶面以充分利用材料的反应活性。因此，液相合成体系中对纳米晶炸药形貌的调控主要通过改变生长过程的动力学参数，即借助于表面活性剂、晶形调节剂或者引入"钝化层"、添加剂等来改变不同晶面的生长速率，以调控产物的形貌。

表面活性剂也称晶形调节剂，常被作为纳米晶的稳定剂或引导剂，用于实现对纳米晶形貌和大小的控制合成，因为它们对形成具有不同形态结构的纳米晶起到重要作用。表面活性剂对生长阶段的控制主要体现在对某些活性面生长的抑制，以凸现其他面的生长活性。在这种情况下，表面活性剂不再作为溶剂充斥反应体系，而更多的是作为溶质分散到水或者其他溶剂当中，通过在晶粒固/液界面的吸附来实现对生长过程的调整。图 2.11 所示为纳米银在两种表面活性剂作用下的形貌差异[20]。

图 2.11　纳米银在两种表面活性剂作用下的形貌差异

不使用形貌诱导剂的合成由于较快的反应速率使得生长过程不易控制，往往得到形状无序而易于团聚的产物。图 2.12（a）所示为室温下自然挥发丙酮溶液得到的 HNIW 显微照片。

当采用热力学控制时，晶粒生长环境的过饱和度非常低，晶体形态由生长速度最慢的晶面决定。晶体的生长速度与溶液的过饱和度有关，过饱和度越小，晶体的生长速度越小。晶体中各个面族的生长速度不同，当过饱和度减小时，各个面族的生长速度差别增大。当过饱和度减小到一定值时，晶体中只有一个晶面方向的生长速度大于零，其他各晶面方向的生长速度接近于零，这样形成晶体的形貌为纤维状，如图 2.12（b）所示。

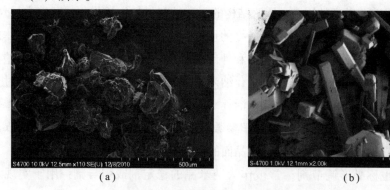

图 2.12　不同结晶状态的 HNIW 电镜照片

（a）自由生长状态下结晶；（b）溶剂缓慢蒸发结晶

晶形调节剂的介入，主要通过改变晶体的生长习性以达到晶形控制的目的。对于炸药晶体而言，最理想的晶形调节剂是控制各晶面生长速率趋于平衡，即球形化。常用的有白糊精、羧甲基纤维素钠、乙二醇、聚乙烯吡咯烷酮等[21]。例如，采用添加0.3%的乙二醇、三乙酸甘油酯和甘氨酸在 γ - IINIW 向 ε - HNIW 转晶过程中进行晶形控制，ε - HNIW 由双头锥形变为长方体、立方体和类球形，如图 2.13 所示。

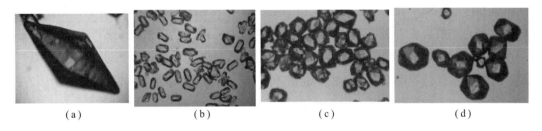

(a)　　　　　　　(b)　　　　　　　(c)　　　　　　　(d)

图 2.13　添加不同晶形控制剂的 ε - HNIW 形貌

（a）未添加；（b）添加乙二醇；（c）添加三乙酸甘油酯；（d）添加甘氨酸

除此之外，还可以采取其他手段对表界面进行修饰，从而达到晶形调整的目的。例如，在成核后的纳米颗粒表面制造"钝化层"，阻碍随后的生长步骤。这种方法被成功应用于制造纳米金属粉颗粒，通过在纳米铝或镁的表面形成致密的氧化物薄层，从而阻止其被氧化和团聚。有关这方面的研究会在后续章节中重点讨论。

加入添加剂，对粒子形貌进行调控，也是制备纳米粒子常用的方法之一，添加剂可以附着在晶体表面，影响晶体的成核和生长，从而控制炸药晶粒的形貌和尺寸。Stéphane 模拟多种溶剂对 ε - HNIW 晶面的影响，指出乙醇对晶面间相互作用最大，而叠氮化物影响最小，乙醇分子主要影响（002）表面。选择合适的促进剂可以促进或削弱晶面的相互作用，特定的控制剂仅影响某一晶面的相互作用，抑制剂是填充型，即能与所有的晶面发生相互作用。不同添加剂得到的 HNIW 形貌如图 2.14 所示。

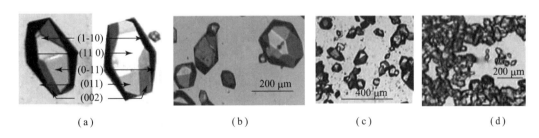

(a)　　　　　　　(b)　　　　　　　(c)　　　　　　　(d)

图 2.14　不同添加剂得到的 HNIW 形貌

（a）晶面；（b）未添加；（c）添加促进剂；（d）添加抑制剂

由图 2.14 可知，与未添加晶形控制剂相比，添加促进剂的晶体粒径与之相当，是因为促进剂加入 HNIW 的溶剂内，减小成核速率并增大粒径，添加抑制剂的晶体粒径变小，因为抑制剂使成核速率增加，增加了颗粒的均匀性。而用特定的晶形控制剂则产生片状 HNIW，添加不同的晶形控制剂会对产品结晶产生重要影响，一般来说，添加剂的量不宜超过 0.005%，过量会影响成核和晶体纯度。

2.3.2　通过聚集生长实现形貌改变

液相体系中纳米晶的生长分为成核与生长两个基本过程，是新相产生和相界面延展的过程。多数合成方法是通过对整个过程热力学和动力学参数的调控实现尺寸与形貌的控制，尤其在生长阶段通过各种形式的添加剂来改变不同晶面的生长速率，而对晶核在整个生长过程中作用的认识则相对不足：一是由于晶核作为结晶过程的中间态，使成核与生长不能断然分离；二是由于对该阶段现象行为研究手段的缺乏。

基于熟化机制的传统晶体生长模式是生长基元在颗粒间质量转移的过程，表面能大的小尺寸颗粒不稳定，会逐渐被溶蚀并转移到大颗粒上。基于纳米晶的研究，Penn和 Banfield 发现了定向连接的生长模式，纳米颗粒间可以通过共用一个晶面而连接形成更大的颗粒，这样得到的单晶结构材料在连接晶界处会带有一定的线缺陷结构。这种通过在某一晶面上定向连接而消除表面得到单晶体的生长方式也可以降低体系的表面自由能，进而实现组装及后续生长。这一新型的生长模式不同于传统的热力学及动力学生长模式，是以晶核尺寸量级的纳米晶作为生长基元，通过相同晶面间的连接生长得到更大维度的晶体。大量研究结果表明，定向连接是从纳米颗粒得到各向异性纳米结构的一种基本模式，如纳米线、纳米片、纳米棒和纳米花等。图 2.15 所示为三类晶体生长方式及其相互关系。

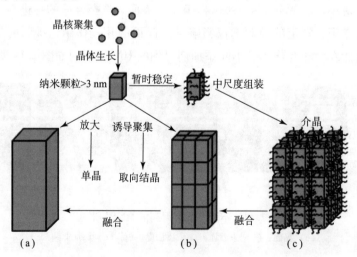

图 2.15　三类晶体生长方式及其相互关系

（a）传统单晶；（b）定向连接方式生长纳米晶；（c）介观连接方式生长纳米晶

炸药在有机溶剂中的重结晶过程其实质就是纳米晶的定向连接生长和熟化过程。图 2.16 所示是纳米晶定向连接生长过程及不同反应时间的透射电镜照片。

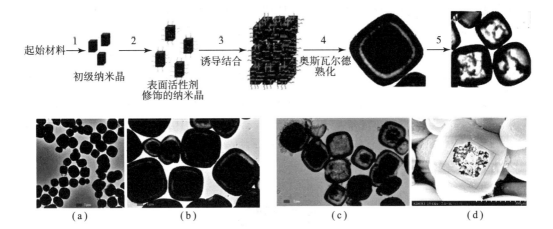

图 2.16　纳米晶定向连接生长过程及不同反应时间的透射电镜照片

（a）10 min；（b）2 h；（c）4 h（高倍）；（d）4 h（低倍）

此外，被长链表面活性剂修饰过的纳米颗粒分散在疏水性溶剂中可表现出多维度的组装行为，生成不同维度的超晶格组装体，图 2.17 所示是自组装法制备纳米颗粒。这些组装模式常与材料的表面性质和组装条件相关，研究还发现，纳米晶的组装模式不仅与表面性质和环境相关，颗粒本身尺寸也是影响组装行为的重要因素，当尺寸不同时，组装方式也不同。由于晶核在液相体系中是新相从无到有的中间过渡态，小尺寸纳米晶可作为研究晶核生长变化行为的有效模型。通过对超小尺寸纳米晶组装与再生长过程中现象与规律的认识，能深化对整个形貌控制过程的理解。

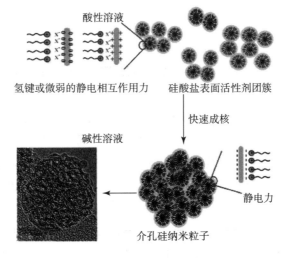

图 2.17　自组装法制备纳米颗粒

共晶炸药是一种将不同炸药通过分子间作用力微观结合在同一晶格中，形成具有特定结构和性能的多组分分子晶体。通过形成共晶炸药能够有效改善部分炸药的氧平衡及感度，提高其爆热、做功能力及安全性等，具有广阔的研究前景。共晶的形成主要依靠分子间相互作用力。在共晶体系内，不同分子间的相互作用主要有氢键、$\pi - \pi$堆积作用、范德华力等，这些不同的相互作用不是孤立的，它们多呈现协同性，多种作用力达到平衡以稳定晶格。这些非共价键连接分子不会破坏分子内部的共价键，分子本身的一些性质也不会改变。因此，共晶炸药既保留了单组分炸药的某些性能，也获得了优于各单组分的其他性能。从本质上讲，溶液体系中的炸药共晶属于超晶格结构，也是通过聚集生长改善炸药晶粒形貌的一种方式。图 2.18 所示是国外报道的HMX/CL-20 共晶炸药[22]。

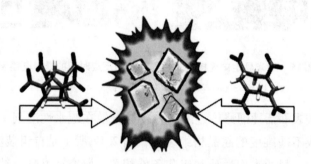

图 2.18   HMX/CL-20 共晶炸药

2.3.3   空间限域方法控制形貌

动力学限域顾名思义就是限制晶粒的生长空间，当有限的原材料被消耗掉或可利用空间被完全充满时，生长过程就会停止。在一般情况下，空间限域可分为若干组：①气相中的液滴，包括气溶胶合成和雾化热解；②液相中的液滴，如胶束微乳液合成；③基于模板的合成；④自终止合成。这里主要针对微纳米单质炸药的合成进行分析讨论。关于动力学限域生长技术在制备其他纳米含能材料的应用，将在后续章节中详细讲述。

动力学限域生长方法实质上是采用模板来控制纳米粒子形貌的方法，因此，模板的选择往往决定了纳米炸药的形貌。根据模板自身的特点和限域能力的不同，模板又可分为硬模板和软模板两种。硬模板主要是指一些具有相对刚性结构的纳米多孔材料，如阳极氧化铝、多孔硅、分子筛、胶态晶体、碳纳米管等。图 2.19 所示是几种常用的纳米材料合成模板。

硬模板法是利用纳米多孔材料的纳米孔或纳米管道的限制作用，使前驱物进入后自己反应，或者与管壁反应，生成纳米线等一维纳米材料的方法。图 2.20 所示为基于

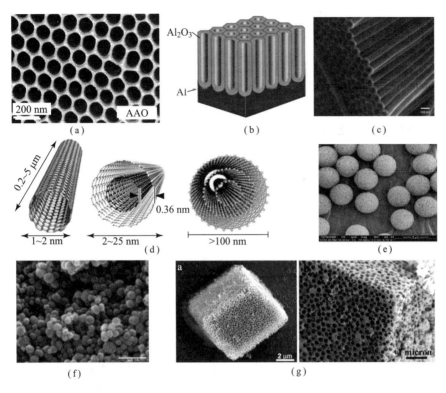

图 2.19　几种常用的纳米材料合成模板

（a）膜状 AAO；（b）准一维孔道 AAO；（c）碳管阵列；（d）单壁、双壁及多壁碳管；

（e）多孔硅；（f）介孔硅；（g）胶状晶体

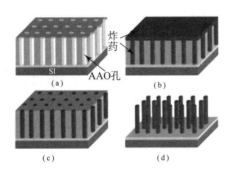

图 2.20　基于 AAO 模板制备纳米炸药棒

AAO 模板制备纳米炸药棒。软模板则主要指两亲分子形成的各种有序聚合体，如液晶、胶团、微乳液、囊泡、LB 膜、自组装膜及高分子的自组装结构和生物大分子等。软模板法是用两亲分子形成的有序聚合体作模板剂，起保护作用，使颗粒不长大，同时利用界面特性，形成多种形貌的纳米粒子。利用反胶团微乳液可得到纳米 NTO，其制备原理如图 2.21 所示。反相微乳液即水/油（W/O）型微乳液，在反相微乳液中存在大量油包水型的反胶束，其中水被表面活性剂包裹形成纳米微水池，分散于油相当中。将含能材料 NTO 溶于按一定比例配制好的水/丙酮混合溶液，使混合液达到近饱和状态，作为水相（W）。在恒温下搅拌、蒸发，由于丙酮是易挥发性物质，故在真空蒸发过程中，NTO 就会成核、生长，晶体在成长过程中受到水核的限制，就可得到纳米尺寸的晶体；当溶剂蒸发到一定程度时，水相逐渐减少，微乳体系被破坏，继而达到破乳的目的，NTO 颗粒便悬浮在溶液中，经过微孔滤膜过滤回收。

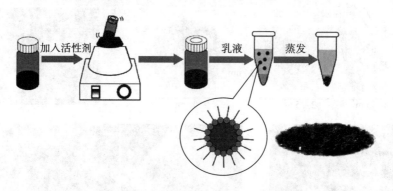

图 2.21　反相微乳液制备超细炸药原理

微乳液法制备纳米炸药是基于"微元反应器"理论，通过可控沉积过程实现炸药分子在微乳液或微胶囊内的结晶，以微元反应器的结构控制炸药粒子的形貌及粒径，从而制备出有壳/核结构的微纳米炸药粒子。图 2.22 所示为微乳液模板制备 HMX 粒子的电镜照片。

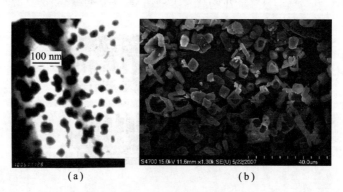

（a）　　　　　　　　（b）

图 2.22　微乳液模板制备 HMX 粒子的电镜照片

（a）TEM；（b）SEM

由图 2.22（a）可知，在溶液中，微乳液形成的微元反应器呈 30~50 nm 的球形，微乳液中纳米粒子的成核与常规溶液生长环境中的一样，但是生长机理不同，在纳微米重结晶过程中，大量晶核的凝并造成无序生长。离心破乳后，HMX 脱离了模板的约束，HMX 粒子粒径较大（2~10 μm），粒度不均匀，粒子的形状也很不规则，多为短棒状、立方形。王敦举的研究结果表明，在微乳液体系中，HMX 颗粒粒径随着水和表面活性剂物质的量之比的增加而增加，同时，HMX 颗粒还受碱溶液加入量和 HMX 溶液浓度的影响。Mandal Alok Kumar 等利用微乳液技术制备出球形 FOX - 7 颗粒，尺寸在亚微米到纳米范围。与常规 FOX - 7 相比，撞击感度与摩擦感度无明显变化。

此外，通过电化学方法也可以制备一定形貌的纳米粒子，它可以加入表面活性剂来进行形状诱导（shape inducing），也可以通过调整电压、电流、电极、电解质溶液和模板的材质来控制产物结构与形貌。

2.3.4　生长环境对纳米晶的影响

晶体生长形貌取决于晶体结构的对称性、结构基元间的作用力、晶格缺陷和晶体生长的环境相等，因此，在研究晶体生长形态时，不能局限于某一方面，既要注意到晶体结构因素，又要考虑到复杂的生长环境的影响。生长环境对晶体生长的影响是多方面的，其中溶液过饱和度、溶液 pH、温度和杂质等对晶体生长形貌具有较大的影响。

1. 溶液过饱和度的影响

根据化学热动力学原理，所有纳米晶粒都会朝着具有最低能量的形状方向生长，然而，研究发现，纳米粒子的形成过程是高度的动力学驱动过程。文献认为粒子"成核"对形成各向异性的纳米粒子形貌起决定性的作用。他们认为初始晶核比纳米晶粒小得多，在此阶段，初始晶核的化学势与晶核的大小密切相关，并且对晶核的结构非常敏感。因此，在低反应浓度和足够长的反应时间下，所有纳米晶核都会朝着具有最低化学势的形貌方向生长，最终将会产生球形纳米粒子；在高反应浓度下，纳米晶核则趋向于形成纳米棒或者其他长形的粒子，这样的粒子具有亚稳定性；而中间浓度环境则有助于纳米晶核的三维同性生长或者生成纺锤形的纳米粒子。

一般来说，晶体的生长速率总是随着溶液过饱和度的增加而变大，但随着过饱和度的增大，要维持整个晶面具有恒定过饱和度十分困难。同时，当过饱和度增大时，杂质易于进入晶体，导致晶体均匀性的破坏，结果被破坏的晶面生长速率总是大于光滑面的生长速率，从而发生了相对生长速率的改变，这样就影响到晶体的生长形貌。实验证明，当溶液的过饱和度超过某一临界值时，晶体形貌就会发生变化。喷射细化、溶剂 - 反溶剂、超临界细化等都是通过控制过饱和度，从而调整微纳米炸药尺度分布与形貌的。

2. 溶液 pH 的影响

在水溶液中存在着大量的 H^+ 和 OH^-，故溶液中的 pH 对晶体生长的影响十分显著。如果溶液的 pH 不合适，即便是其他生长条件合适，也长不出所需尺寸的好晶体。pH 影响一般可归纳为以下几种方式：①pH 影响溶液溶解度，使溶液中的离子平衡发生变化。②pH 改变杂质的活性，使杂质敏化或钝化，但改变的方向尚不能下结论。在多数情况下，提高 pH 可增加杂质的活性。pH 的作用可能是改变了晶面的吸附能力，因 pH 对后者有较大的影响。③pH 直接影响晶体生长，通过改变各晶面的相对生长速度，引起晶体生长习性的变化。在三硝基间苯二酚铅合成过程中，由于 pH 的不同，可以得到不同的晶形，其爆炸性能也有很大的差别。在碱性介质中，生成棉絮状的碱式三硝基间苯二酚铅晶体；在弱酸性介质中，则生成苯环状的三硝基间苯二酚铅正盐晶体。为此，在单质炸药纳米晶制备过程中，应该首先进行大量预备性试验，来寻找晶体生长受介质 pH 变化影响的规律，并最终选定最佳 pH[23]。

3. 温度的影响

生长温度对晶体的习性和质量都有影响，因此可以利用生长习性随温度的变化，选择合适的生长温度以获得所需的晶体。温度本身的影响可以认为是改变晶体生长各个过程的激活能，晶体生长过程很少是纯表面反应或是纯扩散过程。一般在较低温度下，结晶过程主要由表面反应这一步控制。当温度升高时，生长速度加快，扩散逐渐成为控制结晶过程的主要步骤。在较高温度下生长的晶体，由于结晶质点排斥外来杂质的能力增强，其长出的晶体质量一般要比较低温度下生长的好。以下结合两个实例进行说明。

TATB 是一种难溶的钝感炸药，由于其分子内和分子间存在大量氢键，所以在各种溶剂中的溶解度都很低，这给重结晶工作带来很大困难。Foltz 等发现 TATB 在二甲基亚砜中的溶解度随温度升高而急剧增大［图 2.23（a）］，TATB 在环丁砜、DMF、硝基苯等有机溶剂中的溶解度也随着温度升高而增大，这就为利用冷却法重结晶 TATB 提供了可能[24]。图 2.23（b）所示为冷却法重结晶样品扫描电镜照片。

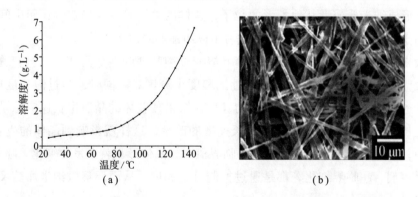

图 2.23　TATB 溶解度随温度变化曲线（a）及冷却重结晶样品 SEM 照片（b）

4. 杂质的影响

通常把与结晶物质无关的少量外来添加物叫作杂质。杂质在结晶过程中一般难以避免，杂质在许多方面影响晶体的生长。研究杂质效应不仅有助于控制结晶过程和单晶的性质，而且在晶体生长理论研究上也有重要作用，因为杂质影响机制常与晶体生长动力学的研究紧密联系在一起。杂质可以影响溶解度和溶液的性质，如在生长某些晶体时，常在溶剂中加入一定量的辅助剂或使用混合溶剂，以改变溶解度或溶液的黏度，使之有利于晶体的生长。杂质会显著改变晶体的结晶习性，其对晶体质量也有明显的影响。在多数情况下，杂质使晶体的完整性降低，性能变差，但也存在着一些少量杂质离子改善晶体生长质量的例子。有时为了改善晶体某一方面的性能，还会加入一些杂质（掺质或共溶质）。总之，杂质影响晶体生长有以下三种方式：①进入晶体。当杂质质点和组成晶体的质点在晶体构造中较为相似时，杂质质点比较容易均匀进入晶体。相似性越大，进入晶体就越容易。②选择性吸附在一定的晶面上。由于晶体的各向异性，杂质在晶体的不同晶面上经常发生选择性吸附，这种吸附常使某些晶面的生长受到阻碍，因而改变了各晶面的相对生长速度。③改变晶面对介质的表面能。从晶体生长的分子动力学理论来看，可以看成是杂质改变了各种生长过程的能量。由此看来，杂质影响包括晶体学、动力学和热力学等方面的效应，影响的主要方式是进入晶体。

2.4　溶剂－反溶剂细化炸药

溶剂－反溶剂重结晶细化技术是最常采用的炸药细化技术，其主要特点是原理简单，操作简便，工艺上容易实现，成本较低。按照实验操作来分，主要分为以下三种。

①标准直接沉淀法。将药剂溶于某种可溶性溶剂，在高速搅拌下加入另一种不溶性溶剂，并随之冷却，可析出药剂的细结晶。此工艺过程属缓慢结晶过程，不停地搅拌可以得到细结晶。但就药剂的细化而言，粒度仍然较大，分布范围较窄。

②反向加料沉淀法。与标准直接沉淀法相比，其加料顺序相反，是在高速搅拌下将溶有药剂的溶液反向滴加于不溶性溶剂中。反向加料工艺优于正向加料工艺。由于反应体系是大量的不溶性溶剂，高速搅拌的切向运动使药剂结晶较快，颗粒较小，粒度分布也较宽。

③表面活性剂重结晶法。在细化过程中使用表面活性剂，它吸附在药剂晶体表面，破坏了固体颗粒之间的内聚力，进入固体微粒之间，变成微小的质点分散于水中，阻碍了晶体的正常成长。表面活性剂的用量应控制在很少，避免体系中引入过多的非含能物质。

另外，喷射细化的原理也是基于溶剂－反溶剂方法的，不同之处在于喷射细化还要借助于外力作用，下一节会对其进行重点讲述。

溶剂－反溶剂重结晶是以结晶学原理为依据制备不同粒径炸药的工艺。它是先用一种溶剂 A 将炸药溶解，然后选择合适的反溶剂 B，该反溶剂不溶解炸药，溶解溶剂 A。若采用将反溶剂 B 缓慢加入溶解炸药的溶剂 A 中，使体系的过饱和度缓慢增加，即可得到大颗粒炸药晶体。若将溶解炸药的 A 溶剂迅速加入反溶剂 B 中，或将大量的反溶剂 B 迅速加入溶解炸药的溶剂 A 中，并辅以搅拌分散，即可得到微米量级炸药粉体。此工艺的关键是控制溶液体系的过饱和度，进而调节晶核生成速率和晶体生长速率，然后控制晶体的粒径和形貌。

溶剂-反溶剂重结晶示意如图 2.24 所示。晶体生长可以分为三个步骤：①待结晶的溶质借扩散穿过靠近晶体表面的一个静液层，从溶液中转移到晶体的表面（即扩散过程）。②达到晶体表面的溶质长入晶体，使晶体长大，同时释放出结晶热。③放出的结晶热借助传导回到溶液中。第一步，扩散过程必须有溶液浓度差作为推动力；第二步，在溶质长入晶面的过程中，溶质分子或离子在空间晶格上排列组成有规律的结构，这个过程称为表面反应过程。第三步，大多数物系的结晶热量不大，对整个结晶过程的影响可忽略不计。

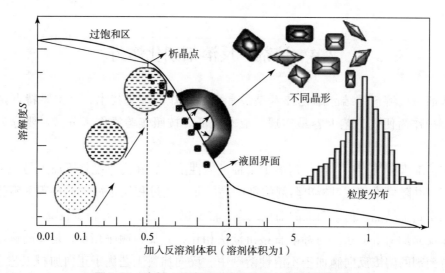

图 2.24　溶剂-反溶剂重结晶示意（相界面模型）

根据晶-液界面迁移的扩散机理，在晶体生长过程中，在两相界面上发生作用时，一个相的表面层与它的内层产生浓度差，使浓度恢复均匀的扩散是很慢的。因此，在晶体成长过程中的化学变化速度，就由扩散变化速度来决定。

在固-液两相界面上发生作用时，接近固体的一层，总是比较平静地存在着薄薄的不移动层，类似于液膜的滞流层，它增加了溶质扩散的阻力。为了克服这一阻力，需要在液相主体和晶体表面之间维持一定的浓度差 $C_B - C_S$，如图 2.25 所示。

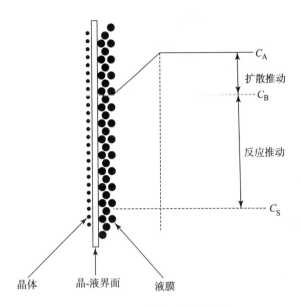

图 2.25　晶－液界面的浓度梯度

设滞流层的厚度为 δ，则其浓度梯度为 $\dfrac{C_B - C_S}{\delta}$，依据费克定律，溶质通过截面 A 的扩散量为：

$$\frac{\mathrm{d}m}{\mathrm{d}t} = DA\frac{C_B - C_S}{\delta} \tag{2.32}$$

式中　$\mathrm{d}m/\mathrm{d}t$——物质的扩散速度；

　　　D——扩散系数；

　　　A——表面面积。

晶－液界面之间的液膜或滞流层 δ，它是溶质分子或离子长入晶体表面的一种阻力。阻力越大，溶质分子进入晶体表面的速率越小，阻力的大小与液膜的厚度、溶液的黏度及温度等因素有关。在反应体系中加入晶形控制剂，增加溶液的黏度，使 D 减小，同时它们又能在晶体表面形成一层薄膜，从而使 δ 增厚，使晶体生长过程变慢，有利于短柱状或近圆球形晶体的形成。

此外，结晶温度对所得晶体的形状也有较大影响。晶体生长系统中有两相共存：晶体相和环境相，根据杰克逊界面理论，晶体与环境的相界面可分为粗糙界面和光滑界面两种。在给定的生长驱动作用下，界面的生长机制及生长动力学规律取决于界面的微观结构。若界面为粗糙界面，其生长机制为连续生长，生长速率为各向同性，有利于得到球形晶体；若界面为光滑界面（或粗糙度较低），生长机制为层状生长，生长速率为各向异性。界面粗糙度是温度的函数，随着温度的变化而变化。当温度达到界面粗糙化温度时，界面的粗糙度增加得很快。在不同温度下结晶，将得到不同形状的晶体。

在重结晶过程中，溶剂与反溶剂的极性（偶极矩）对晶核初成时的分子间作用有重要影响，晶核从液相分离初时纳米微晶尺寸大约在 80 nm，其自由度将受到溶剂及反溶剂分子的约束，最终固定在晶体中的某一位置。以下结合我们的研究工作，详细叙述采用溶剂 – 反溶剂对 CL – 20 进行细化和重结晶。

迄今为止，在合成出的高能量密度材料中，最有望替代 HMX 的是六硝基六氮杂异伍兹烷（HNIW，CL – 20），但由于其机械感度高，晶体多棱角，需要进行重结晶来提高结晶品质，才能满足应用要求[25]。HNIW 可以看成是由一个六元环（1，4 – 二硝基 – 1，4 – 二氮杂环己烷）及两个五元环（1，3 – 二硝基 – 1，3 – 二氮杂环戊烷）以单键相连稠合而成的。目前已经分离和鉴定的 HNIW 晶型有四种，即 α – ，β – ，γ – 和 ε – 。另外，在 γ – HNIW 的可逆转晶中，还发现了 ζ – HNIW，它在高于 0.7 MPa 的压力下存在，以差示扫描量热法（DSC）测定 α – HNIW 的热稳定性时，还发现了 δ – HNIW（在接近 α – HNIW 分解温度时），但是，未能成功地将其分离和鉴定。表 2.1 为 α – ，β – ，γ – 和 ε – 四种晶型的晶体学数据，图 2.26 所示为 HNIW 四种晶型的空间构型。图 2.27 所示为四种晶型的晶体扫描电镜（SEM）照片。

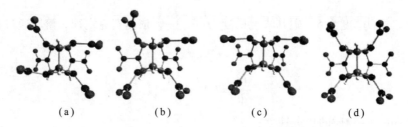

（a） （b） （c） （d）

图 2.26　HNIW 四种晶型的空间构型

（a）β – CL – 20；（b）γ – CL – 20；（c）α – CL – 20；（d）ε – CL – 20

表 2.1　HNIW 四种晶型的晶体学数据

参数	ε – HNIW	β – HNIW	α – HNIW（1/2H₂O）	γ – HNIW
晶系	单斜	正交	正交	单斜
空间群	P2₁/n a = 0.884 8(2) nm b = 1.256 7(3) nm c = 1.338 7(3) nm β = 106.90(3)°	Pca2₁ a = 0.967 0(2) nm b = 1.161 6(2) nm c = 1.303 2(3) nm	Pbca a = 0.952 97(2) nm b = 1.323 79(13) nm c = 2.364 0(3) nm	P2₁/n a = 1.321 36(11) nm b = 0.816 14(6) nm c = 1.489 8(4) nm β = 109.168(4)°
晶胞体积/nm³	1.424 2 (0)	1.463 8 (5)	2.982 3 (5)	1.517 5 (4)
晶胞内分子数	4	4	8	4
计算密度/(g·cm⁻³)	2.035	1.989	1.970	1.918
实测密度/(g·cm⁻³)	2.040	1.983	1.952	1.920

续表

参数	ε – HNIW	β – HNIW	α – HNIW（1/2H₂O）	γ – HNIW
晶体外形				

注：表中数据所指计算密度是根据 X 射线衍射数据计算所得，实测密度为密度瓶测得。

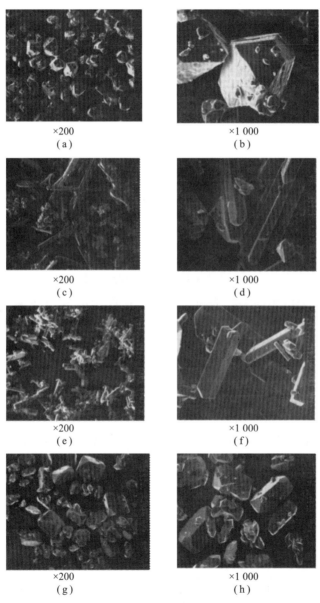

×200
（a）

×1 000
（b）

×200
（c）

×1 000
（d）

×200
（e）

×1 000
（f）

×200
（g）

×1 000
（h）

图 2.27　四种晶型的晶体扫描电镜照片

（a），（b）α – HNIW 的晶体照片；（c），（d）β – HNIW 的晶体照片；

（e），（f）γ – HNIW 的晶体照片；（g），（h）ε – HNIW 的晶体照片

随着对炸药研究的深入，逐渐发现炸药晶体尺度和形貌对炸药的性质有重要影响，不同尺度的炸药，其安定性、燃烧、爆炸性能都会改变。当炸药晶体内部缺陷减少时，晶体密度接近理论密度，冲击波感度将降低，可为不敏感弹药装药提供原料。炸药晶体经过球形化处理后，晶体棱角消失，颗粒球形度提高，颗粒流散性提高，有利于提高装药工艺和装药密度。因此，积极开展超细 CL - 20 炸药制备、性能和应用方面的研究，拓宽高能炸药研究领域，对提高常规弹药高效毁伤能力具有重要意义。

根据吉布斯相图，在室温及常压下存在的四种晶型的 HNIW，其热力学稳定性不同。并且，在环境温度及常压条件下，不太可能存在三种晶型的同时平衡（不变的三相点），甚至也不可能存在两相平衡（不变的相线）。最有可能的情况是，在环境条件下，存在一个双变量状态，此时仅有一种晶型是稳定的，而另外三种晶型则为亚稳态。业已发现，在常压下，α -、β - 和 ε - 三种晶型在150 ℃ ~190 ℃ 均可转变成 γ - 晶型，该过程不可逆。在常压及高温条件下，γ - HNIW 不发生晶型转变，而是发生热分解。上述晶变都是吸热反应，其中 ε - → γ - 的热效应最大，为 21.48 kJ/mol。水合 α - HNIW 转晶热大于此值，但这不是单一的转晶热，还包括脱除 α - HNIW（1/2H$_2$O）水合水所需的热量。根据 Arrhenius 动力学公式，HNIW 转晶的表观活化能也可以按 DSC 数据计算，其中也是 ε - → γ - 的最高，为 288.9 kJ/mol。推断 HNIW 的热力学稳定性顺序为：α - HNIW（1/2H$_2$O）> ε - HNIW > α - HNIW > β - HNIW > γ - HNIW。

我们采用溶剂 - 反溶剂方法研究 CL - 20 炸药晶粒尺度的调控规律。HNIW 易溶于含羰基的溶剂，不易溶于烃类溶剂和含醚键的溶剂。HNIW 在丙酮、双（2 - 氟 - 2，2 - 二硝基乙基）缩甲醛（FEFO）、无水乙醇、乙二硝基戊酸酯（EDNP）、乙酸乙酯、乙二醇、FM - 1［25%（摩尔分数）FEFO、25% 双（二硝基丙基）缩甲醛和50% 氟二硝基乙基二硝基丙基缩甲醛的混合物］、二氯甲烷、硝化甘油/甘油三乙酸酯［NG/TA（75/25）］、硝基增塑剂［NP，50% 双（二硝基丙基）缩甲醛和50% 双（二硝基丙基）缩乙醛］、三乙二醇二硝酸酯（TEGDN）、三羟甲基乙基三硝酸酯（TMETN）、三氯甲烷和水中的溶解度见表2.2。HNIW 在溶剂中的溶解可归因于溶剂化作用，在含醚键及含羰基的溶剂中，对 HNIW 的溶剂化是由弱的氢键引起的。溶剂化作用越强的溶剂，对 HNIW 的溶解度越大。

表2.2　HNIW 在多种溶剂中溶解度与温度（293 ~ 347 K）的关系[26]

溶剂	溶解度/[g · (100 mL 溶液)$^{-1}$]	溶剂	溶解度/[g · (100 mL 溶液)$^{-1}$]
丙酮	74.8（平均值）	二氯甲烷	0.043（平均值）
乙酸乙酯	40.6（平均值）	NG/TA (75/25)	$6.33 - 0.002T + 0.0005T^2$
EDNP	$10.4 - 0.114T + 0.002T^2$	NP	3.2（平均值）
乙二醇	$1.3 - 0.02T + 0.0005T^2$	TEGDN	$1.87 - 0.019T + 0.0005T^2$

续表

溶剂	溶解度/[g·(100 mL 溶液)$^{-1}$]	溶剂	溶解度/[g·(100 mL 溶液)$^{-1}$]
无水乙醇	$0.778 - 0.021T + 0.000\ 4T^2$	TMETN	2.4（平均值）
FEFO	$0.577 - 0.018T + 0.000\ 3T^2$	三氯甲烷	<0.003
FM – 1	$0.911 - 0.010T + 0.000\ 3T^2$	水	<0.005

目前国内外学者普遍选用乙酸乙酯作为 HNIW 重结晶的溶剂，因为乙酸乙酯溶解度适中，毒性极低，沸点较高（77 ℃），价格低廉。综合前人的经验和成果，最终使用乙酸乙酯作为溶剂，根据结晶学经验，重结晶过程中最容易得到的晶型是最稳定的原则，γ – 和 β – 型在常温下最稳定，通过溶液中缓慢转晶才得到密度最高的 ε – 型。

对于反溶剂的选择，许多专家和学者都给出了建议，但是一直缺乏深入研究，没有比较各种体系对晶体品质的影响。表 2.3 列出了常用的溶剂和反溶剂的性质[27]。金韶华指出，使用极性反溶剂时，容易形成非对称体（α – 和 γ – 型），而使用非极性反溶剂时，容易形成结构对称的 β – 与 ε – 型。还指出，当温度低于 70 ℃ 时，对形成热力学稳定的 ε – 型有利。欧育湘指出，烷烃类、氯代烷烃类、苯类等可以作为反溶剂。一些文献提及用乙酸乙酯 – 烷烃类溶剂、三氯甲烷等对 CL – 20 进行重结晶。

表 2.3　常用的溶剂和反溶剂的性质（20 ℃）

名称	相对密度	相对分子质量	沸点/℃	黏度/(mPa·s)	偶极矩	表面张力/(mN·m^{-1})	溶解度参数 δ/(J·cm^{-3})$^{1/2}$
乙酸乙酯	0.9	88	77	0.449	1.88D	23.75	18.6
1 – 氯丁烷	0.88	92.5	79	0.45	1.9D	23.66	17.2
氯苯	1.11	112.5	131	0.81	1.7D	33.28	19.4
二氯甲烷	1.33	85	39	0.43	1.14D	28.12	19.6
1，2 – 二氯乙烷	1.25	99	84	0.84	1.86D	32.23	20.0
1，1 – 二氯乙烷	1.175	99	57	0.498	1.98D	24.73	18.6
三氯甲烷	1.48	119	61	0.56	1.15D	27.14	19.0
1，1，1 – 三氯乙烷	1.32	133	74	0.903	1.57D	25.56	19.6
1，1，2 – 三氯乙烷	1.43	133	115	1.2	1.55D	33.57	
四氯化碳	1.58	154	77	0.965	0	26.77	17.6
液体石蜡	0.95	230	>300	110～230	0	35	16.7
乙酸苯甲酯	1.05	150	216	1.399	1.80D	27.45	
乙酸甲酯	0.92	74	58	0.385	1.61D	24.8	19.6
乙腈	0.78	41	81	0.35	3.44D	19.1	24.3

名称	相对密度	相对分子质量	沸点/℃	黏度/(mPa·s)	偶极矩	表面张力/(mN·m^{-1})	溶解度参数 δ/(J·cm^{-3})$^{1/2}$
磷酸三乙酯	1.07	182	215		3.07D	30.32	
正庚烷	0.68	100	98	0.409	0	19.6	15.2
乙醇	0.79	46	78	1.17	1.68D	22.27	26.0
乙酸	1.05	60	118	1.044	1.68D	27.58	20.7
异丙醇	0.79	60	82.4	2.431	1.68D	21.7	23.5

注：偶极矩 $1D = 3.335 \times 10^{-30}$ C·m（库仑·米）。

HNIW 溶于乙酸乙酯形成饱和溶液，向其加入反溶剂，乙酸乙酯与反溶剂分子之间作用力要高于 HNIW 与乙酸乙酯分子间作用力，在过饱和度作用下，HNIW 不断从混合体系内结晶析出。采用不同类型溶剂获得 HNIW 的结晶品质存在差异，主要是溶剂与反溶剂分子间相互作用的能量即内聚能不同。内聚能是物质分子间相互作用聚集在一起的能，其定量数值常用内聚能密度表示，内聚能密度的平方根称为溶解度参数 δ。

$$\delta = (\Delta E/V)^{1/2} \tag{2.33}$$

式中 ΔE——摩尔内聚能；

V——摩尔体积。

本研究分别选用氯代甲烷和氯代烷烃为反溶剂，对比在相同工艺条件下得到的炸药晶体粒度，从而获得反溶剂选择的规律。

（1）氯代甲烷为反溶剂

乙酸乙酯与二氯甲烷、三氯甲烷和四氯化碳制备的 HNIW 晶体如图 2.28 所示。

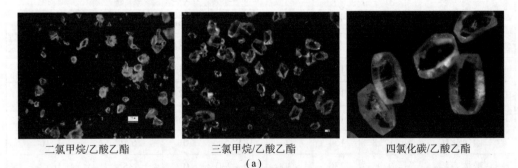

二氯甲烷/乙酸乙酯　　　　三氯甲烷/乙酸乙酯　　　　四氯化碳/乙酸乙酯

(a)

图 2.28　乙酸乙酯与二氯甲烷、三氯甲烷和四氯化碳制备的 HNIW 晶体

（a）析出 HNIW 晶体照片

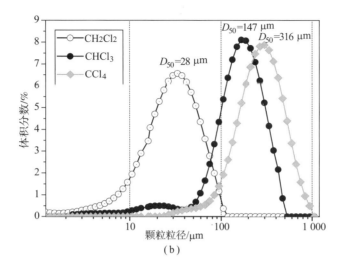

图 2.28 乙酸乙酯与二氯甲烷、三氯甲烷和四氯化碳制备的 HNIW 晶体（续）

（b）三种晶体粒度分布图

由于氯代甲烷溶解度参数、极性、黏度、表面张力、密度的差异，在与饱和 HNIW 的乙酸乙酯混合时，混合溶液达到过饱和度时的状态也具有很大差异，利用这种差异就可以控制 HNIW 的粒径。如图 2.28（b）所示，三种体系所得到的 HNIW 粒径差异显著：二氯甲烷＜三氯甲烷＜四氯化碳。

（2）一氯代烷烃/乙酸乙酯

为验证不同反溶剂对 HNIW 结晶品质的影响，乙酸乙酯与 1 - 氯正丁烷、氯苯制备的 HNIW 晶体分别如图 2.29 所示。

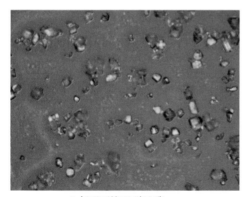 

1-氯正丁烷/乙酸乙酯　　　　　　　　氯苯/乙酸乙酯

（a）

图 2.29 乙酸乙酯与 1 - 氯正丁烷、氯苯制备的 HNIW 晶体

（a）析出 HNIW 晶体照片

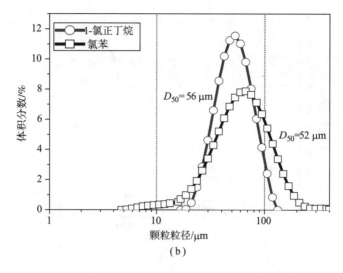

（b）

图 2.29　乙酸乙酯与 1 – 氯正丁烷、氯苯制备的 HNIW 晶体（续）

（b）两种 HNIW 粒度图

　　1 – 氯正丁烷和氯苯的溶解度参数与乙酸乙酯的分别相差 – 1.2（J/cm³）$^{1/2}$ 和 0.8（J/cm³）$^{1/2}$，1 – 氯正丁烷和氯苯与乙酸乙酯混合体系的一次结晶得率为 67% 和 65%，与乙酸乙酯混溶程度几乎相当。因 1 – 氯正丁烷的极性和黏度与乙酸乙酯的接近，析出晶体粒度分布较氯苯的窄。乙酸乙酯与一氯代烃体系重结晶时，一氯代烃的极性对 HNIW 的中位粒径无影响，但是影响 HNIW 的粒度分布。

　　（3）二氯代烷烃 – 乙酸乙酯

　　二氯代烷烃 – 乙酸乙酯体系获得的 HNIW 晶体如图 2.30 所示。

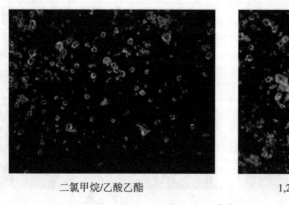

二氯甲烷/乙酸乙酯　　　　　　　　　　1,2–二氯乙烷/乙酸乙酯

（a）

图 2.30　二氯代烷 – 乙酸乙酯体系获得的 HNIW 晶体

（a）析出 HNIW 晶体照片

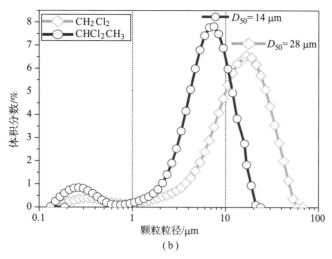

（b）

图 2.30　二氯代烷 – 乙酸乙酯体系获得的 HNIW 晶体（续）

（b）两种体系析出 HNIW 粒度图

由表 2.3 数据可知，二氯甲烷与乙酸乙酯黏度相当，1，2 – 二氯乙烷与乙酸乙酯极性相当，二氯甲烷作为反溶剂，获得 HNIW 晶体的粒径比 1，2 – 二氯乙烷的大，表明溶解度参数相当时，溶剂极性将影响粒径。使用极性与乙酸乙酯相近的反溶剂，在同样滴加速率时，产生的过饱和度大，获得的 HNIW 粒径较小。

4. 三氯代烷烃/乙酸乙酯

三氯代烷烃/乙酸乙酯体系获得的 HNIW 晶体如图 2.31 所示。三氯甲烷和 1，1，1 – 三氯乙烷作为反溶剂，三氯甲烷的溶解度参数与乙酸乙酯的更为接近，一次结晶得率比 1，1，1 – 三氯乙烷的高。但是，三氯甲烷极性低于 1，1，1 – 三氯乙烷，也低于乙酸乙酯，使用极性大的溶剂可以控制晶体粒径。

三氯甲烷/乙酸乙酯　　　　　　　　　　1,1,1–三氯乙烷/乙酸乙酯

（a）

图 2.31　三氯代烷/乙酸乙酯体系获得 HNIW 晶体

（a）析出 HNIW 晶体照片

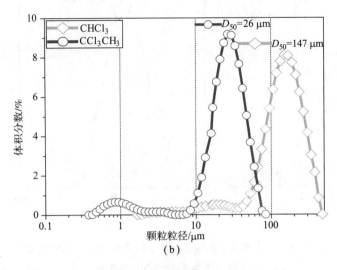

图 2.31　三氯代烷/乙酸乙酯体系获得 HNIW 晶体（续）

（b）两种不同体系析出 HNIW 粒度图

如前所述，过饱和度是结晶的推动力，过饱和度梯度越大，越易形成细结晶，即反溶剂很快与溶剂混合时，瞬间产生大量晶核，晶核间相互凝并堆垛形成超细粉体，并且粒度分布较宽，晶形亦不规则。适当的反溶剂与溶剂比例可使混合溶剂形成过饱和状态，此时缺乏晶核诱导和温度梯度，维持一定的过饱和度是制备高密度结晶的基础。向饱和的 HNIW 溶液中加入一定的反溶剂，当晶体未析出时，溶液中溶质质量保持不变，即

$$W \frac{\mathrm{d}C}{\mathrm{d}t} = C \frac{\mathrm{d}W}{\mathrm{d}t} \tag{2.34}$$

式中　W——混合溶液质量；

　　　C——溶液的质量浓度；

　　　t——时间，较低的饱和度环境利于晶体的成长。

溶剂－反溶剂重结晶实质上就是反溶剂与溶质"争夺"溶剂的过程。若溶液为饱和状态，当向溶剂中加入反溶剂时，达到过饱和状态要比加入非饱和状态时快，只有突破过饱和状态，才能析出晶体。因此，溶剂－反溶剂重结晶时，一般配制成饱和溶液，在此状态下，选用不同种类的反溶剂。此外，使混合溶液达到"析晶点"处的用量亦不同。图 2.32 所示为 HNIW 在乙酸乙酯和三氯甲烷、乙酸乙酯和石油醚混合溶液中的溶解度，以及在不同体积比时的结晶得率。

在达到析晶点时，滴加速率的快慢直接影响成核速率及成长速率，滴加速率越慢，溶液自发均相成核，并且在此饱和度下继续生长；若滴加过快，可能初相"二次成

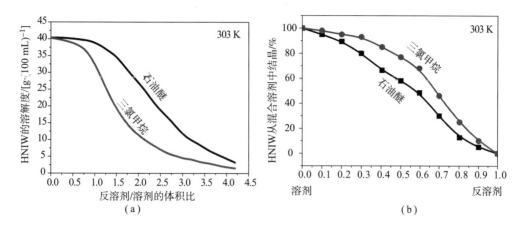

图 2.32 HNIW 在混合溶剂中的溶解度及结晶得率

（a）溶解度；（b）结晶得率

核"，即新核尚未长大，就作为新相的结晶中心，造成晶体缺陷，形成"骸晶"。快速滴加反溶剂，易于形成小粒子；选择适宜的滴加速率，得到的颗粒更为均匀。

由图 2.32 可知，当反溶剂体积相同时，使用三氯甲烷的结晶得率比石油醚高 15%，乙酸乙酯与三氯甲烷的互溶性优于石油醚，使用三氯甲烷－乙酸乙酯体系，反溶剂与溶剂体积比为 0.3∶1 时即达到"析晶点"，而石油醚－乙酸乙酯体系的体积比为 1∶1。

在"析晶点"之前，反溶剂向 HNIW 溶液中滴加速率不影响晶体粒径和晶形，即在未突破体系过饱和度之前，反溶剂可以直接注入 HNIW 饱和溶液内，如果 HNIW 溶液处于不饱和状态，可根据图 2.32（a）中的溶解度数据，加入相应体积量的反溶剂。当反溶剂加入量达到"析晶点"时，调节反溶剂的加入速率可以控制 HNIW 晶体的粒径和晶形。

笔者所在研究小组通过 10 g 量级 HNIW 晶体在不同滴加速率的乙酸乙酯－石油醚体系获得不同粒度和晶形的晶体，如图 2.33 所示。

由图 2.33 可知，随着反溶剂滴加速率的增加，晶体粒径减小，晶形也变得不规则，由方柱状变成短柱状、双头针状甚至片状絮状，晶体品质变差。但是，滴加速率过慢，晶体粒度分布变宽，晶体粒径变大，晶体尺寸也不可能无限增长，单晶超过 300 μm 的得率极低；反之，滴加速率越快，晶体粒径变小，晶体尺寸也不可能无限减小，粉体小于 20 μm 将严重团聚。因此，如果想得到尺度在亚微米或者纳米级的 CL－20，需要在结晶的同时借助外力的作用，如采用喷射细化技术或者超声振荡。

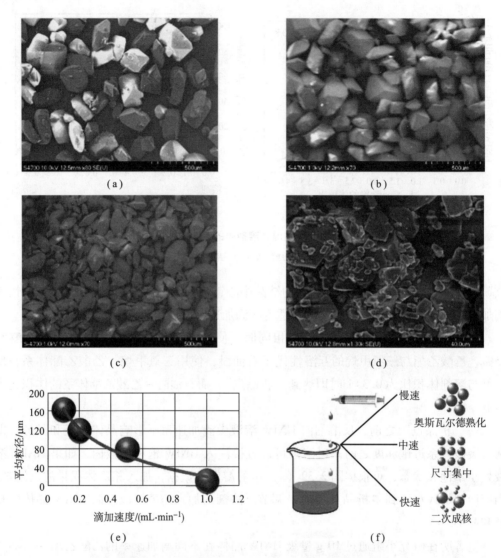

图 2.33　不同滴加速率获得 HNIW 晶体的 SEM 和粒度变化

（a）0.1 mL/min；（b）0.2 mL/min；（c）0.5 mL/min；（d）1.0 mL/min；
（e）滴加速度与晶粒平均粒径的实验值；（f）滴加速度与粒径的关系

　　为了验证外场作用对 HNIW 重结晶过程中晶体形貌的影响，我们在溶剂－反溶剂结晶的同时运用了超声振荡，图 2.34 所示是不同功率在 15 min 超声振荡作用下重结晶HNIW 的样品形貌。

　　通过图 2.34 可以看出，不同的超声波功率对 HNIW 的影响较大，功率越大，颗粒越小，主要是因为在较强的超声作用下，由于空化和超声震荡，使得 HNIW 结晶颗粒易碎，且晶体在结晶过程中由于波流紊动，很难形成稳定的大颗粒晶体。为了验证超声时间对晶体形貌的影响，如图 2.35 所示，在超声功率恒定（15 kW），不同超声时间下得到 HNIW 晶体表观形貌。

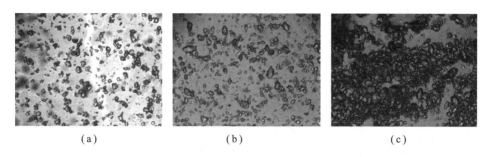

（a）　　　　　　　　　　（b）　　　　　　　　　　（c）

图 2.34　不同超声功率重结晶 HNIW 的表观形貌（放大倍数为 100）

（a）20 kW；（b）15 kW；（c）10 kW

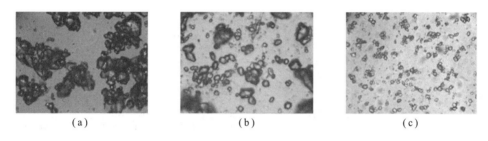

（a）　　　　　　　　　　（b）　　　　　　　　　　（c）

图 2.35　不同超声时间下 HNIW 的晶体表观形貌

（a）5 min；（b）10 min；（c）15 min

从图 2.35 中可以看出，在超声功率一定的情况下，超声时间不同，晶体形貌也不一样，超声时间越长，HNIW 晶体的颗粒度越小，且分布较为均匀。主要是因为超声作用时间越长，对晶体结晶过程的影响越大。

溶剂－反溶剂法叮以在温和的反应条件下得到细化炸药，同时可以改善晶体形貌，降低撞击感度，提高结晶品质。研究表明，硝铵炸药的粒径小于 14 μm 时，撞击感度显著降低。2006 年，Sivabalan 采用超声波辅助重结晶的方法，制备出粒径 5 μm 的块状 HNIW 微晶，特性落高 $H_{50} = 44$ cm（原料为 $H_{50} = 28$ cm），摩擦感度几乎不变。为此，我们检测了不同粒径 CL－20 炸药的撞击感度和摩擦感度，发现 HNIW 撞击感度随粒径的减小而降低，但是仍略高于粒径相当的 RDX。当炸药受到外界冲击载荷时，作用力沿炸药颗粒表面迅速传播，由于炸药粒径减小，比表面积随之增加，外力将被分散到更多的表面上，单位表面承受的作用力减小，颗粒具有的表面能也升高，小颗粒多以团聚体形式存在，当受到外力作用时，颗粒团聚体的破碎将消耗一部分能量，使炸药所承受的撞击力强度减弱。炸药颗粒间相互摩擦也产生热点，炸药颗粒越小，从微观角度来看，各部分的密度和性质更趋于均匀，当受外界冲击撞击作用时，小颗粒间相互运动速率理论上小于大颗粒间相互运动速率，而且内部受力不易集中到某一微小区域或某一点上，冲击力很快均匀分散到整个装药体系中，不易形成热点，炸药撞击感度降低，与文献所报道的结果一致。粒径减小，摩擦感度增加，这与文献所报道的HMX 摩擦感度与粒径的关系相似，粒径越小，活化能越低，越容易发生热分解，在受到摩擦作用时，就容易发生爆炸。图 2.36 所示为不同粒径 HNIW 和 RDX 扫描电镜，表2.4 为其撞击和摩擦感度。

图 2.36　不同粒径 HNIW 和 RDX 扫描电镜

（a）100 ~ 200 μm HNIW；（b）1 ~ 10 μm HNIW；（c）约 1 μm HNIW；

（d）100 ~ 200 μm RDX；（e）1 ~ 10 μm RDX；（f）约 1 μm RDX

表 2.4　不同粒径 HNIW 和 RDX 撞击摩擦感度

粒径分布/μm	HNIW		RDX	
>200	$H_{50} = 25 \sim 30$ cm	$P = 60\%$	$H_{50} = 30 \sim 33$ cm	$P = 30\%$
100 ~ 200	$H_{50} = 30 \sim 35$ cm	$P = 50\%$	$H_{50} = 35 \sim 40$ cm	$P = 20\%$
40 ~ 100	$H_{50} = 40 \sim 50$ cm	$P = 60\%$	$H_{50} = 45 \sim 50$ cm	$P = 40\%$
<40	$H_{50} = 50 \sim 55$ cm	$P = 80\%$	$H_{50} = 55 \sim 60$ cm	$P = 70\%$
细化 1 ~ 10	$H_{50} = 80 \sim 100$ cm	$P = 100\%$	$H_{50} = 100 \sim 120$ cm	$P = 90\%$
<1	$H_{50} = 120 \sim 130$ cm	$P = 100\%$	$H_{50} = 140 \sim 150$ cm	$P = 100\%$

注：测试条件：GJB 772—1997.601.2 特性落高，ZBL - B 型，撞击感度 2 kg 落锤，每发样品 30 mg，25 发；GJB 772—1997.601.2 摩擦爆炸百分数，WM - 1 型感度仪，2.45 MPa 表压，66°摆角，每发样品 20 mg，25 发。

有关溶剂–反溶剂法制备超细炸药，国内学者近年来也有研究，例如中北大学王晶禹通过快速溶剂–反溶剂法制备出高纯度的纳米 HNS。纳米化的 HNS 晶体外观平滑，粒径范围为 58.9～231.6 nm，纯度从 90.1% 升至 99.4%，撞击感度降低，但对短脉冲冲击波感度有所上升。北京理工大学杨利等人利用溶剂–反溶剂重结晶法结合晶型控制技术制得了超细 HNS 颗粒，通过加入不同的晶型控制剂获得了 50～400 nm 不同尺寸的 HNS 颗粒，实验表明，超细 HNS 的耐热性提高，撞击感度性能良好。中国工程物理研究院获得了一项发明专利，内容是微纳米 TATB 的制备方法，主要步骤为：①炸药溶液的配制。将 TATB 炸药溶解，制得无杂质的炸药溶液。②非溶剂介质的准备。将水与分散剂混匀，制得非溶剂介质，并通过放入冰柜或加入冰块等方式将非溶剂介质进行冷却。③混合结晶。将步骤①制备的 TATB 炸药溶液与步骤②准备的非溶剂介质混合结晶，形成微纳米炸药颗粒，混合过程中非溶剂介质温度保持在 10 ℃ 以下。④后处理。将步骤③得到的微纳米炸药颗粒料液进行固液分离、洗涤纯化、干燥，获得微纳米级 TATB 炸药产品。专利指出，通过控制过程参数，可获得体积平均粒径达 170 nm 左右、d_{50} 达 100 nm 左右的微纳米 TATB 粉体。

2.5　喷射细化研究

如前所述，采用溶剂–非溶剂法制备出的炸药一般都在微米级，很难制备出亚微米级或者纳米炸药。从图 2.33（e）可以看出，反溶剂的滴加速度越快，则形成的晶粒越小，因此，反溶剂的加入速度直接影响结晶的析出速度，反溶剂的迅速溶入，结晶速度加快，得到的晶体较小；而缓慢加入，炸药结晶速度较慢，得到的炸药颗粒就会较大。这主要是由于反溶剂的注入速度直接影响着溶液的过饱和度。由晶体成核理论可知，当反溶剂快速加入时，炸药溶液中的溶剂较快地和反溶剂大面积地混合，很容易就出现高的过饱和度。因此，炸药晶体颗粒迅速析出，且颗粒尺寸较小。

喷射细化的基本原理与溶剂–非溶剂重结晶相类似。它的实质是利用外力作用加快反溶剂与溶质争夺溶剂的过程，也就是对重结晶的时间进行调整，采取引射离散混合的方式将炸药溶液和反溶剂快速混合，使结晶过程处于高速剪切分散和强湍流搅拌作用的环境中，由此获得粒径细且分布窄的炸药颗粒。喷射细化法是基于化学重结晶法及机械冲击原理，并将两者结合起来的制备超细炸药粉体的方法，已被广泛用于各种常用炸药的超细化制备。

喷射细化炸药的实验装置如图 2.37 所示。从图 2.37 可知喷射细化的基本原理是：通过高压泵或其他外加驱动力将反溶剂（一般用水）加压，高速通过结晶反应器（特殊结构的喷嘴，即图中的喷射结晶器）。由于反溶剂的流速极快，会在喷嘴侧壁的针孔处产生负压。该负压的形成，使得连接此处的软管将溶解好的炸药溶液自动吸至该反应器内,与高速反溶剂射流混合,并被剪切成微团。微团化后的炸药溶液继续以非常高的速度与反溶剂进行混合。因为该混合体系的湍流度极高,使得炸药溶液与反溶剂达到了微观尺度的混合,瞬间形成大量的晶核。之后,这些晶核被快速分散在大量反溶剂中,失去了晶核继续生长的条件。随后对得到的悬浮液进行固液分离并洗涤去除残留溶剂,经冷冻干燥后最终得到高品质超细炸药干品。

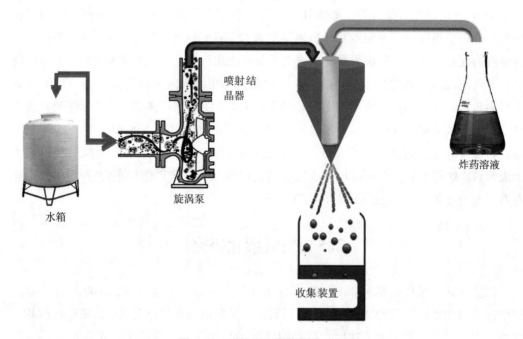

图 2.37　喷射细化炸药的实验装置

喷射细化工艺具有较大的连续性,进液、混合、搅拌、结晶等过程是在通过喷嘴后一次性完成的。在该过程中,由于炸药饱和溶液与反溶剂之间的过饱和度自始至终都保持恒定不变,这使得细化得到的产品粒度分布范围窄,在高速射流的作用下,工艺过程的操作时间也短,各项工艺参数也比较容易控制。该方法最突出的优点就是在整个溶剂-反溶剂结晶过程中,重结晶反应的过程推动力始终恒定,反应在宏观上即炸药溶液与反溶剂之间的浓度差始终是一个定值,保证炸药晶体粒度分布范围窄。同时,因为整个过程都是在有液相存在的环境下进行的,相对于机械研磨法等,安全性得到了很大的提升。

喷射结晶超细化技术制备超细炸药的过程中,影响产品粒度及粒度分布的因素较为复杂,除炸药晶体本身的化学结构特性和溶剂性质外,还包括喷射压力(反溶剂的驱动压力)、炸药溶液浓度、炸药溶液进药速度和炸药溶液与反溶剂之间的温度差等多项因素。中北大学王晶禹课题组采用喷射细化法先后研究不同炸药的喷射细化工艺,实现了对 HMX、RDX、HNS 等多种常用炸药的细化,其中 HMX 及 RDX 的细化粒度达到了 2 μm[28-31]。由于工业上生产的 HNS 纯度相对较低，在 HNS 细化前，需要对其进行提纯，对提纯后的 HNS 进行喷射细化，通过溶剂－非溶剂双流体喷嘴辅助重结晶法考察了体系中非溶剂温度、pH 及晶形控制剂对晶体形貌的影响。结果表明，反溶剂温度由 25 ℃升高到 55 ℃后，HNS 晶体形貌由短片状变为细长片状；pH 由酸性→中性→碱性变化时，亚微米 HNS 的晶体形貌经历椭球状→短片状→棒状变化，粒度分布分别为 50～300 nm、50～500 nm、50～600 nm。近年来，他们利用超声喷射辅助沉淀制备纳米 CL－20。将 CL－20 溶解于乙酸乙酯，配制成质量浓度为 0.1 g/mL 的溶液，经加压喷射至反溶剂庚烷中，当气凝胶雾滴接触到反溶剂时，CL－20 开始结晶、沉淀，过滤、洗涤、干燥后可得到晶体颗粒。测试表明，CL－20 晶体粒度为 300～700 nm，平均粒径为 470 nm，晶型为 ε 型，特性落高由 12.8 cm 增至 37.9 cm，临界爆温由 235.6 ℃降至 229.0 ℃。

　　伊朗学者 Bayat Yadollah 团队在 HMX 的细化方面做了大量工作[32,33]。2010 年，他们利用反溶剂喷射法获得了亚微米级 HMX 晶体，其中丙酮为溶剂，水为反溶剂，双流喷嘴直径 0.8mm。他们认为要得到不同粒径的 HMX，必须严格控制溶液浓度、表面活性剂种类、浆料温度、进口空气流速、浆料流速、反溶剂温度。他们把 CL－20 溶解在乙酸乙酯中，超声后将溶液喷射至反溶剂异辛烷，再沉淀结晶得到平均粒径为 95 nm、纯度为 99.5% 的 CL－20 晶体。结果表明，当 CL－20 的粒径由 15 μm 变为 95 nm 时，撞击感度由 25 cm 提高至 55 cm，静电感度由 45 J 变为 60 J。

　　笔者所在研究组采用 N, N－二甲基甲酰胺（分析纯，天津天大化工实验厂）作溶剂，水作非溶剂，流体介质喷射压力为 0.4 MPa，利用喷射细化工艺得到黑索今炸药。图 2.38 和图 2.39 所示分别为喷射细化黑索今炸药和工业级 4 类黑索今粒度分布与显微照片。

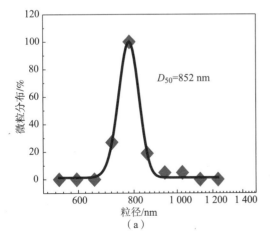

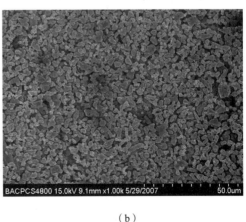

（a）　　　　　　　　　　　　　　（b）

图 2.38　喷射细化黑索今炸药粒度分布（a）与显微照片（b）

（a）　　　　　　　　　　　　　（b）

图 2.39　工业级 4 类黑索今粒度分布（a）与显微照片（b）

对比两图可以看出，工业生产的 RDX 经过筛分之后平均粒径在 70 μm 左右，形状呈不规则的长条或扁片状。利用高压水喷射作用对药剂产生巨大的冲击剪切应力，把晶粒击碎，并迅速降低溶液与水之间的浓度差，使浓度梯度变化很大，饱和的炸药晶粒便迅速地结晶出来。喷射细化重结晶后的 RDX 平均粒径为 850 nm，粒径小于 1 μm 的大约占 85%，98% 的炸药颗粒小于 1 μm，电镜图片显示出超细 RDX 颗粒形状规整、粒径分布均匀。

我们将筛分得到的七种粒度工业级 RDX（表 2.5）与喷射细化 RDX 分别作为高能固体添加剂，采用无溶剂螺旋压伸工艺制备出一系列改性双基推进剂样品，配方中 RDX 含量为 50%，黏合剂体系（NC + NG）为 40%，铝粉、催化剂及其他组分为 10%。通过吸收、压延工艺，将样品切成片或条，以测试推进剂的力学、感度、燃烧及能量等重要性能，分析不同粒度炸药对推进剂性能的影响规律。

表 2.5　不同粒度 RDX 的统计结果

样品编号	平均粒径 $\overline{D}$/μm	中位径 D_{50}/μm	分布宽度 |SPAN|	比表面积/（cm²·cm⁻³）
1#	225.1	213.4	1.35	417.6
2#	118.0	105.7	1.53	742.2
3#	92.7	82.3	1.2	783.4
4#	74.0	68.7	1.3	1 117.0
5#	43.0	39.1	1.2	1 507.1
6#	15.2	14.4	1.0	4 712.1
7#	0.85	0.82	0.8	65 092.3

力学性能是指推进剂在制造、储存、运输和发射过程中，受到各种载荷作用时所产生形变及破坏的性质。推进剂力学性能主要测试高温（50 ℃）、低温（-40 ℃）、最大抗张强度（σ_m）、延伸率（ε_m）、断裂延伸率（ε_b）。采用 Autograph DCS 型材料试验机，依据 GJB 770A—1997 方法 413.1 进行实验，拉伸速度是 10 mm/min。实验测得的高低温力学性能结果列于表 2.6 中。

表 2.6　含不同粒度 RDX 的 CMDB 推进剂力学性能测试结果

样品号	50 ℃			-40 ℃		
	σ_m/MPa	ε_m/%	ε_b/%	σ_m/MPa	ε_m/%	ε_b/%
1[#]	0.53	11.75	17.39	17.62	0.36	0.67
2[#]	0.82	14.88	20.10	16.29	0.73	1.27
3[#]	1.02	16.6	22.28	21.35	1.35	2.32
4[#]	1.09	17.2	23.13	18.05	1.62	2.79
5[#]	1.15	19.6	25.40	19.27	1.85	3.07
6[#]	1.57	20.8	26.42	20.17	2.50	3.63
7[#]	1.74	22.12	24.51	19.86	2.60	3.12

从表 2.6 可以看出，推进剂高温最大抗张强度和高、低温延伸率都随着 RDX 粒度的减小而增加，只有低温最大抗张强度没有表现出单调性，这说明推进剂的力学性能受多种因素影响。总体而言，RDX 粒度减小，有利于减弱固体颗粒和黏合剂基体间的脱湿应力，提高推进剂的力学性能。根据 Henry 等[34]的研究，在黏合剂与固体填料界面结合良好的情况下，固体填料实际上起到了物理交联点的作用。随着粒度的减小，固体颗粒的比表面积增大，与黏合剂硝化棉的接触更加良好，当固体含量一定时，小粒度固体填料与黏合剂形成的物理交联点比大粒度固体填料与黏合剂形成的交联点多。高分子黏合剂网络结构中的高的交联密度使推进剂在外力作用下不容易被破坏。因此，推进剂的高温最大抗张强度从 1[#]样品的 0.53 MPa 提高到 7[#]样品的 1.74 MPa，提高了 228%。

由于 RDX 的含量较大，黏合剂和 RDX 颗粒之间存在着巨大的界面层，致使推进剂高低温延伸率和断裂延伸率都较小。在相同的外界条件下，含有小粒度 RDX 的推进剂物理交联点不易被破坏，能保持和黏合剂相对较好的黏结性，所以相比较而言，含有小粒度固体填料推进剂的延伸率较高。随着 RDX 粒度的减小，推进剂低温延伸率从 1[#]样品的 0.36% 到 7[#]样品的 2.60%，提高了 6 倍以上；低温断裂延伸率从 0.45% 到 2.88%，提高了 5 倍以上。

一般地，我们用 $\varepsilon_b/\varepsilon_m$ 值反映推进剂的"脱湿"严重程度。$\varepsilon_b/\varepsilon_m = 1$ 时，表明固

体颗粒与黏合剂基体的接触良好，不存在脱湿，其值越大，则推进剂的脱湿越严重。高、低温下推进剂 $\varepsilon_b/\varepsilon_m$ 值随 RDX 粒度变化如图 2.40 所示。

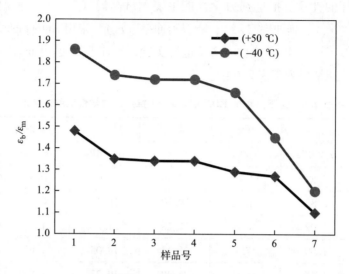

图 2.40　高、低温下推进剂 $\varepsilon_b/\varepsilon_m$ 值随 RDX 粒度变化

由图 2.40 可知，含有同一粒度 RDX 的推进剂，其 $\varepsilon_b/\varepsilon_m$ 值低温时较高温时大，说明低温时推进剂的"脱湿"更严重。随着 RDX 粒度的减小，高低温时推进剂的 $\varepsilon_b/\varepsilon_m$ 值均呈明显的下降趋势，细化 RDX 有利于改善"脱湿"，提高推进剂的力学性能。

依据 GJB 770A—1997 方法 706.1，利用恒压静态燃速仪，在 20 ℃下测量直径为 5 mm，长度为 150 mm 的包覆药条的燃烧速度，靶线之间有效长度为 100 mm。在每个压力下同时测定 6 根药条的燃速，并进行统计处理，求出平均燃速。根据 Vieille 燃速方程 $u = u_0 p^n$，通过线性回归方程求出推进剂的压力指数 n。结果见表 2.7。

表 2.7　不同粒度 RDX 对推进剂燃速的影响

黑索今编号	+20 ℃时不同压力（MPa）下的燃速/(mm·s⁻¹)					
	6	8	10	12	14	18
1#	11.74	12.86	13.04	13.89	15.46	17.97
2#	12.35	13	13.33	14.08	15.84	18.6
3#	12.44	13.09	13.51	14.38	15.98	20.15
4#	12.58	13.57	14.4	15.46	16.99	21.64
5#	13.21	13.81	14.71	15.85	17.38	21.88
6#	13.28	14.32	15.06	15.89	17.44	22
7#	16.7	18.6	19.12	19.78	21.22	24.48

从表 2.7 可知，含有小粒度 RDX 推进剂的燃速在相同压力下都较含有大粒度的略有提高。含平均粒径为 852.5 nm 超细 RDX 的 7# 推进剂试样，在高、低压区的燃速均比含工业级 RDX 的高出很多。在 6～12 MPa 时，7# 试样的燃速比 6# 试样高出 20%～30%，比 1# 试样高出 40% 以上，这是因为超细 RDX 有巨大的比表面积，具有特殊的热效应和光效应，燃烧时热释放率比工业级要高出很多。

对不同粒度 RDX 制成的推进剂样品进行机械感度实验，采用特性落高法测试撞击感度，用 50% 爆炸时的特性落高（H_{50}）表示。摩擦感度用爆炸百分率（P）来表示，结果取平均值。结果见表 2.8。

表 2.8　不同粒度 RDX 推进剂样品的机械感度测试结果

样品编号	撞击感度 H_{50}/cm	摩擦感度 P/%
1#	20.4	24
2#	22.1	16
3#	24.5	16
4#	26.1	14
5#	27.6	11
6#	29.7	4
7#	36.2	2

从表 2.8 中可以明显看出，随着 RDX 粒度的减小，推进剂撞击感度特性落高值增大，摩擦感度爆炸百分率减小。当 RDX 的粒径从 225.1 μm 减小至 852.5 nm 时，推进剂样品的撞击感度特性落高从 20.4 cm 增加到 36.2 cm，增加了 15.8 cm。摩擦感度爆炸百分率也相应地从 24% 降低到 2%，下降了 22%，表明小粒度的 RDX 使推进剂更钝感。

按照热起爆理论，火炸药的起爆首先发生在局部热点，热点燃烧产生热积累，当热积累速率大于热散失速率时，就会导致热爆炸，RDX 粒径的改变引起了热点机制及材料导热性能两个方面的改变[35]。对于不同粒度的 RDX 颗粒而言，随着粒度的减小，其比表面积增大。当推进剂受外界冲击载荷时，作用力沿 RDX 颗粒表面迅速传递，外力将被分散到更多的表面上，单位表面承受的作用力减小。同时，由于小颗粒比表面积大，颗粒所具有的表面能也高，因此小颗粒多以团聚体形式存在，外力作用时，颗粒团聚体的破散将消耗掉一部分能量，从而引起感度降低。

推进剂中微小的气泡也是形成热点的主要原因[36]。在撞击过程中，药柱中心部分的气泡在击柱的猛烈撞击下会发生绝热压缩。推进剂中单个空穴的大小随填料粒度的减小而减小，在气泡绝热压缩过程中，一个气泡可看作一个热点。在撞击过程中，压缩比足够大，温度达到爆发点时，试样起爆。热点大小与爆炸的临界温度呈反比，热点半径越小，爆炸临界温度越高，表现为含有小粒度 RDX 的推进剂试样较为钝感。

另外，细颗粒 RDX 特别是超细 RDX，由于颗粒尺寸的微细化，将表现出特有的表面效应和体积效应，使得细颗粒材料的某些物理性能，如热、磁、光、电等性能与普通颗粒材料有很大不同。超细 RDX 的表面原子数量多，原子振动自由度大，外层电子运动轨道大，容易进行热传导。导热性能好，形成热点时，热量很容易传导出去，不易形成局部积热，爆发点不易达到，因此推进剂的撞击感度下降。

RDX 粒度对推进剂摩擦感度的影响机理与撞击感度相似，RDX 粒度改变引起导热性能、绝热压缩中气泡大小和比表面积的改变。微凸体的摩擦和黏性或塑性流动产生热点。摩擦产生热量的大小与颗粒间的相对运动速率有很大关系。细颗粒炸药分散性较好，当受到外界载荷作用时，小颗粒间的相对运动速率小于大颗粒间的运动速率，而且内部受力不易集中到某一微小区域或某一点上，热点不易形成，推进剂摩擦感度降低。摩擦引起的局部温升可用式（2.34）计算[37]

$$\Delta T = \frac{\mu W v}{4rJ} \frac{1}{K_1 + K_2} \tag{2.35}$$

式中　μ——摩擦系数；

　　　W——作用于摩擦表面的载荷；

　　　v——相对运动速度；

　　　r——接触面半径；

　　　K_1、K_2——两接触表面的传热系数；

　　　J——热功当量。

由式（2.35）可知，热点温度与摩擦系数（μ）、载荷（W）、相对运动速度（v）和炸药颗粒表面的传热系数有关。在摩擦系数、相对运动速度都相同的条件下，RDX 粒径越小，接触面半径越大，在同等载荷条件下，小粒度 RDX 升温较慢，而且其导热系数大，在摩擦过程中不易形成热点，因此不易达到爆炸条件，故摩擦感度降低。

此外，我们还就含不同粒度 RDX 的推进剂样品进行能量和比冲测试，结果见表2.9。由表2.9可知，RDX 含量为50%时推进剂具有较大的爆热和比冲，总体而言，RDX 粒度对 CMDB 推进剂的能量和弹道性能影响不大。1#~6#含工业级 RDX 的推进剂试样具有基本相同的爆热值，比冲也变化不大。含超细 RDX 的7#推进剂试样爆热值比其他试样高出 40~70 kJ/kg，比冲比其他试样高出 2~6 N·s/kg，RDX 的细化有利于推进剂爆热和比冲的提高。

表 2.9 不同粒度 RDX 的推进剂样品爆热和比冲测试结果

样品	爆热 $Q_s/(\text{kJ} \cdot \text{kg}^{-1})$	比冲 $I_{sp}/(\text{N} \cdot \text{s} \cdot \text{kg}^{-1})$
1#	5 497	228.12
2#	5 503	229.54
3#	5 505	230.09
4#	5 505	230.92
5#	5 508	229.36
6#	5 518	231.67
7#	5 566	233.82

由以上分析可知,超细 RDX 制成的固体推进剂安全性、能量输出及力学性能均优于普通黑索今样品。但是,在实际生产中,超细黑索今易于团聚的问题限制了其工程应用。

2.6 超临界细化研究

运用超临界技术重结晶细化炸药是近 30 年来的一个研究热点。超临界流体 (supercritical fluid) 是指温度及压力均处于临界点以上的流体。图 2.41 所示为纯物质的 $T-p$ 相图。温度和压力高于临界温度 (T_c) 和临界压力 (p_c) 时,可认为该物质处于超临界状态,图中的虚线部分右上方为超临界区域,所对应的物质状态为超临界流体。

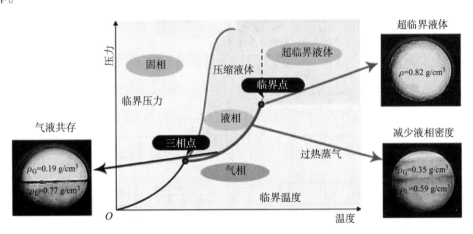

图 2.41 纯物质的 $T-p$ 相图

由图 2.41 可知,超临界流体的液体与气体分界消失,其理化性质兼具液体和气体性质,是一种特殊的黏度类似于气态的流体,即使加压也不会液化的非凝聚性气体,其密度比一般气体要大两个数量级，与液体相近。表 2.10 所示为超临界流体与常规流体的物理性质比较。

表 2.10　超临界流体与常规流体的物理性质比较[38]

性质	气体	超临界流体	液体
密度/(kg·cm^{-3})	1.0	200 ~ 900	800 ~ 1 000
动态黏度 η/(MPa·s)	0.01 ~ 0.3	0.01 ~ 0.03	0.2 ~ 3
运动黏度 v/(10^6m^2·s^{-1})	5 ~ 500	0.02 ~ 0.1	0.1 ~ 5
扩散系数 D/(10^8m^2·s^{-1})	100 ~ 1 000	0.1 ~ 0.3	0.05 ~ 0.2

超临界流体最大的特点是在其临界点附近具有极高的等温压缩性，在 $1 < T/T_c <$ 1.2 范围内，等温压缩率比较大，极小的压力波动都会引发密度的急剧变化，这一特点已成为超临界流体在工程应用中最有价值的特性之一，利用超临界流体密度对压力的敏感性，来调节超临界流体对溶质的溶解能力，从而改变体系的过饱和度，可达到细化结晶或者表面改性的目的。超临界流体除了具有很高的等温压缩率外，其他的物理化学性质在工程中也有很高的应用价值：超临界流体的介电常数随压力而急剧变化（介电常数增大有利于溶解一些极性大的物质），使其具有特殊的溶解能力，超临界流体的黏度较低（与气体接近），表面张力小，扩散速度比液体快（约快两个数量级），因此具有较好的流动性和传质性能。超临界流体所具有的独特物理性质使其在医药、食品、陶瓷和化工等行业均有广泛的应用研究，如图 2.42 所示。

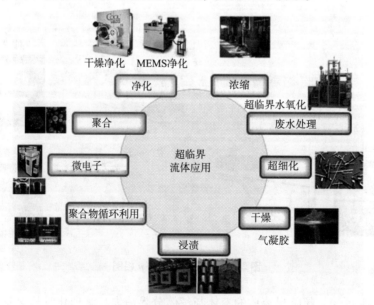

图 2.42　超临界流体的应用领域

从图 2.42 可以看出，依托超临界流体技术原理陆续开发了超临界分离与提纯、超临界反应、超临界细化、超临界干燥、超临界净化及超临界电镀与印染等。本书重点关注超临界技术制备纳米粒子的理论与方法。这里阐述超临界重结晶细化技术，特别是超临界流体在微纳米炸药制造方面的研究成果。

超临界流体安全无毒、无腐蚀性，是一种环境友好的处理方法。常用的超临界流体都具有较低的临界温度和临界压力，是一种节能高效的技术。除了水和二氧化碳之外，还有很多物质都有超临界流体区，如乙烷、乙烯、丙烷、丙烯、甲醇、乙醇、水、二氧化碳等。表 2.11 给出了若干溶剂的超临界条件。

表 2.11　若干溶剂的超临界条件[39]

溶剂	临界温度/℃	临界压力/bar	密度/$(g \cdot cm^{-3})$	摩尔质量/$(g \cdot mol^{-1})$
二氧化碳	31.1	73.8	0.469	44.01
水	373.1	220.5	0.348	18.02
甲烷	-87.8	46	0.162	16.04
乙烷	32.4	48.8	0.203	30.07
丙烷	96.8	42.5	0.217	44.09
乙烯	9.4	50.4	0.215	28.05
丙烯	91.75	46	0.232	42.08
甲醇	239.45	80.9	0.272	32.04
乙醇	240.9	61.4	0.276	46.07
丙酮	235.1	47.0	0.278	58.08

2.6.1　基本概念

在超临界情况下，降低压力可以导致过饱和的产生，而且可以达到高的过饱和速率，固体溶质可从超临界溶液中结晶出来。由于这种过程在准均匀介质中进行，能够更准确地控制结晶过程，生产出平均粒径很小的细微粒子，而且还可以控制其粒度尺寸的分布。近年来，利用超临界流体实现材料微粒化的技术主要有四种方法[40]：①超临界溶液的快速膨胀（Rapid Expansion of Supercritical Solutions，RESS）；②超临界抗溶剂过程（Supercritical Fluid Anti-Solvent，SAS）、气体饱和溶液中的颗粒技术（Particle from Gas-Saturated Solutions，PGSS）；③超临界流体干燥技术（Supercritical Fluids Dry，SCFD）；④超临界流体反转微乳胶技术。尽管这几种方法有不同的应用范围，但它们相互补充，可以根据处理物料在超临界流体中的溶解度来粗略地选择。例如，溶解度大于"mg/g"这个数量级，且不易爆、高温下不易失活，则可以选择 RESS 方法；如果溶解度比较低，则可以选择 SAS 方法；如果物料熔点较低且没有热不稳定的物质，则可以选用 PGSS 方法等。总之，利用这几种方法几乎可以处理所有的物料，从而获得合适形态的固体物料。下面逐个介绍这些方法的工作原理。

RESS 法是先将溶质溶解在超临界流体中，然后使超临界溶液通过一个加热喷嘴（直径为 $25 \sim 60\ \mu m$，长度 $<5\ mm$）以极大的流速（通常达到超声速）喷出到一个低压腔内，膨胀时间极短（$10^{-8} \sim 10^{-5}\ s$），晶粒快速成核，从而在蒸气相中收集到极小的颗粒。在此过程中产生强烈的机械扰动和极大的过饱和比，过饱和比可达 10^6 以上，超临界流体在气相介质中的快速释放是制备超细颗粒的重要环节，所得固相颗粒的形貌、晶形取决于材料的化学结构及 RESS 参数（包括温度、压力下降、喷嘴形状等）。该工艺的特别之处在于不需要加入有机溶剂。图 2.43 所示为 RESS 工作流程示意。

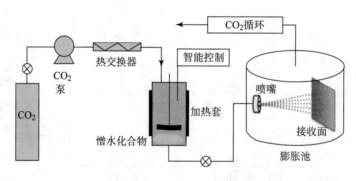

图 2.43　RESS 工作流程示意

超临界溶液通过微细喷嘴的快速膨胀过程可分为三部分：第一部分，从毛细喷嘴入口到出口的管内段，可视为绝热亚声速膨胀区；第二部分，从喷嘴到马赫盘为等熵超声速自由膨胀区；第三部分，马赫盘以后为自由喷射区[41]。射流场内的流体浓度、温度及超声速湍动剪切等对微核形成与生长过程以及形成的颗粒形貌、粒径、结构都有重要影响。影响 RESS 过程的因素主要有以下几点。

①喷嘴结构的影响。喷嘴的结构是影响产品颗粒形态、粒径的重要因素。通常认为喷嘴长径比越大，沉析的颗粒越细；长径比减小时，沉析产物长径比增加而形成细丝状，喷嘴孔径增大，形成的细丝直径也增加。

②溶质浓度的影响。一般情况下，当增加在 SCF 中溶质的摩尔分数时，沉析得到的颗粒较小，这与经典的成核速率理论一致，即过饱和度增加，成核速率增加，形成的颗粒粒径就小。对于溶解度较小的物质，当 SCF 中溶质浓度增加时，会得到较大的颗粒粒径。

③温度的影响。温度的变化会引起 SCF 密度的变化，从而影响 SCF 的溶解能力。在 RESS 过程中，预膨胀温度直接影响平均粒径、粒径分布和颗粒形态。在预膨胀温度

升高时，沉析的颗粒粒径较大。膨胀室温度也会影响平均粒径、粒径分布，但对粒径分布的影响更大。膨胀室温度升高，会导致颗粒粒径分布不均匀。

④压力的影响。对于预膨胀压力和膨胀后压力对微粒粒径的影响，各实验得到的结果并不完全一致。一般来说，增加预膨胀压力和膨胀后压力都可导致微粒粒径的减小。此外，还有其他一些影响因素，如携带剂、沉积物的收集距离等。降低沉积物的收集距离可以有效地减小粒径。

SAS 法的基本原理是使需要制作超细粉体的溶质溶于第一种溶剂中形成溶液，该溶液再与第二种溶剂（反溶剂）即 SCF 相混合，这种 SCF 虽然对溶液中溶质的溶解能力很差（或根本不溶），但却能与第一种溶剂互溶。当溶液与该 SCF 混合时，溶液会发生体积膨胀，降低黏性能量密度，导致第一种溶剂对溶质的溶解能力大大下降，从而使溶质析出。SAS 法又可细分为：气体反溶剂法、气溶胶溶剂萃取体系法、SCF 提高溶液分散法、气体饱和溶液粒子沉积法。

①气体反溶剂法（Gas Anti – solvent Crystallization，GAS），是先在容器中通入含有溶质的溶液，然后将超临界反溶剂加入液相中，使其中溶剂发生膨胀，从而降低溶质在溶剂中的溶解度。过饱和的混合物沉积成超微颗粒，经过一定的时间，膨胀液体在同等压力下排出，清洗净化沉积的颗粒，便制得了超微颗粒。

②气溶胶溶剂萃取体系法（Aerosol Solvent Extraction System，ASES），是借助喷嘴将溶液喷射到压缩气体中，被分散成超细液滴，沉积的颗粒在容器底部收集。用 ASES 法时溶液的泵入压力通常比容器的操作压力要大。液体混合物包括 SCF 和原溶剂离开容器进入一个低压容器中，在此进行气液分离。当收集到足够的微粒之后，液体溶剂泵首先关闭，而纯 SCF 泵继续工作，以从颗粒中清除掉残余的溶剂。图 2.44 所示为 GAS 和 ASES 的工作原理。

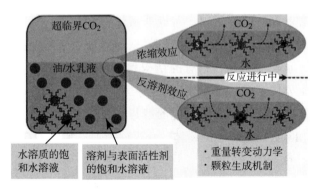

图 2.44　GAS 和 SAES 的工作原理

③SCF 提高溶液分散法（Solution Enhanced Dispersion by Supercritical Fluids，SEDS），即溶剂在 SCF 中的增强分散，它是一种特殊的 ASES 方法。SEDS 法是将溶液

与 SCF 同时引入喷嘴中，目的是使 SCF 能与溶液高度混合，产生的液滴比纯液相溶液喷射得到的液滴尺寸更小。

④气体饱和溶液粒子沉积法（Particle from Gas – saturated Solutions or Suspension, PGSS），利用气体在液相中的高溶解度，溶液在通过喷嘴膨胀前被气体饱和。在膨胀过程中，气体挥发及溶液冷却产生过饱和，均匀地析出颗粒。RESS 过程可以获得无溶剂的颗粒，而 GAS 或 PCA 过程都需要加入溶剂。压缩气体在液体和类似聚合物这样的固体材料中的溶解度要比在气相中的溶解度高，因此，将 SC – CO_2 首先溶解在熔融状态或液相悬浮状态的制备物质中，然后将压缩气体溶解到该熔融物中形成溶液。溶液通过喷嘴进入喷射塔中，溶液体积迅速膨胀，Joule – Thompson 效应使得混合溶液的温度急剧降低，导致目标产物形成沉淀，然后将其通过喷嘴膨胀形成固体颗粒或微小液滴。PGSS 过程的优点在于使操作压力较低。但是，由于只能处理可以熔融的物质，所以存在一定的局限性。图 2.45 所示为 PGSS 工作流程示意。

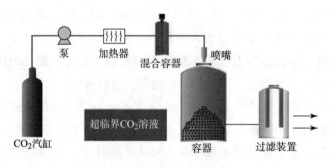

图 2.45 PGSS 工作流程示意

超临界流体干燥（Supercritical Fluid Drying, SCFD）技术是近年来制备纳米材料的一种新技术和新方法，它是在干燥介质临界温度和临界压力条件下进行的干燥[42]。当干燥介质处于超临界状态时，物质以一种既非液体也非气体，但兼具气液性质的超临界流体形式存在。此时干燥介质气/液界面消失，表面张力为零，因而可以避免物料在干燥过程中的碎裂，从而保持物料原有的结构和状态，防止初级纳米粒子的团聚。超临界流体干燥技术通常同溶胶 – 凝胶法相结合。利用在超临界点以上，气液界面消失，分子间相互作用减小，液体表面张力下降的特点，在无液相表面张力的情况下缓慢释放液体将凝胶分散相除去而制得超细粉体，获得保持原有形状和结构的凝胶。用 SCFD 技术制得的粉体具有良好的热稳定性，且具有收集性好、制样量大、溶剂回收率高和样品纯等特点。缺点是由于超临界流体干燥一般都在较高压力下进行，所涉及的体系也比较复杂，对设备的要求较高，需要进行工业放大过程的工艺和相平衡研究才能保证提供工业规模生产的优化。图 2.46 所示为 SCFD 装置。

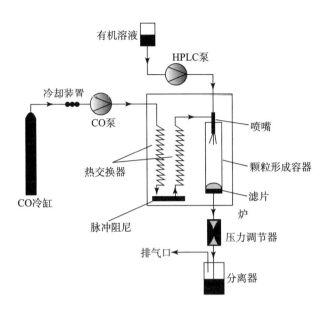

图 2.46　SCFD 装置

超临界流体反转微乳胶技术是指表面活性剂溶解在有机溶剂中，当其浓度超过临界胶束浓度后，形成的亲水极性头朝内，疏水链朝外的液体颗粒。超临界流体反转微乳胶系统有普通液体中反转微乳胶的基本性质，同时还具有超临界流体连续相的独特物性，更重要的是，超临界流体反转微乳液随压力的降低会变成两相或截然不同的多相，利用超临界流体反转微乳胶的这一特性，通过改变压力来控制系统的相行为，从而分离颗粒样品[43]。

2.6.2　细化原理

一般来说，超临界快速膨胀技术常用于超细粉体的表面改性或包覆，超临界干燥主要针对溶胶凝胶产物的后处理，而反乳胶技术主要是超细颗粒的分离。而 SAS 法利用脱溶析出溶液中的溶质，是材料超细化的主要技术途径。因此，本章以 SAS 方法为例，说明超临界细化的原理。在 SAS 过程中，CO_2 气体的进入会导致溶液的膨胀，不同二氧化碳进气率会导致不同的溶液体积膨胀速率。例如，在 GAS 过程中，一方面，CO_2 进入溶剂中，降低了溶剂的溶解能力；另一方面，溶剂被 CO_2 萃取，进入抗溶剂相，导致溶剂损失。在此双重作用下，溶质的过饱和度迅速增加。当过饱和度超过临界值时，就能形成晶核并进一步生长，最终得到颗粒。超临界细化的基本原理是通过压力的改变影响超临界流体的溶解度，使其中溶解的物质结晶析出。过饱和度是结晶过程的推动力。在抗溶剂过程中，晶体粒度及粒度分布与过饱和度形成的速度、成核速率和结晶速率有着密切的关系，如图 2.47 所示。

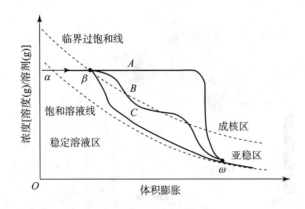

图2.47　超临界抗溶剂过程溶解度随反溶剂加入的变化

图2.47描述了抗溶剂过程过饱和度变化对晶粒成核、生长的影响。图中 A、B、C 三条曲线分别代表了不同的体积膨胀速率。A 代表快速膨胀；B 代表中速膨胀；C 代表缓慢膨胀。当溶液体积膨胀时，临界过饱和度下降。饱和线和临界过饱和度线将图2.47分为三个区域，分别表示溶液三种不同的饱和程度。饱和度线下的区域称为稳定溶液区域，此时不会有晶体生长。在饱和线和临界过饱和线之间的区域是亚稳区，此时过饱和度大于1，但是小于临界值，可能有晶核产生。如果此时溶液是一个理想的均匀溶液，则没有溶质结晶，主要原因在于初级成核速率较低，常常可以忽略。临界过饱和度线以上的区域是成核区域，此时成核率非常高。

在实验过程中，初始点 α 在稳定溶液区域，然后系统到达 β 点，即亚稳区和成核区的边界，最后到达 ω 点。假设在 GAS 过程中，溶液的成核仅仅出现在成核区，当系统到达谷底时，将会产生两种竞争的现象：一方面，加入二氧化碳导致溶液的过饱和，推动系统向右移动；另一方面，晶核的产生会消耗掉部分溶质而降低溶液的过饱和度，因此会推动系统向下移动。二者竞争的外在表现就是超临界反溶剂细化工艺受二氧化碳进气率影响很大。抗溶剂的进气率决定了细化样品的平均粒径，当进气率很大时，如图中 A 曲线所示，有利于推动系统向右移动，成核率提高。在这一过程中，由于核的大量生成消耗了大量溶质，使过饱和线降到临界线下，此时溶液中只有核生长，不再有核的生成。当二氧化碳进气率很小，如图中 C 曲线所示，达到过饱和水平，即图中 β 点时，则产生晶核，但相对 A 曲线而言晶核数要少得多，在进一步产生新的晶核前，这些晶核已开始生长。因此，系统向临界饱和线下移动。由此看出，在亚稳区存在着晶核生长和二氧化碳进气率之间的竞争。在大的进气率下，易产生粒度小且粒度分布窄的晶体微粒。对于曲线 B，即在中等进气率下，存在着由于二氧化碳的进入而导致的过饱和度的生成与由于晶体生长而导致的过饱和度消失之间的竞争。这一竞争从图2.47中很明显地看出：在整个过程系统与临界过饱和线两次交叉，因此易产生双峰粒度分布，较大和较小的颗粒分别在初次与二次成核中产生。由此可以得出，当系统各参数处于中等水平且二氧化碳进气率也适中时，易产生多峰的粒度分布。

国外一些最新的研究结果表明，超临界流体技术不仅可用于细化重结晶，而且通过控制温度和压力的参数，可以实现纳米微粒的聚集生长和形貌改变，如图 2.48 所示。

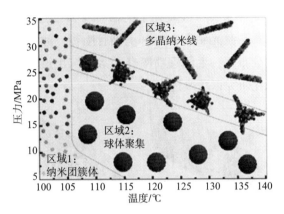

图 2.48　超临界条件下纳米颗粒的形貌控制

图 2.48 显示了 $Gd-CeO_2$ 纳米材料的形成过程[44]。图中主要分为三个区域，1 区为纳米团簇体，2 区凝聚成球形聚集体，3 区进一步组装成纳米线。在 2 区和 3 区之间是一个过渡区域，反映了由球形颗粒向纳米线的逐渐转化过程。这些形貌的改变都伴随着超临界体系温度、压力的变化，证实超临界手段可以实现对产物形貌的精确控制。图 2.49 所示为不同超临界条件下样品的表观形貌。

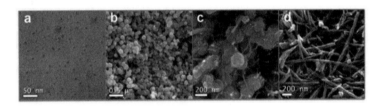

图 2.49　不同超临界条件下样品的表观形貌

在超临界流体中，如果微粒成核速率快，体系以成核为主，所得微粒粒径小；如果微核生长速率快，体系以微核生长为主，所得颗粒的粒径大，粒度分布宽。对溶解度较大的物质，提高其在超临界流体中的浓度，会使过饱和度增大，成核速率增加，微粒粒径变小；溶解度较小的物质，提高其在超临界流体中的浓度，反而可能出现微粒粒径变大的现象。降低超临界流体出口前温度，使溶液在喷嘴里的沉积推迟，可形成体积更小的微粒或纤维。出口后的温度影响喷嘴出口的自由射流状态，随着出口后温度的升高，颗粒湍动加剧，频繁碰撞导致颗粒黏附长大，使微粒直径增大。此外，溶质的性质、挟带剂的加入及压力变化范围等对超临界溶液制备微纳米粉体的过程也有影响。

在超临界抗溶剂法中，为使超临界溶剂与液体溶液达到良好的混合，一般都采用喷嘴将溶液雾化成微小的雾滴分散到超临界抗溶剂中。超临界装置的关键部件是喷嘴，它是控制超临界溶液膨胀、密度降低及溶质颗粒生长等动力学过程的最重要控制部件。近年来，针对不同的研究体系，有人设计了同轴喷嘴和三通道喷嘴，如图2.50所示。目前广泛采用的喷嘴形式是激光钻孔喷嘴和毛细管喷嘴。激光钻孔喷嘴容易形成溶质二次沉析，使粉体粒度分布宽；毛细管喷嘴存在溶质沉析过程难以控制及喷嘴微孔容易堵塞等问题，亟待深化研究以求改进。

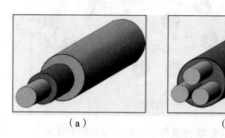

（a）　　　　　　　　（b）

图2.50　超临界装置喷嘴结构图

（a）同轴喷嘴；（b）三通道喷嘴

2.6.3　含能材料超临界细化

固体炸药及推进剂是最早用超临界抗溶剂处理的材料，其中，黑索今炸药因为占据很大的军事市场，对RDX的研究成为这一领域的重点。Reverchon[45]采用RESS技术制得粒径在110～220 nm范围的RDX晶体，并进一步详细考察了预膨胀条件（温度、压力、喷嘴直径等）对RDX粒径的影响。2009年，Victor Stepanov等[46]改善了RESS方法，成功制备了不同粒径的RDX晶体（125 nm和500 nm）。2011年，J. T. Essel等[47]利用RESS技术成功制得了纳米RDX。当悬浮液的pH = 7时，RDX粒径可达30 nm，而当其他条件不变，把水溶液换为空气时，形成的RDX粒径则为100 nm左右，且有明显的团聚现象。J. T. Essel等以丙酮和环己酮为溶剂进行RESS实验[48]，可制得粒径分布在300～450 nm的超细炸药微粒，实验结果证明颗粒尺寸与形态受所使用的有机溶剂影响。从环己酮沉析的粒子要比从丙酮沉析的粒子尺寸小且分布、形态更均一。B. M. Lee[49]等用RESS法在压力120 MPa、温度363 K工艺条件下制得了65～105 nm的RDX。

奥克托今也是现役推进剂与混合炸药的主要成分，因此也有一些学者开展HMX炸药的细化研究。王海清等[50]利用SAS方法制备出平均粒径为56 nm的纳米HMX晶体。Wang等人用GAS法进行了CL-20的细化研究[51]。通过研究比较HMX在丙酮、环己酮和二甲基亚砜三种溶剂中的溶解度，三种溶剂在SC-CO₂中的膨胀体积及HMX在三种溶剂的结晶率，最后选用丙酮作为实验用溶剂。实验表明，在相对低的温度和浓度条件下，可以制备出粒径为 2 ~ 9.5 μm、粒度分布窄的 HMX 微粒，而且通过间歇升压方式，可获得不同粒度分布的 HMX 微粒。

Teipel 等人利用 TNT 炸药在超临界流体中有较高溶解度这一特点，进行了 TNT 重结晶实验，制备出平均粒径为 10 μm 的超细 TNT 微粒。此外，他和他的同事还对 RDX、NTO、HMX 多种含能材料进行 RESS 重结晶实验[52]。结果表明，当增加一定量的共溶剂时，RDX 和 NTO 能用 RESS 法进行重结晶；但 HMX 等含能材料，由于它们在纯净二氧化碳超临界流体中的溶解度非常低，只能用 GAS 法进行重结晶。H. Krober 等人用超临界流体技术 GAS 法进行了 NTO 重结晶研究工作[53]。实验中，二甲基亚砜和甲醇被选为实验用溶剂，二氧化碳作为抗溶剂气体，得到了粒径为 10 ~ 40 μm 的形似花状、球状的 NTO 晶粒。Y. Bayat 首先用二氧化碳、一氯二氟甲烷、二氯二氟甲烷进行了 GAS 过程中炸药硝基胍（NG）结晶粒度分布的研究[54]。结果表明，在不同的膨胀路径下得到各种各样的形态（球、大晶体、雪球状和雪花状）。随后他们改变溶剂，用二甲基亚砜和环己酮作为溶剂进行了实验，抗溶剂加入得越快，得到的粒子尺寸越小、分布越窄，获得了结晶粒度分布在 1 ~ 100 μm 的硝基胍微粒，其晶形为球形、雪花状。除细化炸药之外，国外还热衷于用超临界萃取技术处理和回收过期含能材料的研究，并成功地从 B 炸药中通过萃取 TNT 组分回收到 RDX。

总而言之，超临界化学法是具有应用前景的制备超细纳米粉体的新方法，但目前大部分研究都处在实验室阶段，生产率低，不适合工业化生产。作为一项还不很完善的新技术，超临界微纳米粉体制备主要存在以下问题：生产成本较高；高压操作，对设备及操作要求高；高压下易分解或易降解的物质不宜采用此法等。超临界法微纳米炸药制备是一项多学科交叉的新技术，不仅要研究有关超临界流体的性质，而且涉及高速流体力学、相平衡热力学、固体物质的形态学、溶液结晶学等相关分析测试技术及粉体工程基础等知识。目前所进行的超临界流体技术的研究，主要集中在各种材料制备工艺条件的探索上，仍处于研究的最初阶段，尚没有成熟的理论来指导实验。由于小的喷嘴直径会极大地限制超临界制备粉体的产量，使超临界法制备粉体技术很难投入实际的工业化生产。

参 考 文 献

［1］李晓刚，焦清介，温玉全. 超细钝感 HMX 小尺寸沟槽装药爆轰波传播临界特性研究［J］. 含能材料，2008（4）：428 - 431.

［2］Radacsi N，Bouma R H B，Krabbendam-la Haye E L M，et al. On the Reliability of Sensitivity Test Methods for Submicrometer-Sized RDX and HMX Particles［J］. Propellants Explosives Pyrotechnics，2013，38（6）：761 - 769.

［3］刘志建．超细材料与超细炸药技术［J］．火炸药学报，1995（4）：37－40.

［4］赵凤起，覃光明，蔡炳源．纳米材料在火炸药中的应用研究现状及发展方向［J］．火炸药学报，2001（4）：61－65.

［5］卢媛，吴晓青，马丽平．超细炸药制备的研究进展［J］．天津化工，2010（5）：7－9.

［6］汪信，郝青丽，张莉莉．软化学方法导论［M］．北京：科学出版社，2007.

［7］薛宽宏，包建春．纳米化学－纳米化学体系的构筑与应用［M］．北京：化学工业出版社，2006.

［8］林树坤．结晶化学［M］．上海：华东理工大学出版社，2011.

［9］Renyi Zhang, Alexei Khalizov, Lin Wang, et al. Nucleation and Growth of Nanoparticles in the Atmosphere［J］. Chem. Rev, 2012, 112：1957－2011.

［10］Ostwald W. Lehrbuch der Allgemeinen Chemie［M］. W. Engelmann, 1896.

［11］John Turkevich, Peter Cooper Stevenson, James Hillier. A study of the nucleation and growth processes in the synthesis of colloidal gold［J］. Discuss. Faraday Soc., 1951（11）：55－75.

［12］Viswanatha R, Sarma D D. Growth of Nanocrystals in Solution［J］. Nanomaterials Chemistry：Recent Developments and New Directions, 2007：139－170.

［13］Dimo Kashchiev. On the relation between nucleation work, nucleus size, and nucleation rate［J］. J. Chem. Phys, 1982, 76：5098－5112.

［14］Tatarchenko V A, Uspenski V S, Tatarchenko E V, et al. Theoretical model of crystal growth shaping process［J］. Journal of Crystal Growth, 1997, 180（3－4）：615－626

［15］Nguyen T K Thanh, Maclean N, Mahiddine S. Mechanisms of Nucleation and Growth of Nanoparticles in Solution［J］. Chem. Rev, 2014, 114：7610－7630.

［16］Voorhees P W. The Theory of Ostwald Ripening［J］. Journal of Statistical Physics, 1985, 38（1）：231－254.

［17］Nalwa H S. Encyclopedia of Nanoscience and Nanotechnology［M］. USA：American Scientific Publishers, 2008.

［18］George M Whiteside. Nanoscience, Nanotechnology, and Chemistry［J］. Small, 2005（2）：172－179.

［19］Lao J Y, Huang J Y, Wang D Z, et al. ZnO Nanobridges and Nanonails［J］. Nano Letters, 2003, 3（2）：235－238.

［20］曾杰，夏晓虎，张强，等．以单晶银纳米方块为液相外延生长晶种的纳米晶形貌可控合成方法［J］．中国科学：化学，2012，42（11）：1505－1512.

［21］王相元，李伟明，王建龙．炸药结晶晶形控制技术研究进展［J］．山西化

工，2009（1）：27－31．

［22］Bing Gao，Dunju Wang，Juan Zhang，et al. Facile，continuous and large-scale synthesis of CL－20/HMX nano co-crystals with high-performance by ultrasonic spray-assisted electrostatic adsorption method［J］. J. Mater. Chem. A，2014（2）：19969－19974．

［23］张建国，张同来，魏昭荣. 起爆药的结晶控制技术与单晶培养［J］. 火工品，2001（1）：51－55．

［24］Yang G，Nie F，Huang H，et al. Preparation and characterization of nano-TATB explosive［J］. Propellants Explosives Pyrotechnics，2006，31（5）：390－394．

［25］阿格拉沃尔（Jai Prakash Agrawal）. 高能材料－火药、炸药和烟火药［M］. 欧育湘，等，译. 北京：国防工业出版社，2013．

［26］Holtz E von，Omellas D，Frances M，et al. The solubility of ε-CL－20 in selected materials［J］. Propellants，Explosives，Pyrotechnics，1994，19（4）：206－212．

［27］程能林. 溶剂手册（第四版）［M］. 北京：化学工业出版社，2008．

［28］王晶禹，张景林，徐文峥. 微团化动态结晶法制备超细HMX炸药［J］. 爆炸与冲击，2003，23（3）：262－265．

［29］王晶禹，张景林，徐文峥. 传爆药用炸药超细化技术研究［J］. 兵工学报，2003，24（4）：459－463．

［30］王晶禹，黄浩，董军等. 亚微米HNS炸药的形貌控制研究［J］. 含能材料，2009，17（2）：190－193．

［31］Jing Yu Wang，Hao Huang，Wen Zheng Xu，et al. Prefilming twin-fluid nozzle assisted precipitation method for preparing nanocrystalline HNS and its characterization［J］. Journal of Hazardous Materials，2009，162：842－847．

［32］Bayat Y，Zarandi M，Zarei M A，et al. A novel approach for preparation of CL－20 nanoparticles by microemulsion method［J］. Journal of Molecular Liquids，2014，193：83－86．

［33］Bayat Y，Zeynali V. Preparation and Characterization of Nano-CL－20 Explosive［J］. Journal of Energetic Materials，2011，29（4）：281－291．

［34］Dehm Henry C. Composite modified double-base propellant with filler bonding agent［P］. US 4038115，1977．

［35］朱步瑶，赵振国. 界面化学基础［M］. 北京：化学工业出版社，1996．

［36］胡福增，吴叙勤. 复合材料界面研究的概况与趋势（I）：复合材料界面浸润性的表征［J］. 高分子材料科学与工程，1993（3）．

［37］范克雷维伦. 聚合物的性质－性质的估算及其化学结构的关系［M］. 许元泽，赵得禄，吴大诚，译. 北京：科学出版社，1981．

［38］ Edit Székely. What is a supercritical fluid ［R］. Budapest University of Technology and Economics, 2014.

［39］ Bleich J, Kleinebudde P, Miller B W. Influence of gas density and pressure on microparticles with the ASES process ［J］. International Journal of Pharmaceutics, 1994, 106: 77 – 84.

［40］ Brunner G. Applications of Supercritical Fluids ［J］. Annual Review of Chemical and Biomolecular Engineering, 2010 (1): 321 – 342.

［41］ Ye Xiang-Rong, Lin YH, Wai CM. Supercritical fluid fabrication of metal nanowires and nanorods templated by multiwalled carbon nanotubes ［J］. Advanced Materials, 2003, 15 (4): 316 – 319.

［42］ 胡惠康, 甘礼华, 李光明, 等. 超临界干燥技术 ［J］. 实验研究与探索, 2000 (2): 33 – 36.

［43］ John L Fulton, Richard D Smith. Reverse Micelle and Microemulsion Phases in Supercritical Fluids ［J］. J. Phys. Chem, 1988, 92: 2903 – 2907.

［44］ Sang Woo Kim, Jae-Pyoung Ahn. Polycrystalline nanowires of gadolinium-doped ceria via random alignment mediated by supercritical carbon dioxide ［J］. Scientific Reports, 2013, 3: 1606.

［45］ Reverchon E. Supercritical antisolvent precipitation of micro-and nano-particles ［J］. Journal of Supercritical Fluids, 1999, 15 (1): 1 – 21.

［46］ Victor Stepanov, Inga B Elkina, Takuya Matsunaga, et al. Production of reduction of nanocrystalline RDX by rapid expansion of supercritical solutions ［J］. International Journal of Energetic Materials and Chemical Propulsion, 2007, 6 (1): 75 – 87.

［47］ Essel J T, Cortopassi A C, Kuo K K, et al. Formation and Characterization of Nano-sized RDX Particles Produced Using the RESS-AS Process ［J］. Propellants Explosives Pyrotechnics, 2012, 37 (6), 699 – 706.

［48］ Essel J T, Cortopassi A C, Kuo K K, et al. Synthesis of energetic materials by rapid expansion of a supercritical solution into an aqueous solution process ［C］. 36th JANNAF subcommittee on propellants and explosives design and characterization, Orlando, FL. 2010 (12): 2 – 6.

［49］ Lee B M, Kim, et al. preparation of submicron-sized RDX particles by rapid expansion of solution using compressed liquid dimethyl ether ［J］. Journal of Supercritical Fluids, 2011, 57: 251 – 258.

［50］ 王海清, 陈建刚, 姚李娜, 等. 二氧化碳 GAS 法重结晶细化 HMX 成核速率研究 ［J］. 含能材料, 2010 (5): 532 – 537.

［51］ Wang Y, Song X, Song D, et al. A Versatile Methodology Using Sol-Gel, Supercritical Extraction, and Etching to Fabricate a Nitramine Explosive: Nanometer HNIW ［J］. Journal of Energetic Materials, 2013, 31 (1), 49 – 59.

［52］ Teipel U, Krober H, Krause H H. Formation of energetic materials using supericritical fluids ［J］. Propellants, Explosive, Pyrotechnics, 2001, 26: 168 – 173.

［53］ Kröber H, Reinhard W, Teipel U. Supercritical fluid technology: a newprocess on formation of energetic materials ［C］. In: 32nd internationalannual conference of ICT, Karlsruhe, Federal Republic of Germany, 2001 (7): 3 – 6.

［54］ Bayat Y, Pourmortazavi S M, Iravani H, Ahadi H. Statistical optimization of supercritical carbon dioxide antisolvent process for preparation of HMX nanoparticles ［J］. Supercrit Fluids, 2012, 72: 248 – 254.

第 3 章　微纳米氧化剂

含能材料通常指火药、炸药及一些同时含氧和可燃成分的物质，有时也将某些氧化剂和可燃物的混合物或其组分称为含能材料[1]。传统含能材料按氧化剂与燃料的结合方式通常分为两种：①氧化剂和燃料基团结合——分散尺度处于原子、分子水平的单质含能材料，这类含能材料主要以单质炸药、含能黏合剂和增塑剂为代表，其往往是各种实际应用复合含能材料的关键原材料，单质含能材料是氧化性基团与还原性（或燃料）基团在原子、分子水平的组装体系。②氧化剂和燃料组分结合——分散尺度处于宏观物理状态的复合含能材料（如含铝混合炸药和复合推进剂等），主要由单质含能材料、燃料、氧化剂及其他功能组分通过常规物理方式混合后制造成型，是可用氧化剂和燃料组分在宏观尺度上混合（组装）的复合体系，主要应用于各种含能装置（系统）[2]。单质含能材料受化学结构所限，其氧燃比例很难达到理想状态，在实际应用中往往后者更具有广泛意义和研究价值。混合型含能材料是指氧化剂、燃料或者还原剂及黏合剂等多种组分按照一定的比例混制而成的特种能源材料。因此，针对混合型含能材料的微纳米化主要有两个内涵：一是氧化剂、可燃剂或功能助剂等单个组分的微纳米化，也即在混合含能材料中某一个组分或几个组分是经过微纳米化处理的，而剩余组分及混合方式仍旧沿用传统工艺制作，我们称其为广义微纳米混合含能材料；另一个是指狭义上的微纳米含能材料，即制作的混合含能材料整体处于微纳米尺度，即采用包覆、表面改性或者组装技术等实现氧化剂、可燃剂、黏合剂、功能助剂等单元材料在微纳米层次上的复合。后者将在第 5 章详细叙述。本章主要就广义微纳米混合型含能材料中的氧化剂展开论述，重点介绍典型氧化剂的微纳米技术基本原理和试验研究。

3.1　重要氧化剂

混合含能材料中的氧化剂种类很多，按照化学组成可分为金属氧化物、过氧化物、无机含氧酸盐和含能离子盐等四大类。表 3.1、表 3.2 分别为常用氧化剂的分类和物理化学性质及应用情况。从表 3.2 中选出具有代表性的若干氧化剂进行结构、反应活性、安全性、毒理性等全面分析。

表 3.1　氧化剂的分类

表 3.2　常用氧化剂的物理化学性质及应用情况

名称分子式	密度/$(g \cdot cm^{-3})$	相对分子质量	熔点（℃）/分解温度（℃）	释氧量/%	分解产物	主要应用
硝酸钠/$NaNO_3$	2.26	85.0	307/380	47	Na_2O，N_2，O_2	烟火药
硝酸钡/$Ba(NO_3)_2$	3.24	261.4	592/800	31	BaO，N_2，O_2	烟火药
硝酸钾/KNO_3	2.11	101.1	330/400	40	K_2O，N_2，O_2	点火药，延期药
硝酸锶/$Sr(NO_3)_2$	2.99	211.6	570	38	SrO，NO_2	烟火药
氯酸钾/$KClO_3$	2.32	122.6	370/400	39	KCl，O_2	烟火药，点火药
高氯酸钾/$KClO_4$	2.52	138.6	400/530	46		烟火药，点火药
高氯酸铵/NH_4ClO_4	1.95	117.5	150/200	54	NO_2，ClO_2	推进剂
铬酸钡/$BaCrO_4$	4.5	253.3	1 000/868	9.5	BaO，Cr_2O_3	点火药，延期药
铬酸铅/$PbCrO_4$	6.3	323.2	844/904	7.4	PbO，Cr_2O_3	点火药，延期药
聚四氟乙烯/$(C_2F_4)_n$	2.2		327/400		氟化物	点火药
四氧化三铅/Pb_3O_4	9.1	685.6	500/500	9	PbO，O_2	延期药
三氧化二铁/Fe_2O_3	5.1	159.7	1457/1457	30	Fe_3O_4	烟火药
过氧化钡/BaO_2	5.0	169.3	450/800	9	BaO，O_2	点火药
硫氰酸铅/$Pb(SCN)_2$	3.82	323.4	190			
高锰酸钾/$KMnO_4$	2.7	158	240 分解	25	MnO，K_2O	点火药
叠氮化铅/$Pb(N_3)_2$	4.71	291	270 分解		N_3，N_2	起爆药
氧化铜/CuO	6.32	79	1 148	13	Cu，O_2	烟火药
高氯酸三碳酰肼合钴（Ⅱ）/$CoCP$	2.13	655	230 分解	—	CO_2，H_2O，CO，$CoCl_2$	起爆药

续表

名称分子式	密度/(g·cm⁻³)	相对分子质量	熔点（℃）/分解温度（℃）	释氧量/%	分解产物	主要应用
二氧化锰/MnO₂	5.0	86.9	847/847	37	MnO, O₂	烟火药
叠氮肼镍/NHA	2.13	206.6	230 分解	—	NiO, CO₂, H₂O,	起爆药
高氯酸三碳酰肼合镉（Ⅱ）/GTG	2.08	708	249/249	—	CO₂, H₂O, CO, CdCl₂	起爆药

3.1.1 无机酸盐

无机含氧酸盐有高氯酸盐、硝酸盐、氯酸盐、铬酸盐等。硝酸钾（potassium nitrate）室温常压下为白色晶体，微潮解，易溶于水，不溶于无水乙醇和乙醚，是制造黑色火药，如矿山火药、引火线、爆竹等的重要原料，也用于焰火以产生紫色火花。其晶体结构属于混合晶体，钾离子与硝酸根之间是离子键，硝酸根中的氮和氧之间是共价键。硝酸钾为强氧化剂，在 400 ℃时分解放出氧，并转变成亚硝酸钾，与有机物接触能引起燃烧和爆炸。硝酸钾的晶体结构如图 3.1 所示。

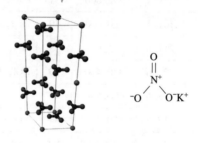

图 3.1 硝酸钾的晶体结构

高氯酸盐是推进剂、烟火药中常用的原料，具有强氧化性，与还原剂、有机物、易燃物（如硫、磷或金属粉）等混合可形成爆炸性混合物。运输和使用环节需要防火，避免高温。高氯酸钾（potassium perchlorate）受热分解即生成氯酸钾，并释放氧气。常态下高氯酸钾呈无色结晶或白色结晶粉末，熔点为 610 ℃（分解），微溶于水，不溶于乙醇，主要用作氧化剂、固体火箭燃料、烟花和照明剂等。高浓度接触会严重损害黏膜、上呼吸道、眼睛及皮肤。中毒表现有烧灼感、咳嗽、喘息、气短、喉炎、头痛、恶心和呕吐等。高氯酸钾晶体结构如图 3.2 所示。

另一个重要的高氯酸盐是高氯酸铵（ammonium perchlorate），高氯酸铵是推进剂配方中常用的氧化剂，白色至灰白色结晶粉末，在 400 ℃分解，有吸湿性，在干空气中稳定，在湿空气中分解。与水作用而产生氢。因燃烧产生有毒氮氧化物和氯化物烟雾，不能满足低信号特征需求，所以逐渐退出推进剂制造领域，但其在民用炸药行业的地位举足轻重。高氯酸铵属于典型的混合晶体，铵根离子和硝酸根离子之间是离子键，氮与氢、氯和氧之间的结合为共价键。高氯酸铵晶体结构如图 3.3 所示。

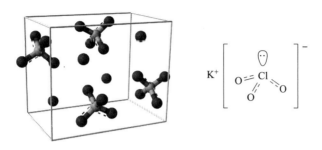

图 3.2　高氯酸钾晶体结构

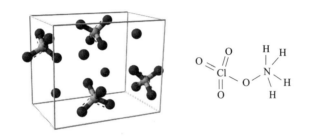

图 3.3　高氯酸铵晶体结构

叠氮化合物指的是含有叠氮根离子的化合物（N_3^-），在有机化学中，则指含有叠氮基（—N_3）的化合物。叠氮根离子为直线型结构，价电子数为 16。叠氮根离子的化学性质类似于卤离子，如白色的 AgN_3 和 $Pb(N_3)_2$ 难溶于水。作为配体，其能和金属离子形成一系列配合物。

绝大多数叠氮化物进行爆炸分解，但也可通过热化学、光化学或放电法使其缓慢分解。爆炸分解的结果是产生相应的单质，分解热即相当于该化合物的标准生成焓。重金属叠氮化物的分解是由于叠氮根离子的激发，结果一个电子跃迁到导带，产生叠氮基。重金属叠氮化物能够迅速分解，可能导致爆炸点火或起爆，具有高度爆炸性。叠氮化铅（lead azide）对撞击极敏感，故常用于起爆药。叠氮化钠用于汽车的安全气囊内。

叠氮化合物有毒性，它能抑制细胞色素氧化酶及多种酶活性，并导致磷酸化及细胞呼吸异常。叠氮酸及其钠盐主要急性毒作用引起血管张力极度降低，该效应类似于亚硝酸盐且较之更强。叠氮化合物刺激呼吸，增强心搏力，大剂量能升高血压，使人全身痉挛，继之抑制、休克。

$Pb(N_3)_2$ 简称氮化铅，呈白色结晶，有 α 和 β 两种晶型，α 型为短柱状，β 型为针状。β 型的感度很大，极易爆炸。一般生产使用的为 α 型，其密度为 4.71 g/cm³，吸湿性小，但在水中也能爆炸[3]。在干燥条件下，一般不与金属作用，热安定性较好，在 50 ℃贮存 3~5 年变化不大。接近晶体密度时的爆速为 5 300 m/s。撞击感度和摩擦感度均比雷汞的高，起爆力比雷汞的强，对特屈儿的极限起爆药量为 0.030 g。叠氮化铅结构如图 3.4 所示。

图 3.4 叠氮化铅结构

铬酸钡为黄色单斜或斜方晶体，在无机酸中溶解或分解，几乎不溶于水、稀乙酸和铬酸溶液。目前我国使用的秒和半秒延期药的配方大部分为钨粉、高氯酸钾、铬酸钡体系，为了调整燃速，有的也加入少量硅藻土之类的惰性物质。有关钨粉与高氯酸钾、铬酸钡的燃烧反应均有一些报道。一般可认为在反应初期是由钨粉与高氯酸钾反应，当反应达到一定温度后，钨粉与铬酸钡反应。实际燃烧反应的情况可能更复杂一些。据有关资料报道，铬酸钡在 60 ℃便开始失重，1 015 ℃缓慢失重，1 075 ℃时为一种黄色铬酸盐和绿色亚铬酸盐的混合物。铬酸钡的分子中氧含量为 25.26%。铬酸钡的这些性质使它在延期药中的作用具有多重性。除了作氧化剂之外，还是具有吸热功能的缓燃剂，使混制的延期药具有较长的燃烧时间，同时，它对于燃烧时间精度起着相当重要的作用。

3.1.2 金属氧化物

金属氧化物在含能材料设计与制造中是一种常见的组分。在推进剂配方中，金属氧化物常被用作催化剂[4]；在点火药和延期药中，金属氧化物作为氧化剂的优势在于产气量小，与含氧酸盐和有机盐类化合物相比，其热分解产物主要以固相形式存在，不会因体积变化产生压力，从而影响到未燃烧药品的点火能力，因此适用于微气体点火机构。主要包括重金属或过渡金属的氧化物和过氧化物，如铅丹（Pb_3O_4）、二氧化铅（PbO_2）、三氧化二铁（Fe_2O_3）、三氧化二铋（Bi_2O_3）、二氧化锰（MnO_2）和过氧化钡（BaO_2 等）。另外，金属氧化物在铝热剂中有重要的应用。在烟火药的铝热反应中，金属氧化物和还原性金属发生了剧烈的、放热量大的固相氧化还原反应。其中有一些铝热反应的温度可超过 3 000 K。表 3.3 总结了部分铝热反应的能量密度和温度。此类金属氧化反应自供氧，一旦引发，则难以停止。

表 3.3 部分铝热反应的能量密度和温度

铝热剂	燃烧温度/K	能量密度/ ($kJ \cdot cm^{-3}$)	铝热剂	燃烧温度/K	能量密度/ ($kJ \cdot cm^{-3}$)
$Fe_2O_3 + Al$	3 135	16.5	$Cr_2O_3 + 2Al$	2 327	10.9
$3MnO_3 + 4Al$	2 918	19.5	$3SnO_2 + 4Al$	2 876	15.4
$3NiO + 2Al$	3 187	17.9	$Fe_2O_3 + 3Mg$	3 135	15.0
$MoO_3 + 2Al$	3 252	17.9	$MnO_2 + 2Mg$	3 271	16.6
$3V_2O_5 + 10Al$	3 273	14.2			

铝热混合物在很多工艺及产品上均有应用，可用于硬件拆除装置、铁轨的焊接、水下切割焰、推进剂和猛炸药的添加剂、自由立式热源、气囊引燃材料和其他许多应用领域[5,6]。通常铝热剂由精确计量的各种精细组分粉体混合而成，如氧化铁和铝粉。

3.1.3 含能的金属配位化合物

目前常用的含能材料分子中含有生成焓为正或接近于正的 C—NO_2 和 N—NO_2 等含能基团。然而，这些含能基团的存在使其能量特性与安定性成为相互矛盾的两个因素，从而限制了含能材料的应用。通过长期大量的研究，研究者发现将具有还原性的含能物质与金属离子配位，并与具有氧化性的阴离子以库仑引力结合形成配合物，是解决常规起爆药中不安全因素的一个有效途径。从广义的概念上讲，含能配合物也是火炸药配方中的氧化剂，是开发具有钝感、含能、环保材料的一个重要发展方向。

配位化合物用结构通式（ML_n）（X_m）来表示，其中 M 为中心离子，L 是配位体，X 是外界阴离子。从分子设计观点上分析，为了能够实现稳定的燃烧转爆轰，配位化合物自身或它们的分解产物必须含有具有催化能力的结构单元，这些结构通常是 ClO_4^-、NO_3^- 或类似离子。金属离子作为配位中心，连接可燃性配位体和氧化剂，金属离子的性质决定着整个配合物分子的稳定性。设计这种类型配合物分子的关键是研究出既有一定燃烧热又具有化学稳定性的配位体。根据上述条件，可用作含能配体的物质有富氮杂环化合物，如三唑酮类、四唑类，以及富氮直链化合物，如碳酰肼（CHZ）、肼、肼基甲酸甲酯及其衍生物等[7]。

含能配合物的通性是具有较低的起爆阈值和较高的释能效率。已合成的含能配合物中有的作为起爆药用于各种武器弹药，有的则作为含能催化剂用于推进剂[8]。影响含能配合物性能的主要是金属中心离子、含能配体及阴离子的选择，其中金属中心离子对起爆药密度和爆容影响极小，对爆热和活化能影响明显，而对感度的影响没有规律性的趋势，具有选择性和不确定性；配位体对配合物类起爆药爆热、爆容、爆发点和爆速均有影响。叠氮基为配位体的起爆药爆热、爆容和爆速均大，但爆发点低，摩擦感度、火焰感度、激光感度和静电感度相对较高。氰基四唑酸根为配位体的起爆药爆热、爆容和爆速均小，但爆发点高，摩擦感度和撞击感度较低。5-硝基四唑为配位体的起爆药爆热、爆容和爆速均较大，爆发点高。各种感度均较低，尤以静电感度最低；阴离子的性质对整个配合物的能量、溶解度、热稳定性、爆发点、机械感度等配合物的爆炸特性有重要影响。图 3.5 所示为含能配位化合物常用的配体。

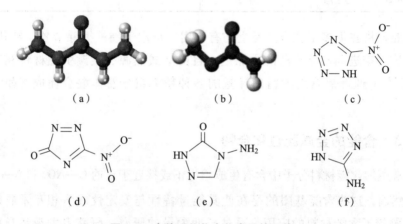

图 3.5　含能配位化合物常用的配体

（a）碳酰肼；（b）肼基甲酸甲酯；（c）5-硝基四唑；（d）3-硝基-1, 2, 4-三唑-5-酮；
（e）4-氨基-1, 2, 4-三唑-5-酮；（f）5-氨基四唑

3.1.4　含能离子盐

传统的固体推进剂和混合炸药配方中，高氯酸铵、高氯酸钾、硝酸铵等是常用的氧化剂。近年来，这些传统氧化剂因环境污染、烟尘含量大等诟病难以适应新时代武器发展的需要。离子液体是一类由有机阳离子与无机阴离子或有机阴离子组成，在水的沸点下呈液态的盐类化合物。含能离子化合物是近年来发展起来的非常具有潜力的一类含能材料，离子液体与常见的有机溶剂相比，蒸气压低，极性强，溶解性好，稳定性佳，且性能可调[9]。基于这些独特的性质，室温离子液体被认为是继超临界 CO_2 之后的新一代"绿色"溶剂，正是基于这些特点，离子液体被视为新型溶剂得到越来越广泛的重视。近年来，离子液体在炸药和推进剂领域中的应用也显示出了良好的前景。这些特殊用途的离子液体通过高氮含量的阳离子与含能阴离子直接中和反应或复分解反应合成，称为含能离子盐。

含能离子盐是一类独特的高氮量含能材料，其能量来自非常高的正生成焓，它们

之所以具有高的生成焓，是由于其含有大量 N—N、C—N 或 N≡N 键，而且密度和氧平衡均较高。除此之外，含能离子盐还具有高爆速、低蒸气压、较好的热稳定性、不敏感特性，且其爆炸产物无污染。美国 Singh 小组和德国 Klapötke 小组在含能离子盐方面取得了大量的成果[10,11]。目前含能离子盐的阴离子已从最初的简单无机阴离子，如硝酸根、高氯酸根、二硝酰胺负离子发展到以有机阴离子为主，如 4 - 硝胺 - 1，2，4 - 三唑、5 - 硝基四唑、5，5′- 偶氮四唑、5 - 二硝基甲基四唑、4 - 氨基 - 3 - （5 - 四唑基）呋咱、3 - 氨基 - 6 - 硝胺四嗪、羰基及 1，5 - 二氨基四唑、5 - 二硝基胍基四唑盐、苦味酸根和三羟基三硝基苯负离子。含能离子盐在爆炸性能上比 TNT 更具优势，与 RDX 接近，是传统含能材料理想的替代物；在降低特征信号、提高热稳定性等方面也有潜在的研究价值。

含能离子盐概念的提出为火炸药设计提供了一种新的思路和方法，特别是对于一些敏感炸药或者环境稳定性差的含能物质。例如 3 - 硝基 - 1，2，4 - 三唑 - 5 - 酮（NTO）是 20 世纪 80 年代出现的一个引人关注的高能低易损炸药，价格低廉，但其呈酸性，会腐蚀弹体材料，缩短弹药的存储期，且吸湿性强[12]。针对 NTO 存在的问题，研究者对其进行了离子盐改性研究。Lee 等评估了 7 种 NTO 含能离子盐在枪炮发射药中的可用性，研究表明，NTO 铵盐有望取代 AP 应用于固体推进剂中。又如二硝基脲（DNU）具有高密度（1.98 g/cm^3）和有效的氧平衡（+21.33%），从而表现出很好的爆轰性能，理论测算其爆压和爆速分别为 36.1 GPa 和 8 861 m/s，高于 RDX（34.4 GPa，8 750 m/s）。然而二硝基脲本身对冲击和摩擦很敏感，热稳定性和化学稳定性较差，在空气中存放极易吸收水分而潮解，限制了其直接作为含能材料的使用。Ye 等人[13]提出将二硝基脲转化为相应的有机盐可以克服以上不安全因素。二硝基脲铵盐的爆速可达 9 051 m/s，与 HMX 非常接近（9 100 m/s），该盐在空气可长时间存放。

需要说明的是，目前离子盐合成仍旧停留在实验室阶段。虽然有些合成过程简单，但仍存在成本高、产率低等问题，达不到批量工业化生产的要求。

3.2　液相沉淀法

液相法是当前实验室及工业上广泛采用的合成高纯微纳米粉体的方法，其主要优点是能较精确地控制反应，易于添加微量组分，颗粒形状和尺寸比较容易控制，且有利于后续精制提纯工艺的开展；缺点是溶液中形成的颗粒在干燥过程中易发生团聚，导致分散性差，粒度变大。

液相法制备微纳米材料通常是先将合成目标物所需的各种试剂溶解在液体溶剂中形成均相溶液，然后通过沉淀反应得到目标物的前驱物，再经过热分解得到目标微纳米粉体。根据微纳米固相产物的生成途径和方式不同，液相法可分为沉淀法、水热法、微乳液法、溶胶－凝胶法、电解沉积法、水解法、溶剂蒸发法等[14]。本章主要陈述近年来我们制备微纳米含能氧化剂的研究结论。

3.2.1 沉淀法基本原理

沉淀法是液相化学合成高纯度纳米微粒应用最广泛的方法之一。沉淀法是在配制包含一种或多种离子的可溶性盐溶液（溶质是单一组分或多组分）中加入适当的沉淀剂（如 OH^-、$C_2O_4^{2-}$、CO_3^{2-} 等）直接生成沉淀或在一定温度下使溶液发生水解，制备超细颗粒的前驱体沉淀物（或者直接生成沉淀），再经过滤、洗涤、干燥或热分解得到超细粉体。溶液中的沉淀物可以通过过滤与溶液分离获得。一般颗粒在 1 μm 左右时就可能发生沉淀，产生沉淀物。研究表明[15]，通过改变沉淀反应的温度和反应物的浓度等可以实现对纳米晶的形貌与尺寸的调控。影响粒径的因素主要有溶解度、pH、温度、溶剂等，粉体最小粒径可达数十纳米。生成颗粒的尺寸主要取决于沉淀物的溶解度，沉淀物的溶解度越小，相应颗粒的尺寸也就越小。颗粒的尺寸还会随溶液的过饱和度减小而呈现出增大的趋势。沉淀法制备超微颗粒主要分为直接沉淀法、共沉淀法、化合物沉淀法、水解沉淀法、均匀沉淀法等多种[16]，下面将分别做介绍。

①直接沉淀法：在单一离子溶液中加入沉淀剂而生成沉淀物的方法。直接沉淀法的原理是在金属盐溶液中加入沉淀剂，在一定条件下生成沉淀析出，沉淀经洗涤、热分解等处理工艺后得到纳米尺寸的产物。不同的沉淀剂可以得到不同的沉淀产物，常见的沉淀剂有 $NH_3 \cdot H_2O$、$NaOH$、Na_2CO_3、$(NH_4)_2CO_3$、$(NH_4)_2C_2O_4$ 等。

直接沉淀法操作简单易行，对设备技术要求不高，不易引入杂质，产品纯度很高，有良好的化学计量性，成本较低。缺点是洗涤原溶液中的阴离子较难，得到的粒子粒径分布较宽，分散性较差。

②共沉淀法：调整工艺参数，实现多种离子同时沉淀而获得成分较均匀的沉淀物的方法。它可分为单相沉淀和混合物共沉淀[17-19]。沉淀物为单一化合物或单相固溶体时，被称为单相沉淀；沉淀物为混合物时，被称为混合物共沉淀。利用共沉淀制备纳米粉体，控制制备过程中的工艺条件，如化学配比、沉淀物的物理性质、pH、温度、溶剂和溶液浓度、混合方法和搅拌速率、焙烧温度和方式等，可合成在原子或分子尺度上混合均匀的沉淀物。沉淀物为单一化合物或单相固溶体时，称为单相共沉淀。溶液中参与反应的离子以与配比组成相等的化学计量化合物形式沉淀。当沉淀颗粒的元素之比就是产物化合物的元素之比时，沉淀物具有在原子尺度上的组成均匀性。而对于由两种以上反应元素组成的化合物，当反应元素之比按倍比法则是简单的整数比时，组成的均匀性基本上是可以保证的；但若要加入其他微量成分，那么保证组成的均匀性就比较困难。靠这种化合物沉淀法来分散微量成分，达到原子尺度上的均匀性，形成

化学计量固溶体化合物的方法应该可以收到良好的效果。但是，能够形成固溶体的系统是有限的，而且以固溶体方法形成沉淀物的组成与配比一般是不一样的，所以要得到产物微粉，还必须注重溶液的组成控制和沉淀组成的调节。

几乎在所有利用化合物沉淀法来合成纳米微粉的过程中，都伴随有中间产物的生成。中间产物之间的热稳定性差别越大，所合成的微粉组成不均匀性就越大。从上面的分析可以看到这种方法的缺点是适用范围很窄，仅对有限的化合物沉淀适用，能够产生相应的固溶体沉淀。单一化合物沉淀法是一种能够得到组成均匀、性能优良的纳米微粉的方法，要得到最终化合物微粉，还要将这些微粉进行加热处理。在加热处理之后，微粉沉淀物是否还保持其组成的均匀性，需要相关条件来进行保证。

③化合物沉淀法：在溶液中按化学式计量比投入沉淀剂而得到化合物形式沉淀的方法。

④水解沉淀法：化合物溶液水解生成相应沉淀物的方法。通过强迫水解方法也可以进行均匀沉淀。由于采用的原料是水解反应的对象，即金属盐和水，那么反应的产物一般总是氢氧化物或水合物，所以只要能高度精制得到金属盐，就很容易得到高纯度的纳米微粉。该法得到的产品颗粒均匀、致密，便于过滤洗涤，是目前工业化前景较好的一种方法。

⑤均匀沉淀法：将沉淀剂的前驱体溶入溶剂中，使其缓慢地发生化学反应产生沉淀剂（反应体系内沉淀剂浓度完全均匀），而同时进行沉淀反应的粉体制备方法。具体地说，均相沉淀法是利用特定的化学反应使溶液中的构晶离子由溶液中缓慢均匀地释放出来，通过控制溶液中沉淀剂浓度，保证溶液中的沉淀处于一种平衡状态，从而均匀地析出。加入的沉淀剂，一般不是立刻与被沉淀的组分发生反应，而是通过化学反应使沉淀剂在整个溶液中缓慢生成，这个过程有利于克服由外部向溶液中直接加入沉淀剂而造成沉淀剂的局部不均匀性，结果沉淀不能在整个溶液中均匀出现的缺点。

对于沉淀反应来说，产物的形成是由几种可溶性物质在过饱和情况下形成的，其中成核过程是关键的步骤，而后续的 Ostwald 成熟过程和聚集过程将很大程度地影响产物的大小、形貌及其性质。导致沉淀反应的过饱和条件是由化学反应引起的，因此任何反应条件包括混合过程、反应物的加入速率、搅拌速度等都会对产物的大小、形貌及产物的分散性产生影响。

3.2.2　沉淀法制备微纳米铅丹

铅丹又名红铅，其化学名是四氧化三铅，分子式 Pb_3O_4，或写作 $2PbO \cdot PbO_2$，理论上 PbO_2 为 34.9%。鲜橘红色粉末。密度为 9.1 g/cm^3，在 500 ℃分解成一氧化铅和氧，不溶于水，溶于热碱溶液，是硅系延期药中常用的氧化剂。图 3.6 所示为铅丹粉末的外形与晶体结构。

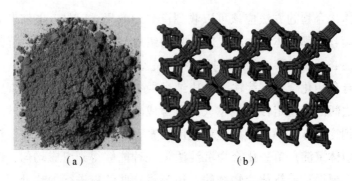

图 3.6　铅丹粉末（a）及其晶体结构（b）

传统工艺制备硅系延期药的制作流程如图 3.7 所示，其中铅丹直接从市面上采购，粒度往往在几百微米以上。根据燃速方程可知[20]

$$v = \sqrt{\frac{2D_k\lambda(T_b - T_i)}{r_0^2 c_1 \rho(T_i - T_r)}} \tag{3.1}$$

式中　v——燃速；

　　　λ——药剂的导热系数；

　　　D_k——扩散系数；

　　　c_1——药剂热容；

　　　ρ——药剂密度；

　　　r_0——药剂的粒度；

　　　T_r——室温；

　　　T_i——药柱发火点；

　　　T_b——稳定燃烧时的温度。

从公式（3.1）可以看出，药剂的粒度也是改变延期药燃速的重要因素，特别是药剂纯度的提高与粒径的降低，有利于燃速精度的提高。因此，我们采用液相沉淀法制备微纳米铅丹，并与硅混合，测试了超细延期药的燃烧性能。

微纳米铅丹的工艺流程的原理为：由于铅丹不溶于水，所以考虑用可溶于水的硝酸铅配成溶液，通过滴加氨水形成氢氧化铅沉淀，并不断搅拌，同时加入少量的阻聚剂，然后过滤、干燥得到氢氧化铅颗粒，置于马弗炉中灼烧，脱水、氧化即可得到超细铅丹。图 3.8 所示为微纳米铅丹的 TEM 照片和 XRD 曲线。

从图 3.8 的透射电镜图可以看出，铅丹颗粒的尺度均在 100 nm 以内，有一定的团聚现象；XRD 分析结果证实合成的目标产物主要是四氧化三铅，且颗粒较细，纯度高于 98%，杂质主要为氧化铅。将超细铅丹与硅粉运用传统工艺制成延期药，按 $m(Pb_3O_4)/m(Si) = 92:8$ 的比例分别称取，然后将 Pb_3O_4 和 Si 放入混药盆中，手工混合。混合后再过 180 目的筛子，将称取的虫胶溶液加入到混药盆中，用玻璃棒搅拌均

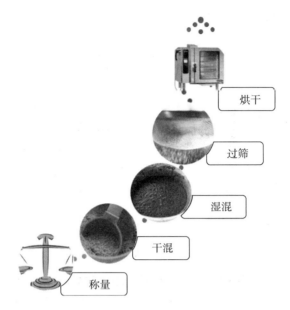

图 3.7　传统工艺制备硅系延期药的制作流程

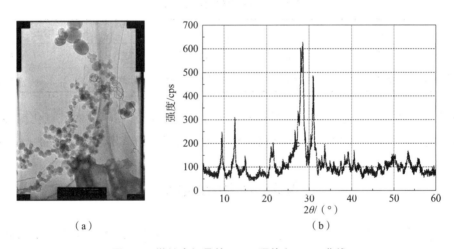

（a）　　　　　　　　　　　　（b）

图 3.8　微纳米铅丹的 TEM 照片和 XRD 曲线

（a）TEM 照片；（b）XRD 曲线

匀。再将混好后的原料用 30 目筛子造粒，之后放入烘箱，60 ℃下烘干 4 h，最后分别过 30 目筛子和 60 目筛子，取 60 目筛子上的颗粒待用。

延期时间测试是在 RG－1 燃速测定仪上进行的，RG－1 燃速测定仪的测量原理如图 3.9 所示。其工作原理为：当点燃的延期药药柱燃烧时，火焰的辐射光通过光纤传递到光电转换器上，由光电转换器把光信号转换为电信号来启动计时装置开始记录时间；当药柱燃烧的火焰光到达底部端面时，火焰的辐射光再次通过光纤传递到光电转换器上，停止计时器的时间记录。为了对比不同粒度铅丹对延期药燃烧精度的影响，分别做了两组实验，结果见表3.4。

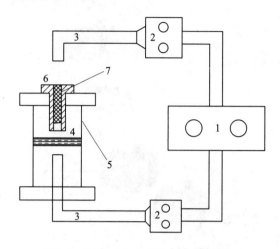

图3.9　RG－1燃速测定仪的测量原理

1—示波器；2—光电转换器；3—光纤；4—玻璃板；5—冷却装置；6—延期体；7—延期药

表3.4　两种延期药燃速对比　　　　　　　　　　　　　mm·s^{-1}

序号	1	2	3	4	5	6	7	8	均值	方差
含微纳米铅丹	2.73	2.72	2.77	2.68	2.70	2.70	2.72	2.71	2.72	0.005
普通延期药	2.39	2.40	2.45	2.36	2.43	2.45	2.37	2.38	2.40	0.009

由表3.4可知，含超细铅丹的延期药燃速略高于普通延期药，而且氧化剂经过超细化后燃速精度也有所改善，证实氧化剂超细化是提高或调节延期药性能的一种手段。

3.3　冷却结晶法

"冷却热饱和溶液结晶法"简称为"冷却热饱和溶液法"，又称为"降温结晶法"。其实质是通过降低温度的方法使溶质从溶液中以晶体的形式析出来（适用于溶解度随温度升高而明显增大的物质）。一般是将在温度比较高的情况下饱和溶液的温度降低，使其析出晶体。硝酸钾就是随着温度变化溶解度显著变化的一种氧化剂。在火工药剂中具有非常广泛的应用，如B/KNO_3点火药及黑火药等。硝酸钾俗名火硝或土硝[21]，黑火药着火时，硝酸钾分解放出的氧气，使木炭和硫黄剧烈燃烧，瞬间产生大量的热和氮气、二氧化碳等气体。由于体积急剧膨胀，压力猛烈增大，于是发生了爆炸。反应如下

$$2KNO_3 + S + 3C \Longrightarrow K_2S + N_2 \uparrow + 3CO_2 \uparrow$$ (3.2)

据测大约每4 g黑火药着火燃烧时，可以产生280 L气体，体积可膨胀近万倍。由于爆炸时有K_2S固体产生，往往有很多浓烟冒出，因此具有很强的点火能力和膨胀做功

能力。硝酸钾的 DSC/TG 热分解曲线如图 3.10 所示。由图 3.10 可知，KNO_3 从 400 ℃ 开始失重，到 470 ℃ 时 KNO_3 不再失重；429.26 ℃ 为 KNO_3 的分解峰。

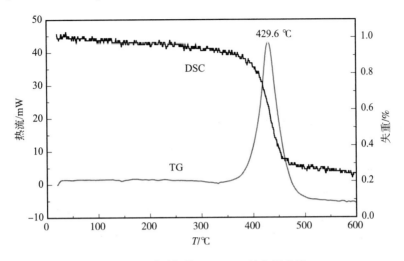

图 3.10　硝酸钾的 DSC/TG 热分解曲线

为了对比不同粒度的氧化剂对点火药性能的影响规律，我们采用缓慢降温，冷却结晶的办法得到细化硝酸钾。图 3.11 所示为硝酸钾溶解度随温度变化的曲线。可以看出硝酸钾溶解度对温度升降非常敏感，因此很适宜采用缓慢冷却结晶的方法得到纯度

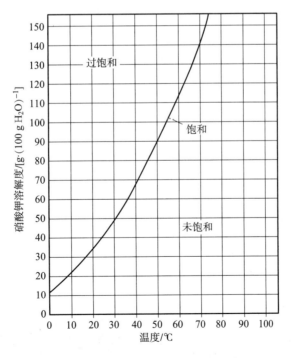

图 3.11　硝酸钾溶解度随温度变化的曲线

高的细颗粒。

实验过程为：首先在一定量的硝酸溶液（65 ℃）中缓慢滴加氢氧化钾，然后逐渐降温，同时快速搅拌，此时硝酸钾晶体会随着温度下降而缓慢析出。图 3.12 所示为冷却结晶条件下的 KNO_3 颗粒。

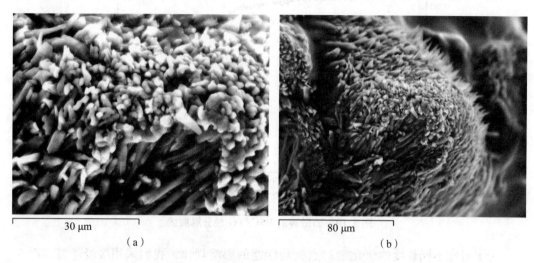

30 μm

（a）

80 μm

（b）

图 3.12　冷却结晶条件下的 KNO_3 颗粒

从图 3.12 中可以看出，结晶颗粒的尺寸在微米级，晶粒排列很整齐，团聚现象严重。为了阻聚，我们加入微量的碳纳米管，将硝硫混酸纯化后的碳管置于 65 ℃的硝酸溶液中，超声振荡之后，缓慢滴加氢氧化钾溶液，降低温度并高速搅拌。碳管具有憎水性，因此悬浮在水溶液中，成为促使硝酸钾结晶生长的异相杂质，使得部分硝酸钾晶种着附在碳管表面，然后成核生长。图 3.13 所示为含碳管的硝酸钾颗粒显微照片。

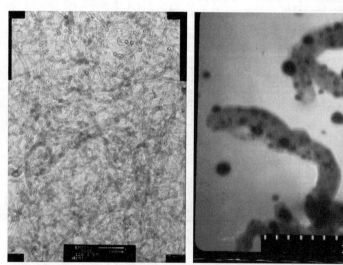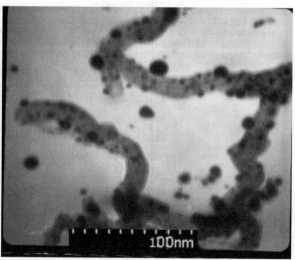

100nm

图 3.13　含碳管的硝酸钾颗粒显微照片

由图 3.13 可以看出，因碳管的加入，阻止了硝酸钾的大面积团聚，并使其生长在碳管的外壁，起到阻聚、细化的作用。另外，也有部分硝酸钾处于游离态结晶，在碳管之外自由生长。图 3.14 所示为含碳管硝酸钾的 XRD 数据。

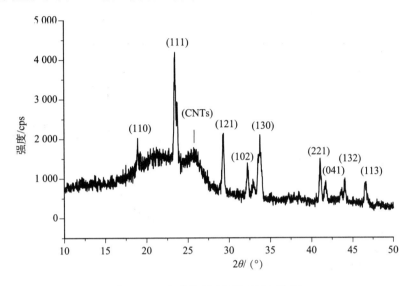

图 3.14　含碳管硝酸钾的 XRD 数据

从图 3.14 中可以看出，在衍射角 $2\theta = 23.5°$ 处有一个非常尖的 111 衍射峰，在 $2\theta = 29.4°$ 和 $2\theta = 41.1°$ 处有强度稍弱的 121 峰和 221 峰。这些都是 KNO_3 的衍射峰。衍射峰的位置与标准卡的 $\alpha - KNO_3$ 的衍射峰基本一致，说明 CNTs 表面附着的是 $\alpha - KNO_3$，而在 $2\theta = 26.3°$ 处的 111 峰为 CNTs 的衍射峰。

根据 Scherrer 公式

$$D = \frac{k \cdot \lambda}{B \cdot \cos \theta} \tag{3.3}$$

式中　D——平均晶粒尺寸，nm；

　　　k——形状因子，一般取 0.89；

　　　λ——X 射线衍射波长（$\lambda(Cu) = 0.1542$ nm）；

　　　B——衍射峰半峰宽（弧度）。

根据公式（3.3）可以计算出 KNO_3 的晶粒为 30.3 nm。

众所周知，碳纳米管具有高孔隙率、强吸附性，可视为多孔材料。为了判定硝酸钾是否附着于碳管孔内，我们做了比表面积分析实验。实验主要步骤是：称取约 0.1 g 经热处理后的样品（最好在 80~140 目），装入干燥的样品管，用减差法得到样品的准确质量，将样品管和标样管分别接入气路相应处。接通气路检漏后，调节样品气路和标样的气路流速均为 43 mL/min。待气路平衡后，将样品和标样管浸入盛有液氮的杜瓦瓶中，样品和标样开始进行吸附。吸附平衡（吸附进行约 12 min）后，将套在标样管外的杜瓦瓶换成装水的杜瓦瓶，使标样进行脱附，并分析标样的脱附峰。标样脱附完后（即出峰完全后），将套在样品管外的杜瓦瓶换成装水的杜瓦瓶，使样品脱附，分析两个脱附峰的相对大小即可得出样品比表面积的大小。碳管及含碳管硝酸钾粒子吸附、脱附等温线如图 3.15 所示。

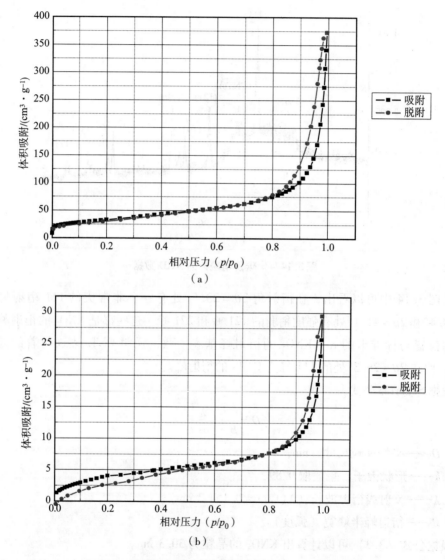

图 3.15　碳管及含碳管硝酸钾粒子吸附、脱附等温线
（a）CNTs 吸附、脱附等温线；（b）CNTs/KNO₃ 吸附、脱附等温线

近藤精一等将吸附等温线分为五种类型[22]，由此可知 CNTs 和 CNTs/KNO₃ 纳米颗粒的吸附等温线基本上都属于第三类等温线，这种等温线在低压下是平的，在 p/p_0 接近 1 时，吸附量急剧升高。随着压力的增加，由多层吸附逐渐产生毛细管凝结，毛细

管凝结现象是多孔固体特殊的吸附。

由图 3.15（a）可以看出，CNTs 的孔主要分布在 10～50 nm。比较图 3.15（b）可以看出，冷却结晶法制备得到的 CNTs/KNO$_3$ 的孔主要分布在 10～30 nm，有少量微孔的存在。微孔是因为 KNO$_3$ 填充到了中孔上面，使碳纳米管的孔径变小。经过 BET 数据处理系统，可知碳管表面吸附硝酸钾之后比表面积显著下降，从原来的 118.3 m^2/g 下降为 16.4 m^2/g。说明大量的硝酸钾吸附在碳管空腔内，在管壁上结晶。

为了检测含微量碳管的硝酸钾对点火性能的影响规律，我们做了对比实验。按 $m(B):m(KNO_3):m(氟橡胶)=20:75:5$ 的比例称量，采用烟火药制作传统工艺进行混合，制备了两种硼/硝酸钾系列点火药。在此需要指出的是，由于碳管的密度非常小，因此 CNTs/KNO$_3$ 粒子中碳管的质量分收仅为 3%，主要成分仍是硝酸钾，因此可将 CNTs/KNO$_3$ 复合粒子近似看作硝酸钾来处理。实验分别测试了两种药剂的爆热和燃烧性能。详细数据列于表 3.5 和表 3.6 中。

表 3.5　爆热测试结果

样品	爆热/(kJ·kg^{-1})
传统 B/KNO$_3$ 点火药	7.320
含碳管的纳米硝酸钾点火药	7.453

表 3.6　样品的燃速、平均燃速、精度及温度系数

样品	T/℃	r/(mm·s^{-1})					$\bar{r}$/(mm·s^{-1})	α/%	A/℃$^{-1}$
1	50	5.22	6.08	6.08	6.07	6.08	5.89	0.76	
	20	4.49	4.50	4.46	4.32	5.18	4.57	0.69	0.045
	-40	4.80	4.07	4.23	4.23	4.02	4.25	0.78	
2	50	12.26	9.66	9.87	11.12	8.80	10.21	1.23	
	20	9.20	7.49	8.44	8.14	10.52	8.64	0.94	0.835
	-40	7.06	8.11	7.53	6.61	5.83	6.94	1.30	

从表 3.5 可以看出，含碳管的硝酸钾样品配制的点火药爆热大于传统 B/KNO$_3$ 点火药的爆热。分析造成这一现象的原因是硝酸钾粒度的降低加快其热分解释放氧的反应速度，因此硼粉与硝酸钾的反应进行得更充分，从而使得反应总释能增加。

点火药的常温燃速测试过程是：首先将一定量点火药制备成具有一定横截面积（$\phi=6$ mm）一定长度（$L=7$ mm）的点火药药柱；然后将点火药药柱放置在燃速测定仪上，测试点火药燃烧规定长度所需要的时间。高低温燃速的测试过程是将按上述药柱分别在 50 ℃和 -40 ℃下保温 4 h，迅速取出后再放置在燃速测定仪上，测试点火药燃烧规定长度所需要的时间。测得燃速后，再计算出点火药的燃速、平均燃速、精度和温度系数，结果见表 3.6。表中样品 1 代表含碳管的纳米硝酸钾点火药，样品 2 代表

传 B/KNO$_3$ 点火药。表 3.6 给出了燃速（r）、平均燃速（$\bar{r}$）、精度（α）及温度系数（A）的数值。平均燃速计算公式为

$$\bar{r} = \frac{r_1 + r_2 + \cdots + r_n}{n} \tag{3.4}$$

精度计算公式为

$$\alpha = \frac{\sum_{i=1}^{n} |r_i - \bar{r}|}{n\bar{r}} \times 100\% \tag{3.5}$$

温度系数是评价物质随温度变化情况的参数，温度系数越小，表明物质受温度变化的影响越小。温度系数计算公式为

$$A = \frac{\left| r_{\text{高温下最低燃速}} - r_{\text{低温下最高燃速}} \right|}{\bar{r} \times (T_{\text{高温}} - T_{\text{低温}})} \tag{3.6}$$

从燃速结果看出，高温条件下燃速偏高，而低温状态下燃速变缓。对比两种样品的实验数据可以发现，含碳管的硝酸钾做氧化剂燃速随温度变化波动较小，而传统点火药的燃速值随温度漂移较大；从燃速平均值观察可以看出，采用纳米氧化剂的点火药燃速精度有所改善。究其原因，一方面是因为碳管的加入，使点火药的导热性能发生变化，因此燃速对环境温度的依赖性降低；另一方面是微纳米组分的加入使点火药内部结构更趋于一致和均匀，因此燃烧时间平稳。

3.4　溶胶－凝胶技术

溶胶－凝胶技术有着悠久的发展历史，早在 150 年前，J. J. Ebelmen 发表了第一篇有关溶胶－凝胶的论文。20 世纪 30 年代，W. Geffcken 利用金属醇盐水解和胶凝化制备出了氧化物薄膜，证实了这种方法的可行性，但直到 1971 年，德国学者 H. Dislich 利用溶胶－凝胶法成功制备出多组分玻璃后，溶胶－凝胶法才引起科技和工业界的广泛关注，并得到迅速发展。近年来，这一方法被引入各种无机纳米晶材料（铁电材料、超导材料、粉末冶金材料、陶瓷材料、薄膜材料等）的化学制备中，并不断被赋予新的内涵，如今它已成为研究得最多、应用得最广泛的制备纳米材料的化学方法之一[23]。

胶体（colloid）是一种分散相粒径很小的分散体系，分散相粒子的重力可以忽略，粒子之间的相互作用主要是短程作用力。溶胶（sol）是具有液体特征的胶体体系，分散的粒子是固体或者大分子，分散的粒子大小在 1 nm ~ 1 μm。溶胶体系中一定结构的超细固体颗粒悬浮分散在液相中，并不停地进行布朗（brown）运动，属于亚稳态液状体系。这些超细固体颗粒称为胶粒，它们的结构和形态因胶粒间的相互作用而随时可能处在变化之中。从热力学的角度看，溶胶属于亚稳体系，因此胶粒有发生凝聚或聚合的趋向。稳定溶胶中粒子的粒径很小，通常为 1 ~ 10 nm，其表面积很大。

溶胶颗粒生成后聚集到一起发生缩聚反应形成较大的颗粒（小粒子簇，cluster），溶胶如果能承受一定的弹性应力，说明它已经转化为凝胶。凝胶（gel）是由细小颗粒聚集而成的由三维网状结构和连续分散相介质组成的具有固体特征的胶态体系，按分散相介质的不同，分为水凝胶（hydrogel）、醇凝胶（alcogel）和气凝胶（aerogel）等[24]。凝胶的形成是由于溶胶中胶体颗粒或高聚物分子相互交联，空间网络状结构不断发展，最终溶胶液失去其流动性，粒子呈网状结构，这种充满液体的非流动半固态的分散体系即为凝胶。经过干燥，凝胶变成干凝胶或气凝胶，呈现一种充满孔隙的结构。由溶液或溶胶形成凝胶的过程称为胶凝作用（gelation）。溶胶向凝胶转变的快慢一般用胶凝点或胶凝时间来描述。

溶胶形成湿凝胶之后，通过不同的干燥工艺可以得到干凝胶和气凝胶。水凝胶（hydrogel）是以水为分散介质的凝胶。水凝胶在具有网状交联结构的水溶性高分子中引入一部分疏水基团和亲水残基，亲水残基与水分子结合，将水分子连接在网状内部，而疏水残基遇水膨胀形成交联聚合物。干凝胶（xerogel）是指经过一个正常的干燥过程获得的凝胶单块，其中伴随由于毛细压而产生的严重的体积收缩，凝胶单块的最终体积仅为其初始湿凝胶的 5% ~10%。气凝胶（aerogel）是指在临界条件下干燥其湿凝胶，整个过程中无气液界面形成，即无毛细压力产生也无体积收缩发生，此过程被称为临界干燥。凝胶脱去大部分溶剂，凝胶中液体含量比固体含量少得多，或凝胶的空间网状结构中充满的介质是气体，外表呈固体状的气凝胶具有膨胀作用、触变作用和离浆作用。图 3.16 所示为溶胶向凝胶的转化过程。

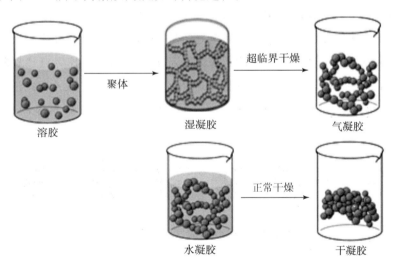

图 3.16　溶胶向凝胶的转化过程

溶胶 – 凝胶法的主要优点有[25]：①合成条件较温和（合成温度低），工艺、设备简单；②成分容易控制，化学均匀性好，在溶胶 – 凝胶过程中，溶胶由溶液制得，化合物在分子级水平混合，故胶粒内及胶粒间化学成分完全一致；③颗粒细，胶粒尺寸小于 100 nm；④掺杂分布均匀，可溶性微量掺杂组分分布均匀，不会分离、偏析；⑤产品纯度高，在制备过程中无须机械混合，不易引进杂质。用溶胶–凝胶法合成材料的类型是众多的，如玻璃态物质、多组分氧化物、无定形纳米材料、无定形基体/金属纳米晶及有机/无机杂化材料等；合成产物的性能几乎涉及所有领域，如光学、磁学、电子学及高临界温度的超导体、催化剂、能源、传感器等。当然，溶胶–凝胶方法也存在某些不足，如原料价格高、反应时间长、产物有碳残留、干燥时收缩较大、逸出气体及有机物可能有毒性等，此外，还有一些问题，如影响溶胶、凝胶形成的因素（温度、浓度、催化剂、介质和湿度等）也有待深入研究。瑕不掩瑜，溶胶–凝胶法无疑是材料学家特别是化学家打开合成具有广泛应用价值的新型材料之门的钥匙，随着科学界对其合成规律的逐步认知，将会有更广泛的应用前景。

3.4.1　溶胶–凝胶原理

溶胶–凝胶法的基本原理是易于水解的金属化合物（无机盐或金属醇盐）在相应的溶剂中与水发生反应，经过水解与缩聚过程逐渐凝胶化，再经干燥或烧结等后处理得到所需的纳米材料，涉及的基本反应有水解反应和聚合反应。制备过程可划分成 5 个阶段[26]：①经过源物质分子的聚合、缩合、团聚、胶粒长大形成溶胶。②伴随着前驱体的聚合和缩聚作用，逐步形成具有网状结构的凝胶，在此过程中可形成双聚、链状聚合、准二维状聚合、三维空间的网状聚合等多种聚合物结构。③凝胶的老化，在此过程中缩聚反应继续进行直至形成具有坚实的立体网状结构。④凝胶的干燥，同时伴随着水和不稳定物质的挥发过程。由于凝胶结构的变化使这一过程非常复杂，凝胶干燥过程又可以分为 4 个明显的阶段，即凝胶起始稳定阶段、临界点、凝胶结构开始塌陷阶段和后续塌陷阶段（形成干凝胶或气凝胶）。⑤热分解阶段，在此过程中，凝胶的网状结构彻底塌陷，有机物前驱体分解、完全挥发，同时提高目标产物的结晶度，如图 3.17 所示。

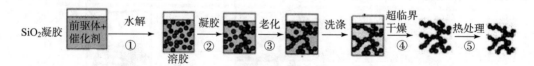

图 3.17　溶胶–凝胶反应的基本步骤

溶胶–凝胶的形成过程分四步：①水解；②单体发生缩聚和聚合反应形成颗粒；③颗粒长大；④颗粒团聚，在液相中构成网状结构，溶胶变稠，形成凝胶。在溶胶–凝胶法制备过程中晶粒长大的问题是不可忽视的。溶胶–凝胶法制备纳米结构材料是无粉加工路线，在该加工路径中，作为前驱体的纳米单元以连续的方式相互连接成很大的网状结构，从而可以不经过粉体阶段，直接形成纳米结构的氧化物骨架。由于此时不再有离散的粉体颗粒，因此可以避免晶粒长大。另外，溶胶能否向凝胶发展取决于胶粒间的相互作用能否克服凝聚时的势垒。因此，增加胶粒的电荷量，利用位阻效应和溶剂化效应等都可以使溶胶更稳定，凝胶更困难；反之，则容易产生凝胶。由溶胶制备凝胶的方法有：①溶剂挥发或冷冻；②加入不良溶剂；③加入电解质；④利用化学反应产生不溶物。溶胶－凝胶法制备材料的核心就是通过溶胶化这种软化学方法，将原料通过形成溶胶，再经过凝胶、固化处理等过程形成最终产品。

　　溶胶－凝胶反应前驱体的选择很重要，一般多采用醇盐、可溶盐和胶体溶液，其中醇盐是制备氧化物的前驱体，为了确保醇盐的水解反应在分子级水平上进行，首先应配制包含醇盐和水的均相溶液。由于金属醇盐在水中的溶解度不大，故一般选用既与醇盐互溶，又与水互溶的醇作为溶剂，其加入量既要保证不溶入三元不混溶区，又不宜过多，因为醇是醇盐水解产物，对水解有抑制作用。

　　根据胶体稳定原理——DLVO 理论可知[27]，在醇盐水解得到的溶胶体系中，由于粒子间范德华力的存在会使溶液中的反电荷的离子向颗粒表面聚集，并排斥同种电荷的离子，这样颗粒表面的电荷与溶液中的反电荷形成了双电层结构。由于被吸附的离子与颗粒表面结合牢固，当颗粒和液体发生相对运动时，固体带动部分电荷相反的离子一起滑动。图 3.18 所示为溶胶双电层结构示意图，其中 AB 面是粒子发生电动现象时的实际滑动面。可以看出，胶体粒子间总势能（V_T）为颗粒间的范德华力（V_A）和双电层的排斥能（V_R）的总和，即

$$V_T = V_A + V_R \tag{3.7}$$

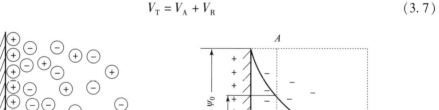

图 3.18　溶胶双电层结构示意图

　　当粒子间距离较大时，主要表现为吸引力，总势能为负值；当靠近到一定距离时，双电层重叠，排斥力起主要作用，势能升高；当距离进一步变小时，在越过能垒后，势能迅速下降。因此，粒子要聚结，必须克服这个能垒，这就促成了溶胶具有一定的稳定性。由于在总势能曲线上势垒的高度随溶液中电解质浓度的加大而降低，当电解质浓度达到某一数值时，势能曲线的最高点恰好为零，势垒消失，体系由稳定转为聚

沉，这就是临界聚沉状态，这时的电解质浓度即为该微粒分散体系的聚沉值。这时溶胶逐渐缩聚转变为凝胶。图 3.19 所示为溶胶 – 凝胶颗粒及微孔示意图。

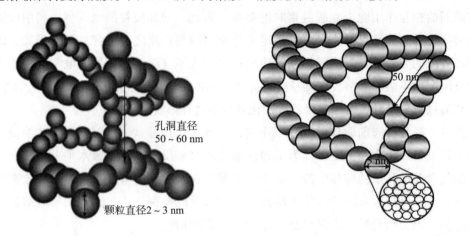

图 3.19 溶胶 – 凝胶颗粒及微孔示意图

  形成凝胶之后，干燥工艺至关重要。在凝胶中通常还含有大量的液相，需要借助萃取或蒸发除去溶胶中的液体，在适当的温度下进行干燥或热处理，最后形成相应物质的化合物微粒。由于湿凝胶的不牢固内部网状骨架结构和大的空隙率，致使湿凝胶在干燥过程中经常出现开裂和内部坍塌现象，破坏凝胶整体结构且大大降低了凝胶的空隙率，从而导致密度的高低差异。通常导致以上现象的原因主要是干燥时凝胶内部存在以下几个作用[28]：毛细压力、渗透压力、分离压力和湿度应力。而以毛细压力作用最明显，是内部空隙坍塌、组织破坏的主要因素，因此如何减少内部组织结构破坏而得到性能优良的干凝胶是研究者们始终关注的热点。图 3.20 所示为干燥后的凝胶骨架。

图 3.20 干燥后的凝胶骨架

针对以上原因，可以通过减小破坏组织的驱动力和增强凝胶网络骨架的机械强度这两个方面来减小凝胶组织结构的破坏。可以采用的措施有：①减小内部液相的表面张力；②辅助骨架支撑增强凝胶的抗破坏能力；③使凝胶表面疏水；④采用使气液相界面消失的超临界干燥；⑤采用冷冻干燥蒸发溶剂。图3.21所示为在不同干燥工艺下的凝胶产物。

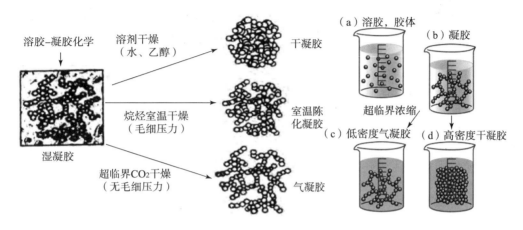

图3.21 在不同干燥工艺下的凝胶产物

传统溶胶–凝胶过程中，干燥是通过暴露于大气环境下，或放在烘箱中进行蒸发的。在常温常压下很难消除毛细力的破坏作用，由于凝胶气–液界面的形成，在凝胶孔中因液体表面张力的作用产生一个弯月面，随着蒸发干燥的进行，弯月面消退到凝胶体中，作用在孔壁上的力增加，使凝胶骨架塌陷，导致凝胶收缩团聚，粒径长大，因而难以得到粒径小的纳米微粒。为解决上述问题，可采用逐步替换溶剂的方法，逐渐减小溶剂的表面张力，避免发生急剧的张力变化，从而保持凝胶结构的完好。

冷冻干燥技术也是溶胶–凝胶常用的干燥方法。其原理是在低温低压下把气–液界面变成气–固界面，先将凝胶冷冻，再使溶剂升华，通过固气的直接转化避免了孔内形成弯曲液面，从而减小应力，这种方法制得的干凝胶液称为冷冻凝胶。升华是一个强烈的吸热过程。若使冷冻–干燥过程保持一个合适的速率，则需要一个持续的外部供热。冷冻–干燥工艺条件可以根据压力–温度（$p-T$）相图给予解释。根据吉布斯定律，水相图中的三相点（三种形态共存：固态、液态和气态），在 $T=273.15$ K 和 $p=610.5$ Pa 时可以实现（图3.21）。所以，在冰升华过程中，冰和水蒸气的共存是必不可少的。在外部供热条件下，如果系统压力不超过610.5 Pa，冰就可以蒸发（升华）而不溶化。根据 $100\sim610$ Pa 的平衡水蒸气压力值，冷冻–干燥过程的通常温度是 $253\sim273$ K。冷冻凝胶的优点是密度较高，保持凝胶骨架，制备条件对于含能体系而言非常安全，能够实现连续化生产[29]。缺陷是固体在低温下升华速率很慢，周期较长。在含能材料制作中大都是粉体物质，我们希望既能利用其骨架空隙率填塞高能化合物，又需要其具有高密度。因此，冷冻干燥法是首选。图 3.22 所示为冷冻干燥的设备及原理。

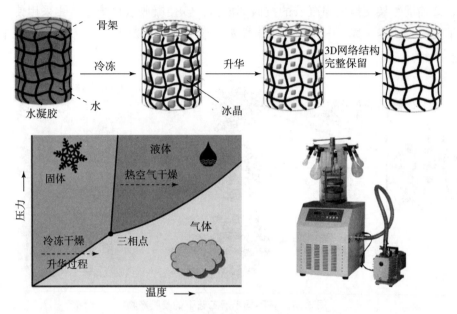

图 3.22　冷冻干燥的设备及原理

采用超临界流体干燥技术可以得到性质优良的气凝胶。超临界流体密度与液体相近，比一般气体大两个数量级，当临界点附近温度和压力发生微小的变化时，其密度就会发生显著的变化。密度增大，对溶质的溶解度就增大，有利于溶质的相转移。当密度比液体小一个数量级时，近似于普通气体时扩散系数比液体大两个数量级，因而有较好的流动、渗透和传递性能。超临界流体具有极好的溶解特性，液体间不存在气-液相界面，所以溶剂在超临界状态没有表面张力或毛细管作用力的影响。超临界流体干燥技术与传统的干燥过程相比，超临界抽提溶剂与晶化的干燥过程中不会因有表面张力作用而使凝胶骨架塌陷和发生凝胶收缩团聚使颗粒长大的现象，因而可制得多孔、高比表面积的金属氧化物或复合氧化物纳米粉体，但是其具有致命的缺点：设备昂贵，生产批量小、周期长，制品主要以实验室为主，很难普及生产。气凝胶密度小，不适宜于含能材料制造[30]。

3.4.2　溶胶-凝胶制备微纳含能材料

由于溶胶-凝胶法制备条件温和，可以精确控制制备材料的组分和形貌，直接制备出包含有相同尺寸纳米微孔的有机/无机纳米颗粒。将微孔用另一相填充即可制得纳米复合材料。从含能材料的角度而言，溶胶-凝胶化学法可将能与凝胶骨架结构发生迅速反应且释放能量巨大的材料填充入凝胶的微孔中，可以得到纳米尺度、分散均匀的新型纳米含能材料[31]。图 3.23 所示为溶胶 – 凝胶法制备纳米含能复合物的结构示意图。

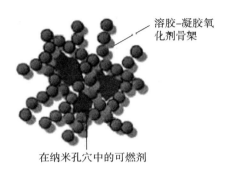

溶胶–凝胶氧化剂骨架

在纳米孔穴中的可燃剂

图 3.23　溶胶 – 凝胶法制备纳米含能复合物的结构示意图

20 世纪末，美国劳伦斯利弗莫尔国家实验室的 Simpson 和 Tilloston 教授率先应用溶胶 – 凝胶技术制造了多种含能材料纳米复合物[32-35]。最引人注目的是"纳米铝热剂"的制备，将 $Fe(NO_3)_3 \cdot 9H_2O$ 溶解在乙醇中，在通风环境下搅拌加入环氧丙烷，得到的深红棕色溶液在 5 min 内凝胶。凝胶前加入纳米级（平均直径 30 nm）铝粉。在 70 ℃的真空炉里蒸发 5 ~ 6 d，得到干凝胶，用 CO_2 超临界萃取得到气凝胶。从高分辨率 TEM 可以看到，环氧化物为凝胶骨架，3 ~ 10 nm 粒径的 Fe_2O_3 团簇与 25 nm 粒径的铝粉紧密相邻。这种纳米复合材料在标准的撞击、火花、摩擦感度测试中钝感，而燃烧更快速，使用时剧烈放热，温度可以超过 3 500 ℃。它与传统含能材料最主要的不同之处在于其反应是基于分子间的相互作用而不是分子内的反应，其能量输出是 RDX 的两倍，在能量释放率和能量释放脉冲控制方面具有高度可调节性。

另一成果是基于惰性凝胶体系合成纳米含能复合物。惰性基体可以选择二氧化硅凝胶，或者甲醛与间苯二酚聚合产物，适用于此种方法的含能材料有 RDX、PETN、HMX、CL-20、TNT 及 HP[36,37]。用作混合炸药的最优组成是 90% 含能材料和 10% 惰性基体。美国 LLNL 实验室利用溶胶 – 凝胶法先后制备出炸药/SiO_2、AP/间苯二酚 – 甲醛树脂（RF）等纳米复合含能材料[38]。Simpson 对 RF/AP 纳米复合物进行了详细研究，复合物由尺寸为几纳米的 RF 聚合物初级粒子相互连接成的燃料骨架和均匀分布于其中且小于 20 nm 的 AP 晶粒组成，AP 的颗粒尺寸在 1 ~ 10 nm。复合物的比表面积为 292 m^2/g，比常规含能材料复合物比表面积的最大值高出 6 倍以上。复合物约在 250 ℃ 放出大量热，远高于 AP 的分解放热温度。该纳米复合物撞击感度较相同配比的常规 RF/AP 复合物低。Bryce C. T. 等研究了溶胶 – 凝胶法制备间苯二酚 – 甲醛缩合产物与高氯酸铵或二高氯酸肼晶体的纳米复合物，其中二高氯酸肼的含量高达 88%，SEM 观察发现其粒径在 20 ~ 50 nm，并形成了 400 ~ 800 nm 大小的团聚体。冷冻干燥后获得干凝胶粉末[39]。比起简单混合得到的复合含能材料，它的撞击感度更低，燃烧速度更快。文献指出：通过设计成分的比例，这种材料最高可以达到 HMX 的能量密度。

美国加州大学的研究人员对溶胶－凝胶法制备含能材料进行了大量研究，并申请了专利。专利指出，用该工艺制备的纳米含能材料，可能在许多领域得到应用，主要包括：①高温稳定、不爆轰的气体发生剂和高威力炸药等；②可调节照明弹；③引信。George 等人采用使用溶胶－凝胶法制备的 Al/Mo_2O_3 纳米复合含能材料制成了环境友好、无铅组分的冲击起爆雷管[40]。国内工程物理研究院的郭秋霞、楚士晋等人，利用溶胶凝胶技术制备了 RDX/RF 纳米复合物，并研究了孔结构对炸药结晶的影响[41,42]。

总的来说，溶胶－凝胶技术在微纳米含能材料领域的应用主要有两个方面：一是纳米铝热剂，二是凝胶骨架与炸药的复合材料[43,44]。溶胶－凝胶处理过程中原料由最初的溶液体系转化成溶胶、凝胶，最后为粉末，整个过程物理状态发生了多次变化，利用这个特性可以完成微型火工品或者特殊形状容积的密实装药。溶胶－凝胶的多样化也极大地促进了其在成膜、旋涂、喷雾、超临界加工、电纺等制备手段中的广泛应用，为含能药剂的装填、改性、组装等奠定了基础[45,46]。图 3.24 所示为溶胶－凝胶技术后处理若干工艺技术。

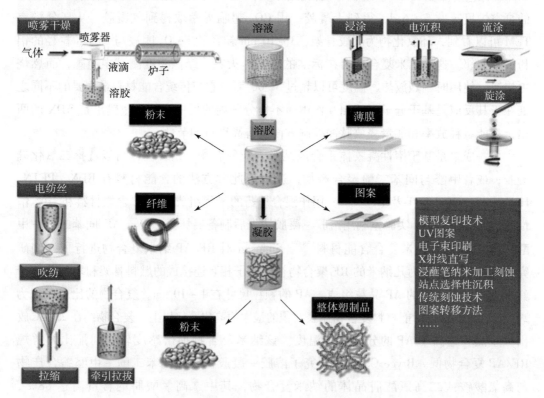

图 3.24　溶胶－凝胶技术后处理若干工艺技术

3.4.3 两种凝胶骨架的制备与表征

在文献调研基础上，笔者所在科研团队先后合成了间苯二酚 – 甲醛凝胶和二氧化硅凝胶。这两种凝胶是制备纳米含能复合物常用的多孔骨架。凝胶孔结构、孔分布的调控规律关系到填充含能物的量，因此，工艺条件对凝胶结构的影响是首要研究问题。

间苯二酚 – 甲醛（RF）凝胶是美国 LLNL 实验室的 R. W. Pekala 等人于 1987 年首次研究成功的。它是由有机团簇构成的多孔、无序、具有纳米量级连续网络结构的低密度非晶固态材料。其特点是空洞率高（可达 95% 以上）、比表面积大（400 ~ 1 000 m^2/g）、具有纳米结构（典型孔洞尺寸为 1 ~ 50 nm，构成网络的胶体颗粒直径为 1 ~ 15 nm）、密度变化范围广（30 ~ 800 g/m^3），因此它是一种典型的纳米非晶固态材料。目前国内外的研究热点是将凝胶的纳米级孔洞视为微反应器，利用"软化学"合成手段在孔洞内填塞各类客体，当客体的种类或嵌入数量发生变化时，复合产物性能随之而变，从而满足预订的功能需求。

国外学者针对 RF 凝胶显微结构做了大量的研究工作，而国内研究者在 20 世纪末也开始了 RF 凝胶方面的跟踪性研究。研究主要集中于 RF 微观结构的理论预测及以 RF 为模板制备复合材料的相关实验。其中较为典型的是王丽莉、唐永建、蒋刚等人[47]采用密度泛函方法，得到间苯二酚和甲醛的稳定构型，计算了其电荷分布。侯海乾、王朝阳等用超声波黏度计在线监测了 RF 体系凝胶生长过程的黏度变化并讨论了黏度对 RF 气凝胶空心微球形成的影响[48]。中国工程物理研究院的郁卫飞、黄辉、张娟等人对比了不同干燥方法对 RF 凝胶结构的影响，得出超临界干燥优于冷冻干燥和真空干燥的结论。在此基础上，郭秋霞、聂福德、李金山等人用玻璃基片提拉并超临界干燥制得了纳米 RDX/RF 复合物薄膜。

RF 凝胶纳米孔结构的形成受到诸多因素的影响，如间苯二酚与甲醛的摩尔比、催化剂种类与用量、反应温度、干燥处理方法等。在这些众多因素中影响权重最大的是什么，纳米孔容与孔分布的调控规律又如何，已有的文献未能清楚作答。而掌握 RF 凝胶孔结构调控规律是进一步制备凝胶复合材料的科学基础和依据。因此我们从 RF 凝胶形成机理入手，探寻缩短成胶时间、调节凝胶孔结构的重要途径[49]。

将间苯二酚和甲醛（摩尔比 1:2）溶解在 N，N – 二甲基甲酰胺溶剂中，由于间苯二酚苯环的 2、4 或 6 位可以比较容易地加上甲醛分子，替换有甲醛分子的间苯二酚之间相互凝聚，可以在溶液中形成一个个纳米尺寸的团簇。各团簇之间通过其表面官能团，如 CH_2—CH_2OH 等，相互交联形成凝胶。在碱催化下迅速发生亲电取代反应，生成大量的羟甲基取代物，进而缩合成 3 ~ 10 nm 的聚合簇，这些 RF 聚合簇含有表面官能团，在老化过程中进一步交联成网状体型缩聚合物即 RF 凝胶。在凝胶化过程中控制合适的制备条件，可以获得纳米级网孔的凝胶状化合物。图 3.25 所示为间苯二酚 – 甲醛凝胶合成的反应示意图。

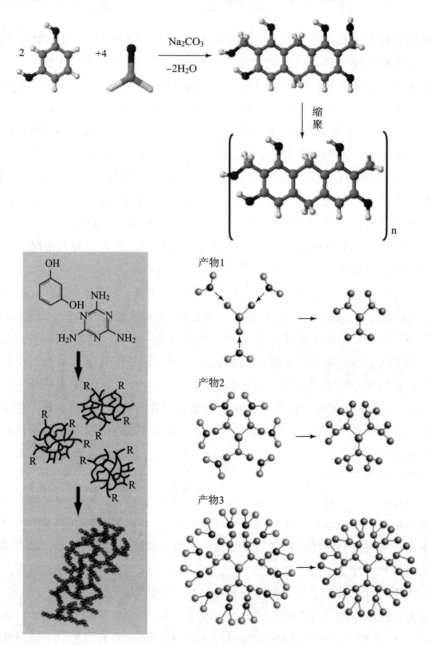

图 3.25　间苯二酚－甲醛凝胶合成的反应示意图

　　将间苯二酚:甲醛摩尔比为 1:2（加入间苯二酚 2.7 g，甲醛溶液 4.4 g）的混合物和
0.018 g 催化剂无水 Na₂CO₃ 加入 7.33 g N，N－二甲基甲酰胺溶液中，待间苯二酚溶解后
溶液呈淡黄色，之后渐渐变为淡红色。在磁力搅拌下完全溶解，倒入玻璃瓶密封，在
90 ℃水浴恒温，在这个过程中溶液逐渐变成橙红色，加热进行到 2 h 左右时溶液开始

变得越来越黏稠，黏度增加，流动性变差，此时这个状态保持的时间段即为溶胶-凝胶点。从黏流态转变为凝胶几乎是瞬间发生的，即得深红棕色透明块状 RF 凝胶，用乙醇浸泡置换出网格内的溶剂，将制备好的凝胶放入烧杯中，加入无水乙醇浸泡。每 1 h 换一次无水乙醇，加入的无水乙醇应完全浸没凝胶，整个溶剂交换过程需换无水乙醇 5 次以上，以保证溶剂交换能够完全。干燥后得到红棕色 RF 凝胶。图 3.26 所示为 RF 合成工艺过程。

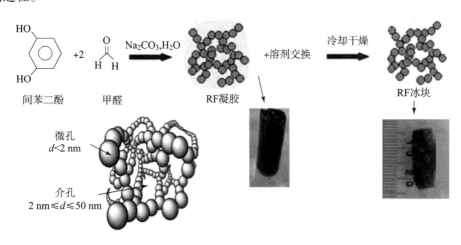

图 3.26　RF 合成工艺过程

　　根据上述反应过程，可以看出碱性物质作为缩聚反应的催化剂，势必为影响反应速度的关键因素。一般来说，由溶胶到凝胶的时间较长，十几到几十个小时，只有缩短成胶时间，才有进一步实用价值。因此，我们将催化剂的种类与用量确定为研究的重点。结合文献资料，分别选取无水碳酸钠和氢氧化钙两种催化剂，并对比不同添加比例对凝胶形成与孔结构的影响规律。将 R/C 值控制在 50~300，进行多组的对比实验。R/C 值定义为，反应物间苯二酚与催化剂的摩尔比[50]。

　　胶凝时间是进一步制备复合材料的重要指标，在保证 RF 凝胶显微结构的前提下，对比两种催化剂在不同 R/C 值条件下的胶凝时间。胶凝时间用 ZGUGT-2 型手动凝胶时间测定仪进行观测。在反应所需的水浴温度下，用移液管准确加入催化剂，当加入最后一滴时，开动凝胶时间测定仪，并充分搅拌。待试样搅匀后，将凝胶时间测定仪的联杆放入试样中央，调节其高度，使上升到最高时，联杆底部圆片上表面与试样液面一致。当试样发生凝胶时，凝胶测试仪自动停止运动，记下凝胶时间读数。本次实验分别设定 R/C 值为 50、100、150、200、250 和 300，得到图 3.27 所示结果。采用无水碳酸钠为催化剂，当 R/C 比值等于 400 时，加热 7 h 仍未形成凝胶。因此 R/C 值大于 400 未做进一步实验。

　　从图 3.27 中可以看出，这两种催化剂的形成凝胶时间均随催化剂用量增加而缩短。由此可以得出，在相同的反应物配比之下，R/C 比值越小，其所形成的凝胶、气凝胶收缩则越大。说明当催化剂浓度大时，成核位置较多，并且均匀，因此生成的网络十分细小，以至于承受不了自重和溶剂替换时所受到的应力而导致结构的破坏，对密度小的尤其如此。

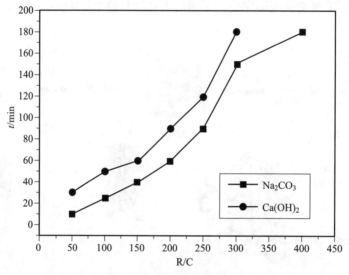

图 3.27　不同催化剂及含量对凝胶形成时间的影响

　　为了进一步说明调整催化剂种类及用量是控制凝胶孔结构的重要技术途径，研究小组分别采用日本产 Hitachi S‒450 扫描电镜和 Hitachi H‒600 透射电镜进行对比表征，结果如图 3.28 所示。

图 3.28　不同催化剂反应生成凝胶的扫描电镜（R/C＝50）

（a）无水碳酸钠为催化剂；（b）氢氧化钙为催化剂

图 3.28 中的结果表明，RF 凝胶具有很好的孔结构，凝胶骨架经过干燥后保持良好。由图可知，RF 凝胶是立体网状多孔材料，孔的大小比较均匀，孔径在几十纳米。催化剂含量不同，所生成凝胶的扫描电镜（氢氧化钙）如图 3.29 所示。

 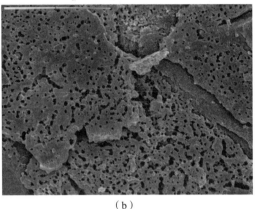

（a）　　　　　　　　　　　　　　　　　　（b）

图 3.29　催化剂含量不同所生成凝胶的扫描电镜（氢氧化钙）

（a）R/C=150；（b）R/C=300

比较图 3.28 和图 3.29 可以直观看出，在相同 R/C 值条件下，无水碳酸钠作催化剂得到的凝胶孔孔洞较多，孔体积大。如采用氢氧化钙为催化剂，在不同比例情况下，R/C 值越小，催化剂含量越高，则得到的凝胶产物孔尺寸越大。由此从微观角度证明选择不同催化剂和调节其用量的确能起到控制孔结构的功效。

选用 300 目的微栅，先取少量的样品放入样品瓶中，再加入少量无水乙醇，然后超声震荡，分散 10 min，使团聚的样品充分分散，使其成为悬浊液。将微栅放在滤纸上，正面朝上，用毛细滴管蘸一点分散好的试样，轻轻滴 1~2 滴在微栅上。等到干燥后，将微栅装入微栅盒，以备观察。为研究不同催化剂含量的 RF 凝胶的表面微观形貌的变化情况，复合材料微观形貌，选择不同工艺条件下制备的样品进行透射电镜表征分析。分别在不同催化剂含量和相同 R/C 值条件下取样，对样品进行透射电镜分析，结果如图 3.30 所示。由图可知，凝胶孔洞清晰可见，构成网络的胶体颗粒直径约为 20 nm，氢氧化钙为催化剂的体系胶体粒子更为均匀，但是孔洞结构不如使用碳酸钠作催化剂的反应产物清晰。

从图 3.30 可知，RF 凝胶具有纳米网络状结构，非晶态固体相由直径为 10 nm 左右的粒子连接构成，孔直径在 50 nm 以下。RF 有机气凝胶的突出颗粒在几个纳米到几十个纳米，所形成的网孔较均匀，尺寸均为纳米级。正是这些纳米级孔洞的存在导致了 RF 气凝胶具有高比表面积的特点。

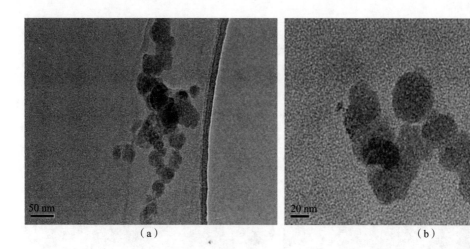

<table>
<tr><td>（a）</td><td>（b）</td></tr>
</table>

图 3.30　不同催化剂反应生成凝胶的透射电镜照片（R/C = 150）

（a）无水碳酸钠为催化剂；（b）氢氧化钙为催化剂

利用凝胶孔作为微反应器，通过物理或化学方法在孔内嵌入客体形成不同功能复合材料是最终的研究目的，因此凝胶孔结构的表征，包括孔分布与孔尺度的变化规律无疑是研究的重点。采用贝士德公司的 3H - 2000A BET 测试仪分别测试了孔容、孔分布与比表面积，测试结果见表 3.7。

表 3.7　采用不同催化剂及含量所得到的 RF 凝胶比表面积

催化剂含量	BET $Ca(OH)_2/(m^2 \cdot g^{-1})$	BET 无水 $Na_2CO_3/(m^2 \cdot g^{-1})$
0.027	540.79	589.05
0.014	326.52	390.43
0.009	128.94	143.47

表 3.7 测量了采用不同催化剂及含量所得到的 RF 凝胶比表面积。可以看到采用 $Ca(OH)_2$ 作为催化剂所得到的 RF 凝胶的比表面积要小于采用无水 Na_2CO_3 作为催化剂的，即在同样的催化剂含量下，采用无水 Na_2CO_3 作为催化剂所得到的凝胶微孔更多。同时可以看出，随着催化剂含量的增大，所得到的 RF 凝胶的比表面积越大。但是当催化剂含量超过反应物间苯二酚含量的 1/50 的时候，BET 含量反而急剧变小甚至无法测量。究其原因，可能是生成物在高催化剂含量之下，高分子结构交联度过高导致其纳米孔洞支撑不住而坍塌。这一结论与前述胶凝时间的观测结果相吻合。缩短时间和增大比表面积均有利于凝胶基复合材料的研究，工艺控制中催化剂用量显然存在最佳比例。

图 3.31 所示为不同催化剂及比例条件下测得的孔分布曲线。可以看出孔直径在 30 nm 以内，孔直径与孔容积随催化剂变化而呈现规律性改变。在同一 R/C 比值下，如图 3.31

所示，R/C 为 200 代表无水碳酸钠的曲线具有更大的孔容；随着催化剂用量的增加，孔分布由窄变宽，孔容积由小到大，而窄的孔径和小的孔容对嵌入晶粒要求更为苛刻，因此为方便今后在孔洞中填塞客体，应选择尽可能多的催化剂用量。综合如前所述，催化剂用量超出一定范围会导致凝胶结构不稳定，由此依据实验与测试结果得出 RF 凝胶的最佳制备条件为：采用无水 Na_2CO_3 作为催化剂，其与反应物间苯二酚的摩尔比应控制在 1:50 范围内。

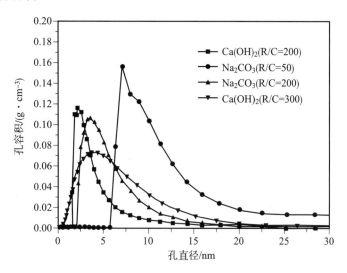

图 3.31　不同催化剂及比例条件下测得的孔分布曲线

我们在获知凝胶孔调控规律之后，将炸药放入溶胶中，使之在凝胶形成的同时结晶在孔洞中，从而形成纳米含能复合物，通过掌握凝胶孔尺度和孔分布，从而可以装载不同含量的炸药，所得系列纳米含能复合物可以满足点火、燃烧、起爆等不同的作战功能要求。

除间苯二酚－甲醛凝胶外，多孔 SiO_2 也是一种常用于制备微纳米含能复合物的模板，它具有较大的比表面积、良好的力学性能和热稳定性，且在制备过程中纳米结构可控[51]。我们选用硅的醇盐为原料，由于正硅酸乙酯（TEOS）较正硅酸甲酯（TMOS）便宜易得，因此选用 TEOS 为前驱体。经过醇盐的"溶解—溶胶—凝胶"过程，在凝胶形成之前加入 HMX，将 HMX 填充入 SiO_2 空隙，制备纳米复合含能材料。

根据溶胶－凝胶反应原理，首先要将 TEOS 配制成溶液，常选择醇类物质作为溶剂，如乙醇。为了促使 TEOS 水解反应的进行，需要向体系加入一定量的水。同时，TEOS 的水解产物也是乙醇，为了使反应进行得完全，需要严格控制乙醇的加入量。为了保证反应充分和均匀，必须加以搅拌。

由于 Si 原子是四配位，因此 TEOS 在空间是正四面体结构。分子中 Si 的电负性很大，因此，即使在有水的条件下，TEOS 也很难发生水解反应。在无机酸或者碱存在的情况下，TEOS 的水解和缩聚反应易于进行。人们普遍认为无机酸或碱是反应的催化剂，但是酸和碱对 TEOS 反应的催化机理是不一样的。在无机酸的作用下，使得带负电性的烷氧基质子化，从而易于脱离 Si 原子。当体系水过量时，TEOS 完全水解为 $Si(OH)_4$。以碱作催化剂时，TEOS 得到碱提供的 OH^-，脱去烷氧基。

以 TEOS 为前驱体，在催化剂的作用下，制备 SiO_2 凝胶的反应如下。

当体系中 TEOS 过量，即 $TEOS:H_2O \geqslant 1:2$（摩尔比）时，TEOS 发生不完全水解，反应速度缓慢，且需以脱水缩聚产生的水为反应提供水，因此体系常伴随着缩聚反应。式（3.8）、式（3.9）和式（3.10）为 $TEOS:H_2O = 2:1$ 时的反应方程式。

$$C_2H_5O-\underset{\underset{OC_2H_5}{|}}{\overset{\overset{OC_2H_5}{|}}{Si}}-OC_2H_5 + H_2O \longrightarrow C_2H_5O-\underset{\underset{OC_2H_5}{|}}{\overset{\overset{OC_2H_5}{|}}{Si}}-OH + C_2H_5OH \tag{3.8}$$

$$C_2H_5O-\underset{\underset{OC_2H_5}{|}}{\overset{\overset{OC_2H_5}{|}}{Si}}-OH + C_2H_5O-\underset{\underset{OC_2H_5}{|}}{\overset{\overset{OC_2H_5}{|}}{Si}}-OC_2H_5 + 2H_2O \longrightarrow$$

$$C_2H_5O-\underset{\underset{OC_2H_5}{|}}{\overset{\overset{OC_2H_5}{|}}{Si}}-O-\underset{\underset{OC_2H_5}{|}}{\overset{\overset{OC_2H_5}{|}}{Si}}-OH + C_2H_5OH + H_2O \tag{3.9}$$

$$n\,C_2H_5O-\underset{\underset{OC_2H_5}{|}}{\overset{\overset{OC_2H_5}{|}}{Si}}-OC_2H_5 + n H_2O \longrightarrow H_5C_2\left[O-\underset{\underset{OC_2H_5}{|}}{\overset{\overset{OC_2H_5}{|}}{Si}}\right]_n OH + (2n-1)C_2H_5OH \tag{3.10}$$

当体系中 H_2O 适量或过量时，即 $TEOS:H_2O \leqslant 1:2$，TEOS 水解反应完全且迅速，可以认为是 TEOS 全部生成 $Si(OH)_4$ 后，发生缩聚反应。随着硅氧链的伸展，链之间又不断交联，最终形成了线性交联的三维无规则网络结构。

$$C_2H_5O-\underset{\underset{OC_2H_5}{|}}{\overset{\overset{OC_2H_5}{|}}{Si}}-OC_2H_5 + 4H_2O \longrightarrow HO-\underset{\underset{OH}{|}}{\overset{\overset{OH}{|}}{Si}}-OH + 4C_2H_5OH \tag{3.11}$$

$$2\,HO-\underset{\underset{OH}{|}}{\overset{\overset{OH}{|}}{Si}}-OH \longrightarrow HO-\underset{\underset{OH}{|}}{\overset{\overset{OH}{|}}{Si}}-O-\underset{\underset{OH}{|}}{\overset{\overset{OH}{|}}{Si}}-OH + H_2O \tag{3.12}$$

$$\underset{\substack{|\\OH}}{\overset{\substack{OH\quad OH\\|\qquad|}}{HO-Si-O-Si-OH}} + n\underset{\substack{|\\OH}}{\overset{\substack{OH\\|}}{HO-Si-OH}} \longrightarrow \underset{\substack{|\\O}}{\overset{\substack{O\quad O\\|\qquad|}}{-O-Si-O-Si-O-}} + 2nH_2O$$

$$(3.13)$$

溶胶－凝胶反应过程中，过量水的存在可以促进水解反应完全，但同时由于水的过量，使体系中有效碰撞粒子浓度降低，并且溶剂对发生反应的羟基粒子的缔合力增强，由此造成体系缩聚反应的强度减弱，凝胶时间延长，因此反应中必须控制水的加入量。

由溶胶转变为凝胶后，需要对凝胶进行陈化，一般方法是将其在实验条件下静置一段时间，使得体系中未水解的 TEOS 分子或者没有参与缩聚反应的活性粒子进一步与较大的凝胶粒子反应，最终形成三维网格结构的 SiO_2。这就是所需制备的 SiO_2 湿凝胶。SiO_2 湿凝胶的网格结构内含有水分子、有机溶剂及一定的催化剂。通过普通干燥会使得凝胶内的微孔结构收缩、变形或坍塌。同时，也会由于空隙中液体的表面张力所产生的毛细管力使得凝胶颗粒重排或开裂，进而影响最后制备的干凝胶或气凝胶的结构和粒度。为此，湿凝胶的干燥采用冷冻干燥或者是超临界干燥。由冷冻干燥制得的凝胶为干凝胶，而由超临界干燥法得到气凝胶，两种凝胶在密度上存在差异，前者的密度较大，后者的密度较小。冷冻干燥是将凝胶冷冻，体系中的溶剂等物质凝结为固体，然后升温使其升华，这样使体系气液界面的表面张力降低直至消失，有效减少了其对凝胶微孔结构收缩、变形等破坏作用。超临界干燥是把凝胶中的水或有机溶剂降温加压到高于临界温度、临界压力，此时体系的气液界面将消失，表面张力也完全消失，这样制备得到的凝胶结构基本与湿凝胶保持一致。

由于溶胶－凝胶法条件温和，制备的 SiO_2 呈微孔的三维网格结构，因此设想将 HMX 溶于有机溶剂，在体系的溶胶状态下混合形成凝胶，这样 HMX 的溶液就进入网格结构的空隙之中。当凝胶经过水交换、干燥等操作后，有机溶剂被除去，HMX 析出并被包覆于 SiO_2 微孔内，形成 HMX/SiO_2 复合体系。由于空隙很小，达到纳米级，这就决定了 HMX 的粒度也呈现纳米级，最终生成的 SiO_2 胶球形颗粒的大小与最初的含水量，催化剂的种类、含量，各类添加剂，pH，所用的醇盐类型及反应温度，凝胶的陈化和干燥等均有关。这些因素对溶胶－凝胶过程及最终的凝胶结构、密度和表面形貌等参数有着非常重要的影响。下面以 TEOS 的溶胶－凝胶过程为例，从前驱体、水解度、催化剂、溶剂、添加络合剂等方面来讨论溶胶制备的影响因素。

（1）前驱体的影响

选择不同的前驱体，对溶胶－凝胶过程有着很重要的影响。以金属醇盐为例，随着金属原子半径的增加，电负性减小，化学反应活性随之增强；金属醇盐中的烷氧基

—OR 如果是仲位和叔位，则不易形成多聚，而伯位则易形成多聚；—OR 体积大，配位数则低，反应快；前驱体的官能度较小，则水解后的—OH 数目也较少，比较不容易形成凝胶网络，因此凝胶时间延长。

通过改变加入 DDS（二甲基二乙氧基硅烷）的量和加入时间，可观察 DDS 对 TEOS 的溶胶－凝胶过量的影响，影响溶胶的凝胶化时间的主要因素是环状结构分子的形成和 DDS 较快的反应速度。DDS 的功能团具有反应活性的基团比较少，缩聚反应时形成交联的可能性也较小。在酸性的溶液 TEOS 中，加入少量的 DDS 可以抑制 TEOS 分子之间形成环状形式（TEOS—TEOS—…），分子之间容易产生交联而大大地缩短凝胶化时间；随着 DDS 的增加，平均官能度减小，DDS 和 TEOS 之间会形成另外一种环状形式（DDS—TEOS—），阻止了硅烷网络的形成，延长了 TEOS 溶胶的凝胶化时间；DDS 的加入时间不同（即在 TEOS 水解反应一段时间以后再加入 DDS），它对 TEOS 的溶胶－凝胶过程的影响略有差别，但 DDS 用量的影响趋势大致相同，当 DDS 含量为 40% 左右时，凝胶时间都有一个最小值。

加入正锗酸乙酯（TEOG）会大大缩短凝胶化时间，因为 TEOG 与硅烷（部分水解的带有—OH 的硅烷）的反应速度比 TEOG 的水解速度慢，而它的 4 个—OEt 很容易反应，有效地促进形成交联链以至形成三维网络结构，使凝胶化时间降低。但是如果在 TEOS 反应一段时间后再加入 TEOG，凝胶化时间会延长，因为 TEOG 与硅烷之间形成了 Ge—O—Si(OEt)$_3$ 这种比较稳定的产物，而该反应没有释放出水来。随着反应的进行，硅烷会越来越少，使交联不容易发生，因此 TEOG 越多，凝胶化时间越长。

此外，前驱体之间还会互相发生反应，形成各种不同程度的多聚体。形成前驱体的多聚体和单体的水解、缩聚反应速度是不一样的，容易形成各种环状形式的大分子，这都将影响溶胶－凝胶的过程。

（2）水解度 R（水和 TEOS 的摩尔比）的影响

水是前驱体进行水解、缩聚反应的一个重要反应剂，其用量的多少对前驱体的溶胶－凝胶过程有着至关重要的影响。以 TEOS 为例，当 $R < 2$ 时，水解刚开始反应速度快，水被消耗掉后，进一步反应需要的水来源于缩聚反应所产生的水，这样促进了缩聚反应的进行，使得缩聚反应较早发生，所以 R 越小，醇越容易脱离，固体含量增加。

从研究的结果可以看出，如果水解度 $R \leqslant 2$，水解反应产生硅烷而消耗掉大部分水，缩聚反应较早发生，形成 TEOS 的二聚体，硅酸浓度减小，凝胶化时间延长；如果水解度 $R \geqslant 2$，TEOS 水解反应使大部分的—OR 脱离，产生—OH，并形成了带羟基的硅烷。这些硅烷之间容易反应形成二聚体，这些二聚体不再进行水解，而是发生交联反应形成三维网络结构，凝胶化时间缩短。

在酸催化剂 HCl 的作用下，TEOS 可以在乙醇中水解产生缩聚反应，形成的溶胶其水解度 R 的大小对形成颗粒的尺寸、收缩、折射率、孔洞率和孔径等性质有很大的影响，体现在水过量时，水解速度加快，—OR 较少，聚合物交联度较高，黏度减小，得到的产物比较致密、均匀，粒度、收缩、孔洞率和孔径均较小，不会引起产物中残留的—OH 的增加，而且过量的水还会在一定程度上减小收缩过程中的拉伸应力，对于薄膜材料来说能减少开裂。

（3）催化剂的影响

使用酸性催化剂，烷氧基形成醇而容易脱离，产生四价络合物，得到的产物是链状的，胶粒较小。使用碱性催化剂，易形成五价中间过渡产物，使 Si—OR 键变长，作用减弱，有利于亲核反应；电位移增加，易被亲核进攻，可使化学反应活性增加，水解、缩聚反应速度加快，易形成网状结构，胶粒较大。

水解速度会随着溶液酸碱度增加而加快，缩聚速度则在中性、碱性和强酸性溶液中较快，只在 pH 约为 2 处有一个极小值。在酸性条件下，硅酸单体的慢缩聚反应将形成聚合物状的硅氧键，最终得到弱交联、低密度网络的凝胶，凝胶老化时，易在相邻分支之间产生新的硅氧键，从而导致网络收缩；在碱性条件下，硅酸单体水解后迅速缩聚，生成相对致密的凝胶颗粒，胶体颗粒的尺寸取决于溶液的温度和 pH，这些胶体颗粒相互连接，形成网络状的凝胶，孔洞率较大，网络相对较稀。最终产物若是薄膜，表现为折射率的差别，酸性催化的溶胶产生膜的折射率较大，碱性的则较小。

在对 SiO_2 溶胶颗粒的研究中发现，pH 的减小和水解度 R 的增加导致水解程度增加，溶胶颗粒表面的—OH 增加，—OR 减少，颗粒间的相互作用表现为吸引力增加，排斥力减小，溶胶的黏度变大。此外，由溶胶颗粒表面的双电层产生的 zeta 势也会影响颗粒间的相互作用，zeta 势增加，颗粒间的排斥力也增加，而通过改变溶胶的 pH 则可改变 zeta 势的大小，在 zeta 势为零时，很容易导致溶胶缩聚乃至出现沉淀。

（4）溶剂的作用

溶剂不仅起到了溶解前驱体等反应物、扩大反应物互溶区的作用，还会与前驱体中的金属原子发生作用而对溶胶－凝胶过程产生影响。醇与金属原子的络合随着金属原子半径和电位移的增加而增多，醇还会与烷氧基形成氢键。溶剂的使用能扩大 TEOS 与水的互溶区，乙醇用量的增加会大大延长凝胶化时间，这是由于乙醇对溶液具有稀释作用，形成的聚合物网络也较稀疏。

（5）添加络合剂的影响

添加络合剂可以减缓水解、缩聚反应，避免产生沉淀。例如，在 TEOS 中，以醋酸为催化剂时溶胶－凝胶过程很慢，这是由于醋酸根未起到催化作用，醋酸在乙醇中酸性减弱，减弱了亲核替换反应；而在 $Ti(OEt)_4$ 和 $Zr(OEt)_4$ 中，醋酸的催化不产生沉淀，延长了凝胶时间，醋酸根离子的亲核络合作用使其配位数在 4～6。其他添加剂，如醋酸酐、乙酰丙酮等，在适当的反应温度和催化剂浓度（pH 大小）等条件，都对溶胶－凝胶过程产生很大的影响，以致最终影响到凝胶的交联度、孔洞率、固含量等。

在溶胶未转变成凝胶之前滴加奥克托今炸药的有机溶剂，使炸药颗粒结晶于凝胶孔洞中或者与凝胶同时析出，经过室温陈化一段时间后冷冻干燥，即可得到复合物。图 3.32 所示为溶胶 – 凝胶制备含能复合物的流程示意图。图 3.33 所示为不同放大倍数下 HMX/SiO$_2$ 复合材料的显微结构。

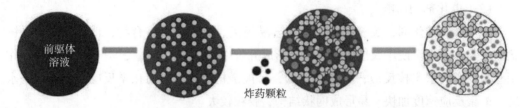

图 3.32 溶胶 – 凝胶制备含能复合物的流程示意图

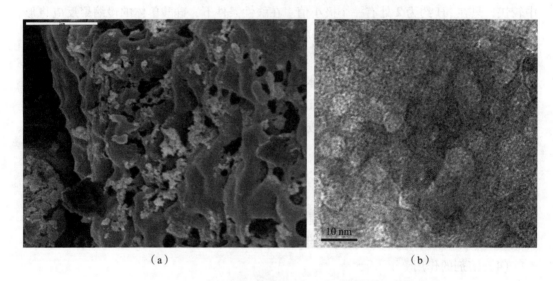

（a） （b）

图 3.33 不同放大倍数下 HMX/SiO$_2$ 复合材料的显微结构

（a）1 μm；（b）10 nm

采用德国 NETZSCH 公司 DSC204 型差示扫描量热仪对纯的 HMX 及不同配比的 HMX/SiO$_2$ 含能材料进行了热分解性能测试。测试条件为用 N$_2$ 作载气，升温速率为 10 ℃/min，以 Al$_2$O$_3$ 作为参比物。DSC 测试结果见表 3.8。

表 3.8 不同比例的 HMX/SiO$_2$ 复合材料的 DSC 测试结果

分解性能	HMX/SiO$_2$（3:7）	HMX/SiO$_2$（7:3）	HMX/SiO$_2$（4:1）	HMX
初始分解温度/℃	232.16	241.00	247.10	281.20
分解峰温/℃	248.48	244.77	249.87	284.80
分解峰热焓/(J·g^{-1})	-436.75	-355.46	-392.17	-1 408.85

由于颗粒热分解的初始分解温度和分解峰温随样品粒度的减小而降低，颗粒越小，其比表面积越大，分解越迅速。从表 3.8 可以看出，HMX/SiO$_2$ 复合材料的起始分解温度和分解峰温都较纯 HMX 的有较大提前，其中起始分解温度分别提前 49.04 ℃、40.20 ℃ 和 34.10 ℃，分解峰温分别提前 36.32 ℃、40.03 ℃ 和 34.93 ℃。观察发现，HMX/SiO$_2$ 复合材料 DSC 曲线基本没有吸热峰，然而纯 HMX 的吸热峰为 280.92 ℃，且吸热十分明显。由此可见，HMX/SiO$_2$ 复合材料 DSC 曲线吸热峰的消失和分解温度的降低可能是由于 SiO$_2$ 三维网状结构的限制，HMX 在网格内形成微小晶粒，使得 HMX 粒度降低和比表面积增加，当在外界供给热量时，纳米颗粒的温度迅速上升，晶体熔化吸热不明显；同时，由于是纳米颗粒，导致了 HMX 可以在正常熔化温度之前熔化及在正常分解温度之前分解。由表 3.8 可知，HMX/SiO$_2$ 复合材料的起始分解温度随着材料中 SiO$_2$ 含量的增加而降低，即随着 HMX 含量的减少而降低。

3.4.4　纳米铝热剂及其点火性能

溶胶 – 凝胶法是制备纳米氧化物的重要手段，而金属氧化物是制造铝热剂的主要原料，因此国外率先将溶胶 – 凝胶技术引入纳米铝热剂的制作。图 3.34 所示是劳伦斯利弗莫尔实验室的 Simpson 教授制备的纳米铝热剂。

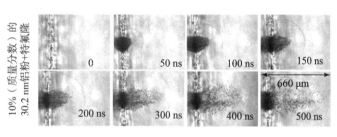

图 3.34　纳米铝热剂

铝热剂已经有 200 年的发展历史了，它作为一种含能材料，具有高质量密度、高能量密度和高安全性能等特点。广义上的铝热剂是由 Al 粉与氧化性较强的金属或非金属氧化物所组成的混合物[52-54]（如 Fe$_2$O$_3$、MnO$_2$、CuO、WO$_3$、PbO、SiO$_2$ 和聚四氟乙烯等），它们之间在受到热或者机械力的引发后能够发生剧烈的氧化还原反应并放出大量的热，其通式为

$$2x\mathrm{Al} + 3\mathrm{MO}_x \longrightarrow x\mathrm{Al}_2\mathrm{O}_3 + 3\mathrm{M} + \Delta H \tag{3.14}$$

式中　M 和 MO$_x$——分别为某种金属或非金属元素及其相对应的氧化物；

　　　ΔH——反应热。

这是一种多组分体系，其具有如下优点[55]：①能量密度高，具有足够的热效应，绝热火焰温度通常能达到 2 000 ℃ ~ 2 800 ℃；②金属氧化物中含有氧元素，不需借助空气中的氧即能够发生剧烈的燃烧反应；③组分选择范围广、配方灵活，可以通过选择不同的组分或化学配方来满足不同的应用需要；④力学和热感度低，具有足够的化学和物理安定性，并且当受到弱酸（碱）溶液的作用时仍能够保持稳定；⑤质量密度高，易成型，吸湿性弱，有利于长期储藏，对人体无害且原料丰富、价格低廉。

制造铝热剂的氧化物必须符合下列要求：①生成热效应小；②含有足够量的氧（不少于25%~30%）；③能还原成低熔点和高沸点的金属；④相对密度尽可能大。某些氧化物的性能见表3.9。

表3.9 某些氧化物的性能

氧化物	以1 mol原子氧计的生成热/kJ	氧化物中的含氧量/%	氧化物的相对密度	铝热剂的配方		每克铝热剂燃尽后的热效应/kcal[①]
				氧化物的含量/%	铝含量/%	
B_2O_3	424	69	1.8	56	44	0.73
SiO_2	436	53	2.2	63	37	0.56
Cr_2O_3	378	32	5.2	74	26	0.69
MnO_2	260	37	5.0	71	29	1.12
Fe_2O_3	277	30	5.1	75	25	0.93
Fe_3O_4	277	28	5.2	76	24	0.85
CuO	159	20	6.4	81	19	0.94
Pb_3O_4	180	9	9.1	90	10	0.47

由表3.9可见，相对原子质量小的氧化物不太适合在铝热剂中使用，因为它们的生成热太多而相对密度小；相对原子质量的金属氧化物（如Pb_3O_4），由于含氧量很少，用它来配制铝热剂，可燃剂的含量就得减小，同时燃烧时分解出的热量不足；在铝热剂中使用中等相对原子质量（如40~80）的氧化物是最合适的。在表3.10中分析铝热剂的反应性可以发现，CuO遇到Al时极易放出氧，它的反应速度极快，近似爆炸；锰铝高热剂燃烧时还原出的Mn（沸点1 900 ℃）产生剧烈的蒸发；铬铝高热剂燃烧时比较缓慢，放出的热量也较少。

---

① 1 kcal=4.18 kJ。

表 3.10 含中等相对分子量的氧化物铝热剂热效应

铝热剂成分	配比/%		Q/kJ（1 kg 铝热剂）	燃烧反应式
	氧化剂	可燃剂		
$BaO_2 + Al$	94.6	5.4	3 197	$3BaO_2 + 4Al \rightarrow 3Ba + 2Al_2O_3 + 1\ 346.6\ J$
$FeO + Al$	80.0	20.0	3 329	$3FeO + 2Al \rightarrow 3Fe + Al_2O_3 + 826.3\ J$
$Fe_3O_4 + Al$	76.9	23.1	3 493	$3Fe_3O_4 + 8Al \rightarrow 9Fe + 4Al_2O_3 + 3\ 168.4\ J$
$Fe_2O_3 + Al$	74.7	25.3	3 887	$Fe_2O_3 + 2Al \rightarrow 2Fe + 4Al_2O_3 + 824.6\ J$
$SiO_2 + Al$	62.5	37.5	2 678	$3SiO_2 + 4Al \rightarrow 3Si + 2Al_2O_3 + 769.8\ J$
$MnO + Al$	79.8	20.2	1 842	$3MnO + 2Al \rightarrow 3Mn + Al_2O_3 + 489.8\ J$
$Mn_2O_3 + Al$	74.5	25.5	3 218	$Mn_2O_3 + 2Al \rightarrow 2Mn + Al_2O_3 + 679.8\ J$
$Mn_3O_4 + Al$	76.1	23.9	2 672	$3Mn_3O_4 + 8Al \rightarrow 9Mn + 2Al_2O_3 + 2\ 403.6\ J$
$MnO_2 + Al$	70.7	29.3	4 778	$3MnO_2 + 4Al \rightarrow 3Mn + 2Al_2O_3 + 1\ 759.4\ J$
$CuO + Al$	81.6	18.4	4 115	$3CuO + 2Al \rightarrow 3Cu + Al_2O_3 + 1\ 191.8\ J$
$PbO + Al$	92.2	7.8	1 346	$3PbO + 2Al \rightarrow 3Pb + Al_2O_3 + 1\ 221.9\ J$
$Pb_3O_4 + Al$	80.5	9.5	1 912	$3Pb_3O_4 + 8Al \rightarrow 9Pb + 4Al_2O_3 + 4\ 332.2\ J$
$PbO_2 + Al$	86.9	13.1	3 043	$3PbO_2 + 4Al \rightarrow 3Pb + 2Al_2O_3 + 2\ 473.9\ J$
$Cr_2O_3 + Al$	73.3	26.7	2 489	$Cr_2O_3 + 2Al \rightarrow 2Cr + Al_2O_3 + 510.7\ J$

铝热剂在军事上的应用已有近一个世纪的历史。由于其较高的能量密度和绝热火焰温度，被广泛地应用于燃烧剂、点火药、高能炸药、固体火箭推进剂的能量添加剂等。铝热燃烧剂是利用铝热反应输出的热能对易燃目标起纵火作用的含能药剂，用于装填各种燃烧弹及燃烧器材，如燃烧手榴弹、枪弹、炮弹、火箭弹、航弹等[56]。燃烧剂主要起引燃作用，造成易燃目标的二次燃烧。铝热剂还可以作为供弹药底火组件使用的无铅激发药，这种激发药不含毒性材料，燃烧产物无毒且对环境无害。

笔者所在研究小组分别对比了三种工艺条件下制备的铝热剂，并进行了结构表征和点火性能分析。三种工艺分别是传统烟火药制作的机械共混方式、简单复合（即溶胶－凝胶制备得纳米氧化物，然后混合铝粉）及纳米复合。其详细反应步骤如下。

称取一定质量的 $Fe(NO_3)_3 \cdot 9H_2O$ 溶于 20 mL 的无水乙醇中，不断搅拌并超声 10 min，使其充分溶解，溶液为橘红色。向溶液缓慢滴加微量的 1,2－环氧丙烷并不断搅拌，溶液颜色不断变深，此时向溶液中加入一定量的经过表面活性剂处理的纳米铝粉，超声分散 30 min，使铝粉均匀分散在溶液中。然后继续向体系中滴加 1,2－环氧丙烷，直到搅拌不动，有褐色胶体形成为止。将形成的胶体用保鲜膜密封，室温下老化 2 d。将湿凝胶打碎，置于真空干燥箱中 70 ℃ 干燥 24 h 得到干凝胶。将干凝胶用研钵研细，置于马弗炉中450 ℃煅烧2 h，去除体系中未完全反应的杂质，即可得纳米铝热剂。

机械混合法采用传统火工药剂制备方法，即经过干混、湿混、过筛、造粒、烘干等环节；纳米复合铝热剂采用溶胶-凝胶法先制备出纳米氧化铁，然后与纳米铝粉进行混合得到产物。其中纳米氧化铁的制备工艺简述如下：将一定量的 $Fe(NO_3)_3 \cdot 9H_2O$ 溶于无水乙醇中，搅拌，超声10 min，使其充分溶解，向溶液缓慢滴加1，2-环氧丙烷并不断搅拌，使溶液混合完全，直至胶体形成为止，溶液颜色逐渐，由橘红色变为黑色，形成的胶体在室温下老化2 d。将凝胶打碎，并用水浸泡2 d，以去除溶剂。抽滤并冷冻干燥后得到干凝胶。将干凝胶在400 ℃煅烧2 h，即可得到纳米 Fe_2O_3，产品颜色为深红棕色。图3.35所示为氧化铁凝胶照片及电镜照片。

(a)　　　　　(b)

(c)

图 3.35　氧化铁凝胶照片及电镜照片

从图3.35中可以看出，Fe_2O_3 颗粒呈类球状，粒径在50~100 nm，有部分团聚现象。制备的纳米 Fe_2O_3 颗粒表面凹凸不平，且有较多微孔。

在简单复合工艺中，直接采用市售的纳米铝粉与合成的纳米氧化铁混合，而在纳米复合工艺路线中，因为纳米铝粉活性极高，从真空包装拿出的同时会发生表层氧化。另外，为了使纳米铝颗粒能够顺利进入胶体孔洞，需要先对纳米铝粉进行表面处理。图3.36所示为纳米铝粉的微观形貌。

(a)　　　　　　　　　　　　　(b)

图3.36　纳米铝粉的微观形貌

（a）SEM；（b）TEM

从扫描电镜图片中可以看出市售的纳米铝粉球形度较好，颗粒大小很不均匀，团聚现象严重。由此可见，未经表面处理直接添加入氧化铁溶胶体系或与纳米氧化铁复合，实际得到的产物的氧燃组分分散尺度很大程度会超出100 nm，因此不能称之为严格意义上的"纳米铝热剂"。从透射电镜图片可以清晰地观察到铝粉的壳核结构，纳米铝粉活性很高，遇空气即被氧化，在粒子边缘均匀地形成一层氧化铝薄膜（如图3.32所示的浅色的外膜），与铝核分界线较为明显。将微量的表面活性剂与纳米铝粉一起放入无水乙醇溶液中，超声振荡一段时间，即在纳米铝颗粒外表面均匀包裹一层表面活性剂，通过表面处理，可以有目的地调控铝颗粒的亲水疏水作用和荷电效应，从而诱导其在溶液体系中具有一定的结合趋势，使大多数颗粒能够进入凝胶网格空间。

图3.37所示为三种不同制备工艺所得产物的显微形貌。

(a)　　　　　　　　　　(b)　　　　　　　　　　(c)

图3.37　三种不同制备工艺所得产物的显微形貌

（a）机械混合法；（b）简单复合法；（c）纳米复合

直观对比可以看出机械混合法制备的铝热剂颗粒尺寸很大，甚至达到毫米级，而且相分布极不均匀，铝粉与氧化铁分别形成了不同的"岛屿"，氧燃组分呈随机分散；在简单复合中可以看到葡萄串式的纳米铝粉或自身团簇成一堆或与类球状纳米氧化铁交错生长在一起，两者的结合尺度在微米级，氧燃组分的分散比机械混合法有显著改善，但总体仍呈无规则状。如图 3.33（c）所示，通过纳米复合之后，氧化铁和铝纳米粒子分散得非常均匀，二者实现了在微纳米尺度的复合，氧燃组分的分散性进一步改善，这样的微观结构势必会增大反应体系的动力学活性，有利于铝热反应完全进行和能量的高效释放。

采用日本理学 Rigaku 公司生产的 Automated D/Max B 型 X 射线粉末衍射仪，Cu 靶 K_α 辐射，$\lambda = 0.154\ 18$ nm。样品测试范围在 5°～90°，步进速度为 4°/min。用于物相的定性和定量分析。实验测试结果如图 3.38 所示。

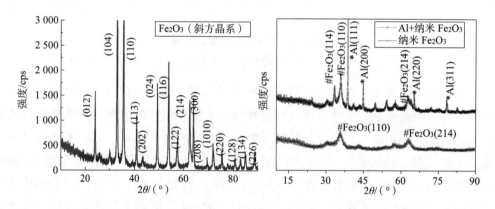

图 3.38　溶胶－凝胶法制作的纳米氧化铁及纳米铝热剂 XRD 图

图 3.38 对比了机械混合用的氧化铁与纳米氧化铁及纳米铝热剂的 XRD 谱图，从图中可以看出，溶胶－凝胶法制备的纳米氧化铁粉末呈非晶态，与机械混合用氧化铁的晶相结构完全不同。复合铝粉之后的纳米铝热剂则在原非晶态纳米氧化铁的 XRD 图基础上多了 4 个较为明显的峰，分别处于 38.47°、44.90°、65.09° 和 78.22°，根据分析可知，这 4 个峰是 Al 的特征衍射峰，分别对应 Al 的面心立方结构的（111）、（200）、（220）和（311）面。实验发现，简单复合和纳米复合后的产物 XRD 谱图无明显区别，两种方法得到的复合物纯度较高，没有氧化铁和铝粉之外的物相存在。

为了清晰地对比三种铝热剂在热激励下的反应特性，采用 DSC92 热分析仪（法国 SETARAM 公司生产）测试了三种铝热剂的放热峰温、热熔值和最大放热量。数据见表 3.11。分析表 3.11 的数据不难得出结论：随着金属铝粉与氧化铁分散或混合尺度的减小，体系的放热峰提前，总放热焓增大，最大热流量增加。铝粉的反应活性随着其粒径减小及与氧化铁复合尺度的降低而提高。总放热焓增大表明纳米铝热剂反应进行得更加完全，具有较高的热流量预示着纳米铝热剂的燃烧温度更高。

表 3.11　三种铝热剂的 DSC 数据

体系名称	第一放热峰温/℃	第二放热峰温/℃	总热熔 ΔH/(J·g^{-1})	第一放热峰对应的最大热流量/(W·g^{-1})	第二放热峰对应的最大热流量/(W·g^{-1})
机械混合	621.3	878.2	956	0.93	2.04
简单复合	608.1	865.4	1 209	1.09	2.58
纳米复合	570.4	775.3	1 600	3.37	1.62

为了进一步对比三种铝热剂遇电热刺激的响应特性,我们采用金属薄膜桥作为火工换能元件,将铝热剂压装于桥面,通过电容放电激励方式测量其发火阈值。金属薄膜桥的结构示意与桥膜形状如图 3.39 所示。

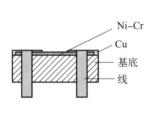
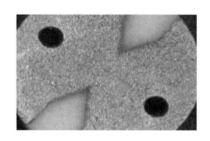

图 3.39　金属薄膜桥的结构示意与桥膜形状

金属薄膜桥在结构上主要分为三层[57]:第一层为基底层。选用 95% Al_2O_3 陶瓷为基底。Al_2O_3 陶瓷有着良好的绝缘性和较低的热膨胀系数,保证了薄膜不会蜷曲,也不易龟裂。同时,它还有较好的附着性能,使得薄膜与基底间结合牢固。其主要是作为载体起到支撑上层薄膜的作用。第二层为 Ni – Cr(80/20)合金,厚度约为 1 μm,在陶瓷基底上进行溅射镀膜。其主要作用是能量转换。在通电之后它能将电能转换为热能,进而点燃紧贴的药剂。第三层为 Cu 层。铜具有较低的电阻率和良好的导热性能,其主要作用是连接脚线、导通和散热。压装铝热剂的装置及测试电路如图 3.40 所示。

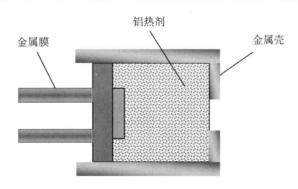

图 3.40　压装铝热剂的装置及测试电路

称取一定量的铝热剂，置于顶部带有微孔的铝质管壳内，然后将金属薄膜桥放入管壳中，采用压药机压紧，使铝热剂封装在管壳内。按照图 3.41 所示电路连接好电容放电点火测试装置，并将上述制备的装药中金属薄膜桥的引线接入电路。闭合充电开关 2，给电容充电至要求的电压，然后断开充电开关 2，闭合放电开关 4 点火，记录铝热剂的点火情况，通过高速数字存储示波器记录金属薄膜桥作用过程中的电压和电流信号。每种药剂重复测量 25 次，结果取平均值。表 3.12 所示为测试数据。

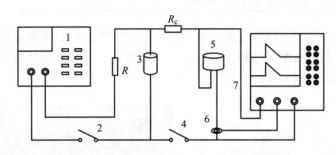

图 3.41　电容放电激励时测试电路原理图

1—稳压源；2—充电开关；3—钽电容；4—放电开关；5—金属薄膜桥；
6—示波器电流探头；7—示波器电压探头

表 3.12　不同铝热剂 D 最优化法点火测试数据

药剂种类	50% 发火电压/V	σ/V	全发火电压/V
纳米铝热剂	47.3	2.17	58.6
简单复合铝热剂	34.6	3.22	47.1
机械混合铝热剂	27.2	0.56	32.8

由表 3.12 可知，纳米铝热剂的临界发火能量高于另外两种方法制作的铝热剂。根据电火工品发火能量计算公式可推知其临界发火阈值为 1.46 mJ，高于普通点火药。据此，可以得出结论，纳米铝热剂是一种高能钝感、洁净输出的点火药。与传统的点火药相比，纳米铝热剂对冲击、电火花及摩擦实验不敏感。

国外的一些学者曾尝试用添加环氧化物的方法合成其他一些金属氧化物凝胶，所得结果见表 3.13。显然，溶胶 – 凝胶法可用于合成许多金属氧化物[58]。由表 3.10 可知，其中的一些金属氧化物可发生剧烈的铝热反应。

表 3.13　可形成凝胶的前驱体及其相应金属氧化物

前驱体	氧化物	能否凝胶	前驱体	氧化物	能否凝胶
$Fe(NO_3)_3 \cdot 9H_2O$	Fe_2O_3	能	$SnCl_4 \cdot 5H_2O$	SnO_2	能
$Cr(NO_3)_3 \cdot 9H_2O$	Cr_2O_3	能	$HfCl_4$	HfO_2	能
$Al(NO_3)_3 \cdot 9H_2O$	Al_2O_3	能	$ZrCl_4$	ZrO_2	能

续表

前驱体	氧化物	能否凝胶	前驱体	氧化物	能否凝胶
$In(NO_3)_3 \cdot 9H_2O$	In_2O_3	能	$NbCl_5$	Nb_2O_5	能
$Ga(NO_3)_3 \cdot 9H_2O$	Ga_2O_3	能	$TaCl_5$	Ta_2O_5	能
$NiCl_3 \cdot 6H_2O$	NiO	能	WCl_6	WO_3	能

溶胶-凝胶法可用于制备烟火剂和炸药混合物,其组分在纳米尺度范围上混合充分、均匀。初步的表征结果证实所得材料具有高能量。尽管还需进行许多定量研究工作,但可得出结论:含能纳米复合材料比与它们对应的传统含能材料反应更快,反应进行更充分。将其与传统含能材料进行综合性能比较为时过早,尚不成熟。尽管如此,国内外学者一致认为与传统方法相比,溶胶-凝胶法至少在成本、产品纯度、均一性、安全性和制备特殊性能的含能材料方面具有优势。

3.5 微乳液法

3.5.1 微乳液概念

众所周知,油和水不相溶是一种自然现象。当油在水中分散成许多小液滴后,体系内两液相间的界面积增大,界面自由能增高,热力学不稳定,有自发地趋于自由能降低的倾向,即小油滴互相碰撞后聚结成大液滴,直至变为两层液体。为得到稳定的体系,必须设法降低其界面自由能,不让液滴互相碰撞后聚结。1943年,Hoar[59]和Schulmant首次发现了油和水在大量阴离子表面活性剂和醇类助表面活性剂存在时能自发形成透明的均相体系,这种体系被称为微乳状液或微乳液。

在微乳液"诞生"之前,人们就已发现了普通乳状液现象。普通乳状液,简称乳状液(emulsion),是一种由分散相、分散介质和乳化剂构成的分散体系。一般将乳状液分为两类:分散介质为油相、分散相为水相的称为油包水(W/O),分散介质为水相、分散相为油相的称为水包油(O/W)。由于分散相质点较大,粒子直径一般在$0.1 \sim 10 \mu m$,对可见光的反射比较显著,因而具有不透明、乳白色的外观;乳状液易发生沉降、絮凝、聚结,最终分成油和水两相。因此,乳状液是热力学不稳定体系(但有一定的动力学稳定性),只能靠所谓的乳化剂维持相对稳定。图3.42所示为普通乳液和微乳液的外观与热力学稳定性的比较,其中A为普通乳液,B为微乳液。

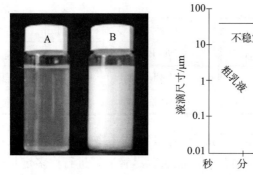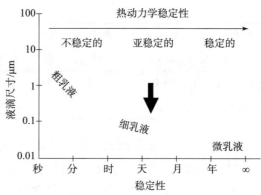

图 3.42 普通乳液和微乳液的外观与热力学稳定性的比较

乳化剂的本质是表面活性剂。图 3.43 所示表面活性剂 (surfactant) 是一类由非极性的"链尾"和极性的"头基"组成的有机化合物。非极性部分是直链或支链的碳氢链或碳氟链，它们与水的亲和力极弱，而与油（一切不溶于水的有机液体如苯、四氯化碳、原油等统称为"油"）有较强的亲和力，因此被称为憎水基或亲油基 (hydrophobic 或 lipophilic group)。极性头基为正、负离子或极性的非离子，它们通过离子-偶极或偶极-偶极作用而与水分子产生强烈的相互作用，并且水化，因此被称为亲水基 (hydrophilic group) 或头基 (head group)。这类分子具有既亲水又亲油的双亲性质，因此又称为双亲分子[60]。另一类具有类似结构的物质，如低相对分子质量的醇、酸、胺等也具有双亲性质，也是双亲物质。但由于亲水基的亲水性太弱，它们不能与水完全混溶，因而不能作为主表面活性剂使用。它们（主要是低相对分子质量醇）通常与表面活性剂混合组成表面活性剂体系，因而被称为助表面活性剂 (cosurfactant)。

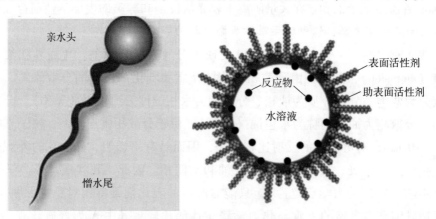

图 3.43 表面活性剂和助表面活性剂

由于双亲性质，表面活性剂趋向于富集在水/空气界面或油/水界面，从而降低水的表面张力和油/水界面张力，因而具有"表面活性"(surface activity)；在溶液中，当浓度足够大时，这类双亲分子则趋于形成聚集体，即"胶团"或"胶束"（micelle）。所谓胶团，是指当表面活性剂的浓度增大时，表面活性剂缔合形成的聚集体（也称胶束）[61]。由于溶剂可以是水也可以是油，因而胶团有两类：在水相中的胶团即通常所称的正胶团；在油相中的胶团称为反胶团或逆胶团。胶团溶液是一种热力学稳定的液/液分散体系，在胶团溶液中，根据表面活性剂自身的结构特点及表面活性剂的浓度，胶团结构可呈球形、棒状、六边形和层状或者为液晶等（图 3.44）[62]。利用胶团结构的这些变化，以胶团为微反应器有可能制备出多种形状和大小的纳米颗粒。很多生物大分子组装技术就是基于胶团的多样性原理。

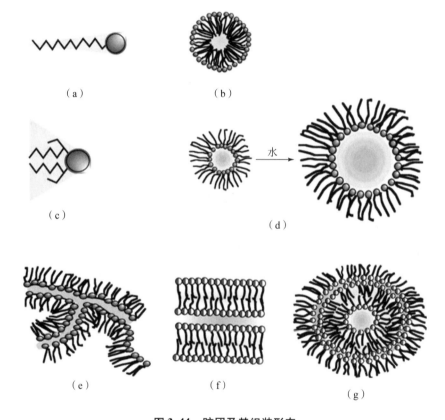

图 3.44　胶团及其组装形态

（a）单个表面活性剂分子；（b）球形胶束；（c）具有香槟塞形状的表面活性剂分子；

（d）反胶束；（e）圆柱状胶束；（f）平面层状胶束；（g）洋葱状胶束

选择合适的乳化剂与溶剂混溶，在一定浓度下形成反胶团或微乳液，此时溶质在水核内结晶生长，由于水核半径是固定的，不同水核内的晶核或粒子之间的物质交换受到阻挡，从而可以使晶体生长得到控制，这就是乳化细化的基本原理。普通乳状液的液珠大小通常在 $0.1\sim10\ \mu m$，具有不透明、乳白色的外观，所需乳化剂用量一般较小；随着乳化剂用量的增加，并在助表面活性剂的作用下，乳液可能转变为微乳液，其液滴尺寸大小为 10~100 nm，成为外观透明的热力学稳定体系。选择不同的乳化剂用量和分散手段，可以对乳液/微乳液的液滴大小进行调控，这就为微反应器的设计提供了基础。在这样的微小反应器中进行的化学反应，由于限制了晶体长大的空间，使晶体无法继续长大，表面活性剂对晶体微粒的包裹降低了表面活性能，使晶体自身的聚集减少，从而能够获得粒度分布均匀的超细颗粒，对于某些材料甚至可以制得纳米级的目标产品。微乳液法是以乳化液的分散相作为微型反应器，通过液滴内反应物的化学沉淀来制备超细粉体的方法。虽然 T. P. Hoar 和 J. H. Schulman 于 1943 年就发现了微乳液，但"微乳"（microemulsion）一词直到 1959 年才被 J. H. Schulman 等提到。

目前普遍认为，微乳液是由表面活性剂、助表面活性剂、油、水或盐水等组分在合适配比下自发形成的具有热力学稳定性、均一透明、各向同性、低黏度的分散体系。微乳液也被称为"溶胀的胶团溶液"（swollen micellar solutions）或"增溶的胶团溶液"（solubilized micellar solutions）。在油－水－表面活性剂（包括助表面活性剂）体系中，当表面活性剂浓度较低时，能形成乳状液；当浓度超过临界胶团浓度时，表面活性剂分子聚集形成胶团，体系成为胶团溶液；当浓度进一步增大时，可形成微乳液。乳状液、胶团溶液和微乳液都是分散体系。从分散相质点大小看，微乳液是处于乳状液和胶团溶液之间的一种分散体系，因此微乳液与乳状液特别是胶团溶液有着密切的联系，微乳液本质上仍是胶团溶液，而其复杂性又远远超过另外两者。从相行为角度考虑，只有均相微乳液才适合制备纳米微粒。因此需要清楚地认知微乳液的相行为，根据微乳液的相区变化寻找各组分相应的组成比。在纳米微粒形成前后，微乳液"水池"中离子浓度有所变化，只有微乳液各组分比例合适时，离子浓度的改变才不会导致微乳液结构有较大的变化。图 3.45 所示为水－油－表面活性剂体系相图。

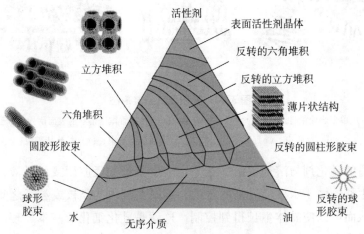

图 3.45　水－油－表面活性剂体系相图

在微乳液法中，作为分散相的液滴可以是分散在水中的油溶胀粒子（O/W 型微乳液），也可以是分散在油中的水溶胀粒子（W/O 型微乳液）或者双连续（BI）结构（如 W/O/W、O/W/O 等）[63]，如图 3.46 所示。

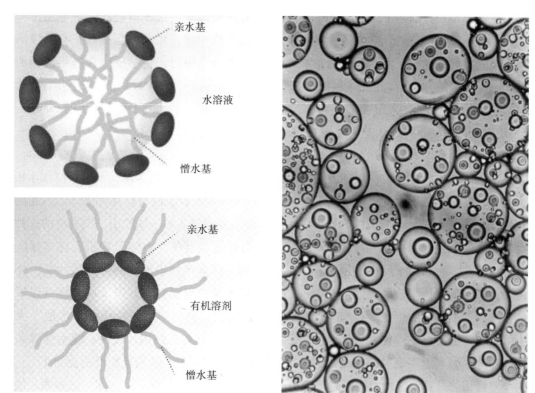

图 3.46　微乳液的结构

3.5.2　微乳液原理

如果把微乳液的分散相简化处理，考虑成很小的液滴，其分散熵的变化 ΔS 可近似地表示为

$$\Delta S = -nk\left[\ln\Phi + \frac{1-\Phi}{\Phi}\ln(1-\Phi)\right] \tag{3.15}$$

式中　n——分散相的液滴数；

　　　　k——玻耳兹曼常量；

　　　　Φ——分散相的体积分数。

缔合自由能的变化为

$$\Delta G = \gamma_{12}\Delta A - T\Delta S \tag{3.16}$$

式中　ΔA——界面面积 A 的改变量；

　　　　γ_{12}——在温度为 T 时两相（如油相和水相）之间的界面张力。

分散时，小液滴数增加，ΔS 是正值。当表面活性剂将界面张力降到足够低时，能量项 $\gamma_{12}\Delta A$ 相对较小，且是正值，吉布斯自由能变化可能出现负值，因此可自发形成微乳液；当能量项 $\gamma_{12}\Delta A$ 相对较大时，吉布斯自由能变为正值，就不能自发地形成微乳液。

微乳液是一种水溶液中分散细小有机溶液液滴的体系，这种微乳液体系可用于合成纳米粒子。将反应物分别引入到两种不混溶的溶液中时，化学反应可以在有机液滴和水溶液界面处发生，而当所有反应物溶解到有机液滴中时，化学反应在有机液滴的内部发生。以 O/W 型微乳液体系为例，微乳液液滴是靠表面活性剂形成的一层复合物薄膜或称界面层来维持其稳定的。O/W 型微乳液聚合的动力过程并不服从经典的 Smith – Euart 理论，而是一种连续的粒子成核过程。一个个独立的"水池"处在结构的中心，被表面活性剂和助表面活性剂所组成的单分子界面膜所包围而形成微乳液液滴（drop-let），其大小可控制在几纳米到几十纳米。微乳颗粒不停地做布朗运动，不同颗粒在互相碰撞时，组成"壳"界面的表面活性剂和助表面活性剂的碳氢链可以互相渗入。与此同时，"水池"（water pool）中的物质可以穿过"壳"界面进入另一颗粒中。微乳液的这种物质交换的性质使"水池"中进行化学反应成为可能。当在"水池"内进行化学反应制备超细颗粒时，由于反应被限制在"水池"内，反应产物也处于高度分散状态，外裹表面活性剂保护膜，助表面活性剂又增强了膜的弹性与韧性，使得反应产物难以聚集，从而控制晶粒的生长。反应、成核、聚集及最终得到的颗粒粒径将受"水池"大小的控制，从而可通过控制胶束和"水池"的尺寸、形态、结构、极性、疏水性等条件，在分子级别上实现对制备的微纳米目标物的大小、形态、结构及物性的控制。

对液相法而言，最大的问题是团聚，因为在液相法中存在气–液、固–液界面，使热力学上自发进行的团聚更易发生。一般来说，化学键、氢键的键合作用引起的团聚是硬团聚，而通过物理上的静电引力和范德华力聚合引起的团聚是软团聚。软团聚可用机械方法破坏，而要硬团聚破坏就比较困难。液相法制备纳米微粒整个过程的每一阶段均可导致颗粒长大及团聚体的形成，因此颗粒团聚的原因及其防止措施就成了制备中的研究重点。微乳液法制备纳米材料避免了颗粒的团聚，从而有效控制纳米粒子的尺寸。

微乳液法实验装置简单，能耗低，操作容易，具有显著优点[64]：①粒径分布较窄，粒径可以控制；②选择不同的表面活性剂修饰微颗粒表面，可获得特殊性质的纳米微粒；③可在颗粒的表面包覆一层（或几层）表面活性剂，颗粒间不易聚结，稳定性好；④颗粒表层类似于"活性膜"，该层基团可被相应的有机基团取代，从而制得特殊的纳米功能材料；⑤表面活性剂对纳米微粒表面的包覆改善了纳米材料的界面性质，显著地改善了其光学、催化及电流变等性质。

微乳技术的关键是制备微观尺寸均匀、可控、稳定的微乳液，常规的制法有两种：一种是把有机溶剂、水、乳化剂均匀混合，再向该乳化液中加醇，在某一时刻体系会突然变得透明，这样就制得微乳液，此法称为 Schulman 法；另一种是把有机溶剂、醇、乳化剂均匀混合，再向该乳化液中加入水，体系也会瞬间变得微透明，此法称为 Shah 法。具体的工艺如下：将乳化剂先溶于油相，在激烈搅拌下慢慢加水，加入的水开始以细小的液滴分散在油中，得到的是 W/O 型乳状液。再继续加水，随着水量的增多，乳状液变稠，最后转相变成 O/W 型乳状液。也可以将乳化剂直接溶于水中，在剧烈搅拌下将油相加入，可得 O/W 型乳状液。如欲制备 W/O 型乳状液，则可继续加油，直至发生变型。用这种方法制备的乳状液液滴大小不均匀，且偏大，但方法简单。若用胶体磨或匀浆器处理一次，可得到均匀而又较稳定的乳状液。

乳液的类型主要取决于表面活性剂的性质，即著名的 Bancroft 规则，表面活性剂溶解度较大的一相将成为连续相。从本质上讲，表面活性剂与油、水两种溶剂相互作用的相对强弱决定了界面吸附膜的优先弯曲。当表面活性剂溶于连续相时，其与连续相的强相互作用促使吸附膜弯曲时以凹面朝向分散相，凸面朝向连续相。此外，只有当表面活性剂溶于连续相时，才能产生 Gibbs - Marangoni 效应（即有表面活性剂存在时，液膜具有自动修复功能），使液珠具有聚结稳定性。由于表面活性剂在油、水两相中的溶解度相对大小与表面活性剂的亲水亲油平衡（Hydrophile Lipophile Balance，HLB）密切相关，因此可以说，表面活性剂的 HLB 是决定乳状液类型的主要因素。Griffin 给各表面活性剂指定了 HLB 值，高 HLB 值意味着亲水性或水溶性强，可用于制备 O/W 型乳液；而低 HLB 值表示亲油性或油溶性强，可用于制备 W/O 型乳液。表面活性剂的 HLB 值主要取决于其分子结构[65]。

对大多数多元醇脂肪酸酯，可用式（3.17）算得 HLB：

$$HLB = 20(1 - S/A) \tag{3.17}$$

式中　S——酯的皂化值；

　　　A——脂肪酸的酸值。

由于一些产品的皂化值不容易得到，所以对含聚氧乙烯和多元醇的非离子表面活性剂，Griffin 提出了式（3.18）的计算方法：

$$HLB = (E + P)/5 \tag{3.18}$$

式中　E，P——分别为分子中聚氧乙烯和多元醇的质量分数。

如果亲水基中只有聚氧乙烯而无多元醇，则式（3.18）可简化为

$$HLB = E/5 \tag{3.19}$$

依据式（3.18）或式（3.19），烃的 HLB 值为 0，聚乙二醇的 HLB 值为 20，聚氧乙烯型或多元醇型非离子表面活性剂的 HLB 值在 0~20。对离子型表面活性剂，由于亲水基团的亲水性与其基团质量间并无某种关联，因此不适合用上述或类似的公式。为此，Davies 提出了基团加和法，其思路是将表面活性剂分子分解成不同的基团，每个基团对 HLB 都有贡献，称为 HLB 基团数，亲水基的基团数为正，憎水基的基团数为负，故整个分子的 HLB 值可用式（3.20）基团数加和法计算[66]：

$$\text{HLB} = 7 + \Sigma \text{各个基团的基团数} \tag{3.20}$$

一些常见基团的基团数见表 3.14。

表 3.14　一些常见基团的基团数

基团	HLB 基团数	基团	HLB 基团数
—SO_4Na	38.7	—OH（失水山梨醇环）	0.5
—COOK	21.1	—（C_2H_4O）—	0.33
—COONa	19.1	—（C_3H_6O）—	−0.15
—SO_3Na	11	—CH—	−0.47
—N（叔胺）	9.4	—CH_2—	−0.47
酯（失水山梨醇环）	6.8	—CH_3	−0.475
酯（自由）	2.4	=CH—	−0.475
—COOH	2.1	—CF_2—	−0.870
—OH（自由）	1.9	—CF_3	−0.870
—O—	1.3		

　　根据 Griffin 的 HLB 值定义，HLB = 7 表示亲水性和亲油性达到平衡，于是 Bancroft 规则可以用半定量的 HLB 规则来描述：若乳化剂的 HLB 值大于 7，则形成 O/W 型乳液；反之，若 HLB 值小于 7，则形成 W/O 型乳液；HLB = 7，既可形成 O/W 型乳液，也可形成 W/O 型乳液。需要指出的是，HLB 值和 HLB 是两个不同的概念。HLB 值是一个具体的数值，它只取决于表面活性剂的分子结构，而不考虑温度和油/水两相的性质。而 HLB 是指表面活性剂在实际体系中的亲水亲油平衡，除了与表面活性剂的分子结构有关外，还随油的种类、温度、体系中添加剂的类型及数量而变化。对给定的体系，为了得到稳定的乳状液，可以用不同 HLB 值的乳化剂进行试验，得出最佳的 HLB 值，再用具有相同或相近 HLB 值但结构不同的乳化剂试验，最终确定出最佳乳化剂，这就是选择乳化剂的 HLB 值方法。

　　用微乳法制备纳米粒子时，需注意以下几点：

　　①选择一个适当的微乳体系。根据制备纳米粒子的化学反应所涉及的试剂，选择一个能够增溶相关试剂的微乳体系，显然，该体系对这些试剂的增溶能力越大越好，这样可期望获得较高产率。另外，构成微乳体系的组分（油相、表面活性剂和助表面活性剂）不应和试剂发生反应，也不能抑制应该发生的化学反应。为了选定微乳体系，还应在选定组分后研究体系的相图。

　　②选择适当的沉淀条件以获得分散性好、粒度均匀的纳米粒子。在选定微乳体系后，就要研究影响生成纳米粒子的因素了。这些因素包括水和表面活性剂的浓度及相对量、试剂的浓度及微乳中水核的界面膜的性质等。尤其需要指出的是，微乳中水和表面活性剂的相对比例是一个重要因素。在许多情况下，微乳的水核半径是由该比值

决定的，而水核的大小直接决定了纳米粒子的尺寸。

③选择适当的后处理条件以保证纳米粒子聚集体的均匀性。由微乳法制得的粒度均匀的纳米粒子在沉淀、洗涤、干燥后总是以某种聚集态的形式出现的。这种聚集体如果进行再分散，仍能得到纳米粒子。但如果需高温灼烧发生化学分解，得到的聚集体一般比原有的纳米粒子要大得多，而且难以再分散。因此，选择适当的后处理条件，尤其是灼烧条件以得到的粒度均匀的聚集体是非常重要的。

总之，微乳液理论和应用近几十年来发展极为迅速，已制备出超细磁性材料、超细氧化物陶瓷粉、超细超导材料等。除了纳米颗粒，微乳液法还可用于其他低维材料的制备，因此，在三次采油、化工、洗涤、纺织、制革、食品及医药等领域中都有广泛的应用。微乳液的组成、性质和结构与纳米颗粒粒径和形貌的关系一直是该领域研究的热点，其中有很多深层次的科学规律还需要进一步的发现和拓展。

3.5.3　微乳液法制备纳米氧化物

微乳液法因其具有装置简单、操作容易、粒径可控等诸多优点而引起人们的广泛兴趣，特别是其反应条件相对温和，通过控制"微反应器"的大小可以得到分布窄的纳米粒子，通过调节表面活性剂的浓度可以得到不同形状的胶团，从而可以实现对产物形貌的调整。基于这些优点，微乳液法被国内外学者尝试应用于纳米含能材料的制备研究。例如中北大学王金英基于"微元反应器"理论，通过可控沉积过程实现炸药分子在微乳液或微胶囊内结晶，以微元反应器的结构控制炸药粒子的形貌及粒径，从而制备出有壳/核结构的纳微米炸药 HNS 和 HMX[67,68]。

笔者所在的研究团队曾采用微乳液法制备了纳米氧化物，并替换了固体推进剂中常用的"铅-铜-炭"三元催化剂[69]。在固体推进剂中，常常采用两种或两种以上不同类型的燃速催化剂组合，两种催化剂的性能互补，起到"协同效应"，催化效果比使用单一催化剂的好。如果将它们制成纳米级复合催化剂，将会集各组分的优点于一身，可以产生更好的协同催化效果。而传统催化剂粒径都较大，只能简单混合，它们的催化性能不能很好地互补。

早在 1965 年，Preckel 的研究就表明[70]：添加少量炭黑（<0.5%）就可观察到平台燃速迅速增加；炭黑粒度越细，推进剂燃速就越高。Powling 等人基于硝酸酯燃烧表面上有大量碳沉积这一事实，率先提出了铅-碳催化理论，认为碳加速了 NO 的还原，而铅盐催化剂的存在活化了碳[71]。Lengell'e[72] 等人和 Denisyuk 等人的研究也表明：碳是产生催化平台和超速燃烧的关键物质，起着阻滞和富集铅的催化床、催化反应活性中心和 NO 还原剂的作用，炭黑的浓度和少量变化引起 PbO 催化作用的巨大变化。杨栋指出，炭黑与氧化铜、氧化铅以及 CO 和氧化铜、氧化铅的氧化还原反应是出现超速、平台、麦撒现象的根本原因[73]。根据这些已有的文献，本课题组提出制备碳纳米

管负载纳米金属氧化物作为新型催化剂。

微乳液法制备微纳米粒子涉及的机理一般有以下三种，其途径如图 3.47 所示。

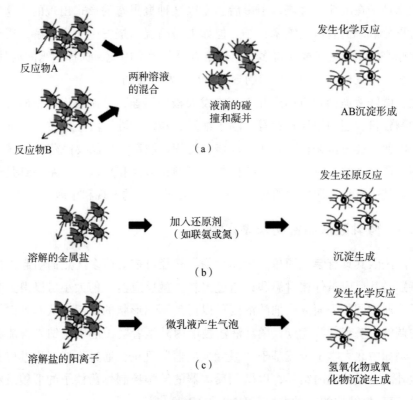

图 3.47　微乳液法制备超细粒子的途径

①反应物 A、B 分别增溶于组成相同的两份微乳液中，此时由于胶团颗粒间的碰撞，发生了水核内物质的相互交换或物质传递，引起核内的化学反应。由于水核半径是固定的，不同水核内的晶核或颗粒之间的物质交换不能实现，所以水核内微纳米颗粒的尺寸可得到控制。

②一种反应物在增溶的水核内，另一种以水溶液形式（如水合肼和硼氢化钠水溶液）与前者混合。水相内反应物穿过微乳液界面膜进入水核内与另一反应物作用产生晶核并生长，产物颗粒的最终粒径是由水核尺寸决定的。例如，铁、镍、锌纳米颗粒的制备就是利用了这种机理。

③一种反应物在增溶的水核内，另一种为气体（如 O_2、NH_3、CO_2），将气体通入液相中，充分混合使两者发生反应而制备纳米颗粒。

微乳液体系是多组分体系，至少有三个组分：水、油和表面活性剂，通常还加上助表面活性剂或采用混合油，则为 4 个或 5 个组分，体系将更为复杂。因此研究平衡共存的相数及其组分和相区边界是十分重要的，制相图并辅以分析检测手段，先得到稳定的微乳液区域，然后调节"微反应器"的大小，基于以上的第一种反应机理，得到氧化物粒子并控制其尺度。我们选用 W/O 型微乳液，常用的表面活性剂有 AOT、SDS（阴离子型）、十六烷基三甲基溴化铵（CTAB，阳离子型）及 TritonX（聚氧乙烯醚类），用作助表面活性剂的是中等碳链的脂肪醇，有机溶剂多为 $C_6 \sim C_8$ 的直链烃或环烷烃[74]。在实验中，我们选定环己烷为油相，CTAB 为表面活性剂，正戊醇为助表面活性剂，将 CTAB/正戊醇按照一定的比例混合，然后加入不同量的油相，将装有这些混合液的玻璃试管放入恒温超声波清洗器中，在一定温度下缓慢滴入蒸馏水，用浊度计测定液滴的大小和分布，观察平衡体系的相变化，体系从混浊变为透明，并记录加入的水量，根据结果绘制拟三元相图，找到最佳微乳液。改变温度或者盐的浓度，重复上述实验，绘制新的拟三元相图。在拟三元相图中，表面活性剂（S）和助表面活性剂（A）作为三角相图的一个顶点（A_s 表示），烷烃（O）和水（W）或盐浓度（S）分别是另外两个顶点。

根据式（3.20）计算得 CTAB 的 HLB 值为 15.8，正戊醇的 HLB 值为 6.5。为得到表面活性剂与助表面活性剂的最佳配比，分别以 1/2、2/3、3/4 的质量比，在 25 ℃时形成 W/O 型微乳液的拟三元相图如图 3.48 所示。

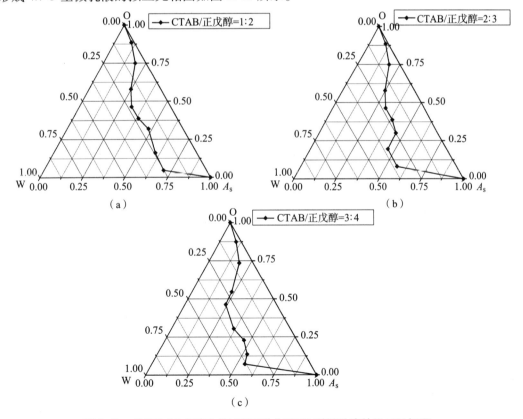

图 3.48　CTAB/正戊醇在 25 ℃时形成 W/O 型微乳液的拟三元相图

对于以环己烷为油相的 W/O 型微乳液，当 CTAB/正戊醇为 3/4，即 HLB 值为 10.49 时，所形成的 W/O 型微乳液区的面积最大。这是因为随着复合表面活性剂的 HLB 值的增大，两亲分子亲水性增加，增溶极性分子的能力增强，增溶水的量增加，微乳液区面积增加。当表面活性剂和助表面活性剂质量比为 3/4，实验温度分别为 25 ℃ 和 35 ℃ 时，所形成的拟三元相图如图 3.49 所示。

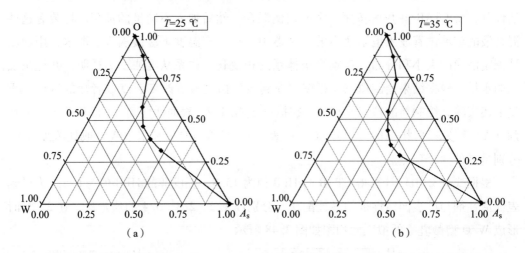

（a）　　　　　　　　　　　　（b）

图 3.49　CTAB/正戊醇/环己烷/水微乳液体系不同温度条件时所形成的拟三元相图

不同温度下的微乳液稳定性区域大小接近，即 W/O 型微乳液体系稳定区域受温度影响较小。表明体系在此温度范围内有很好的热稳定性。这与一般离子型表面活性剂受温度的影响不大一致。

采用上述优化后的实验参数，即温度为 25 ℃，表面活性剂于助表面活性剂比例为 3/4，与油相环己烷的比例为 2∶3，测得电导率随含水量变化曲线如图 3.50 所示。

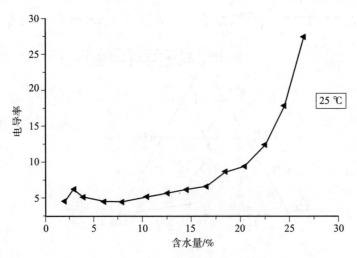

图 3.50　电导率随含水量变化曲线

根据渗滤电导模型[75]，将图3.51中的曲线分为三段，分别对应微乳状液液滴的三种微结构。在第一阶段，含水量较低，溶液的电导率较小，且随含水量的增大，溶液的电导率直线上升，直至极大值，此时形成的为W/O型微乳液，其连续相为油相，出现了渗滤现象，这是因为当W/O型微乳液液滴的浓度足够高时，液滴之间发生"黏性"碰撞，这种碰撞使内部的水相连通，形成了导电链，使体系的电导率上升。在第二阶段，随含水量的增加，电导率逐渐下降，直到出现极小值，在此过程中，微乳液结构由W/O型微乳液逐渐向液晶结构转变，体系的黏度增大，降低了微乳液液滴碰撞的概率，体系电导率就逐渐下降，直到极小值，体系成为液晶结构。在第三阶段，随含水量继续增大，电导率又逐渐上升直至水相的电导率，此过程中微乳液结构由液晶结构到W/O型微乳液和过量水相共存，体系逐渐变得混浊并分层。根据体系电导率与水相含量的关系，确定水相的配比范围与微乳液相图结果一致。

对于以环己烷为油相，表面活性剂和助表面活性剂质量比为2:3，实验温度为25 ℃，利用电导率仪测浓度为0.5 mol/L与0.8 mol/L Cu(NO$_3$)$_2$溶液和浓度为0.6 mol/L与0.9 mol/L Pb(NO$_3$)$_2$溶液在微乳液中的电导率，根据一系列的电导率绘制如图3.51所示的拟三元相图。由图可见，油相比例较大时，微乳液增溶不同盐溶液时面积较小，

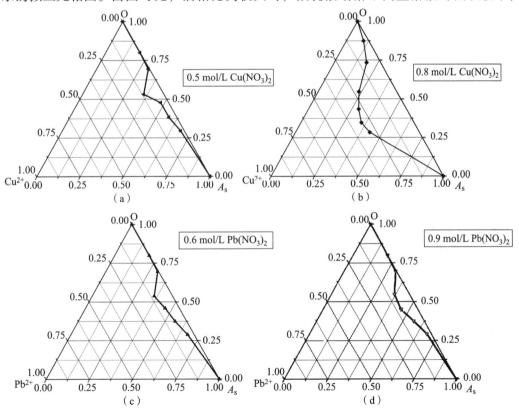

图3.51　CTAB/正戊醇/环己烷/盐浓度微乳液体系的拟三元相图

随着油相比例逐渐减小，微乳液增溶不同盐溶液的面积增大。当活性剂与油相的比例为 4∶6 时，不同盐溶液在微乳液中增溶的面积最大，而且浓度为 0.5 mol/L Cu(NO$_3$)$_2$ 溶液和浓度为 0.6 mol/L Pb(NO$_3$)$_2$ 具有的电导率高，说明浓度太大时盐溶液在微乳液中增溶能力弱。

如果取两个相同的 W/O 型微乳液，并将试剂 A 和 B 分别溶解在两个微乳液的水相中，由于水滴的碰撞和聚结，试剂 A 和 B 穿过微乳液界面膜相互接触并形成 AB 沉淀。如果化学反应速率快，总的反应速率很可能为液滴聚结速率所控制。因此，水滴互相靠近时表面活性剂局部的相互吸引作用及界面的刚性显得非常重要。一个相对刚性的界面能降低聚结速率，导致慢的沉淀速率；而一个很柔性的界面则加速沉淀速率。因此可以通过控制界面结构，使微乳中的反应动力学改变一个数量级。影响界面强度的因素主要有含水量、界面醇含量和醇的碳氢链长[76]。

在 W/O 型微乳液中，水滴不断地碰撞、聚集和破裂，使得所含溶质不断交换。碰撞过程取决于当水滴在互相靠近时表面活性剂尾部的相互吸引作用及界面的刚性。微乳液的水核尺寸是由增溶水的量决定的，随增溶水量的增加而增大。微乳液中水通常以缔合水（bound water）和自由水两种形式存在。少量水在表面活性剂极性头间以单分子状态存在，且不与极性头发生任何作用，称为束缚水（trapped water）[77]。前者使极性头排列紧密，而后者与之相反。随 W 的增大，缔合水逐渐饱和，自由水的比例增大，使界面强度变小。醇作为助表面活性剂，存在于界面表面活性剂分子之间。通常醇的碳氢链比表面活性剂的碳氢链短，因此界面醇量增加时，表面活性剂碳氢链之间的空隙就会增大。当颗粒碰撞时，界面也易互相交叉渗入，可见界面醇含量增加时，界面强度下降。一般而言，微乳液中总醇量增加时，界面醇量也增加，界面醇与表面活性剂摩尔比存在一最大值。若超过此值后再增加醇，则醇主要进入连续相。如前所述，界面中醇的碳氢链较短，使表面活性剂分子间存在空隙。醇的碳氢链越短，界面空隙越大，界面强度越小，醇的碳氢链越长，越接近表面活性剂的碳氢链长，则界面空隙越小，界面强度越大。

如前所述，我们获得了稳定的微乳液体系制备工艺，向其中分别加入氨水作为 A 溶液，加入硝酸铜或硝酸铅作为 B 溶液。将 A 和 B 混合搅拌 30 min 后加入碳纳米管，在搅拌一定的时间后形成沉淀，如图 3.52 所示，放置 24 h 后进行离心，用酒精和水的混合液洗涤 5 次，放入干燥箱内进行干燥、研磨，最后在 500 ℃ 以上的马弗炉内煅烧得到所需产品。

利用 TEM 表征纳米 CuO·PbO/CNTs 复合纳米粒子的形貌。从图 3.53 中可看出，在碳纳米管的外管壁上沉积着许多小粒子，粒子尺寸在 20～50 nm，负载效果基本均匀，但有局部地区有氧化物颗粒团聚的现象。从中间放大的单根碳管 TEM 图可以看出，氧化物粒子与碳管外壁结合得很牢固，经过灼热高温处理之后，纳米粒子沉积在

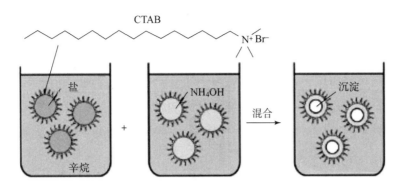

图 3.52　微乳液法制备纳米氧化物

碳管外表面。图 3.53（c）所示为选区电子衍射，可以直观地看出氧化物粒子的晶斑。

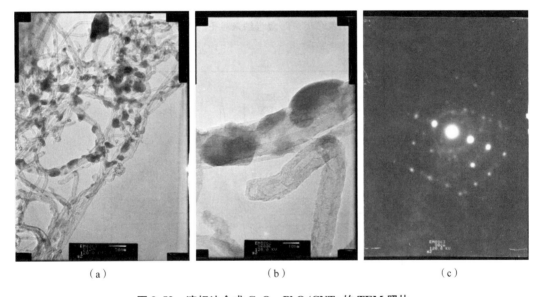

（a）　　　　　　　　　　（b）　　　　　　　　　　（c）

图 3.53　液相法合成 CuO·PbO/CNTs 的 TEM 照片

图 3.54 所示为 CuO·PbO/CNTs 复合纳米粒子的 X 射线衍射图。微乳液经抽滤 – 煅烧得到的 CuO·PbO/CNTs 的晶粒尺寸为 30～40 nm，这与 TEM 观测结果基本吻合。

在固体推进剂中常用硝胺炸药作为高能氧化剂，因此，我们采用热分析技术研究了添加纳米催化剂、工业催化剂前后黑索今的热分解。图 3.55 所示为测试结果。从图中可以看出，添加催化剂后，RDX 的分解放热峰提前，纳米催化剂催化效果更为明显。

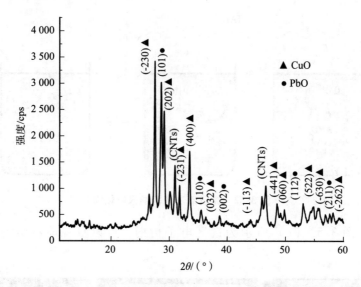

图 3.54 CuO · PbO/CNTs 复合纳米粒子的 X 射线衍射图

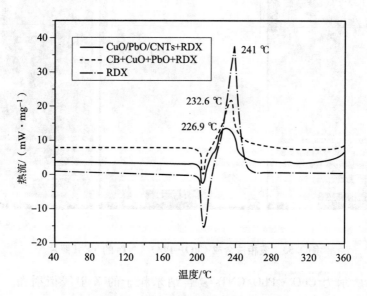

图 3.55 黑索今热分解的测试结果

在常压和空气气氛中，采用不同的升温速率 5 ℃/min、10 ℃/min、12 ℃/min、15 ℃/min、20 ℃/min 研究了纳米复合催化剂对 RDX 分解活化能的影响。表 3.15 列出了 Ozawa 方法计算获得的热分解动力学参数。数据表明：纳米复合催化剂使 RDX 的分解活化能降低了 42.03 kJ/mol，使得 RDX 的热分解反应更容易进行。

表 3.15　热分解动力学参数

样品	表观活化能 $E_a/(kJ \cdot mol^{-1})$	指前因子 A/s^{-1}
RDX	142.7	3.14×10^{13}
传统催化剂 + RDX	126.9	2.88×10^{12}
纳米催化剂 + RDX	100.67	2.62×10^{11}

实验结果表明，纳米氧化铅和纳米氧化铜对 RDX 的催化作用，均比普通氧化铅和氧化铜的催化作用明显，主要是因为纳米级催化剂的比表面积远比普通催化剂的比表面积大得多，并且由于纳米物质的表面原子活性大，容易参加化学反应，单位体积内催化剂和 RDX 接触的数量也要比普通的催化剂多，故其催化作用更为明显。

以碳纳米管为载体，在碳纳米管的表面均匀负载上纳米尺度的氧化铅和氧化铜，一方面提高了氧化铅、氧化铜的分散性，阻止其纳米颗粒的团聚；另一方面，铅、铜、碳三者均匀出现在反应体系中，三者的协同催化作用也更加明显。碳纳米管基铅铜催化剂的加入，并没有改变 RDX 的分解历程，只是加快了 RDX 的第一步分解速度，促进了 NO_2 的浓度释放，由于 NO_2 对 RDX 自催化作用相应增大，又加速了 RDX 的分解。碳纳米管取代传统的炭黑，其优点在于它具有典型的中空结构，比表面积大，表面能高，吸附能力强，成为富集铅的催化床，有效阻止铅凝聚；CNTs 使金属氧化物的比表面积大大增加，粒径达到纳米级，且有效遏制了金属氧化物颗粒的团聚，并抑制醛、NO、NO_2 等气体的逸出，使其在凝聚相充分反应，起到助催化作用；碳也是 NO、NO_2 和 PbO 等物质的高效还原剂，燃烧形成的碳骨架，加大了燃面上的温度梯度[80]。碳骨架加大了气相区向凝聚相的传热，使燃速增加，而且这种复合负载催化体系可吸附表面的某些气体，催化其进行氧化还原反应，放出大量的热，提高推进剂的燃速。同时，碳管具有优良的导热性，使其在反应体系中传入凝聚相的热量大大增加，促进了 RDX 的吸热液化和汽化过程，加速了 RDX 的分解反应。氧化铜可使铅化物的热分解温度降低，提高了铅盐的催化效率，而且铜具有吸附气体的能力，在中高压区能产生平台效应，对 CHO 自由基的生成和裂解产生影响。

参 考 文 献

［1］王泽山. 含能材料概论［M］. 哈尔滨：哈尔滨工业大学出版社，2006.

［2］Risha G A，Boyer E，Ecans B，et al. Characterization of nano-sized particles for propulsion application［C］. Materials Research Society Symposium Proceedings. Materials Research Society，2004，800：243 – 256.

［3］劳允亮，盛涤纶. 火工药剂学［M］. 北京：北京理工大学出版社，2011.

［4］刘子如. 含能材料热分析［M］. 北京：国防工业出版社，2008.

［5］Yu C H, Hui H, Jinshan L I. Progress in Preparation of Energetic Nano-composites by Sol-gel Method［J］. Initiators & Pyrotechnics，2006（2）：46－50.

［6］Kuepper L. Temperaturfeste ir-messsonde［P］. WO 200751445 A1，2007.

［7］万早雁，程秀莲. 配合物起爆药结构与性能［J］. 辽宁化工，2014，43（9）：1195－1197.

［8］蒋其英，沈娟，钟国清，等. 含能配合物的研究进展［J］. 现代化工，2006，4：24－29.

［9］黄海丰，孟子晖，周智明，等. 含能离子盐［J］. 化学进展，2009，21（1）：152－163.

［10］Singh R P, Verma R D, Meshri D T, et al. energetic nitrogen-rich salts and ionic liquids［J］. Angewandte Chemie International Edition，2006，45（22）：3584－3601.

［11］Klapötke T M, Mayer P, Sabatéc M, et al. Simple，nitrogen-rich，energetic salts of 5－nitrotetrazole［J］. Inorganic Chemistry，2008，47（13）：6014－6027.

［12］王小军，鲁志艳，尚凤琴，等. NTO 炸药研究进展［J］. 现代化工，2013，33（2）：38－42.

［13］Ye C F, Gao H X, Shreeve J M, et al. Dense energetic salts of N，N′-dinitrourea［J］. New J. Chem. ，2008，32：317－322.

［14］倪星元. 纳米材料制备技术［M］. 北京：化学工业出版社，2008.

［15］Nguyen T K Thanh, Maclean N, Mahiddine S. Mechanisms of Nucleation and Growth of Nanoparticles in Solution［J］. Chem. Rev，2014，114：7610－7630.

［16］Piero Baglioni, Rodorico Giorgi. Soft and hard nanomaterials for restoration and conservation of culturalheritage［J］. Soft Matter，2006（2）：293－303.

［17］Patnaik P, Dean J A. Dean's analytical chemistry handbook［M］. McGraw－Hill，2004.

［18］劳允亮. D·S共沉淀起爆药［J］. 爆破器材，1980（2）：33－37.

［19］蔡瑞娇，陈福梅. 火工品设计原理［M］. 北京：北京理工大学出版社，1999.

［20］崔庆忠. 硝酸钾/类木炭烟火药若干问题研究［D］. 北京：北京理工大学，2006.

［21］Atkins P W. Physical Chemistry［M］. 6th. Oxford：Oxford University Press，1998.

［22］近藤精一，石川达雄，安部郁夫. 吸附科学［M］. 北京：化学工业出版社，2006.

［23］黄剑锋. 溶胶－凝胶原理与技术［M］. 北京：化学工业出版社，2005.

［24］ Brinker C J, Scherer G W. Sol-Gel Science：The Physics and Chemistry of Sol-Gel Processing ［M］. New York：Academic Press，1990.

［25］ Hench L L, West J K. The Sol-Gel Process ［J］. Chemical Reviews, 1990, 90：33.

［26］ 沈钟，赵振国，王果庭. 胶体与表面化学 ［M］. 北京：化学工业出版社，2004.

［27］ Matijevic Egon. Monodispersed colloids：art and science ［J］. Langmuir, 1986, 2：12.

［28］ Qiuxia G U O, Fude N I E, Guangcheng Y, et al. Pore Structure of RDX/RF Nanostructured Composite Energetic Materials ［J］. Energetic Materials, 2007, 15 （5），478 – 481.

［29］ Harris E L V, Angal S. Protein Purification Methods ［M］. Oxford：Oxford University Press，1989.

［30］ 闻利群，裴丽丽，张树海，等. 超临界流体技术在含能材料中的应用 ［J］. 华北工学院学报，2005，26 （4）：270 – 273.

［31］ Gash A E, Simpson R L, Babushkin Y, et al. Energetic Materials：Particle Processing and Characterization ［M］. Weinheim, Wiley-VCH, 2005：267 – 289.

［32］ Simpson R L, Helm F H, Crawford P C, Kury J W. Particle Size Effects in the Initiation of Explosives Containing Reactive and Non-reactive Continuous Phases ［C］. 9th International Symposium on Detonation, Portland, 1981：25 – 38.

［33］ Tillotson Thomas M, Hrubesh Lawrence W. Nanostructured metal-oxide-based energetic composites and nanocomposites especially thermites prepared by sol-gel process ［P］. WO 200194276, 2001.

［34］ Tillotson T M, Hrubesh L W, Simpson R L, et al. Sol-gel processing of energetic material ［J］. Jounal of on-CrystallineSolids, 1998 （225）：358 – 363.

［35］ Randy Simpsom. Nanoscale chemistry yields better explosive ［J］. Science & Technology Review, 2000.

［36］ Gash A E. Energetic materials with Sol-Gel chemistry；synthesis, safety, and characterization ［C］. Prceeding of the 29th International Pyrotechnics Seminar, 2002：743 – 753.

［37］ Tillotson T M, Hrubesh L W. Metal-oxide-based energetic material synthesis using sol-gel chemistry ［P］. WO 200194276 A2, 2001.

［38］ Pantoya M L, Granier J J. Combustion behavior of highly energetic thermites：Nano versus micron composites ［J］. Propellants Explosives Pyrotechnics, 2005, 30 （1）：

53 – 62.

[39] Bryce C T, Thomas B B. Very sensitive energetic materials highly loaded into RF matrices by sol-gel method ［C］. The 33th International ICT Conference Karsruhe, Germany, 2002.

[40] George P, Dixon Alexandria Va, Joe A Martin, et al. Lead-free precision primer mixes based on metastable interstitial composite（MIC）technology ［P］. US patent US 5717159, 1998.

[41] 郭秋霞，聂福德，杨光成，等. 溶胶凝胶法制备RDX/RF纳米复合含能材料 ［J］. 含能材料, 2006（4）: 268 – 271.

[42] 郁卫飞，黄辉，张娟，等. 溶胶 – 凝胶法制备纳米RDX/RF薄膜技术研究 ［J］. 含能材料, 2008（4）: 391 – 394.

[43] Walter K C, Pesiri D R, Wilson D E, Manufacturing and performance of nano-metric Al/Mo$_2$O$_3$ energetic materials ［J］. Journal of Propulsion and Power, 2007, 23（4）, 645 – 650.

[44] Chen R, Luo Y, Sun J, Li G, Preparation and Properties of an AP/RDX/SiO2 Nanocomposite Energetic Material by the Sol-Gel Method ［J］. Propellants Explosives Pyrotechnics, 2012, 37（4）, 422 – 426.

[45] Zhang K, Rossi C, Rodriguez G A A, et al. Development of a nano-Al/CuO based energetic material on silicon substrate ［J］. Applied Physics Letters, 2007, 91（11）.

[46] Zhu P, Shen R, Fiadosenka N N, et al. Dielectric structure pyrotechnic initiator realized by integrating Ti/CuO-based reactive multilayer films ［J］. Journal of Applied Physics, 2011, 109（8）.

[47] 王丽莉，唐永建，蒋刚. 间苯二酚 – 甲醛气凝胶单体分子结构研究 ［J］. 原子与分子物理学报, 2004, 21（3）: 415.

[48] 侯海乾，王朝阳，唐永建，等. 粘度对间苯二酚 – 甲醛气凝胶微球制备的影响 ［J］. 功能材料, 2009, 1（40）: 166.

[49] 任慧，孟凡群，焦清介，等. 间苯二酚 – 甲醛凝胶骨架合成及孔结构调控规律 ［J］. 稀有金属材料与工程, 2012（S3）: 504 – 508.

[50] 刘央央. 奥克托今/间苯二酚 – 甲醛凝胶炸药合成与表征 ［D］. 北京: 理工大学, 2010.

[51] Zhang K, Rossi C, Alphonse P, et al. Integrating Al with NiO nano honeycomb to realize an energetic material on silicon substrate ［J］. Applied Physics a-Materials Science & Processing, 2009, 94（4）: 957 – 962.

[52] Fulton J L, Deverman G S, Yonker C R, et al. Thin Fluoropolymer Films and

Nanoparticle Coatings from the Rapid Expansion of Supercritical Carbon Dioxide Solutions with Electrostatic Collection [J]. Polymer, 2003 (44): 3627 - 3632.

[53] Shaw W L, Dlott D D, Williams R A, et al. Ignition of Nanocomposite Thermites by Electric Spark and Shock Wave [J]. Propellants Explosives Pyrotechnics, 2014, 39 (3): 444 - 453.

[54] Xue Y, Ren X, Xie R, et al. Ignition Performance of Nano Al-MoO₃ [J]. Energetic Materials, 2010, 18 (6): 674 - 676.

[55] Sanders V E, Asay B W, Foley T J, et al. Reaction propagation of four nanoscale energetic composites (Al/MoO₃, Al/WO₃, Al/CuO and Bi₂O₃) [J]. Journal of Propulsion and Power, 2007, 23 (4): 707 - 714.

[56] Kavetsky R, Anand D K, Goldwasser J, et al. Energetic Systems and Nano-technology—a Look Ahead [J]. International Journal of Energetic Materials and Chemical Propulsion, 2007 (6): 39 - 48.

[57] 王广海. 薄膜发火传火器件制备方法及性能研究 [D]. 北京: 北京理工大学, 2010.

[58] 徐如人, 庞文琴, 霍启升. 无机合成与制备化学 [M]. 北京: 高等教育出版社, 2009.

[59] Hoar T P. Nature, Transparent Water in Oil Dispersions [J]. The Oleopathic Hydromicelles, 1943 (152): 102 - 103.

[60] Lyklema J. Fundamentals of Interface and Colloid Science: Volume IV Particulate Colloids [M]. Amsterdam: Elsevier Academic Press, 2005.

[61] 江明, 艾森伯格, 刘国军, 等. 大分子自组装 [M]. 北京: 科学出版社, 2006.

[62] Hoar T P, et al. Transparent water-in-oil dispersions: oleopathic hydromicell [J]. Nature, 1943, (152): 102 - 103.

[63] 王军. 微乳液的制备及其应用 [M]. 北京: 中国纺织工业出版社, 2011.

[64] 张洪涛, 黄锦霞. 乳液聚合新技术及应用 [M]. 北京: 化学工业出版社, 2009.

[65] Rosen M J. Surfactants and Interfacial Phenomena [M]. 3ed. Hoboken, New Jersey: John Wiley & Sons, Inc, 2004.

[66] 周家华, 崔英德, 吴雅红. 表面活性剂 HLB 值的分析测定与计算 Ⅱ、HLB 值的计算 [J]. 精细石油化工, 2001 (4): 38 - 41.

[67] 吕春玲, 张景林, 黄浩. 微米级球形 HNS 的制备及形貌控制 [J]. 火炸药学报, 2008, 31 (6): 35 - 38.

[68] 王金英. 微乳液模板法制备纳米 HMX 研究 [D]. 北京：北京理工大学，2007.

[69] Ren Hui, Liu Yangyang, Jiao Qingjie, et al. Preparation of nanocomposite PbO·CuO/CNTs via microemulsion process and its catalysis on thermal decomposition of RDX [J]. Journal of Physics and Chemistry of Solids, 2010, 71 (2): 149 – 152.

[70] Preckel R F. Plateau ballistics in nitrocellulode propellants [J]. AIAA J, 1965, 3 (2): 346 – 347.

[71] Hewkin D J, Hicks J A, Powling J, et al. Thecombustion of nitricester-based propellants: ballistic modification by lead compounds [J]. Combustion Science and Technology, 1971 (2): 307 – 327.

[72] Lengell'e G, Bizot A, Duterque J, et al. Steady-state burning of homogeneous propellants [C]. In: kuo K K, Summerfild M ed. Fundamental of solid propellant combustion, Summerfild M. Vol. 90 progress in astronautics and aeronautics, AIAA, Washington D C, 1984.

[73] 杨栋，李上文，宋洪昌，等. 平台双基推进剂铅铜炭催化燃速模型 [J]. 火炸药学报，1994, 17 (4): 26 – 32.

[74] Maqsood Ahmad Malik, Mohammad Younus Wani, Mohd Ali Hashim, et al. Microemulsion method: A novel route to synthesize organic and inorganic nanomaterials: 1st Nano Update [J]. Arabian Journal of Chemistry, 2011, 5 (4): 397 – 417.

[75] Hammersley J M, Monte Carlo estimate of percolation probalities for various latties [J]. Proc Cambridge Phil Soc, 1957, 53: 642.

[76] Paul S, Bisal S, Moulik S P. Physicochemical studies on microemulsion: test of the theories of percolation [J]. J. Phys. Chem. , 1992 (6): 896 – 901.

[77] 郭荣，王秀文，李干佐. 微乳液的微观结构与稳定理论 [J]. 日用化学工业，1989 (6): 44 – 49.

[78] 李上文. 炭黑对硝胺推进剂燃烧性能的影响 [J]. 兵工学报，1986 (4): 1 – 5.

第4章 微纳米可燃剂

可燃物就是可以燃烧的物质。凡是能与空气中的氧或其他氧化剂起燃烧化学反应的物质都称为可燃物。可燃物按其物理状态分为气体可燃物、液体可燃物和固体可燃物三种类别。可燃烧物质大多是含碳和氢的化合物，某些金属如镁、铝、锆等在某些条件下也可以燃烧。根据化学结构不同，可燃物可分为无机可燃物和有机可燃物两大类。无机可燃物中的无机单质有钾、钠、钙、镁、磷、硫、硅、氢等；无机化合物有一氧化碳、氨、硫化氢、磷化氢、二硫化碳、联氨、氢氰酸等。有机可燃物可分为低分子的和高分子的，又可分成天然的与合成的。有机可燃物有天然气、液化石油气、汽油、煤油、柴油、原油、酒精、豆油、煤、木材、棉、麻、纸及三大合成材料（合成塑料、合成橡胶、合成纤维）等[1]。

有人提出粗略的判据来鉴别可燃物：可燃物应能与氧化合，其燃烧热一般大于418.68 kJ/mol、导热系数一般小于 $4.186\ 8 \times 10^{-3}$ J/(cm·s·℃)。由实验得知，绝大部分有机物和少部分无机物都是可燃物。根据可燃物的物态和火灾危险特性的不同，参照危险货物的分类方法，可燃物被分成六大类，即爆炸性物质，自燃性物质，遇水燃烧物质，可燃气体，易燃与可燃液体，易燃、可燃和难燃固体等六大类。实际应用的含能材料大多数既含有氧化性基团，又含有可燃性基团。两类基团存在于同一化合物的物质也称为爆炸性化合物。大部分爆炸化合物既是氧化剂又是可燃物。本章讲述的可燃剂主要是指含能材料配方中常用到的单质金属及部分非金属粉末。图4.1为元素周期表，表中部分元素被用于含能材料的可燃剂。铝常用于混合炸药配方，用于推进剂制造的主要是铝和硼，用于点火药或者延期药的有镁、硼、硅、镍、钾、锆、铜、锰、钼、铅、钨等，最广泛应用的是烟火药，除了点火药中提到的元素之外，还有锶、钡、钠、锌及部分稀有金属[2]。

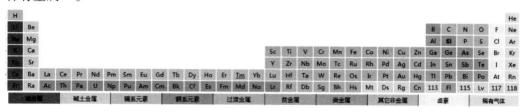

图4.1 元素周期表

4.1 纳米可燃剂的种类

4.1.1 金属粉末

高反应活性、高热值的金属粉末一直以来是复合型含能材料设计与制造的重要组成成分。例如镁粉（magnesium）、铝粉（aluminium）和锆粉（zirconium）等广泛应用于火工药剂、推进剂和高能炸药[3]。金属粉末种类的选择、添加比例的确定及混合方式、尺寸形貌的改变等都会对含能体系的释能效应产生深刻的影响，而能量释放规律的调控对于含能材料设计与制造具有重要意义。

在含能材料体系中添加金属粉是提高含能材料体系能量性能的主要途径之一。由于金属粉燃烧时放出大量的热，而它们本身又都有较高的密度，将其加入推进剂中可提高推进剂的燃烧温度，从而提高推进剂的能量、燃烧速率、比冲及推进剂的密度等。同时，燃烧生成的一些固体金属氧化物颗粒，还能起抑制振荡燃烧的作用，从而可有效改善固体推进剂的燃烧稳定性。同时，在炸药中加入高活性的金属铝粉可明显提高炸药的爆速、改善爆轰性能、提高做功能力等[4]。烟火药中掺入纳米金属粉体，可提高烟火药燃烧的稳定性和持久性。常用于含能材料配方的单质金属物化参数对照表详见表4.1。图4.2所示为常见的三种金属晶体的晶格结构。

表 4.1 常用于含能材料配方的单质金属物化参数对照表

参数	项目名称		
	铝	镁	锆
化学符号	Al	Mg	Zr
原子序数	13	12	40
摩尔质量/$(g \cdot mol^{-1})$	27	24	91
相对密度/$(g \cdot cm^{-3})$	2.7	1.74	6.49
熔点/K	933	921	2 123
沸点/K	2 740	1 380	4 650
比热/$(J \cdot kg^{-1} \cdot K^{-1})$	938	1 000	280
熔化热/$(kJ \cdot mol^{-1})$	10.71	8.48	16.9
热传导系数/$(W \cdot m^{-1} \cdot K^{-1})$	210	156	22.7
范德华半径/nm	0.143	0.173	0.145

续表

参数	项目名称		
	铝	镁	锆
离子半径/nm	0.05	0.66	0.72
在空气中被加热可能发生的氧化反应	$4Al + 3O_2 = 2Al_2O_3$ $2Al + N_2 = 2AlN$ $2Al + 3CO_2 = Al_2O_3 + 3CO$ $2Al + 6H_2O = 2Al(OH)_3 + 3H_2$	$2Mg + O_2 = 2MgO$ $3Mg + N_2 = Mg_3N_2$ $Mg + 2H_2O = Mg(OH)_2 + H_2$ $2Mg + CO_2 = 2MgO + C$	$Zr + O_2 = ZrO_2$

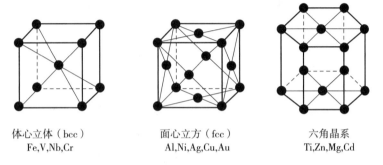

体心立体（bcc）　　　　面心立方（fcc）　　　　六角晶系
Fe,V,Nb,Cr　　　　　Al,Ni,Ag,Cu,Au　　　　Ti,Zn,Mg,Cd

图 4.2　常见的三种金属晶体的晶格结构

在众多的金属元素中，只有部分元素能用于含能药剂的制造。例如碱金属虽然物性活泼，有的在常温下即可发生燃烧甚至爆炸，但是无法满足含能材料的安定性设计要求，因此，需要在安全和高能量释放之间寻找一个平衡点。铝粉和镁粉既有活泼的化学性质，在常温常压下又很稳定，因此被广泛应用于推进剂、炸药和各类火工药剂制造中。

铝粉与氧化剂共燃时可产生巨大的能量，所以铝粉被广泛用于固体火箭推进剂制造中。铝粉的密度为 2.7 g/cm³，对提高密度比冲特别有效，这可使火箭更小、更轻。在很多情况下，人们对提高含铝推进剂的燃速及燃烧效率很有兴趣，而最有效的方式就是增加铝粉的表面积，即降低铝粉的粒径。如图 4.3 所示，超细铝粉的颗粒基本呈球形，且很致密，直径在 100 nm 以内。BET 表面积测试结果显示其比表面积为 $10 \sim 20$ m²/g。

Mench 等人研究了 Al – HTPB – AP 混合物的燃速[5]。研究发现，与微米铝粉相比，添加 Alex® 的混合物，其燃速提高了约 100%。Simonenko 和 Zarko 研究发现，以 Alex® 替代商业级铝粉可缩短燃烧延迟且在压强为 $10 \sim 90$ atm① 下可提高燃速 $2 \sim 5$ 倍，燃速随压强呈指数函数下降[6]。此外，含 Alex® 的混合物燃烧更为平稳。

----

① 　1 atm = 10^5 Pa。

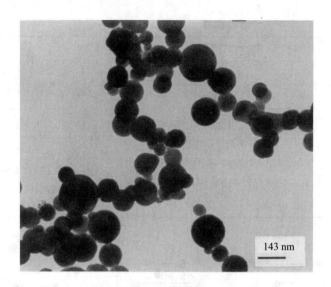

143 nm

图 4.3 纳米铝粉 TEM 照片

由于铝粉可释放数倍于有机高能炸药的能量，因此人们常将铝粉添加到有机（CHON）炸药中以提高它们的爆炸威力。20 世纪 80 年代初期，Reshetov 等人[7]研究发现，加入 Alex® 可提高黑索今的爆速。虽然添加少量 Alex® 对爆速几乎没有影响，但若添加量达 50% 以上，爆速则可从约 5 400 m/s 增至 7 000 m/s。以 Alex® 替代普通铝粉后，许多含铝炸药的爆速增加了 200~300 m/s，爆炸威力增幅可达 27%。

Baschung 等人[8]研究了高压（280 MPa）下 Alex® 发射药的燃烧行为。与传统的高热量双基推进剂相比，Alex® 发射药的燃速几乎提高了 1 倍。同时，Vieille 燃烧规律中的压力指数从双基推进剂的大于 0.8 降至 0.66。他们建议，可将 Alex® 用作辅助增速剂，也可作为点火源用于高压火箭推进领域。

另外，纳米材料也可以明显改变延期药的延迟时间，美国德州大学分别测试了含纳米与微米铝的高能铝热剂的燃烧性能，首次对纳米与微米铝热剂的点火与火焰引燃做了对比研究，试验配方由 Al 和 MoO_3 组成[9]。试验结果证实，铝热剂中的铝粒子粒径对点火延迟时间有一定影响作用，与微米铝相比，铝热剂混合物中加入纳米铝时，点火延迟时间会缩短两个数量级。在含能材料配方中加入金属可以提高能量密度，但金属的反应速度往往因反应速率慢和点火温度高而受到限制。美国伊利诺斯大学向金属基复合材料中加入高能量金属氧化物推出了富燃料铝/氧化钼纳米复合物，成为解决上述问题的一条有效途径。从中可以反映出，纳米可燃剂的开发与应用正成为美国发展高性能含能材料的一条重要途径。

4.1.2 非金属可燃剂

碳、硅和硼是含能药剂中常见的非金属可燃剂。周期表中碳和硅是第ⅣA 族非金属元素，硼是 ⅢA 族非金属元素。碳、硅、硼在地壳中的丰度分别为 0.023%、29.50% 和 0.001 2%。碳的含量虽然不多，但在自然界中分布很广。碳、硅、硼的基本性质见表 4.2[10]。

表 4.2　碳、硅、硼的基本性质

基本性质	碳（C）	硅（Si）	硼（B）
价电子构型	$2s^2 2p^2$	$3s^2 2p^2$	$2s^2 2p^2$
主要氧化数	+4、+2、0	+4、0	+3、0
共价半径/pm	77	117	88
离子半径/pm $\begin{cases} M^{4+} \\ M^{3+} \end{cases}$	16 —	40 —	— 27
第一电离能/(kJ·mol^{-1})	1 086	786	801
第一电子亲和能/(kJ·mol^{-1})	121.9	133.6	26.7
电负性（Pauling 标度）	2.55	1.90	2.04

国外科研工作者采用纳米铝、镁、硼、硅等燃烧剂来增强复合固体推进剂的性能。加拿大研究人员在 GAP/AN 推进剂中加入 1%～5% 的纳米硅，可显著提高推进剂在高压（14 MPa）下的燃速。纳米硅粉（或纳米硅粒）作为还原剂可以加速烟火药的反应性，曾有研究人员开展过微米硅粒与几种氧化剂 [SnO_2，Fe_2O_3，KNO_3，Sb_2O_3，Pb_3O_4，$PbCrO_4$，$Cu(SbO_2)_2$] 配制而成的点火药的研究，但有关纳米硅粒的氧化作用还未见报道。为此，美、英等国近年来对含纳米硅的点火药剂进行了系统研究。瑞士和英国研究人员于 2006—2007 年成功开发了大规模制备纳米硅晶的工艺技术并进行了性能评估，同时还证实了工艺参数对纳米硅晶氧化层厚度的影响[11]。在最近的工作中，他们重点研究了纳米硅晶与 Ⅱ、Ⅳ 价铅氧化物的反应性，并与含微米硅粒的配方做了比较。目前纳米硅与其他氧化剂的反应性研究尚在进行之中。

单质硼为黑色或深棕色粉末，在空气中氧化时由于三氧化二硼膜的形成而阻碍内部硼继续氧化。硼在点火药和固体推进剂配方研制中占有很重要的地位[12]。硼系点火药是常见的高能点火药，它具有较大的爆热和燃烧残渣量，但由于产气量较小，难以形成足够大的点火压力。国内研究者用实验方法对比研究了硼的粒度及硼的质量混合比对点火药燃速的影响规律[13]。证明在大气压力下燃速与压力无关，而与硼的混合比有关。在硼颗粒由大（5 μm）变小（50 nm）时，燃速上升，他们推断硼/硝酸钾点火药的燃速主要受燃烧表面放热过程控制。这种放热是由熔融的硝酸钾与固体硼在凝缩层产生反应而生成的，因为与气相反应无关，所以显示出燃速对压力不敏感的特性。熔融的硝酸钾与固体硼在硼的表面反应，缩小硼的粒度时，每单位质量硼的表面积增大，在凝缩层的放热量增加，从而燃速增大。

硼是继铝之后最具应用潜力的可燃剂，阻碍硼在固体推进剂中广泛应用的主要缺点是硼颗粒表面的氧化层，使硼点火困难，燃烧效率低下，硼的潜在能量难以有效发挥出来[14]。在纯氧中硼的点火研究表明，非晶体的硼在 0.86 MPa 时，点火温度限为 1 425 K，点火延迟时间随温度增加，从 40 μs 减少到 15 μs。Foelsche 等人进一步研究了在固定燃烧室内，在高温高压（3 ~ 15.2 MPa）条件下，不同压力、温度、氧气浓度对直径约为 24 μm 晶体硼的点火延迟时间和燃烧行为的影响。在燃烧室里采用氮气/氢气/氧气燃烧产物来建立高温高压的环境条件。通过改变燃烧室里气体混合物的起始压力和各组分的组成调节每次实验的燃烧室压力，燃烧室内的温度利用绝热方程计算得到。研究结果表明[15]，随着压力的增大，硼颗粒的点火延迟时间和燃烧时间均缩短。当硼粒度在 10 ~ 15 μm 时，其点火延迟时间减少到 0.5 ms，可用作高能炸药的组分。实验过程还观察到，硼粒子在高温高压下的点火过程是单阶段过程，而不是以前在低压条件下所观察到的两阶段过程。一些研究表明[16]，水蒸气的存在在一定条件下能促进硼的点火和燃烧。添加硼粉使得推进剂有较低的燃速压力指数（$n < 0.4$）。发动机实验表明，与 HTPB 含铝推进剂相比，含硼推进剂的发动机燃烧室内残渣少，喷管的扩散段凝聚相产物少，且喷管收敛段和喉结构保持完好，无凝聚相产物沉积。目前美国已经成功研制了适用于整体级发动机的含硼推进剂配方 GAP/NG/B[17]，含硼推进剂已成为洁净推进剂技术的首选方案。

4.1.3　多孔金属

多孔泡沫金属是一种金属基体中含有一定数量、一定尺寸孔径、一定孔隙率的金属材料[18]。概括起来，主要有如下分类方式：①按孔径和孔隙率的大小分为两类，即多孔金属和泡沫金属。孔径小于 0.3 mm，孔隙率在 45% ~ 90% 的，称为多孔金属（porous metal）；而孔径在 0.5 ~ 6 mm，孔隙率大于 90% 的，称为泡沫金属（foam metal）；②按孔的形状特征进行分类，具有通孔结构的称为多孔金属，具有闭孔结构的称为胞状金属（cellular metal）。但用得最多的是多孔金属和泡沫金属，且多数学者都将两者视为等同的概念。目前更为合适的名称为多孔泡沫金属（porous foam metal）。

多孔金属最早由美国人提出，因具有潜在的应用价值，欧、美、日等国也相继对其进行探讨研究。截至目前，美国已取得了几十个有关泡沫金属制造方法的专利[19]。日本的上野英俊、秋山茂等人已经使用发泡法制造了大面积的轻质板材；日本还用泡沫铝和镍制成镍铝复合材料，其中镍铝金属化合物形成增强相，可以提高基体的抗磨性。

国内对泡沫金属的研究大约始于 20 世纪 80 年代后期。经过 20 多年的探索和研究，东南大学、昆明理工大学、合肥工业大学、东北大学、山东工程学院、哈尔滨工业大学、中国科学院固体物理研究所、太原科技大学等研究机构都先后做过许多研究[20-22]，基本掌握了泡沫金属的生产方法。其中东南大学对泡沫金属的制备及性能研究非常活跃，他们在完善渗流法制备工艺及对泡沫铝结构与性能的认识等方面做出了创造性的工作。贵州工学院采用直接发泡法，用廉价的发泡剂成功地制取了较大规格的泡沫铝型材，经中国科学院声学研究所等单位测试，吸声、屏蔽、减震抗冲击效果、密度等性能指标，均达到国外同类产品指标。河北工业大学采用添加造孔剂的方法，成功地制备出高熔点泡沫铁，取得了可喜的成果。目前泡沫金属研究已经涉及的金属包括 Al、Ni、Cu、Mg 等，其中研究最多的是泡沫铝及其合金。

泡沫金属的制备方法主要有熔体发泡法、渗流铸造法、粉末冶金发泡法、熔模铸造法、烧结溶解法、电化学法等，在实际生产中应用较广泛[23]。其中熔体发泡法、粉末冶金发泡法等主要是制造闭孔泡沫金属，渗流铸造法、熔模铸造法、烧结溶解法等主要是制造开孔泡沫金属。由于只有开孔泡沫金属才能用于含能药剂的装填，因此我们在此以开孔泡沫铝为例，简单讲述多孔金属的制备工艺。

渗流铸造法是将铝液浇入装有粒状填料的铸型中，在一定压力下使铝液渗入填料颗粒中，然后将凝固冷却的铸型加工成要求的形状和尺寸，最后，清理出填料颗粒，获得开孔泡沫铝[24]。填料颗粒应具有如下特性：在预热和浇注过程中不软化变形，不熔化，在造型和渗流过程中不破碎粉化；粒子易溶解或可用其他方法去除；颗粒不与铝液发生化学反应，常用填料为 NaCl。该工艺的关键是合理选择和搭配粒子的预热温度、铝液浇注温度和充型压力这三个工艺参数，其中对粒子预热温度的控制尤其重要。金属液的浇注温度对充型长度有较大影响，粒子小则温度适当提高，过高的温度会导致组织不均匀甚至泄漏。该方法的优点是：所得泡沫铝孔结构均匀，孔径可控；原料成本低，对环境无害；可以制备复杂形状的构件。该方法的缺点是：过程复杂，劳动强度较高。

渗流铸造法又分为上压渗流铸造法和负压渗流铸造法，这两种方法各有优缺点。这种泡沫铝制备工艺孔径参数可控，通孔率高、比表面积大、成本低，适合大规模工业生产。真空渗流法工艺装置如图 4.4 所示。

熔模铸造法采用流态耐火材料填充海绵泡沫塑料的孔洞，待耐火材料硬化后，经加热使塑料汽化而获得具有海绵状结构的铸型，将液态金属浇入此铸型中，冷却后去除耐火材料，

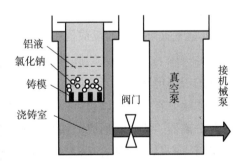

图 4.4　真空渗流法工艺装置

就获得了具有海绵组织的泡沫金属材料[25]。泡沫海绵要求通风性好、孔径大、不易变形。对填充海绵的耐火材料有如下要求：在常温下能溶于水并有良好的流动性；

具有较高的耐火度并能承受住所浇注金属液的高温；具有一定的高温强度；经高温烘烤后仍能用水冲刷清除，或用其他方法清除，常用的耐火材料是石膏。其优点是对母体材料具有继承性；孔隙三维贯通、结构均匀。缺点是工艺复杂、成本较高。

烧结溶解法[26]是将铝粉与盐粉按预定体积比均匀混合，盐粉的粒径范围为100～3 000 μm，铝粉的粒径一般应小于盐粉粒径，一般在200 μm以下。将混好的粉末压制成压坯，在压制过程中，盐粉基本保持原貌，铝粉发生塑性变形，填充盐粒之间的大部分空隙，形成连续的网状基体，所施加的压力应不小于200 MPa。最后将压坯在一定温度下进行烧结，使网状铝基体结合成坚固的一体，随后冷却。然后将烧结后的坯样置于热水中，将压坯内盐粒溶解掉即可得到结构均匀的开孔泡沫铝件。该方法的优点是：可以方便控制孔洞尺寸和形状及孔隙率；孔洞的均匀性很高；生产设备简单，具有较好的质量价格综合指数。缺点是：只能生产孔隙率为50%～85%的中密度泡沫铝；工艺周期较长；成品内残留的NaCl会造成基体局部腐蚀。在后续的含能药剂装填实验中用到的多孔金属就是采用渗流铸造法制备而得的。

4.2　微纳米可燃剂制备方法

从国内和国外的研究工作来看，微纳米可燃剂的制备研究论文较少，所用的方法主要为物理法[27]，包括电爆丝法、磁控溅射法、机械粉碎法、真空蒸镀法、气体冷凝法和氮气雾化法等，下面简要予以介绍。

4.2.1　电爆丝法

此工艺适用于制备任何可用作导线金属的纳米粉体。将一卷金属丝装入有2～3 atm氩气循环流通的反应器中，金属丝经过电绝缘隔板喂料，当金属丝接触到冲击板时电路关闭，产生巨大的脉冲流经金属丝，爆炸形成等离子体，等离子体包含于脉冲形成的极高电场内。当金属的蒸气压超过场力时，电流受到干扰，促使等离子体爆炸成金属簇并在氩气中以超声速发射。凝聚态金属被氩气流（由内部吹风机产生）带到重量分离器，收集新形成的团聚颗粒。在转速与金属密度的比例合适时，每小时可产生数百克产品。这种方法制得的所有金属成品可燃，而且其中一部分，如铝、铁、钛和锌，则会产生火花或类火花，可在烃或者氩气中将这些粉体沉降收集。由于蒸发时金属液滴的飞溅，使得电爆炸丝法制备的金属粉粒径分布范围较宽。其流程为：整个系统抽真空→充入惰性气体→启动设备电源→送入铝丝→放高压电→爆炸金属丝→启动特种风机→冷却→收集纳米金属粉→氧化→包装。

电爆丝法设备实物图如图 4.5 所示。该设备是由爆炸腔、过滤器、收集器等几部分组成的。制备纳米铝粉时，所采用的原料铝丝直径为 0.35 mm，纯度大于 99.99%。每分钟爆 120 次。充入的惰性气体为纯度 99.99% 的氩气，压力是标准大气压。其工艺装置示意图如图 4.5 所示，铝烟雾在特种风机风力带动下通过冷却器、伸缩节、蜗旋室到达收集仓，并在此过程中冷却，最终得到纳米铝粉。

图 4.5 电爆丝法设备实物图

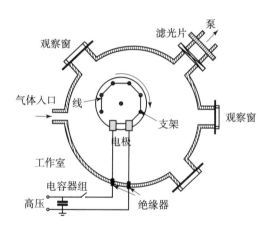

图 4.6 电爆丝法工艺装置示意图

铝粉的氧化是在氧化装置中进行的，装置由投料仓、氧化仓、旋转刮板、隔板、过滤网等组成，能够对铝粉进行搅拌、分散，并使粉体沿隔板的微孔依次向下沉降，并与含有 0.5% 氧气的氩气接触，进行 2 h 的氧化过程，从而形成均匀的氧化层。

4.2.2　磁控溅射法

溅射指用带有几十电子伏以上动能的粒子或粒子束照射固体表面，靠近固体表面的原子会获得入射粒子所带能量的一部分进而向真空中放出，这种现象称为溅射[28]。磁控溅射（Magnetron Sputtering，MS）是指电子在电场的作用下，加速飞向基片的过程中与氩原子发生碰撞，电离出大量的氩离子和电子，电子飞向基片，氩离子在电场的作用下加速轰击靶材，溅射出大量的靶材原子，从而使靶上的原子蒸发出来，经过惰性气体冷却后，凝结成纳米微粒。磁控溅射装置图如图4.7所示。

图4.7　磁控溅射装置图

在真空室（$10^{-7} \sim 10^{-3}$ Pa）内充入一定压力的工作气体，提高阴、阳两极之间的电压使气体辉光放电，放电产生的正离子在电场作用下以一定动能轰击阴极靶而将靶材料原子溅射出来，溅射出的原子被吸附在衬底表面并最终生长成连续的薄膜。这种磁场设置的特点是在靶材的部分表面上方使磁场与电场相垂直，从而进一步将电子的轨迹限制到靶材附近，提高电子碰撞和电离的效率，而不让它去轰击作为阳极的基片。实际上，我们将永久磁铁放置在靶的后方，从而造成磁力线先穿出靶面，然后变成与电场方向垂直，最终返回靶面的分布。在溅射过程中，由阴极发射出来的电子在电场的作用下具有向阳极运动的趋势。但是，在垂直磁场的作用下，它的运动轨迹弯曲而重新返回靶面，就如同在电子束蒸发装置中电子束被磁场折向盛有被蒸发物质的坩埚一样。磁控溅射系统组成图如图4.8所示。溅射法的优点是它几乎可用于所有物质的蒸发，缺点是产量少，颗粒团聚较严重，且不易分散[29]。

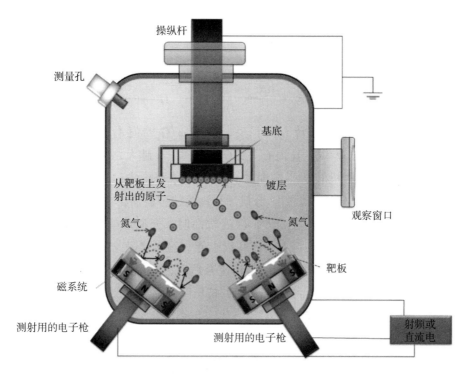

图 4.8　磁控溅射系统组成图

4.2.3　机械粉碎法

机械粉碎法是将不同的粉末放在高能球磨机中进行研磨，经磨球的碰撞、挤压，重复地发生变形、断裂、焊合，原子间相互扩散或进行固态反应而形成超细粉末[30]。图 4.9 为行星式球磨机运转部分的示意图，A、B、C、D 分别为四个罐座，安装在公转盘上，可以在公转盘转动时进行自转。

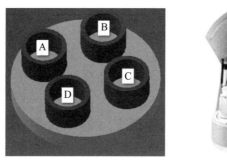

图 4.9　行星式球磨机运转部分的示意图

设公转盘转速为 Ω，自转转速 ω，公转盘质量为 M，每个罐体质量为 m，在此行星运动系统中，所受外力均与转轴平行，故依据动量矩守恒定律可得：

$$\frac{1}{2}M\Omega R_1^2 + 4\left[\frac{1}{2}m\omega r^2 + m\left(\frac{r^2}{2} + R^2\right)\Omega\right] = 0 \qquad (4.1)$$

由式（4.1）可得

$$\omega = -\frac{MR_1^2 + 4mr^2 + 8mR^2}{4mr^2}\Omega \qquad (4.2)$$

式中负号说明自转角速度与公转方向相反，可见 ω/Ω 的值不仅与球磨机几何结构（R_1、R、r）有关，还与 M/m 的比值有关，Ω 一定时，m 越大，ω 则越小。

在球磨过程中，球磨机转速不同时，介质球在球磨罐中以三种不同形式进行运动[31]，如图4.10所示。转速较低时，介质球呈泻落状态运动，在该状态下，介质球在运动过程中对物料进行研磨，使其粉碎；转速较高时，介质球呈紧贴状态运动，在该状态下，由于介质球紧贴在球磨罐上，使其很少能与物料接触，使得物料很难被粉碎，所以通常把此时的转速称为临界转速；当转速合适时，介质球呈抛落状态运动，在该状态下，介质球与物料之间发生冲击、剪切、挤压等多种形式的运动，使物料很容易被粉碎，是一种比较理想的粉碎方式。

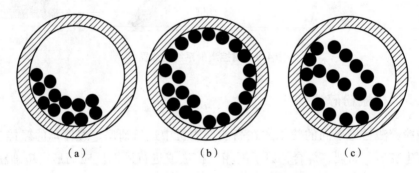

图4.10　球磨机运转过程中介质球运动状态示意图
（a）泻落式；（b）临界式；（c）抛落式

从球磨机运转过程看，当球磨机转速达到临界转速时，由于研磨体做周转运动，故其对物料不起粉碎作用，而当转速较低时，由于研磨体呈泻落状态，对物料的粉碎作用很弱，只有当研磨体呈抛落状态运动时，才对物料起到较强的粉碎作用。同时可以看出，材料在破碎过程中所需要的能量主要来自球磨过程中研磨体之间的碰撞，将动能转化为破碎能，进而引起材料的形变、温升等效应。

研究介质球的运动过程，对介质球的运动速率、平均自由程、碰撞频率进行分析，有助于调整工艺参数，实现对物料的超细粉碎，同时可以降低能耗[32]。如果球磨过程中介质球与球磨罐的运转角速度相同，则球磨运动的平均线速率可以表示为

$$v_b \approx 0.5\omega r_1 \qquad (4.3)$$

式中　r_1——球磨罐的内半径。

当装料量为 m_P、球料比为 R_{BP}、球磨罐的质量为 m_V，以 $m = m_V + m_P(1 + R_{BP})$ 带

入式（4.2）中，可得介质球运动速度

$$v_b = \frac{MR_1^2 + 4[m_V + m_P(1 + R_{BP})](r^2 + 2R^2)}{8r^2[m_V + m_P(1 + R_{BP})]}\Omega r_1 \qquad (4.4)$$

可见当 R_{BP} 一定时，v_b 随 Ω 增大而增大；当 Ω 和 m_P 一定时，v_b 将随 R_{BP} 的增大而减小。

假设介质球以简单立方排列方式分布于球磨罐空间内，如球磨罐体积为 V，介质球半径为 r_b，密度为 ρ，则在体积 V 内介质球运动的平均自由程 S 可表示为

$$S = 2.228 r_b \sqrt[3]{\frac{\rho V}{R_{BP} m_P}} \qquad (4.5)$$

由式（4.5）可见，当装料量 m_P 一定时，球料比、介质球材料种类及大小和球磨罐空间体积大小都将对介质球运动的平均自由程产生影响。当介质球材料一定时，增大球料比，将增加磨球总质量，平均自由程减小；m_P 和 R_{BP} 及 ρ 一定时，选配大小不同的球，平均自由程 S 也不同，选配大球，球总数将减少，平均自由程将增大。

碰撞是球磨过程中最基本的现象，定义碰撞频率为上一次碰撞结束到下一次碰撞结束所需时间的倒数，则有

$$f = \frac{1}{T_1 + T_2} \qquad (4.6)$$

式中 f——碰撞频率；

T_1——上一次碰撞结束至下一次碰撞开始的时间；

T_2——碰撞持续时间，将球磨过程中的碰撞视为弹性接触，在碰撞速度为 v 时，无粉料加入的情况下，碰撞时间主要由弹性变形及弹性恢复两个阶段的时间决定，其可用式（4.7）表达

$$2\tau = \frac{A\delta_{max}}{v} \qquad (4.7)$$

式中 A——常数，其值为 2.9；

δ_{max}——碰撞中两球质心的相对位移，它是碰撞几何参数与材料特性的函数：

$$\delta_{max} = 0.9745 v^{0.8} \left(\frac{m_1 m_2}{m_1 + m_2}\right)^{0.4} \times \left(\frac{R_1 + R_2}{R_1 R_2}\right)^{0.2} \times \left(\frac{1 - v_1^2}{E_1} + \frac{1 - v_2^2}{E_2}\right)^{0.4} \qquad (4.8)$$

式中 m_1、m_2，E_1、E_2，R_1、R_2，v_1、v_2——分别为两球的质量、弹性模量、泊松比和速度。

经计算，2τ 的数量级为 10^{-2} ms，所以 T_2 与 T_1 相比可以忽略。因此，f 可近似表示为

$$f \approx \frac{v_b}{S} \qquad (4.9)$$

将式（4.4）、式（4.5）代入式（4.9）得碰撞频率表达式为

$$f = \frac{MR_1^2 + 4[m_V + m_P(1 + R_{BP})](r^2 + 2R^2)}{17.824 r^2[m_V + m_P(1 + R_{BP})]r_b} \left(\frac{R_{BP} m_P}{\rho V}\right)^{\frac{1}{3}} \Omega r_1 \qquad (4.10)$$

碰撞频率与球磨工艺条件关系极大，它随着球磨转速、介质球运动速度的增大而增大。投料一定时，增大球料比，虽然介质球运动速率减小，但平均自由程减小得更快，因而碰撞频率增大；球料比一定时，介质球半径越小，其数量越多，因而平均自由程减小，碰撞频率增大。

粒子破碎过程中所需要的能量主要来自介质球之间的碰撞，通过调整转速可以使介质球之间以不同的速度进行碰撞，从而使得被介质球俘获的物料获得不同的碰撞速度，实现球料之间的能量传递，达到破碎的目的，获得满足要求的颗粒尺寸。

4.2.4 真空蒸镀法

真空蒸镀是将靶材料在真空中加热、蒸发，使蒸发的原子或原子团在温度较低的基板上凝结，形成薄膜[33]。真空蒸镀法原理如图4.11所示。在真空状态下将靶材料加热后，达到一定的温度即可蒸发，这时待镀材料以分子或原子的形态进入空间。由于其环境是真空，因此，无论是金属还是非金属，在这种真空条件下蒸发要比常压下容易得多。一般来说，金属及其他稳定化合物在真空条件下，只要加热到能使其饱和蒸气压达到1.33 Pa以上时，均能迅速蒸发。

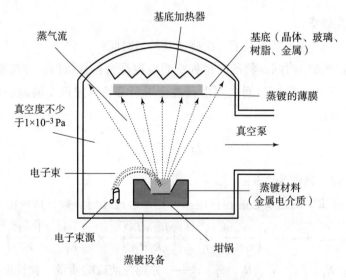

图4.11 真空蒸镀法原理图

真空蒸镀系统由蒸发所需材料的蒸发源和以适当距离朝向蒸发源的基体所组成。蒸发源和基体都位于真空室中。在沉积过程中，基体可以被加热、施加偏压或者旋转。通过简单加热原料使其温度升高，可以产生所期望的原材料蒸气压，气相中的生长物质浓度也可以通过改变源的温度和载气流量来控制。

除了用电阻热蒸发源物质以外，也发展了其他技术，并且得到了很多的关注和普及。例如，将激光束用于蒸发材料。被蒸发材料的吸收特性决定所选用激光的波长。为了获得在多种情况下需要使用的高能量密度，通常使用脉冲激光束。这个沉积过程通常称为激光烧蚀。激光烧蚀的最大优点之一就是可以控制气相成分。原则上可以控制气相成分使其与源物质的成分一样。激光烧蚀的缺点包括体系设计复杂、不易找到蒸发所需的激光波长，以及低能量转换效率。电子束蒸发是另外一种技术，但是源物质必须是具有导电性的。电子束蒸发的优点包括由于能量密度高而可以大范围地控制蒸发速率及低污染等。电弧蒸发是用来蒸发导电性源物质的另一种方法。

虽然不同类型的物理蒸发法在具体技术措施上有很大差别，但微纳米颗粒形成的原理都可分成以下三个阶段[34]：首先是蒸发源的"发射"；然后蒸气通过低压惰性气体运输；最后蒸气颗粒碰撞成核生长。等离子体、激光和电子束等为蒸发源的发射提供能量，使目标物迅速气化或分解成自由原子、离子和电子，同时为目标蒸发物提供了一定的飞行速度，促使其瞬间成核和驱动长大；蒸发出的金属原子又经急速冷却，即得到各类物质的纳米/微米颗粒。而获得的纳米/微米颗粒在反应室压力和蒸气的共同作用下进入膜式捕集器中捕集。由于颗粒是在很高的温度梯度下形成的，因此得到的颗粒粒径很小。微纳米颗粒的大小、团聚和凝聚等形态特征可通过调节蒸发物质的分压即蒸发温度或速率，或惰性气体压力得到良好的控制。实验表明，随着目标蒸发物蒸发速率的增大（等效于蒸发源温度的升高），形成的颗粒变大，或随着原料物质蒸气压力的增大，形成的颗粒变大。颗粒大小近似正比于金属蒸气的压力。

4.2.5　其他方法

制备微纳米金属粉末的方法除上述之外，还有很多，如气体冷凝、氮气雾化等。

气体冷凝法[35]是在低压的惰性气氛中进行的，它通过加热使铝汽化、升华，蒸发的铝烟雾原子与惰性气体由于碰撞失去能量而迅速冷却，通过吸附和生长聚集形成纳米微粒。该法的特点是纳米粒子纯度高结晶组织好、粒度可控，但技术设备要求高，生产效率低。Sanchez - Lopez 等使用该方法制备的铝粉为球形，粒径在 10 ~ 40 nm，氧化铝壳层厚度 4 nm。气压等离子炬加热法[36]是先通过制备微米铝粉，然后使用等离子气体进行细化，最后收集形成的粒子。该法制备的纳米球形颗粒都拖有尾巴，有些还相当长，而粒子尺寸分布也不符合正态分布，颗粒偏小现象相当明显。

活性氢 - 熔融铝反应法是利用含有氢气的等离子体与金属间产生电弧，使铝熔融，电离的 Ar、H 溶入铝熔液中，浓度达到过饱和状态后，含有纳米粒子的气体通过对流释放出来，纳米粒子的生成量随等离子气体中氢气浓度增加而增加。该法制备的纳米铝粉粒径分布较宽（10 ~ 138 nm），这是由于在制备过程中电弧稳定性较差、熔池起泡、飞溅严重、等离子体本身不集束等导致的。

氮气雾化法工艺流程简化图如图 4.12 所示。将熔融铝液雾化出口温度控制在 800 ℃

左右，雾化的全部均是在一个大气压的氮气保护中进行。后期进行冷却、粒度分级。最后在含1%氧的氮气保护下进行慢氧化处理，以使其表面形成一层均匀的氧化层。

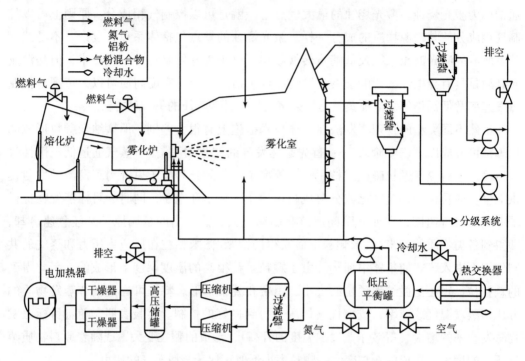

图 4.12　氮气雾化法工艺流程简化图

4.3　微纳米金属粉末热反应行为

4.3.1　核/壳型金属粉末表征

含能材料燃烧与爆轰过程中铝粉的氧化反应较为复杂，金属氧化层厚度、粒度、比表面积、形状和有效活性物含量等物理性能与其反应状态有密切的联系[37]。一般地金属粉在室温常态下是典型的球形壳核结构，要正确认识金属的反应机理与释能规律，首先就要研究微纳米金属粉外壳氧化层厚度的变化规律。以最常用的金属铝粉为例展开研究。

笔者所在的科研小组对电爆丝法制备的粒径为 25 ~ 600 nm 的铝粉样品进行 TEM、SEM 及元素成分测试，通过处理 TEM 统计结果，提出了纳米铝粉氧化层厚度计算的经验公式。对于微米铝粉，使用 SEM、气体容量法、激光粒度仪及质谱仪对两个系列共 21 种数均粒径的微米铝粉进行了形貌、活性铝含量、粒度分布与成分测试，分析了微米铝粉的数均粒径与其氧化层厚度之间的规律，提出了计算微米级铝粉平均氧化层厚度的经验公式。最后，根据上述结果分析了铝粉中杂质成分与含量对壳厚的影响，并分析了铝粉的慢氧化机理。

　　由于纳米铝粉的颗粒较小，是典型的壳核结构，壳层氧化铝的致密度与中心铝核不同，故可以直接通过 TEM 观察不同粒径纳米铝粉的氧化层厚度。实验采用 JEM - 3010 高分辨型透射电子显微镜（点分辨率为 0.17 nm）对纳米铝粉进行观察得到的照片节选部分如图 4.13 所示。

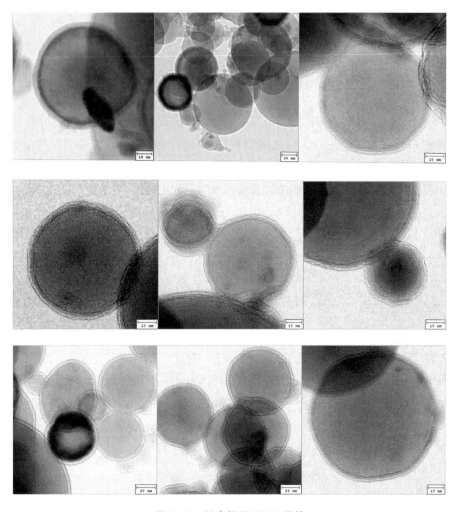

图 4.13　纳米铝粉 TEM 照片

　　由图 4.13 的 TEM 照片上可以看出，纳米铝粉的壳核结构清晰可见，氧化层与铝核分界线明显，球形度较好。大多数颗粒直径在标称的 50 nm 左右，最小粒径约为 25 nm，极个别最大粒径约为 600 nm。

　　为了观察铝粉的球形度及整体粒径分布，使用 Hitachi S4700 对样品进行了扫描电镜分析，扫描电镜结果如图 4.14 所示。SEM 照片表明，铝粉样品颗粒饱满，球形度好，但分布不太均匀，有一定团聚现象。该团聚主要是颗粒间范德华力和库仑力所致的软团聚，很难有效避免，在使用前对铝粉进行超声分散，有助于减轻这一现象。

图 4.14　纳米铝粉扫描电镜结果

纳米铝粉外观为黑色粉末，在微观形貌结构分析的基础上，采用德国的 ELEMENT GD 辉光放电质谱仪进行了纳米铝粉的成分分析，得到样品中主要杂质成分及含量情况分析表，见表 4.3。可以看到，纳米铝粉纯度大于 99.96%，杂质含量从多到少依次为铜、铁、硅、镍和镁等。

表 4.3　纳米铝粉杂质成分及含量情况分析表

元素	Cu	Fe	Mg	Mn	Pb	Ni
含量/%	0.028	0.011	0.002 5	0.001	0.001 2	0.003 4
元素	Ca	Cr	Si	Sn	V	Ti
含量/%	<0.000 5	0.000 5	0.006 5	<0.000 5	<0.000 5	0.000 7

将所有 TEM 照片用图形捕捉软件 FastStone Capture 6.7 进行处理，记录得到的数据并进行统计分布。将粒径相近的数据点算术平均，得到壳厚及其标准差结果，见表 4.4。将表 4.4 中壳厚及标准差数据利用 Origin 进行处理，得到粒径 – 氧化层厚度曲线如图 4.15 所示。

表 4.4　纳米铝粉的氧化层厚度、标准差、数据量以及活性铝含量

粒径/nm	层厚（nm）/标准差（nm）	数据量	活性铝含量/%	粒径/nm	层厚（nm）/标准差（nm）	数据量	活性铝含量/%
25	2.995/0.019	10	41.5	100	3.494/0.042	13	78.81
30	3.043/0.027	8	48.13	120	3.643/0.049	8	81.36
35	3.020/0.020	12	54.15	150	3.703/0.037	9	84.61
40	3.011/0.017	15	58.87	200	3.838/0.044	8	87.86
45	3.003/0.018	10	62.73	250	3.924/0.026	10	89.97

续表

粒径/nm	层厚（nm）/标准差（nm）	数据量	活性铝含量/%	粒径/nm	层厚（nm）/标准差（nm）	数据量	活性铝含量/%
50	3.007/0.015	12	65.84	300	4.044/0.020	7	91.33
55	3.004/0.016	11	68.54	350	4.067/0.015	8	92.48
60	2.972/0.029	15	71.09	400	4.092/0.027	8	93.35
65	3.056/0.048	12	72.38	450	4.183/0.014	9	93.94
70	2.990/0.035	12	74.62	500	4.227/0.045	5	94.47
75	3.196/0.024	14	74.68	550	4.221/0.039	6	94.96
87	3.384/0.059	11	76.78	600	4.275/0.035	5	95.31

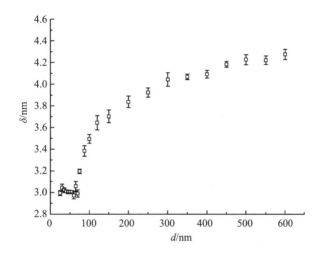

图 4.15　纳米铝粉粒径与氧化层厚度曲线

从图 4.15 可以看出，铝粉氧化层厚度与粒径呈分段函数关系。铝粉粒径小于 70 nm 时，氧化层厚度基本保持不变，铝粉氧化层厚度平均约为 3 nm，这与文献 [38] 中电爆法制备的纳米铝粉结论一致，也与文献 [39 - 41] 中的结论相符。这说明了此时粒径对纳米铝粉的氧化层厚度影响不明显，壳厚主要的决定因素是制备方法、保存条件与保存的时间等[42]。铝粉粒径超过 70 nm 后，氧化层厚度与粒径呈指数关系，且随着铝粉粒径 d 的增大，首先快速增加，大于 150 nm 后增速变缓，此时粒径的增长是决定铝粉壳厚的主要因素。

随着粒径的减小，纳米尺寸的金属铝粉比表面积增大，壳层的厚度和结构对纳米铝粉的活性铝含量和稳定性影响较大。当氧化层存在不致密或不均匀的情况时，它将不足以保护金属纳米粒子的活性。因此，铝粉中的杂质对铝粉氧化层形成与厚度存在较大影响。同时，根据铝粉氧化的 Mott 理论[43]，铝粉中的杂质将影响氧化层的致密性，进而影响壳厚。

从表 4.3 可以看出，在铝粉的杂质中，Fe 和 Cu 的含量较高，它们的存在将使应该致密的氧化铝保护层嵌进氧化铁及氧化铜，从而使铝粉的氧化继续往深处进行。由于对壳厚有较大影响的杂质有两种，综合上述线性结果，得到纳米铝粉的氧化层厚度与粒径的关系为

$$\delta = \begin{cases} 3.022 & d \leqslant 70 \\ 3.621 \times (1 - e^{-0.025d}) + 1.251\ (1 - e^{-0.0012d}) & 70 \leqslant d \leqslant 600 \end{cases} \tag{4.11}$$

式（4.11）适用的粒径范围上限为 600 nm，此时壳厚为 4.3 nm，随着铝粉粒径的增大，其氧化层厚度将达到最大值 4.873 nm。这与文献 [44] 中实验结果表明的纳米铝粉氧化层将生长到一个 5 nm 极限后停止生长这一结论一致。根据 Mott 氧化理论解释了这一现象，认为是氧化层内外电场达到了平衡。

活性铝含量与铝粉粒径以及氧化层厚度密切相关，粒径越大，氧化层厚度越小，则铝粉的活性铝含量越高。对于纳米铝粉，其活性铝含量比微米级铝粉低，具体情况可以通过粒径与铝粉表面氧化层厚度值计算得到。

为使计算简便，需要做出如下假设：①铝粉是完整的球形壳核双层结构，其模型如图 4.16 所示；②忽略铝粉中的其他微量杂质，并假设杂质全部存在于铝核中。

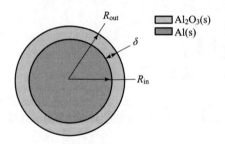

图 4.16　铝粉球形壳核双层结构模型

根据以上假设，活性铝 Aa（Active Aluminum）含量计算公式为

$$w(\mathrm{Aa}) = \frac{\left(\dfrac{d}{2} - \delta\right)^3 \cdot \rho}{\dfrac{d^3}{8}\rho_s + \left(\dfrac{d}{2} - \delta\right)^3 \cdot (\rho - \rho_s)} - 0.056\% \tag{4.12}$$

式中　d——铝粉粒径；

　　　δ——氧化层厚度；

　　　ρ——铝的密度，2.7 g/cm³；

　　　ρ_s——表面氧化层密度。

铝粉结构分析[41]显示，饱和的氧化层主要由八面体的 $\mathrm{Al}(\mathrm{O}_{1/6})_6$ 及四面体的

$Al(O_{1/4})_4$ 混合而成，氧化层的平均质量密度是晶体 Al_2O_3 的 $3/4$，约为 $2.98\ \text{g/cm}^3$。计算得出的具体数值见表 4.4，输入 Origin 得到的曲线如图 4.17 所示。

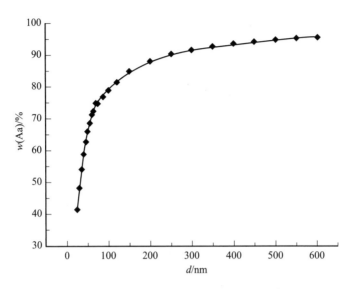

图 4.17　纳米铝粉粒径与活性铝含量曲线

实验用铝粉采用氮气雾化法制得，使用马尔文 MASTER SIZER2000 激光粒度仪对铝粉进行粒度分布测量，并对所得实验数据服从的分布类型进行分析与检验，结果见表 4.5。表中 d_{50} 为铝粉样品的数均粒径，μ、σ 是正态分布参数，A 是放大系数，随着铝粉粒径增大而变大。

表 4.5　微米铝粉对数正态分布拟合参数

样品号	$d_{50}^{*}/\mu m$	A	μ	σ
$1^{\#}$	2.379	25.239	0.950	0.586
$2^{\#}$	4.262	40.732	1.409	0.398
$3^{\#}$	8.149	77.261	2.065	0.333
$4^{\#}$	10.81	104.498	2.340	0.379
$5^{\#}$	12.298	119.093	2.488	0.377
$6^{\#}$	17.067	165.966	2.829	0.381
$7^{\#}$	23.514	228.677	3.125	0.374
注：$1^{\#}$（$d_{50}=2.4\ \mu m$），$4^{\#}$（$d_{50}=10.8\ \mu m$），$7^{\#}$（$d_{50}=23.5\ \mu m$）。				

微米铝粉的扫描电镜照片如图 4.18 所示。SEM 照片表明，铝粉样品颗粒饱满，球形度好，分布基本均匀。同理，测试了杂质成分及含量，见表 4.6。可以看到，铝粉中

的主要杂质是铁、硅、水分及少量的铜。

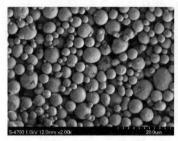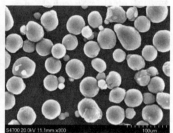

图 4.18　微米铝粉的扫描电镜照片

表 4.6　微米铝粉的杂质含量

样品号	$d_{50}/\mu m$	杂质含量/%			
		铜	铁	硅	水分
1#	2.379	0.000 5	0.106 3	0.067 8	0.009 2
2#	4.262	0.000 5	0.106 7	0.067 4	0.008 9
3#	8.149	0.000 5	0.107 0	0.068 9	0.008 7
4#	10.81	0.000 5	0.107 2	0.069 7	0.008 6
5#	12.298	0.000 5	0.107 3	0.070 1	0.008 5
6#	17.067	0.000 5	0.107 4	0.070 1	0.008 4
7#	23.514	0.000 5	0.107 5	0.070 3	0.008 2

　　按照国标《铝粉化学分析方法——气体容量法测定活性铝》GB 3169.1—1982，对活性铝含量进行了测定，铝粉中的杂质含量会影响到活性铝测量的准确性，杂质包括水分、铜、铁、硅等，其中硅与氢氧化钠反应生成 2 倍的氢气，而活性铝是生成 1.5 倍的氢气。在活性铝含量的计算中，应该减去硅换算成活性铝的杂质当量，忽略铝粉中除表 4.6 以外的其他微量杂质，并假设杂质全部存在于铝核中，得到最终的活性铝当量含量。结果见表 4.7。

表 4.7　微米铝粉活性铝含量和当量含量

样品号	$d_{50}/\mu m$	活性铝含量/%	活性铝当量含量/%
1#	2.379	98.14	98.30
2#	4.262	98.28	98.44
3#	8.149	98.37	98.53
4#	10.810	98.43	98.59

续表

样品号	$d_{50}/\mu m$	活性铝含量/%	活性铝当量含量/%
5#	12.298	98.66	98.82
6#	17.067	98.78	98.94
7#	23.514	98.8	98.96

由铝粉的壳核结构模型可知，活性铝含量指的就是核的质量与颗粒总质量之比，根据铝核与氧化铝的密度可以换算为体积比，然后根据计算得出的样品体均粒径，便可通过式（4.13）和式（4.14）计算出铝粉的平均氧化层厚度 $\bar{\delta}$

$$w(\mathrm{Aa}) = \frac{d'^3 \cdot \rho_1}{d'^3(\rho_1 - \rho_2) + d^3 \cdot \rho_2} \tag{4.13}$$

$$\bar{\delta} = \frac{\bar{d}}{2} \cdot \left[1 - \sqrt[3]{\frac{w(\mathrm{Aa}) \cdot \rho_2}{(1 - w(\mathrm{Aa})) \cdot \rho_1 + A \cdot \rho_2}} \right] \tag{4.14}$$

式中　$w(\mathrm{Aa})$ ——当量活性铝含量；

　　　　$\bar{r}$——铝粉体均粒径；

　　　　d'——铝粉中心铝核的直径；

　　　　ρ_1——铝的密度，$2.7\ \mathrm{g/cm^3}$；

　　　　ρ_2——氧化铝的密度，$2.98\ \mathrm{g/cm^3}$；

　　　　$\bar{d}$——铝粉的体均粒径。

微米铝粉的活性铝当量含量、体均粒径、平均氧化层厚度计算值见表4.8。

表 4.8　微米铝粉的活性铝当量含量、体均粒径、平均氧化层厚度计算值

样品号	$d_{50}/\mu m$	活性铝当量含量/%	$\bar{d}/\mu m$	平均氧化层厚度/nm
1#	2.379	98.30	2.702	5.3
2#	4.262	98.44	4.479	8.1
3#	8.149	98.53	8.535	14.6
4#	10.81	98.59	11.468	18.7
5#	12.298	98.82	13.035	17.8
6#	17.067	98.94	18.11	22.2
7#	23.514	98.96	24.826	29.9

由 Mott 金属氧化理论[43]可知，电场的影响随着膜的增厚呈指数减弱，当氧化层达到一定厚度时，金属离子的迁移停止，氧化层不再生长。表 4.8 数据显示，微米级铝粉的平均氧化层厚度随数均粒径呈指数增加关系。数均粒径 10 μm 时，平均氧化层厚度为 17 nm，而 30 μm 时平均氧化层厚度达到了 48 nm，厚度值较大，表明数均粒径是

引起铝粉平均氧化层厚度变化的重要因素。另外，铝粉的形貌也对活性铝含量产生影响。夏强等人[42]的研究也发现，铝粉的球形化可降低铝粉的表面氧含量和氧化层厚度，有利于提高球形纳米铝粉中活性铝含量。

另外，提高铝粉的纯度也是减小氧化层厚度的途径之一。未经提纯的铝粉，杂质中铁含量较多，在空气中氧化生成疏松的 Fe_2O_3，它嵌在铝粉的氧化层里，大大降低了氧化铝膜的致密性，导致铝的氧化进程一直向更深处进行，从而使得氧化层大大增厚。铝粉中的 Fe 和 Cu 等主要杂质的成分与含量和铝粉的氧化层形成之间有着非常紧密的关系，其与铝粉的制备方法、钝化方法和保存环境条件等影响因素一样，成为决定铝粉最终氧化层厚度的又一主要因素。另外，在氧化层的致密性方面，杂质成分与含量的影响作用超过了制备方法和钝化方法，与后期的保存条件一致，但这是前期可控性较强的因素。

综上所述，在电爆丝法工艺条件下，直径小于 70 nm 的铝粉氧化层厚度存在一个下限值，约为 3 nm，且不随粒径的增减而变化；铝粉粒径 70 nm 以上时，杂质 Fe 和 Cu 对氧化层厚度有较大影响；随着粒径的增加，壳厚增大，变化规律符合双指数关系。铝粉粒径大于 150 nm 时，氧化层厚度随粒径变化的增速变缓。微米铝粉的氧化层厚度不超过 56.6 nm，经过提纯的微米铝粉氧化层厚度会明显减小；微米铝粉的平均氧化层厚度与粒径为指数增加关系，数均粒径在 100 μm 以下时，氧化层厚度随粒径增加迅速，在 100 μm 以上时，平均氧化层厚度几乎不再增加。

纳米铝粉的活性铝含量随着粒径增加而显著增加，粒径小的纳米铝粉活性铝含量较小，在粒径为 25 nm 时只有 41.5%，250 nm 时达到 90%；微米铝粉的杂质含量对活性铝含量有较大影响作用，提纯后的铝粉活性铝含量在 99.27% 以上，而同等粒径的普通系列铝粉活性铝含量为 98.14%。

4.3.2　铝粉粒度对炸药热分解的影响

铝粉作为添加剂已广泛应用于炸药配方中，通过调节配方中铝粉的物理化学参数，如颗粒尺寸、形貌等，可以调节含铝炸药效能与能量输出结构。铝粉的粒径对炸药的热分解机理可能具有不同的影响，因此研究不同粒径的铝粉对含铝炸药的热分解安定性具有重要意义。我们研究了不同粒径（10.7 μm、2.6 μm 及 40 nm）铝粉对黑索今（RDX）、高氯酸铵（AP）及 RDX/AP 的热分解影响。通过 DSC 方法研究各体系的热分解基本性能，采用 DSC－TG 方法并结合多元非线性拟合技术研究非等温热分解动力学模型和机理函数，并借助 DSC－TG－FTIR－MS 方法对热分解机理进行了研究。

热分析实验涉及的仪器和实验参数如下：DSC 采用 Seteram DSC 131 型差示扫描量热仪（法国），在常压和氮气气氛中实验，升温速率为 10 ℃/min，动态氮气流速为 20 mL/min，样品量为 1 mg 左右，采用加盖铝坩埚，盖上预留小孔。TG 采用 TA 公司 TGAQ 50 型热重分析仪（美国），试样量 1～2 mg，升温速率分别为 5 ℃/min、10 ℃/min、

15 ℃/min、20 ℃/min，开口陶瓷坩埚，N_2 流量为 60 mL/min。

本研究的亮点之一是采用 MS – TG – DSC – FTIR 联动装置进行分析。该设备由三台仪器组成，分别为德国耐驰同步热分析仪（DSC – TG）STA449C、德国耐驰质谱仪（MS）QMS403C（电离的电子能量 70 eV，气体接口为石英毛细管，进样压力 105 Pa，毛细管工作温度 200 ℃）、德国 Bruker 公司 VERTEX 70 型（红外检测器为 MCT 型，分辨率为 4 cm^{-1}，热分析与红外仪之间的气相产物传送连接管和红外原位池的温度为 200 ℃），仪器的外观如图 4.19 所示。

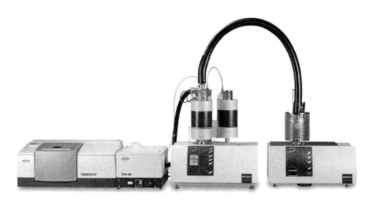

图 4.19　MS – TG – DSC – FTIR 联动装置的外观图

制式 RDX，805 厂，粒径（d_{50}）为 80 μm 左右；40 nm（d_{50}）铝粉，纯度 99.9%，徐州捷创纳米技术有限公司；10.7 μm 和 2.6 μm（d_{50}）铝粉，纯度 98.8%，河南远洋铝业有限公司。样品用玛瑙研钵混合研磨 1 h。黑索今与铝粉的质量比为 7:3。图 4.20 所示是微纳米铝粉与黑索今混合物的 SEM 图。由图可知，铝粉比较均匀地包围在 RDX 颗粒表面，且纳米铝粉包覆的均匀性比微米铝粉好。

RDX/10.7 μm Al、RDX/2.6 μm Al、RDX/40 nm Al 在 Al 含量为 5%、10%、20% 和 30% 时的 DSC 曲线分别如图 4.21 所示。由图可知，不同粒径铝粉的含量对 RDX 的熔融吸热峰温几乎没有影响。纯 RDX 存在第一次放热分解峰及肩峰，第一次分解峰为主分解峰，肩峰为二次分解峰，且主分解峰的强度大于二次分解峰的强度。在图 4.21（a）中，10.7 μm Al 对 RDX 的 DSC 曲线形状基本没有影响，一次分解峰仍为主分解峰，随着铝含量的增加，一次分解峰的位置稍有滞后，二次分解峰位置基本不变。在图 4.21（b）中，当 2.6 μm Al 含量为 5% 时，RDX 的一次分解峰由 239.5 ℃提前到 233 ℃左右；含量增加到 10% 时，一次分解峰与二次分解峰高度基本相同，二次分解峰温度由 248.4 ℃变为 246.6 ℃；Al 含量继续增加，峰温基本不变化，二次分解峰强度略大于一次分解峰的强度。由图 4.21（c）可知，当 RDX/40 nm Al 的 Al 含量为 5% 时，RDX 的二次分解峰相对于一次分解峰的强度增加；随 Al 含量的增加，二次分解峰的强度超过一次分解峰的强度并成为主分解放热峰，说明二次分解在 RDX 热分解中逐渐占优；当铝含

图 4. 20　微纳米铝粉与黑索今混合物的 SEM 图

（a）RDX/40 nm Al；（b）RDX/2.6 μm Al

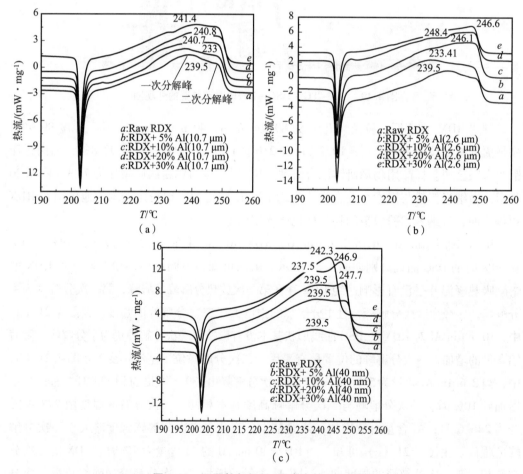

图 4. 21　不同粒径铝粉/黑索今的 DSC 曲线

（a）RDX/10.7 μm Al 的 DSC 曲线；（b）RDX/2.6 μm Al 的 DSC 曲线；（c）RDX/40 nm Al 的 DSC 曲线

量为 30% 时，RDX/40 nm Al 的二次分解放热峰的温度由 248.4 ℃ 提前到 242.3 ℃，峰形变得尖锐，该峰峰温的提前与强度的增加使一次分解峰被掩盖，这些现象表明 40 nm Al 促进了 RDX 的二次分解。此外，随着 40 nm Al 含量增加，吸热峰吸热量逐步减小。

图 4.22 表示不同粒径的铝含量为 30% 时 RDX/Al 的 DSC 曲线。由图 4.22 可知，当铝粒径由 10.7 μm→2.6 μm→40 nm，RDX 的吸热峰吸热量变小，二次分解峰峰温逐渐提前，且二次分解峰的强度逐渐大于一次分解峰强度，一次分解峰逐渐被掩盖。

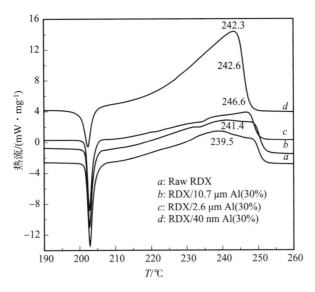

图 4.22　RDX/Al 的 DSC 曲线

图 4.23 所示为铝粒径及含量对 RDX 放热量的影响，其中混合体系放热量均折合成

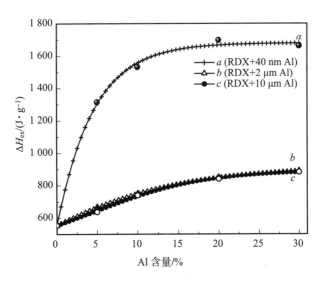

图 4.23　铝粒径及含量对 RDX 放热量影响

100% RDX 的放热量。由图 4.23 可知，RDX/40 nm Al 的放热量远大于纯 RDX、RDX/2.6 μm Al 及 RDX/10.7 μm Al 的放热量。添加 5%、10% 的 40 nm Al 的 RDX 放热量急剧增加。当所有粒径的铝粉含量增加到 20% 后，RDX/Al 的放热量基本保持不变。由图 4.23 可知，拟合曲线的拟合度较好，与实验数据一致。

由以上分析可得出结论：随着铝含量增加，10.7 μm Al 对 RDX 的热分解不会产生明显的促进作用；2.6 μm Al 对 RDX 的二次分解峰略有促进作用；40 nm Al 对 RDX 的一次分解和二次分解均有明显的促进作用，放热量明显增加而吸热峰的吸热量减小。当铝含量为 30% 时，随着铝粉粒径的减小，RDX 的吸热峰吸热量减小，二次分解峰凸显出来并提前；40 nm Al 使 RDX 的一次分解放热抵消了部分吸热峰的吸热量，而二次分解峰的放热完全掩盖一次分解峰。铝含量为 30% 时，与纯 RDX 相比，由于热分解时 40 nm Al 与 RDX 之间存在相互作用，使 RDX/40 nm Al 的热分解发生较大的改变，这种相互作用一方面可能是由于 40 nm Al 的比表面积大，对 RDX 热分解时的气体吸附催化作用明显，从而促进 RDX 的分解；另一方面是由于 40 nm Al 有可能被 RDX 热分解时产生的强氧化性气体如 NO_2 和 NO 等氧化并放热。

为揭示不同粒径铝粉对 RDX 热分解反应的影响，获得 RDX/Al（70/30）热分解最可几机理函数及相应的动力学参数，对不同加热速率（5 ℃/min，10 ℃/min，15 ℃/min，20 ℃/min）的 TG 曲线和由此获得的 DTG 曲线的峰值温度，通过 Kissinger 法和 Flynn - Wall - Ozawa 法计算 RDX 及 RDX/Al 的热分解反应动力学参数（表观活化能 E_k、指前因子对数值 $\lg A_K$ 和线性相关系数 r 等），结果见表 4.9。

由表 4.9 可知，与纯 RDX 相比，RDX/10.7 μm Al 的活化能和指前因子对数值基本未变化，RDX/2.6 μm Al 的值均增大，而 RDX/40 nm Al 的活化能和指前因子对数值均减小。

表 4.9　各体系不同加热速率下的 DTG 峰温及动力学参数

体系组成	$\beta/(℃ \cdot min^{-1})$				$E_K/(kJ \cdot mol^{-1})$	$\lg(A_K/s^{-1})$	$E_0/(kJ \cdot mol^{-1})$
	5	10	15	20			
RDX	496	505	511	517	130	11.87	135
RDX/10.7 μm Al	495	503	508	513	156	14.22	157
RDX/2.6 μm Al	496	504	513	517	127	11.09	129
RDX/40 nm Al	479	494	501	506	94	9.97	98

经过非等温反应动力学机理函数的求解，我们得知 RDX/微米铝（70/30）的热分解反应动力学与纯 RDX 相同，热分解反应机理函数为 $n = 3/4$ 的 Avrami - Erofeev 方程；而 RDX/40 nm Al（70/30）的反应机理函数变为 $n = 2/3$ 的 Avrami - Erofeev 方程，但仍受随机成核和随后成长控制。

根据阿伦尼乌斯方程 $k = A\exp(-E/RT)$ 计算并作反应速率 k 与温度倒数 $1/T$ 的图线，如图 4.24 所示。由图 4.24 可知，在所研究的 150 ℃ ~ 300 ℃ 的温度范围内，RDX/40 nm Al 与纯 RDX、RDX/10.7 μm Al 的阿伦尼乌斯线分别交于 287 ℃、242 ℃，这些温度点称为"等动力学点"[44]。

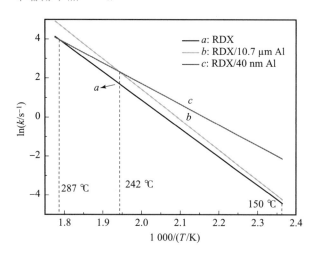

图 4.24　RDX 及 RDX/铝的阿伦尼乌斯图

在"等动力学点"287 ℃之前，RDX/40 nm Al 的反应速率大于纯 RDX 的热分解反应速率；在温度大于 242 ℃之前，RDX/40 nm Al 的反应速率大于 RDX/10.7 μm Al 的热分解反应速率；而在所研究的温度范围内，RDX/10.7 μm Al 的热分解反应速率均大于纯 RDX。RDX 及 RDX/Al 的热分解化学安定性遵循与分解反应速率相同的规律，分解速率越小，热分解化学安定性越好。这些结果表明，RDX/40 nm Al 在 242 ℃之前的热分解化学安定性比其他体系要差。

热爆炸临界温度（T_{bp}）是炸药、推进剂和烟火药整个寿命周期内体现其安全特性的重要参数。它可定义为特定装药在无热耗散的条件下加热发生爆炸的最低温度[45]。RDX 和 RDX/40 nm Al 的热爆炸临界温度可以通过参考文献［46，47］中的公式进行计算：

$$T_{bp} = \frac{E_0 - \sqrt{E_0^2 - 4E_0 R T_{p0}}}{2R} \tag{4.15}$$

式中　R——气体常数 ［8.314 J/(mol·K)］；

　　　E_0——由 Ozawa 法获得的活化能值；

　　　T_{p0}——峰值温度 T_p 在 $\beta \to 0$ 时的值。

RDX 和 RDX/40 nm Al 的热爆炸临界温度和热力学参数见表 4.10。由表 4.10 可知，RDX/40 nm Al（70/30）的热爆炸临界温度比纯 RDX 热爆炸临界温度低。采用 MS - TG - DSC - FTIR 联动装置，我们检测到同步热分析分解得到气相产物的质谱和红外图。表 4.11 为各种体系热分解时质谱检测到的离子质荷比、对应的峰值温度和可能对应的离子，各质荷比产生的起始温度及离子强度相对值见表 4.12。

表 4.10　RDX 和 RDX/40 nm 铝的热爆炸临界温度和热力学参数

物质	T_{p0}/K	T_{bp}/K	$\Delta S^{\neq}/$ $(J \cdot mol^{-1} \cdot K^{-1})$	$\Delta H^{\neq}/$ $(J \cdot mol^{-1} \cdot K^{-1})$	$\Delta G^{\neq}/$ $(J \cdot mol^{-1} \cdot K^{-1})$
纯 RDX	485	500.8	−52.54	127.97	153.45
RDX/40 nm Al	458	477.5	−121.17	93.49	148.99

表 4.11　体系的质荷比、峰值温度和可能的离子

m/z	峰的归属	(a) T_p	(b) T_p	(c) T_p	(d) T_p
12	C^+	245	245.8	244.9	234.8
14	CH_2^+，N^+	245.4	246.2	245	234.7
15	NH^+，CH_3^+	246.7	247.8	245.8	235.7
16	O^+，CH_4^+，NH_2^+	246.2	248.1	246.7	235.8
17	NH_3^+，OH^+	245.6	249.7	248.6	238.5
18	H_2O^+，NH_4^+	246.8	249.1	248	238.5
26	CN^+	246.7	248.1	246.6	237
27	HCN^+，$C_2H_3^+$	246.7	247.4	246	236.4
28	CO^+，N_2^+，CH_2N^+	245.5	246	244	234.2
29	CHO^+，H_2NO^+	244.5	245.3	244.3	234.6
30	NO^+，CH_2O^+，$C_2H_6^+$，$N_2H_2^+$	245.2	246.3	245.1	234.8
42	NCO^+，$N_2CH_2^+$	250.6	251	248.9	237.3
43	$HNCO^+$，$N_2CH_3^+$	247.1	248.2	246.9	235.9
44	CO_2^+，N_2O^+	245.2	246.2	245.2	234.9
45	HCO_2^+，HN_2O^+，NH_2CHO^+	248.3	250.1	247.5	237.6
46	NO_2^+，$C_2H_6O^+$	245.3	246.9	245.7	234.9
47	HNO_2^+	243.9	246.4	244.7	234.5
52	$N_2O_2^+$	245.1	245	243.8	233.6
68	$C_2N_2O_2^+$	251.2	249.8	247	234.5

注：(a) RDX；(b) RDX/10.7 μm Al；(c) RDX/2.6 μm Al；(d) RDX/40 nm Al。

表 4.12　质谱分析得到的 RDX 热分解的各质荷比的起始温度及离子强度值

m/z	(a) T_0	(b) T_0	(c) T_0	(d) T_0	(a) I_R	(b) I_R	(c) I_R	(d) I_R
12	200	200	200	180	2.45	2.79	2.74	2.45
14	200	208	214	209	11.75	13.05	13.89	14.55
15	190	196	190	170	2.70	2.78	3.13	2.96
16	195	204	210	205	9.16	8.99	10.15	10.55
17	185	185	192	160	21.70	14.1	19.85	20.74
18	173	194	185	138	89.88	60.28	80.56	87.34
26	173	180	180	159	2.74	3.15	3.02	2.44
27	172	180	180	162	14.71	16.95	16.51	13.16
28	203	216	224	221	59.46	74.61	86.01	81.64
29	187	201	201	184	15.61	19.31	18.46	18.24
30	177	180	180	146	100	100	100	100
42	191	192	184	184	1.38	1.51	1.76	1.56
43	194	194	183	175	2.4	2.45	2.65	2.42
44	178	186	184	152	34.43	37.52	36.30	44.51
45	199	194	191	176	0.6	0.73	0.81	0.93
46	190	190	190	174	1.95	2.32	2.56	2.13
47	209	207	202	175	0.18	0.2	0.21	0.2
52	194	194	194	163	0.09	0.23	0.23	0.26
68	210	210	210	210	0.25	0.1	0.1	0.1

注：（a）RDX；（b）RDX/10.7 μm Al；（c）RDX/2.6 μm Al；（d）RDX/40 nm Al。

图 4.25 表示各体系分解产生离子的峰值温度图。由图 4.25 及表 4.11 可知，在离子强度峰温处，m/z = 30 的离子强度最大，其次是 18 和 28。在以上质荷比中，RDX/10.7 μm Al 的热分解产物离子中，除 m/z = 30 峰值温度不变外，其他质荷比数的峰值温度均滞后，而 2.6 μm Al 对 RDX 离子数的峰值温度基本不产生影响。RDX/40 nm Al 产生的 m/z = 14、16、28 的峰值温度滞后，m/z = 17 保持不变，其他质荷比的峰值温度均大幅提前。这表明 40 nm Al 对 RDX 热分解有明显的促进作用，峰值温度的提前与 DSC 曲线变化趋势和动力学分析结果一致。

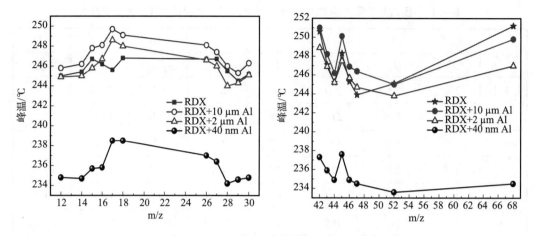

图 4.25　纯 RDX 及 RDX/Al 热分解产生的离子的峰值温度图

由离子强度曲线可知，NO_2 的离子强度较小，这可能是由于在 MS 检测过程中，MS 对离子源的轰击使 NO_2^+ 变为 NO^+ 和 O^+，而使 NO_2^+ 流强度变小。由表 4.11 可见，$m/z = 30$ 的离子流强度最大也是这一原因的结果。

图 4.26 表示检测到的质荷比的起始温度对比图。由图 4.26 和表 4.12 可知，纯 RDX 产生的主要质荷比顺序依次为 $m/z = 27$、18、30、44 和 17，对应的温度分别为 172 ℃、173 ℃、177 ℃、178 ℃和 185 ℃；$m/z = 27$ 对应的粒子碎片可能是 HCN，$m/z = 30$ 对应的粒子碎片可能是 CH_2O。可以推测，纯 RDX 是 N—N 键断裂占有一定的优势。RDX/10.7 μm Al 和 RDX/2.6 μm Al 热分解产生的质荷比中，除 $m/z = 30$ 的起始温度保持不变，其他离子数的起始温度均有所滞后。RDX/40 nm Al 热分解产生的质荷比依次为 $m/z = 18$、30、44、17 和 27，对应的温度分别为 138 ℃、146 ℃、152 ℃、160 ℃和 162 ℃，可推测 40 nm Al 使 C—N 键断裂占一定的优势，40 nm Al 使 RDX 热分解时 C—N 键提前断裂。

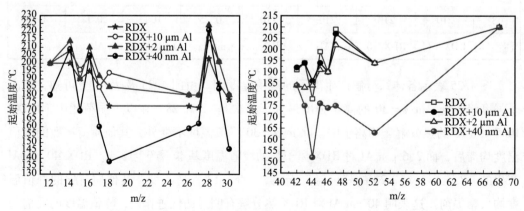

图 4.26　纯 RDX 及 RDX/Al 热分解产生的离子的起始温度对比图

图 4.27 表示分解强度最大时刻检测到的各体系放出气体产物的红外谱图。由图可知，红外光谱检测到的气体产物包括 N_2O、NO_2、HCN、CH_2O、NO、HNCO、HNO_2、CO_2、H_2O。各气体对应的波数为：2 238 cm^{-1}、2 201 cm^{-1} 处为 N_2O 强吸收峰；1 303 cm^{-1}、1 272 cm^{-1}、2 584 cm^{-1}、2 545 cm^{-1} 处为 N_2O 弱吸收峰；1 630 cm^{-1}、1 598 cm^{-1} 处为 NO_2 强吸收峰；2 923 cm^{-1} 处为 NO_2 弱吸收峰；713.2 cm^{-1} 处为 HCN 强吸收峰、3 493 cm^{-1} 处为 HCN 弱吸收峰；2 799 cm^{-1}、1 745 cm^{-1} 处为 CH_2O 强吸收峰；1 906 cm^{-1} 处为 NO 吸收峰；2 285 cm^{-1} 处为 HNCO 吸收峰；2 349 cm^{-1} 为 CO_2 吸收峰；3 500~4 000 cm^{-1} 为 H_2O 吸收峰；1 710 cm^{-1} 为 HNO_3 吸收峰，861 cm^{-1} 为 HONO 吸收峰。

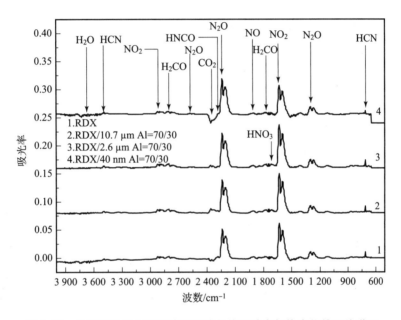

图 4.27　分解强度最大时刻检测到的各体系放出气体产物的红外谱图

图 4.28 所示为 RDX 及 RDX/铝热分解气体产物的红外强度随温度的变化关系图。RDX、RDX/10.7 μm Al、RDX/2.6 μm Al 热分解气体产物的起始温度基本相同，在 200 ℃左右峰值温度基本不变。RDX/40 nm Al 热分解气体产物的起始温度均有较大的提前，为 180 ℃左右，且放出的 CO_2、NO、HNO_2、HNO_3、HNCO 出现双峰，峰温明显提前。由图还可知，产物气体按强度大小依次为 NO_2、N_2O、HCN、H_2CO、CO_2、HNO_3。NO_2 和 N_2O 红外强度远大于其他气体的强度，表明体系热分解时以生成 NO_2 和 N_2O 的反应为主。

图 4.29 所示为 RDX/Al 热分解时产物 NO_2 和 N_2O 的红外强度随温度变化的关系。

由图 4.29 可知，与纯 RDX 相比，10.7 μm Al 和 2.6 μm Al 对 RDX/Al 体系热分解时产生的两种气体的峰温几乎没有影响，40 nm Al 明显使 NO_2 和 N_2O 起始温度提前，同时 NO_2 和 N_2O 的红外强度峰温也提前约 10 ℃。这些现象表明，10.7 μm Al 和 2.6 μm Al

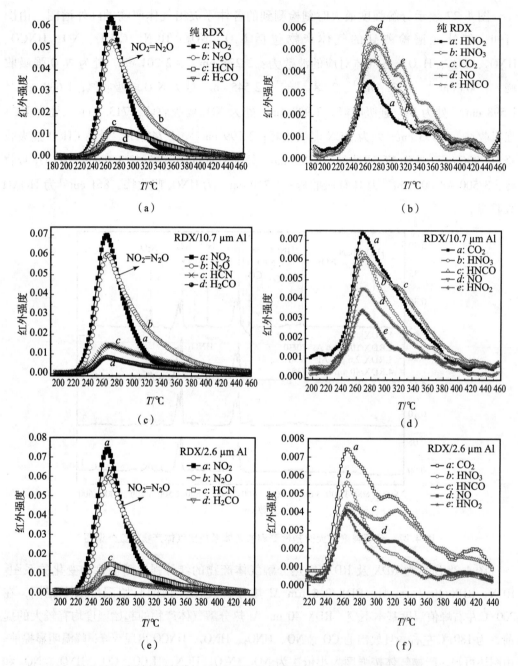

图4.28 RDX 及 RDX/Al 热分解气体产物的红外强度随温度的变化关系

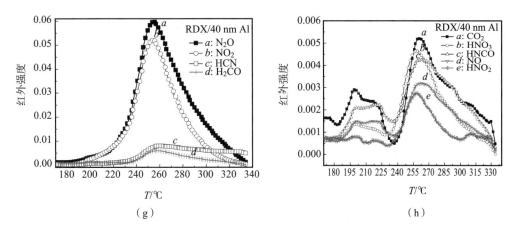

（g）　　　　　　　　　　　　　　（h）

图 4.28　RDX 及 RDX/Al 热分解气体产物的红外强度随温度的变化关系（续）

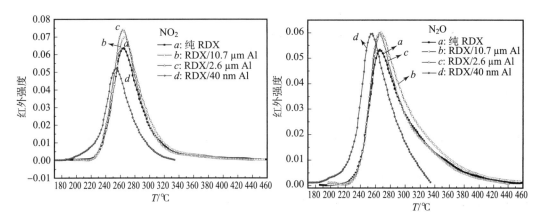

图 4.29　不同粒径的铝粉对 RDX/Al 热分解时产物 NO_2 和 N_2O 的红外强度与温度变化的关系

对 RDX/Al 的热分解几乎没有影响，而 40 nm Al 对 RDX/40 nm Al 的热分解具有明显促进作用，这一结果与质谱实验结果一致。图 4.29 所示为各 RDX 体系热分解时 FTIR 检测到的产物气体 NO_2 和 N_2O 红外强度比。对于纯 RDX 和 RDX/微米铝体系，由于在 245 ℃ 前产生的气体红外强度较小，所以在此温度前进行强度的比较产生的误差会较大。由图 4.30 可知，纯 RDX 和 RDX/微米铝热分解时放出的气体 NO_2 和 N_2O 红外强度比值随着温度变化的规律基本相同，而 RDX/40 nm Al 热分解时的该比值发生很大的变化。

由图 4.28 可知，慢升温速率下 RDX 及 RDX/Al 热分解的主要气体产物是 NO_2 和 N_2O，因此可推断 RDX 及 RDX/铝慢升温速率下的热分解是生成 NO_2 和 N_2O 的反应之间相互竞争的过程。由图 4.28（a）、（c）、（e）及图 4.29 可知，竞争过程表现为：RDX、RDX/10.7 μm Al、RDX/2.6 μm Al 热分解过程中存在 NO_2 和 N_2O 的红外强度相等的温度点，即"等浓度点"，三者的"等浓度点"温度基本相同，为 281 ℃。在

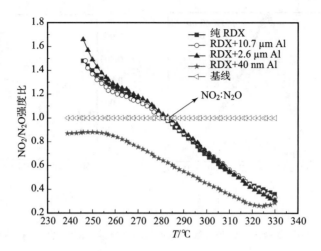

**图4.30　各 RDX 体系热分解时 FTIR 检测到的产物
气体的 NO₂ 和 N₂O 红外强度比**

"等浓度点"前，三者热分解过程中生成 NO_2 的反应具有一定的优势，导致 NO_2 的浓度大于 N_2O 的浓度，而在"等浓度点"后，生成 N_2O 气体的反应占优，导致 N_2O 的浓度大于 NO_2 的浓度。由图4.28（g）及图4.30可知，RDX/40 nm Al 热分解过程中产生的 N_2O 的浓度始终大于 NO_2 的浓度，表明在该体系热分解过程中，生成 N_2O 的反应一直占优。这是由于纳米铝粉促进了 RDX 热分解中 C—N 键断裂并使二次反应中生成 N_2O 的反应占据优势。40 nm 铝对 RDX 热分解的促进可能是纳米铝的吸附催化与包含于氧化铝壳内的铝核在强氧化性气体环境中缓慢氧化二者共同作用的结果。

与此同时，我们研究了不同粒径的铝粉对 AP 热分解机理的影响。DSC 结果表明：铝粉粒径越小，体系的高温分解反应向放热量越大的方向进行。虽然纯 AP 的 TG 曲线基本只有一个失重过程，但是其热分解过程相当复杂，传统动力学方法不能完整地体现整个热分解过程。因此，需采用多元非线性拟合技术来描述纯 AP 的热分解。从表4.13纯 AP 不同转化率对应的表观活化能和指前因子对数值可以看出，转化率在 0.02 ~ 0.15 时，表观活化能在 50 ~ 120 kJ/mol 范围内；转化率在 0.15 ~ 0.8 时，表观活化能在 120 ~ 180 kJ/mol 范围内；转化率大于 0.8 后，表观活化能在 140 ~ 220 kJ/mol。

表4.13　纯 AP 不同转化率时对应的表观活化能和指前因子

转化率 α	0.05	0.1	0.2	0.3	0.4	0.5	0.6	0.7	0.8	0.9	0.95	0.98
$E/(kJ \cdot mol^{-1})$	53	76	175	193	189	176	165	156	149	141	142	168
$lg(A_K/s^{-1})$	1.20	2.95	10.96	12.37	12.07	11.14	10.32	9.74	9.30	8.82	9.07	11.17

图 4.31 所示是通过使用 Friedman 等转化率方法获得的表观活化能随转化率变化的曲线。由图 4.31 可知，纯 AP 的热分解表观活化能随着转化率的改变发生很大的变化。按照表 4.13 和图 4.31，将纯 AP 的热分解分为三个阶段，非线性拟合过程中采用 A→B→C→D 模型（A、B、C、D 为反应物，1、2、3 为反应步骤）进行计算。通过选择机理函数，用多元非线性拟合技术拟合 TG 曲线，将获得的表观活化能、指前因子对数值与 Friedman 无模式等转化率法获得的数据进行比较，并结合拟合相关系数，判断最佳反应模型与机理函数[48]。最终得到纯 AP 热分解反应机理函数为：第一阶段为 C1B（B 引起的 1 级自催化），第二阶段为 D1（一维扩散），第三阶段为 D1（一维扩散）。最佳拟合结果如图 4.32 所示，获得的动力学参数见表 4.14。

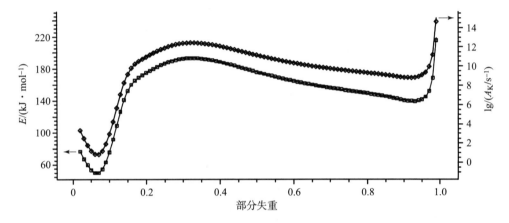

图 4.31　Friedman 法获得纯 AP 非等温分解的表观活化能

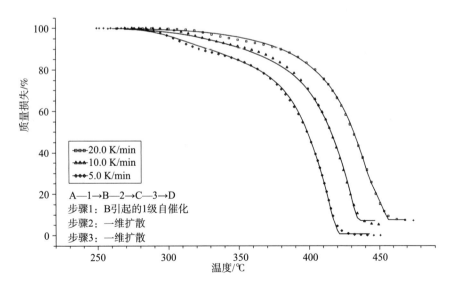

图 4.32　纯 AP 的多元非线性最佳拟合结果

表 4.14　纯 AP 的多元非线性最佳拟合结果的动力学参数

A $\xrightarrow{1}$ B		B $\xrightarrow{2}$ C		C $\xrightarrow{3}$ D	
$\lg(A_K/s^{-1})$	$E/(kJ \cdot mol^{-1})$	$\lg(A_K/s^{-1})$	$E/(kJ \cdot mol^{-1})$	$\lg(A_K/s^{-1})$	$E/(kJ \cdot mol^{-1})$
1.58	52	8.31	142	14.28	218

同理，采用多元非线性拟合中 A→B→C→D 模型，对 AP/10.7 μm Al、AP/2.6 μm Al、AP/40 nm 铝的热分解 TG 曲线拟合。将活化能、指前因子对数值的拟合值与 Friedman 法获得的数据进行比较并结合拟合相关系数判断最佳模型与机理函数。在拟合过程中，分别对多种机理函数组合进行计算，最终得到 AP/10.7 μm Al 热分解机理函数组合为 C1B/D1/D3：第一阶段为 C1B（B 引起的 1 级自催化），第二阶段为 D1（一维扩散），第三阶段为 D3（三维 Janders 类扩散）；AP/2.6 μm Al 反应机理函数组合为 C1B/D1/D4：第一阶段为 C1B（B 引起的 1 级自催化），第二阶段为 D1（一维扩散），第三阶段为 D4（三维 Ginstl – Brouns 类扩散）；AP/40 nm Al 的热分解反应机理函数组合为 C1B/D1/F2：第一阶段为 C1B（B 引起的 1 级自催化反应），第二阶段为 D1（一维扩散反应），第三阶段为 F2（2 级反应）。可以看到第一阶段所有的体系均遵从一级自催化反应，第二阶段均遵从一维扩散机理，而第三阶段分解机理则发生改变。

与纯 AP 相比，AP/铝热分解第一阶段的活化能增加，且 AP/40 nm Al 热分解第一阶段的活化能提高最为明显。如果以此判断反应的难易程度，AP/40 nm Al 的热分解起始的难度最大，而添加微米铝粉时难度降低，但仍比纯 AP 高。从趋势上来说，添加这三种不同粒径的铝到 AP 中时，体系的第二阶段反应的活化能均有不同程度的降低，AP/10.7 μm Al 和 AP/2.6 μm Al 的热分解活化能基本相同，但 AP/40 nm Al 的活化能降低程度减弱。从 AP 的低温和高温阶段反应机理来说，随着铝粒径的减小，铝对低温气体的吸附使 AP 的低温分解向高温移动，所以活化能也逐步增加；铝的空间约束和铝氧化反应使 AP 的高温分解向低温移动，活化能降低。

图 4.33 所示为红外光谱检测到的纯 AP 及 AP/Al 热分解最大强度时的红外光谱。由图可知，AP 及 AP/Al 热分解时产生的气体为 N_2O、NO_2、HCl、H_2O、HNO_3、HO-NO，此外还检测到 $HClO_4$，未检测到 NH_3。各气体对应的波数分别为：2 238 cm^{-1}、2 201 cm^{-1} 为 N_2O 的强吸收峰；1 303 cm^{-1}、1 272 cm^{-1}、2 584 cm^{-1}、2 545 cm^{-1} 为 N_2O 的弱吸收峰；1 630 cm^{-1}、1 598 cm^{-1} 为 NO_2 的强吸收峰；2 923 cm^{-1} 为 NO_2 的弱吸收峰；3 500 ~ 4 000 cm^{-1} 为 H_2O 的吸收峰；1 908 cm^{-1} 为 NO 吸收峰；2 700 ~ 3 012 cm^{-1} (2 962 cm^{-1}) 为 HCl 的吸收峰；1 710 cm^{-1} 为 HNO_3 的吸收峰；1 120 cm^{-1} 附近为 $HClO_4$ 的吸收峰，其另一个特征峰为 1 075 cm^{-1}。

图 4.34 表示升温速率为 10 ℃/min 时各体系的分解气体产物的三维红外吸收三维

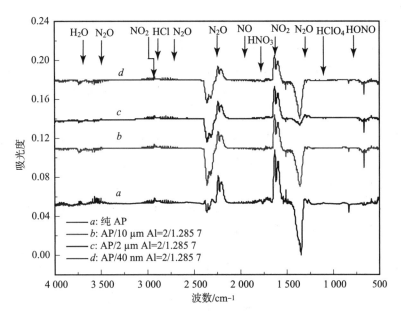

图 4.33　纯 AP 及 AP/铝热分解最大强度时的红外光谱

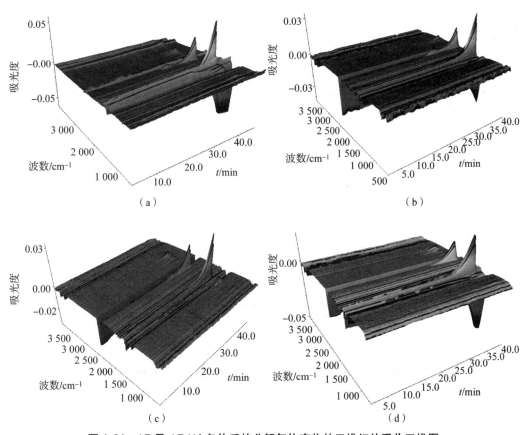

图 4.34　AP 及 AP/Al 各体系的分解气体产物的三维红外吸收三维图

（a）纯 AP；（b）AP/10.7 μm Al；（c）AP/2.6 μm Al；（d）AP/40 nm Al

图。由图 4.34 可知，AP 及 AP/10.7 μm Al、AP/2.6 μm Al 的红外强度图具有两个明显的峰：第一个峰是 AP 的低温分解产物吸收强度峰，第二个峰为 AP 的高温分解产物强度峰。铝粉使 AP 的第一个红外强度吸收峰峰温逐渐后移，且 AP/40 nm Al 的第一个强度吸收峰基本消失；随着铝粉粒径的减小，AP 的高温红外强度峰峰温逐步减小。红外结果也表明 AP/Al 的热分解过程同样是三阶段反应过程。

铝对 AP 的热分解第一阶段有阻碍作用，且随铝粒径的减小，阻碍作用越明显。如图 4.35 所示，与纯 AP 相比，AP/Al 热分解第一阶段气体产物的温度逐步滞后。纯 AP 和 AP/微米铝热分解时达到等浓度点的温度基本相同，但是 AP/40 nm Al 热分解时达到等浓度点的温度降低。这些现象可能是铝粉的尺寸效应导致的，这种尺寸效应在 AP 的热分解第一阶段中表现为吸附效应与空间约束效应的共同作用。

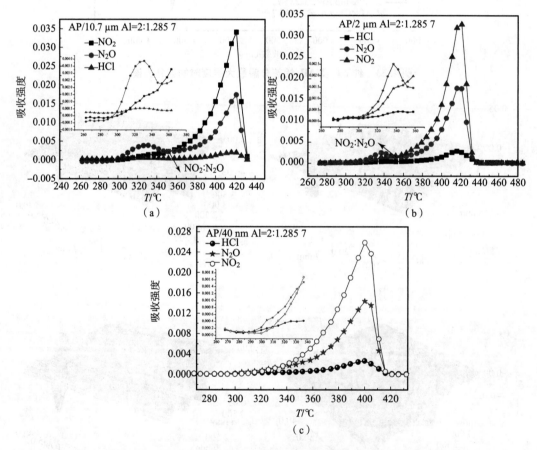

图 4.35　AP/不同粒度铝热分解产生的主要气体的红外吸收强度

（a）AP/10.7 μm Al 热分解产生的主要气体的红外吸收强度；（b）AP/2.6 μm Al 热分解产生的主要气体的红外吸收强度；（c）AP/40 nm Al 热分解产生的主要气体的红外吸收强度

我们结合扫描电镜观测结果进一步阐述吸附效应，如图 4.36 所示。AP 原料中有大颗粒和小颗粒 AP 的存在。铝粉在 AP 的表面形成包裹层，且铝粉粒径越小，对 AP 的包裹更加紧密。

（a）　　　　　　　　　　　（b）　　　　　　　　　　　（c）

图 4.36　纯 AP 及 AP/Al 混合物的 SEM 图

（a）纯 AP；（b）AP/2.6 μm Al（15%）；（c）AP/40 nm Al（15%）

推测可能发生以下三种可能。

1）铝粉粒径越小，对 AP 的包裹越严密，吸附气体的能力越强，这就使 AP 第一阶段分解时离解和升华过程在狭小的空间内缓慢进行，离解平衡向逆反应方向进行，即体系的第一阶段分解向高温移动。

2）AP 热分解的第一阶段是 AP 次表面下的核孔隙及晶体缺陷中的质子转移、2~3 μm 的尺寸"核"的形成及"核"中高氯酸和氨气的竞争吸附。随着铝粉粒径越小，特别是铝粒径为 40 nm 时，40 nm Al 可能吸附在 AP 次表面上，使缺陷数量减少，由此不利于质子转移等系列反应，并最终使第一阶段反应起始温度提高，产物的红外强度减弱，达到等浓度点温度提前。

3）与纯 AP 相比，AP/10.7 μm Al 和 AP/2.6 μm Al 的第二阶段结束温度基本未变，AP/40 nm Al 的结束温度提前约 20 ℃；第三阶段，三种粒径的铝粉使得体系反应结束温度均提前；随着铝粉粒径的减小，结束温度也随之减小。在这两个阶段中，随着温度的升高，一方面，由于铝粒径越小，对 AP 气体的吸附和约束效应越明显；另一方面，由于粒径越小，特别是纳米铝粉由于氧化壳较薄，与吸附的大量的氯氧化物及氮氧化物发生氧化反应的可能性越大。铝核的逐渐氧化可能会导致体系的自加热，并最终使热分解第二阶段反应的时间越短，达到生成 NO_2 和 N_2O 的反应平衡温度提前，第三阶段反应结束的温度降低。40 nm Al 参与氧化并发生自加热反应是体系放热量增加的主要原因之一。

采用同样的研究手段，我们得到了不同粒径铝粉对 RDX/AP 热分解机理的影响规律。研究发现：RDX/AP/Al（1/2/1.285 7）的热分解分两个明显的失重过程。RDX/AP/微米铝的第一失重过程非常迅速，RDX/AP/40 nm Al 的第一失重过程变得相对平缓。随着铝粉粒径的减小，RDX/AP/Al 热分解第二失重过程的失重曲线变得平缓，失重结束的温度提高。DSC 曲线表明：与纯 RDX/AP 相比，RDX/AP/微米铝的第一放热峰无明显变化，40 nm Al 使第一个放热峰温度明显提高；微米铝使 RDX/AP 第二个带有肩峰的放热峰峰温发生滞后，且铝粉粒径越小，温度滞后越显著。40 nm Al 使 RDX/AP 第二放热过程中的低温峰峰温提前，带有肩峰的高温峰峰温滞后。

机理函数分析表明 RDX/AP/微米铝的第一失重过程的反应与 RDX/AP 二元体系基本相同，产生气体的温度和气体红外强度峰值无明显变化，反应机理未发生变化。由于纳米铝粉的吸附效应和空间约束效应，RDX/AP/40 nm Al 热分解第一失重过程的反应速率显著降低，产生气体的温度稍有提前并且产物气体的释放速率大幅降低，气体红外强度峰值对应的温度和反应结束温度均明显提高，反应是机理函数为 Fn/A3 （A→B）的反应。RDX/AP 和 RDX/AP/40 nm Al 热分解第一失重过程的"等动力学点"为 222 ℃，在 222 ℃前 RDX/AP 的分解反应速率高于 RDX/AP/40 nm Al 的分解反应速率。

RDX/AP/10.7 μm Al、RDX/AP/2.6 μm Al 和 RDX/AP/40 nm Al 的热分解第二失重过程的机理函数分别为 CnB/D1/D1、CnB/D1/D4、CnB/D1/D4。第二失重过程第一阶段的温度范围内，随着铝粉粒径的减小，反应速率常数逐渐增大。第三阶段的反应速率越小，铝粒径越小，越有利于体系热分解第二失重过程的第一阶段中 C 及化合物与 AP 分解产物反应，其中 40 nm Al 的作用最为明显。RDX/AP/Al 的热分解第二失重过程的第二阶段是生成 N_2O 与 NO_2 气体的反应竞争过程，随铝粉粒径的减小，N_2O 和 NO_2 达到等浓度点的温度逐步提前，二者比值逐步增加。铝粒径越小，第三阶段结束的温度越高，越不利于第三阶段反应的完成。

4.3.3 细铝粉参与燃烧和爆轰反应

在推进剂和炸药中，铝粉主要与含能化合物的气相分解产物如 CO_2、CO 和 H_2O 等发生反应。为此人们对不同氧化气体环境下的铝粉燃烧特性包括点火温度、点火延滞时间、燃烧时间、火焰的传播速率等进行了较为详细的研究[49-52]。然而对于铝粉在火药或炸药体系下的固相燃烧产物研究还比较少，过去认为铝粉在推进剂或炸药中反应产物为 Al_2O_3[53,54]，但是最近的一些研究结果表明，铝粉在含 CO_2 的燃烧环境下反应可能生成 Al_2OC、Al_4C_3、Al_4O_4C 等化合物[55-58]，在包含 N_2 的环境下可以生成 AlN[59,60]。研究铝粉在炸药和推进剂的固相产物是研究铝粉物理化学反应机理的基础，也可以为计算含铝推进剂和炸药的能量释放提供理论支持，因此有必要对铝颗粒在炸药和推进剂中的反应行为进行研究。

Volk[61] 等人对 TNT/AN/Al、TNT/RDX/Al、RDX/AP/Al 的爆轰产物进行了分析，固相产物的主要成分为 Al_2O_3 和固相 C，另外，还包含少量没有反应的 Al，未反应铝的质量分数小于 1%。Lihrmann[62] 对 Al_2O_3 与 C 之间的反应进行了研究，结果表明，在一定温度下 Al_2O_3 与 C 之间可以发生化学反应生成 Al_2OC 或 Al_4C_3。Bucher[63,64] 采用 CCD

光电相机、平面激光诱导荧光检测装置对单颗粒（210 μm）铝粉的燃烧过程进行了研究，发现铝粉的燃烧存在两个阶段：第一个阶段是稳定的燃烧，在距离颗粒表面一定位置处形成分离的火焰；第二个阶段是不稳定的燃烧阶段，在颗粒表面有气相物质喷出，如图 4.37 所示。

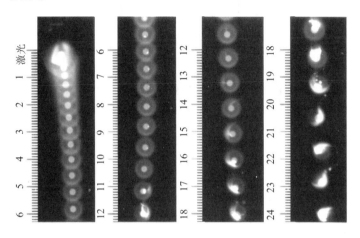

图 4.37 铝颗粒空气中点火后形成的火焰，刻度为距离点火处的距离（单位：mm）

Tikhonov[65]对 CO_2 气氛下的微纳米铝粉进行了热分析研究，热分析的最高温度为 1 250 ℃，在该温度下粒径小于 3 μm 的铝粉几乎完全反应。扫描电镜分析结果表明，氧化产物中有空心的氧化铝壳生成，如图 4.38 所示，为此 Tikhonov 提出了一个缓慢加热条件下铝颗粒氧化模型。另外，EDS 分析结果表明，当热分析温度由 600 ℃ 上升到 1 000 ℃，固相产物中的 C 含量一直升高，随后开始下降。Tikhonov 认为这是由于 Al 与 CO_2 反应生成了 Al_2OC 和 Al_4O_4C。

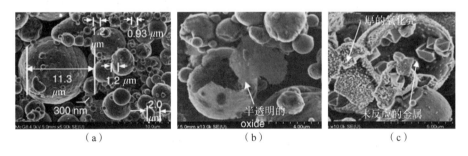

图 4.38 3 μm Al 的 SEM 图片

（a）常温；（b）800 ℃；（c）1 000 ℃

Olsen[66]对 CO_2/H_2O 气氛下的铝颗粒燃烧进行了研究，所用铝粉的粒径为 40 ~ 80 μm，采用光电二极管测量了铝颗粒的燃烧时间。采用 SEM 观测到未反应完全的铝颗粒形貌，如图 4.39 所示。从图中可以看出，在颗粒表面有氧化物的沉积，距离铝表面一定位置处有颗粒较小的氧化物颗粒，这表明铝粉的燃烧是以气相反应的形式进行的。

图 4.39　铝颗粒燃烧产物的扫描电镜照片

Trzcinski[67]采用热分析、XRD 等手段对 RDX/Al（70/30）的固相爆轰产物进行了分析，铝粉有两种粒度：一种为 5 μm，另一种为 90 μm。实验发现固相产物的主要成分为未反应的 Al、Al_2O_3 和 AlN，其中未反应铝的含量较少，90 μm 铝粉炸药爆轰产物中 Al、Al_2O_3 和 AlN 含量分别为 5.6%、76.2% 和 18.2%。5 μm 铝粉炸药爆轰产物中 Al、Al_2O_3 和 AlN 含量分别为 2.5%、68.6% 和 28.9%。

Ye 等人[68]采用 SEM、XRD 对铝颗粒在 CO_2 环境下的燃烧产物进行了分析，产物主要为 Al_2OC、各相的 Al_2O_3（α、γ、δ）及少量未反应完的铝。Deiter 等人[69]研究了 100 nm 铝粉在空气中的燃烧，发现回收的产物中包含超过 50% 的 AlN。Ye 等人在冲击波管中对纳米铝粉和 RDX 的燃烧进行了研究，结果发现在氩气环境中有 AlN 生成，但是在氧气环境中却没有。Zhu[70]等对 Al 与氮氧化物气体之间的反应进行了研究，热力学和动力学计算均表明 Al 与 NO、N_2O、NO_2 反应生成的固相产物为 Al_2O_3，而不是 AlN。Gliev[71]对 HMX/TNT/Al 爆轰后的产物进行了回收，SEM 分析结果表明在剩余的固相产物中有空心的氧化物颗粒形成。产物成分分析表明，对于 10 μm 的铝粉，大部分铝并未参与反应。

国外学者[72]对铝在 CO_2 中的燃烧时间进行了研究，同时对燃烧后产物形貌及元素成分进行了分析。结果表明在铝粉颗粒的表面有纳米的氧化物颗粒，在内部快速冷却的铝颗粒中包含有大量的碳和氧，碳与氧的元素含量随燃烧时间的加长而增加。已有的研究结果表明，在氧化性气体中反应时，铝粉燃烧的中间产物是 AlO，最终产物主要产物是 Al_2O_3，关于含铝炸药中铝粉的反应情况，不同的研究者得到的结果差别较大，需要进一步研究。

为了弄清铝颗粒燃烧过程的物理现象，研究人员对不同尺寸的铝颗粒在不同氧化剂环境、不同浓度氧化剂、不同环境温度和压力条件下的燃烧特性进行了大量实验。实验手段包括激光、电火花、冲击波管等。采用高速摄影仪、红外成像等观察铝颗粒燃烧过程，用光电管探测铝颗粒燃烧的火焰结构，用扫描电镜（SEM）分析燃烧产物的微观结构，并利用高速摄影确定铝颗粒的燃烧时间，进而了解铝颗粒的燃烧机理。

Wong[73]和 Turns[74]等人将铝粉加入推进剂中，铝粉粒径为 500 ~ 1 100 μm，推进剂燃烧完后，铝粉团聚在一起，形成的铝粉颗粒直径在 300 ~ 800 μm。通过高速摄影观察到在甲烷气体中燃烧的铝粉火焰要小于一氧化碳中的，这是由于甲烷燃烧的火焰中有水蒸气生成。

Roberts[75]等人采用冲击波管对铝粉及铝镁合金在氧气环境下进行了燃烧试验，试验时候压力最高为 34 atm。结果表明，尽管铝粉燃烧时间随着压力的提高而减少，但是减少幅度并不是很明显。

Marion[76,77]等采用激光点火的方式对空气环境下粒径为 40 μm 的铝粉燃烧时间进行了测试，试验时压力从 1 atm 到 40 atm。结果表明，当压力由 1 atm 提高到 4 atm 时，燃烧时间明显缩短。预测的氧化物颗粒直径约为铝粉初始直径的 70%。在氮气/氧气环境下，会出现铝颗粒破裂的现象。

Olsen 和 Beckstead[78]采用一氧化碳和氢气火焰点燃单个铝粉。铝粉粒径在 40 ~ 80 μm。他们认为氧化剂的浓度对燃烧时间有着较大的影响。试验结果表明，在不同的燃烧阶段，燃烧速率指数不同，初始阶段指数为 2，快要燃尽时指数为 1，他们认为这是由于氧化产物在铝颗粒表面沉积造成的。

Dreizin[79,80]对空气环境室温下 150 μm 铝颗粒点火过程进行了研究，与 Prentice[81]等人的工作一致。研究发现，铝粉的燃烧首先存在一个轴对称的燃烧过程，接着铝粉的燃烧会出现震荡，颗粒的表面有烟喷出且螺旋下降。Dreizin 对微米铝粉燃烧过程中的震荡现象进行了大量的研究，他们认为之所以出现非对称燃烧，是铝粉表面的凝聚相物质分解造成的，不同的位置其分解与氧化速率不同，因此导致铝蒸气挥发得不对称。

Orlandi[82]对铝颗粒的燃烧研究表明，随着氧气浓度的提高，气相反应面越接近熔化的铝液表面，液滴表面的铝蒸气浓度是温度的函数。当铝颗粒表面的蒸发速度较小时，气化速率主要受气相物质的浓度梯度影响。随着氧气浓度的提高，氧气的扩散速率也随之提高，因此铝的气化速率也随之提高，对应的火焰面也更加靠近熔化铝颗粒表面。

Assovskiy[83]等对正常重力条件和微重力条件下铝液滴的点火与燃烧特性进行了实验研究，发现重力水平对铝液滴燃烧反应动力学和燃烧产物的形态有很大影响，且铝颗粒燃烧时所处的氧化环境及环境压力也会影响燃烧产物的大小、尺寸的分布和形状等。他们在实验后用电子显微镜观察到燃烧产物中的形貌，发现燃烧的铝液滴在周围很大范围内有铝和氧化铝存在。

汪亮等[84]用激光点火的方法在 T 形燃烧器内研究了包覆铝粉的破裂燃烧特性。他们预先在铝粉表面包覆一层高分子表面活性剂，燃烧过程中这种活性剂能形成不可渗透的壳层，通过破裂燃烧的方式使铝粉燃烧完全。结果发现，与含标准铝粉的推进剂燃烧结果相比，使用包覆铝粉的推进剂，燃烧室管壁残存的残渣量和残渣中大颗粒所占的百分数明显减少。

Zenin 等[85]研究了悬浮在超声波中的单个铝颗粒燃烧特性。他们测量了铝颗粒的燃烧时间、直径、铝颗粒表面沉积的氧化物数量和火焰结构，发现铝颗粒在超声波中燃烧后，表面的氧化物沉积量比零重力条件和对流条件下明显减少。

Patrick 等[86]对直径为 5 μm 的铝颗粒在不同温度、不同压力和不同气体组分环境下的燃烧时间进行了研究。试验在激波管中进行，用氩气作为环境稀释剂，他们观察到铝颗粒在反射激波后的燃烧现象，并根据不同气体作氧化剂时发光特征的差异计算了铝颗粒的燃烧时间。

Salil 等[87]对不同氧化剂环境下铝颗粒的点火特性进行了研究。实验用二氧化碳激光分别在空气、水蒸气、二氧化碳及它们的混合物环境中点燃直径为 4 μm 的铝颗粒。点火和燃烧现象能够通过视觉清楚辨别，且实验中考虑了金属颗粒在较冷环境下点火的热平衡。实验结果表明，火焰一旦建立，铝颗粒在水蒸气中的反应速率要高于其他氧化气体环境中的反应速率，阿累尼乌兹定律能够描述铝颗粒在不同氧化剂环境下的点火过程。

金属燃烧涉及三相（气相、液相、固相）的物理与化学变化。通过三维球对称假设可以将颗粒的燃烧简化成一维问题，从而对化学反应、各种传质过程进行求解。为了研究复杂的金属燃烧过程，可以将凝聚相物质与气相物质分开分别进行模拟。通过引入合适的界面子模型，可以对整个燃烧过程进行模拟。为了研究铝粉燃烧过程，人们提出了各种解析和数值模型，见表 4.15。

表 4.15　铝燃烧的理论模型

模型	解析求解	反应物经过凝聚相扩散	火焰温度与氧化剂浓度有关	产物在表面沉积	产物在外部凝结	考虑 Al 与 CO_2 反应动力学参数	多种输运特性	多种氧化剂	火焰温度与氧化剂种类有关	考虑热辐射影响	考虑对流影响
Brzustowski (1964)	★	★	★							★	
Law (1973)	★		★	★							
Law (1974)	★		★	★	★						
King (1977)						★					

续表

模型	解析求解	反应物经过凝聚相扩散	火焰温度与氧化剂浓度有关	产物在表面沉积	产物在外部凝结	考虑 Al 与 CO_2 反应动力学参数	多种输运特性	多种氧化剂	火焰温度与氧化剂种类有关	考虑热辐射影响	考虑对流影响
Micheli (1977)		★	★				★	★	★		
Kudryavtsev (1979)	★	★			★						★
Gremyach‑Kin (1979)	★										★
Turns (1987)	★		★	★							★
Bhatia (1993)	★		★	★					★		
Brooks (1991)	★		★	★			★	★	★	★	★
Yang (2008)	★		★	★	★		★			★	★
Tanguay (2009)			★				★			★	★

Glassman[88]、Brzustowski 最早基于碳氢燃料的燃烧建立了铝粉的燃烧模型。该模型认为铝粉的反应主要是以铝蒸气和氧化性气体的方式进行，假定化学反应速率为无限大，氧化剂与可燃剂按照化学计量数完全反应。燃烧速率受反应物扩散速率的影响。燃烧火焰的最高温度为金属氧化物的分解或气化温度。

Law[89]、Williams[90]、King[91]、Brooks[92] 等在其模型中考虑了固相氧化物在铝颗粒表面的沉积。Law 考虑了颗粒表面到火焰面空间内易分解产物，如 AlO、Al_2O 扩散过程的影响。他认为在较低的环境温度下，氧化物在颗粒表面的沉积对燃烧过程有着重要的影响。该模型可以预测气相扩散火焰，以及氧化物的沉积。模型假设包含稳态燃烧、轴对称、忽略黏性、绝热条件、近似成无限薄的火焰面、遵从 Fick 和 Fourier 定律、铝粉燃烧时颗粒表面温度始终为铝的沸点等。

Brooks 和 Beckstead[93] 考虑了氧化产物沉积对表面反应过程的抑制。铝粉燃烧速率受氧化剂种类、浓度、粒径影响较大。模型通过权重因子考虑了输运特性的影响。为了模拟氧化物沉积对燃烧速率的影响，模型中假设反应速率与颗粒中铝粉的表面积成正比。计算表明输运特性与扩散参数对燃烧速率有较大的影响。

King[91] 首先假设动力学反应过程是无限快的，计算得到 n 为 1.35 ~ 1.9。该模型表明铝粉的燃烧过程部分受动力学的控制。Fedorov[94] 在其模型中包含了各种物质的输运特性。该模型假设气相反应速率要远快于物质的输运速率。由于需要考虑物质的输运，因此存在着空间不平衡。另外，在该模型中不需要考虑化学反应的动力学参数，整个反应过程由扩散控制。Bhatia[95]的模型与 Law 的模型相似，火焰温度通过热力学计算获得，而铝粉表面的温度通过蒸气压数据获得（压力越大，沸点越高）。该模型同时考虑了颗粒的瞬态加热过程。Beckstead[93] 提出了一个完整的铝粉点火、燃烧模型，该模型能够模拟不同粒度铝粉的点火过程，同时考虑铝粉氧化铝帽的形成、铝粉的反应速率及点火准则。同时拓展了 Law 的稳态燃烧模型以考虑不同的氧化剂、氧化产物在颗粒表面的沉积及热对流等。在计算输运和热力学参数时，假设 Lewis 参数不发生变化。Barlett[96]研究了铝颗粒在甲烷 – 氧气中的燃烧火焰，认为铝粉的燃烧并不是受气相扩散机理的控制，而是受铝蒸气通过氧化膜扩散过程的影响。

在前人工作的基础上，笔者所在的研究团队开展了微纳米铝粉在不同热环境下的反应行为研究。采用不同的方法研究了热分析（<1 500 ℃）、燃烧（2 000 ℃~3 000 ℃）、爆轰（>3 000 ℃）等环境下铝粉反应的产物组成及颗粒形貌。实验中用到多种粒度的铝粉，铝粉的典型扫描电镜照片如图 4.40 所示。

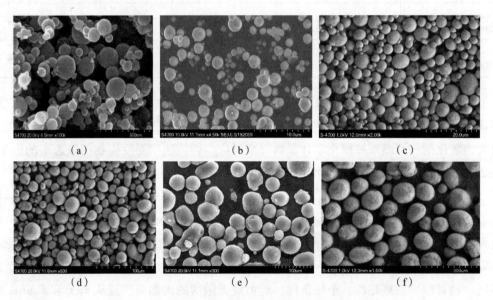

图 4.40　实验用的微纳米铝粉的典型扫描电镜照片

（a）50 nm；（b）1 μm；（c）2 μm；（d）10 μm；（e）30 μm；（f）90 μm

纳米铝粉在氧气环境下的 TG 曲线如图 4.41（a）所示，从图中可以看出在 530 ℃时纳米铝粉出现了快速的增重，这表明在此温度附近纳米铝粉已经发生了燃烧。当温度上升到 570 ℃，此阶段的氧化反应已经完成。之后随着温度的升高，一直到 800 ℃，纳米铝粉的质量都保持相对的稳定，当温度超过 800 ℃后，样品的质量又出现缓慢的增重。为了对比，在图中同时包含了 1 μm 铝粉的 TG 曲线，从图中可以看出微米铝粉的热重曲线与纳米铝粉的热重曲线存在着较大的差别，微米铝粉在 530 ℃时增重不超过 2%，该结果与已有文献报道相似[97]。

纳米铝粉在 CO_2 环境下的 TG 曲线如图 4.41（b）所示。在 CO_2 环境下，纳米铝粉开始反应的温度为 500 ℃～510 ℃，而 1 μm 铝粉开始反应的温度为 630 ℃。在 1 200 ℃时，纳米铝粉的 TG 曲线上出现失重，但是在微米铝粉没有观察到类似的情况。一般认为在 CO_2 环境下，铝粉的反应方程式为

$$2Al + 3CO_2 \Longrightarrow Al_2O_3 + 3CO \tag{4-16}$$

根据上述反应式，在整个反应过程中样品的质量应该单调地增加，图中却出现质量减少，这表明除了上述反应外还有其他的反应发生。有文献报道，在同时包含 C、O 的环境下，铝可以与 C 和 O 作用生成 Al_4C_3、Al_2OC 或者 Al_4O_4C[98,99]，但是这不能解释样品质量减少。假设反应中生成了 Al_4C_3、Al_2OC 或者 Al_4O_4C，随着温度的升高，这些物质会进一步与 CO_2 反应生成 Al_2O_3，在此过程中样品的质量将会增加。因此，最可能的情况是，反应中生成的 CO 部分与 Al 进一步反应生成 C 和 Al_2O_3。当温度进一步升高时，固相 C 又与 CO_2 反应生成气态的 CO，从而使得样品的质量减少。试验中，样品发生失重的温度出现在 1 200 ℃，这与常压下 C 与 CO_2 开始发生明显反应的温度相吻合。Kwon[100]对 CO_2 环境下的铝粉反应进行了研究，X 射线光谱分析表明，在 600 ℃～1 000 ℃时，C 元素不断增加，1 000 ℃后 C 元素的含量开始减少，这与本试验的结果相吻合。

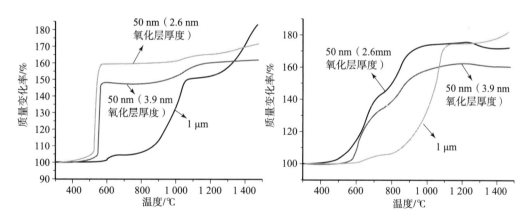

图 4.41　微纳米铝粉在不同气氛环境下的 TG 图
（a）氧气环境；（b）二氧化碳环境

纳米铝粉在 CO_2 环境下，增重过程比较缓慢，没有出现在 O_2 环境下那样的迅速增重过程，这就说明铝粉在 CO_2 没有出现点火燃烧。这主要是由于铝与 CO_2 的反应热为 15.1 kJ/g，而铝与 O_2 的反应热为 31.0 kJ/g，在 O_2 环境下铝粉自身反应释放的巨大热量，可以使得铝粉温度快速升高，最终超过其着火点，从而发生燃烧。但是由于铝与

CO_2 反应释放的热量较少，靠自身氧化释放的能量难以达到其着火点，因此在整个热分析的过程中，铝粉的质量只是缓慢地增加。

表 4.16 列出了在 O_2 和 CO_2 环境下铝粉在不同温度下的增重。从表中可以看出，在 500 ℃时纳米铝粉的增重较小，均不超过 5%，微米铝粉的增重不超过 0.2%，几乎可以忽略。对于纳米铝粉，其主要增重发生在 500 ℃ ~ 1 000 ℃，而微米铝粉的增重主要发生在 1 000 ℃ ~ 1 500 ℃。从 TG 图可以看出，在 1 500 ℃附近时，两种气氛中纳米铝粉都已完全反应，如果铝粉表面没有覆盖氧化铝，则铝粉完全反应时其质量应该是初始样品质量的 189%，由于纳米铝粉中氧化铝含量较高，使得实际的增重要小于该数值。根据最后的增重计算得到 50 nm（氧化层厚 2.6 nm）铝粉中纯铝的含量为 80.7%，而 50 nm（氧化层厚 3.9 nm）铝粉中纯铝的含量为 69.3%。

表 4.16 不同温度下铝粉增重 %

Al 样品	气体	温度/℃		
		500	1 000	1 500
50 nm（氧化层厚 2.6 nm）	O_2	104.7	161.4	171.1
	CO_2	103.5	174.0	172.1
50 nm（氧化层厚 3.9 nm）	O_2	101.7	152.1	161.7
	CO_2	100.4	158.7	160.6
1 μm	O_2	100.2	133.7	183.0
	CO_2	100.1	134.6	182.3

对加热到 1 500 ℃后的产物进行了 SEM 分析，如图 4.42 所示。

从图中可以看出产物的形貌已由最初的球状变成了不规律的形状，且颗粒的尺寸相比于铝粉的初始粒径有所增大。在 CO_2 环境下，纳米铝粉反应后的产物尽管形状发生了变化，但是大部分颗粒仍然保持独立；在 O_2 环境下则不同，大部分反应产物凝结在一起，形成了氧化铝块。这种差别是由其反应速率不同造成的，在 O_2 环境下，由于铝粉发生了燃烧，燃烧产生的火焰温度要高于 Al_2O_3 的熔点（2 300 K），因此熔融的 Al_2O_3 凝结在一起最终形成了 Al_2O_3 块，而在 CO_2 环境下，铝粉发生的只是较慢的氧化反应，在此过程中产物温度与热分析环境温度相一致，颗粒的温度要始终低于 Al_2O_3 的熔点，因此最后得到的产物颗粒仍然保持独立。两种环境下微米铝粉的颗粒形状比较相似，因为微米铝粉在两种气体环境下都只是缓慢地氧化，没有出现点火燃烧。对 50 nm（氧化层厚 2.6 nm）铝粉不同温度下的产物进行了 XRD 分析，结果显示初始样品中的主要成分是铝，900 ℃时产物的主要成分是 γ – Al_2O_3，而 1 500 ℃时产物的主要成分是 α – Al_2O_3。

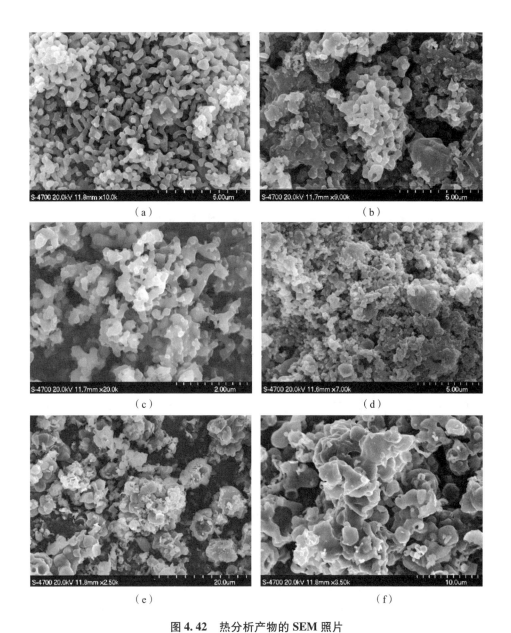

图 4.42　热分析产物的 SEM 照片

（a）50 nm（氧化层厚 2.6 nm）CO_2；（b）50 nm（氧化层厚 2.6 nm）O_2；（c）50 nm（氧化
层厚 3.9 nm）CO_2；（d）50 nm（氧化层厚 3.9 nm）O_2；（e）1 μm CO_2（f）1 μm O_2

对 2 μm、5 μm、10 μm 和 30 μm 铝粉进行了 O_2 和 CO_2 环境下的热分析研究，升温速率为 20 K/min，由于大颗粒的铝粉反应速率较慢，在 1 500 ℃反应不完全，因此当温度上升到 1 500 ℃时，在该温度下继续保持 15 min。不同粒度微米铝粉在氧气环境下的热重曲线如图 4.43 所示。从 TG 图上可以看出，500 ℃以前铝粉的质量几乎不变。根据 TG 图可以初步地将铝粉的反应分为三个阶段：第一个阶段是 500 ℃~700 ℃，在此阶段铝粉的增重较小，2 μm 铝粉 700 ℃ 的增重约为 5%，而其他几种粒度的铝粉增重均小于 2%。第二个阶段是 700 ℃~1 100 ℃，在此阶段，因铝粉粒度的不同，铝粉的反应度存在着较大的差异，1 100 ℃ 时 2 μm 铝粉的增重为 51%，这表明此时超过一半的铝粉已经发生了反应，10 μm 铝粉的增重为 26%，而 10 μm 和 30 μm 铝粉的增重分别为 11% 和 6%。第三个阶段是 1 100 ℃ 到热分析结束，1 500 ℃ 时 2 μm 铝粉的增重为 83%，根据铝粉与氧气反应的化学式，如果完全反应，则样品的增重应该为 89%，这表明对于 2 μm 的铝粉，此时铝粉已经接近完全反应。

样品质量随时间的变化关系如图 4.43（b）所示。从图中可以看出，当温度上升到 1 500 ℃ 后，继续保持温度在 1 500 ℃ 时，2 μm 铝粉样品的质量已经不再增加，这表明此时铝粉已经反应完全，而其他粒度的铝粉在恒温段仍继续反应。四种粒度的铝粉热分析后产物的 SEM 照片如图 4.44 所示。

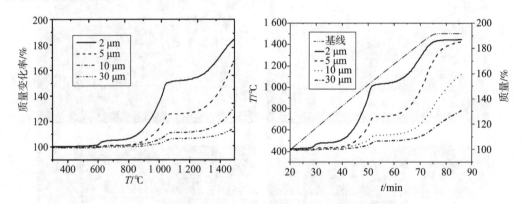

图 4.43　不同粒度微米铝粉在氧气环境下的热重曲线

（a）样品质量随温度的变化关系；（b）样品质量随时间的变化关系

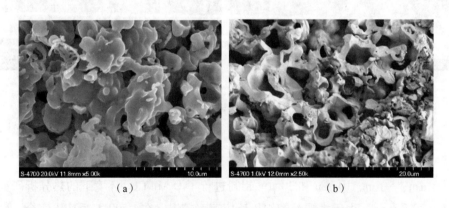

图 4.44　四种粒度的铝粉热分析后产物的 SEM 照片

（a）2 μm；（b）5 μm

（c）　　　　　　　　　　　　（d）

图 4.44　四种粒度的铝粉热分析后产物的 SEM 照片（续）

（c）10 μm；（d）30 μm

通过热重分析可知 2 μm 铝粒子基本完全反应，SEM 照片显示产物形状不规则，完全没有了反应之前铝粉的形态；5 μm 铝粉反应后留下类似于球壳的结构，根据铝粒子的壳核结构分析，应为氧化铝球壳内部的铝受热冲破铝壳与氧气发生反应；10 μm 铝粉反应后的结构仍然有多数保持球形，但是明显看到铝粉表面有裂缝并且表面较为粗糙，说明该粒径的微米铝粉在高温条件下仍然存在着化学反应；30 μm 的铝粉产物团聚比较严重，在颗粒的表面覆盖有流动状的反应物，这是由于颗粒的表面被氧化物覆盖住，中心的铝难以与氧气直接接触，因此大部分铝粉并没有参加反应。铝的熔点为690 ℃，固体铝的密度为 2.7 g/cm³，而液态铝的密度为 2.4 g/cm³，显然当温度上升到铝的熔点附近时，铝的体积会发生膨胀，从而使得表面包覆的氧化铝膜破裂，铝与氧气接触而发生反应。图 4.43（a）也证明了这一点，600 ℃后样品的质量开始增加。对于小颗粒的铝粉，一旦氧化膜破裂，熔融的铝液就不断从破口处流出，从而形成空心的氧化铝壳。大颗粒的铝粉，当氧化膜破裂后，流出的铝与氧气反应生成氧化铝，这些氧化铝使得氧化膜裂缝重新封闭，因而在颗粒表面形成流动状的反应物，因此，颗粒越大，反应越不完全。

不同粒度铝粉在二氧化碳环境下的热重曲线如图 4.45 所示。从 TG 图上可以看出，500 ℃以前铝粉的质量几乎不变，与氧气环境下类似。根据 TG 图可以初步地将铝粉的反应分为三个阶段：第一阶段是 500 ℃～700 ℃，在此阶段铝粉的增重较小，2 μm 铝粉 700 ℃的增重约为 5.6%，而其他几种粒度的铝粉增重均小于 2%。第二阶段是700 ℃～1 100 ℃，在此阶段，因铝粉粒度的不同，铝粉的反应度存在着较大的差异，1 100 ℃时 2 μm 铝粉的增重为 74%，10 μm 铝粉的增重为 48%，而 10 μm 和 30 μm 铝粉的增重分别为 20% 和 14%。第三阶段是 1 100 ℃到热分析结束，1 500 ℃时 2 μm 铝粉的增重为 83%，此时铝粉已经接近完全反应，而其他粒度的铝粉中仍然有大量铝没有参加反应。

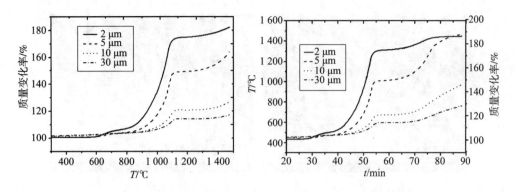

图 4.45 不同粒度铝粉在二氧化碳环境下的热重曲线

（a）样品质量随温度的变化关系；（b）样品质量随时间的变化关系

样品质量随时间的变化关系如图 4.45（b）所示。与在氧气环境中类似，当温度上升到 1 500 ℃ 后，继续保持温度在 1 500 ℃ 时，2 μm 铝粉样品的质量已经不再增加，这表明此时铝粉已经反应完全，而其他粒度的铝粉在恒温段仍然继续反应。

Adair[101] 等人对 CO_2 环境下铝粉的反应产物进行了详细了研究，认为不同温度下铝粉的反应可以分为四个阶段：第一阶段是 300 ℃ ~ 550 ℃，粒子表面非晶氧化铝的厚度进一步增长并超越临界非晶氧化层厚度（约 5 nm），非晶氧化铝向 $\gamma - Al_2O_3$ 的转变发生，这个过程的速率受铝离子的向外扩散控制，由于 $\gamma - Al_2O_3$ 密度大于非晶氧化铝，新形成的 $\gamma - Al_2O_3$ 不能完全包覆铝粉，导致部分纯铝裸露出来。②第二阶段是 550 ℃ ~ 650 ℃，第一阶段裸露出的铝与氧气接触，使氧化速率迅速增加直到 $\gamma - Al_2O_3$ 成为多层而连续的包覆，即这个阶段的氧化铝晶型只有 $\gamma - Al_2O_3$。③第三阶段是 650 ℃ ~ 1 100 ℃，连续 $\gamma - Al_2O_3$ 层长大并部分转变为具有相似结构的 $\theta - Al_2O_3$，在这个阶段的末期，致密稳定的 $\alpha - Al_2O_3$ 开始形成，导致氧化速率急剧下降。④第四阶段是 1 100 ℃ 之后，致密稳定的 $\alpha - Al_2O_3$ 不断长大。

铝粉与二氧化碳反应后的产物形貌如图 4.46 所示。对比氧气环境下产物的形貌可以看出，同样粒度的铝粉在两种环境下得到的产物形貌较为相似。粒度大于 5 μm 的铝粉，产物中均发现有大量的空心氧化球存在，在 30 μm 颗粒的表面覆盖有较多的流动状的反应物。除了铝的相变，氧化铝的晶型转变也对铝的反应有着重要的影响，根据前面的分析可知，随着热分析的温度升高，氧化铝首先由无定型变为 γ 型，最后转变为稳定的 α 型，在此过程中氧化铝的密度不断增大。如果其质量不发生变化，则其体积会变小，这个过程也会使氧化膜破裂，从而使铝与气体接触而发生反应。

图 4.46　铝粉与二氧化碳反应后的产物形貌

(a) 2 μm；(b) 5 μm；(c) 10 μm；(d) 30 μm

对比两种粒度微米级铝粉在不同气氛下的热重曲线，如图 4.47 所示。从图 4.47 (a) 中可以看出，在 600 ℃ ~ 700 ℃，同样温度下，O_2 环境下的增重要快于 CO_2 环境下，这表明此时 O_2 环境下铝粉的反应速率要快于 CO_2 环境下。在 700 ℃ ~ 1 050 ℃，两种环境下铝粉的热重曲线几乎重合，这就表明此时两种环境下铝粉的反应速率相同。当温度超过 1 050 ℃，CO_2 环境下铝粉的增重速率要明显快于 O_2 环境。

从图 4.47 (b) 中可以看出，在 1 050 ℃ 以前，相同温度下，CO_2 环境下铝粉的增重始终稍微大于 O_2 环境下。当温度高于 1 050 ℃ 后，与 2 μm 铝粉类似，CO_2 环境下铝粉的增重速率要明显快于 O_2 环境下。但是当温度接近于 1 300 ℃ 后，O_2 环境下铝粉的反应速率开始超过 CO_2 环境下。当温度为 1 500 ℃ 时，两种气氛中的铝粉增重几乎相同。当铝粉应用于推进剂或者炸药中时，铝粉一般很难与氧气接触，铝粉一般都是与产物中的 CO_2 或者水分子发生反应，通过上面对比可以发现，铝粉在 CO_2 气氛中具有较好的反应特性，在某些温度范围内，铝粉与 CO_2 的反应速率甚至要高于与 O_2 的反应速率。

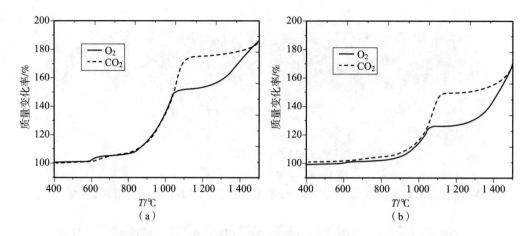

图 4.47   两种粒度微米级铝粉在不同气氛下的热重曲线

(a) 2 μm；(b) 5 μm

根据热分析的结果可以得出一些基本结论：在氧气和二氧化碳环境下，500 ℃以下时微米铝粉较为稳定，反应速率很慢，在相同的温度下，铝粉的粒度越大，反应速率越慢，在 1 500 ℃以下微米铝粉不会发生点火燃烧，因此，要想使得铝粉点火燃烧，需要创造更高的环境温度。

我们对铝和火药（硝化棉）组成的混合药剂进行了燃烧试验，采用硝化棉是因为硝化棉具有良好的燃烧特性，易于燃烧。常压下硝化棉燃烧的火焰温度是 2 710 K，这个温度要高于一般认为的微米铝粉着火点，而且硝化棉只包含了 C、H、O、N 四种元素，反应生成的产物都是气体，这样便于对铝粉燃烧后形成的固体产物回收。

实验在钢制压力容器中进行，利用电点火头点燃药剂，最后对固相产物进行回收。采用压力传感器对 NC/Al 样品产物的压力进行实时测量，实验后采用 SEM 对所有样品回收产物的形貌进行分析研究，采用 EDS 对产物的表面元素含量进行分析，采用 XRD 对固相产物中的晶体相成分进行分析，结合 XRD 数据对固相产物的晶体相成分进行定量分析。

实验采用的纳米铝粉由北京纳辰科技公司提供，中位粒径约为 50 nm，微米铝粉由河南远洋铝业提供，中位粒径分别为 2 μm、10 μm、30 μm、90 μm。样品的 SEM 照片如图 4.40 所示。硝化棉为 2 号硝化棉，含氮量为 12%，分子式为 $C_{22.74}H_{29.33}O_{36.08}N_{8.57}$，生成焓为 $\Delta_f H_m = 2\ 753$ kJ/kg。

在本实验中，铝粉/硝化棉组成的混合物样品均为 2.25 g，其中铝粉的质量分数为 20%，理论上硝化棉的氧可以将铝粉完全氧化。如果铝粉与硝化棉完全反应，计算得到的压力容器中的气体压力约为 5 MPa。如果铝粉与硝化棉的燃烧产物发生反应，则释放的能量将使得产物的压力明显升高，铝粉反应越充分，产物的压力越高，因此，根据产物燃烧时的峰值压力，对混合药剂中的铝粉反应情况进行评估。纳米铝粉燃烧后的产物如图 4.48（a）所示。从图中可以看到产物黏结在一起，产物中几乎没有球形的颗粒。产物凝结在一起的原因是形成的产物温度高于氧化铝的熔点。

　　微米铝粉的燃烧产物不同于纳米铝粉，从图上可以看出，大部分颗粒仍然为球形，且产物的粒径与铝粉的初始粒径相似，这表明铝粉的燃烧主要以表面反应的形式进行[71]。另外，在产物中还发现有空心的氧化铝球，其他研究者也发现了同样的情况[102-104]。形成空心氧化铝球的原因可能是在高温下熔融的铝液流出了氧化铝壳。在图 4.48（a）中可以看到，球形的颗粒表面有凹陷，图 4.48（b）、（c）中也有同样的情况，其形成过程与空心氧化球形成过程类似，只是氧化物表面破孔，在氧化铝流出后又重新封闭，颗粒仍然是中空的。

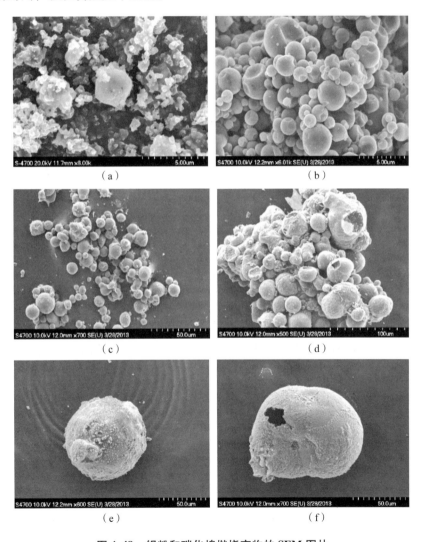

图 4.48　铝粉和硝化棉燃烧产物的 SEM 图片

（a）50 nm；（b）2 μm；（c）10 μm；（d）30 μm；（e），（f）90 μm

图 4.49 列出了不同粒径铝粉和硝化棉燃烧产物的 XRD 图。从图中可以看出不同样品的 XRD 峰位置较为相似，但是峰的强度存在较大的差异，这表明不同样品中所含的物质种类较为相似，但是含量却存在较大的差别。经过 JPCS 标准卡片比对，证实产物中包含三种物质：Al、Al_2O_3、Al_2OC。产物中铝含量随着铝粉粒度的增大而提高，对于 90 μm 的铝粉，产物中包含 91% 的铝，这表明，大部分铝粉并没有参加反应，该结果与之前的压力测试结果相一致。这可能是由于在硝化棉中，Al 与硝化棉燃烧产物的反应主要是表面反应，在反应过程中，由于氧化壳的存在，使得 Al 难以与氧化性气体接触，从而抑制了反应的进行。铝粉颗粒越大，位于颗粒中心的 Al 越难与氧化性气体接触，因此最后参加反应的铝含量也越少。对于 50 nm 的铝粉，根据 XRD 的定量分析，产物中存在约 10% 含量的未反应铝，这可能是两方面原因造成的：一个是位于颗粒中心的少量铝由于氧化铝壳的阻挡，没能与氧化性气体发生反应；另一个可能的原因是在制备样品的过程中纳米铝粉存在一定的团聚。微米级铝粉 Al_2O_3、Al_2OC 的含量均随着铝粉粒度的减少而升高，但是纳米铝粉中 Al_2OC 的含量较低（只有 6%），远低于 2 μm 铝粉中 Al_2OC 的含量（34%）。

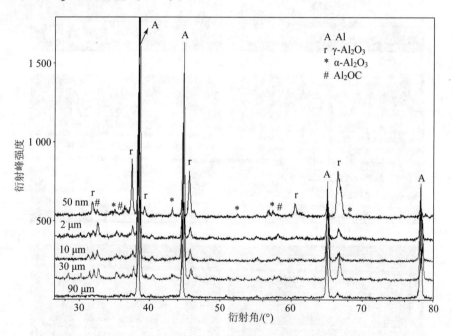

图 4.49　不同粒径铝粉和硝化棉燃烧产物的 XRD 图

Kwon[100] 采用 SEM、XRD 对铝颗粒在 CO_2 环境下的燃烧产物进行了分析，产物主要为 Al_2OC、各相的 Al_2O_3（α、γ、δ）及少量未反应完的铝。Trunov 研究了 300 ~ 1 500 K Al_2O_3 晶相的变化，发现在 600 ~ 820 K 氧化铝由无定型变为 γ 型，在 820 ~ 1 300 K 由 γ 型变为 δ 型，在 1 400 K 温度下保持一段时间后，由 δ 型变为稳定的 α 型。计算得到硝化棉的绝热火焰温度为 2 710 K，铝粉与 CO_2、CO 和 H_2O 燃烧的火焰温度也均高于 2 000 K，但是本实验中只在纳米铝粉中检测到少量的 $\alpha - Al_2O_3$，这是因为反应时首先生成的是 $\gamma - Al_2O_3$，但是 Al_2O_3 由 γ 变为 α 相的活化能较大，使得其转化速率较慢。由于本实验燃烧过程较快（ms 级），反应生成的 $\gamma - Al_2O_3$ 来不及转变为其他晶型。

Kwon[105] 研究了 100 nm 铝粉在空气中的燃烧，发现回收的产物中包含超过 50% 的 AlN。Davydov[106] 等人在激波管中对纳米铝粉和 RDX 的燃烧进行了研究，结果发现在氩气环境中有 AlN 生成，但是在氧气环境中却没有。但是本书的研究结果表明，即使是纳米铝粉在硝化棉中燃烧，也没有 AlN 生成。究其原因，是由于硝化棉燃烧后产物中 N_2 的质量分数只有 12%，远小于空气中 N_2 的质量分数；另外一个原因是，相比于氮气，Al 更容易与 CO_2 或者 H_2O 发生反应，因此 Al 在硝化棉中燃烧也没有 AlN 生成。Al_2OC 的形成是因为硝化棉的燃烧产物中含有大量的 CO，Al 与 CO 直接发生气固相反应生成 Al_2OC[68]。

同理，我们采用大型密闭爆发器研究了铝粉与炸药混合的爆轰反应产物。含铝炸药配方采用了三种微米级的铝粉，粒径分别为 10 μm、30 μm 和 90 μm，试验药柱的质量为 14.1 g，单质炸药与铝粉的质量比为 80∶20，混合炸药的直径为 20 mm，药柱的高度根据密度不同而变化。传爆药柱为 JH - 14 炸药，其质量为 2.2 g，雷管为 8 号电雷管。实验采用 TNT/Al 和 HMX/Al 两种配方。TNT 纯度大于 99%，平均粒径为 90 μm；HMX 为包含 4% 黏结剂的塑性黏结炸药，平均粒径为 80 μm。

不同于 Al/NC 的燃烧产物，含铝炸药爆轰的产物为黑色，这表明产物中含有较多的碳。爆炸产物的典型扫描电镜照片如图 4.50 所示。产物主要呈现两种形貌，一种如图 4.50（a）所示，这些产物是从金属容器壁上回收的，产物颗粒没有统一的形状，其粒径约为几百微米，远大于铝粉的初始粒径。从其局部放大图 4.50（b）上可以看出，在产物的表面有较多的圆形"陨石坑"，坑的直径与铝粉的初始粒径相似。这些产物是由于熔融的氧化铝遇到金属容器壁再凝聚到一起而形成的，因此产物的颗粒较大，而表面的"陨石坑"是由于产物颗粒高速撞击而形成的。另外一种形貌的产物如图 4.50（c）、（d）所示，产物颗粒也没有统一的形貌，其粒径约为几十微米，产物的形貌与 Trzcinski[67] 观察到的结果相一致。从图上可以看出产物表面比较粗糙，这与 Al/NC 燃烧产物表面存在较大的差别。

从颗粒表面的局部放大图 4.50（e）可以看出，在颗粒表面存在着较多的球状亚微米级颗粒，颗粒的粒径在 100 ~ 200 nm，该特征符合铝粉气相反应的机理[107,108]，产物中较大的颗粒很可能是由众多的亚微米级粒子凝结而成的。

TNT/Al 和 HMX/Al 样品的 XRD 图谱如图 4.51 所示。从图中可以看出 TNT/Al 样品与 HMX/Al 样品的图谱存在着较大的差异，TNT/Al 样品的 XRD 峰明显多于 HMX/Al 样品，这表明 TNT/Al 炸药的爆轰产物比 HMX/Al 的复杂。XRD 结果显示铝粉反应较为完全，只在铝粉颗粒较大时，有少部分没有反应完全的铝（<5%）。对于 TNT/Al 样

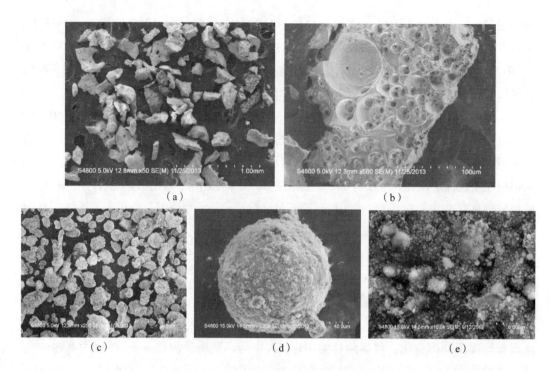

图 4.50 爆轰产物的典型扫描电镜照片

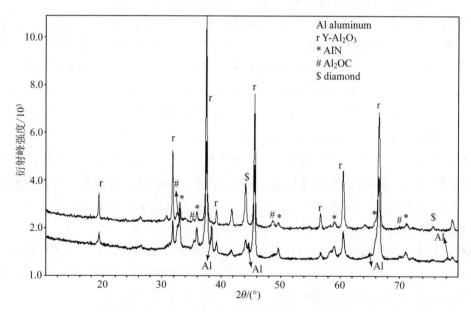

图 4.51 TNT/Al 和 HMX/Al 样品的 XRD 图谱

（a）TNT/Al

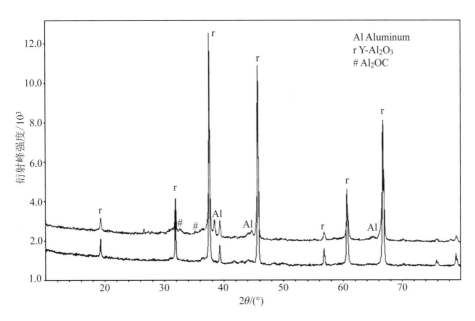

图4.51　TNT/Al 和 HMX/Al 样品的 XRD 图谱（续）

（b）HMX/Al

品，产物的主要成分为 $\gamma - Al_2O_3$、Al_2OC、AlN 和金刚石；HMX/Al 样品的主要爆轰产物为 $\gamma - Al_2O_3$。

根据金属燃烧理论[109]，铝粉的燃烧可以以两种方式进行：气相反应和表面反应。关于铝粉在推进剂或者炸药中的反应方式，目前还没有统一的结论。气相反应一般按照以下三个步骤进行：①金属蒸发形成金属蒸气；②金属蒸气与氧化剂发生反应形成中间产物；③中间产物进一步反应、凝聚，形成微细的氧化物颗粒。气相反应的火焰结构如图4.52（a）所示，最高火焰温度位于距离铝颗粒表面一定位置处，且火焰的温度要高于铝的沸点。气相反应生成的产物颗粒较小，一般为亚微米级。气相反应一旦开始，燃烧释放的能量可以使铝粉不断气化，直到反应结束，因此反应可以进行得比较完全。表面反应的火焰结构如图4.52（c）所示，反应发生在氧化膜与铝的交界面处，随着反应的进行，氧化膜不断变厚，而铝核直径不断缩小，最后形成的氧化物颗粒仍然为球形，且产物粒径与金属颗粒的初始粒径相似。图4.52（c）表示的是反应进行比较均匀时的情况，实际上，在内部金属膨胀压力的作用下，颗粒有可能发生破裂[110]，内部液态的金属从破裂处流出，从而形成空心的氧化球。铝粉以表面反应形式燃烧时，由于氧化膜的阻挡，使大颗粒铝粉很难完全反应。图4.52（b）表示的是气相反应和表面反应之间的过渡态，在这种情况下，颗粒表面的温度高于氧化铝的熔点，低于铝的沸点。这种情况不稳定，如果环境温度足够高，同时反应释放的能量足够多，则颗粒继续升温，变成气相反应；反之，铝粉温度可能不断降低，最后变成表面反应。

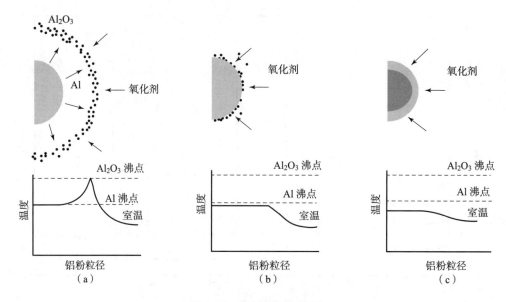

图 4.52 铝粉的反应模型

尽管硝化棉燃烧时的火焰温度（2 710 K）要高于一般认为的铝点火温度，但是由于硝化棉的燃烧产物中存在着大量的一氧化碳、氮气等物质，而铝粉在这些物质中燃烧，其火焰温度较低，因此反应释放的热量不足以使铝持续气化，因此，在硝化棉中铝粉发生的反应主要以表面反应为主。所以，铝粉在硝化棉中燃烧时，铝粉粒度越小，反应越完全；颗粒越大，由于氧化膜的隔绝作用，中心的铝越难与气体接触发生反应。图 4.48 也说明了这一点，产物仍然保持为球状，有空心的氧化铝球生成。

对于 TNT 和 HMX 炸药，其爆轰温度分别为 3 300 K 和 4 300 K[111]，远高于铝粉的气化温度，氧化铝壳在此温度下迅速地熔化。同时，铝在高温下不断气化并燃烧，燃烧释放的能量又使得铝粉不断气化，直到反应结束。因此，即使是粒度大于 90 μm 的铝粉，在爆轰产物中反应也进行得较为完全。在爆轰产物中，铝粉的反应主要是以气相反应形式进行的，图 4.50 也说明了这一点。在产物表面发现了大量的亚微米颗粒。

4.3.4 超细锆粉/高氯酸钾体系的非等温热分解规律

锆粉是一种类似于铝粉的高活性金属。锆的形态不同，则与氧气反应的活性也表现出很大差异。粒度的大小不同，着火点也有所差异。由于锆具有高密度、高体积热值、高活性的特点，锆粉普遍应用于引爆雷管、无烟火药等火工品中，在富燃料推进剂研究中被作为助燃添加剂。有研究证明[84]，随着锆粉粒度达到纳米级，其活性将大幅提高。在未来的超高密度火炸药、云爆剂、超级纳米铝热剂研究中，有研究者认为纳米锆粉作为金属燃料将具有显著的应用前景。

锆粉/高氯酸钾是制造工艺成熟、点火性能优越的一种火工药剂。目前，关于锆粉/高氯酸钾混合体系热分解的研究国内外学者众说纷纭，没有统一的认知。笔者研究了不同粒径锆粉对高氯酸钾热分解机理的影响规律，并推测了这种点火药体系的非等温热反应动力学机理。

　　微米锆粉和高氯酸钾样品在测试分析前需置于真空干燥箱中干燥4 h。干燥后，高氯酸钾过 400 目筛备用。准确称量一定量的微米锆粉和高氯酸钾粉末，置于烧杯中，倒入无水丙酮，均匀搅拌，在搅拌过程中丙酮会挥发（注意通风防护），待混合物呈灰色泥浆状时，取出过筛，而后置于真空烘箱烘干备用。热分析实验在常压下进行，采用氩气作惰性保护气体，升温速率分别为 5 ℃/min、10 ℃/min、15 ℃/min、20 ℃/min；样品量约为 2 mg，测试温度区间：室温约 1 000 ℃。图 4.53 所示为不同粒径锆粉、高氯酸钾及二者混合物的 SEM 图片。

图 4.53　不同粒径锆粉、高氯酸钾及二者混合物的 SEM 图片

（a）平均粒径为 1 μm 的锆粉；（b）平均粒径为 30 μm 的锆粉；（c）纯高氯酸钾；

（d）1 μm 锆粉 50% + KClO₄；（e）30 μm 锆粉 50% + KClO₄

　　图 4.53（a）显示的是 1 μm 锆粉颗粒形貌特征，基本呈现类长条状，因尺度太小，表面活性高，易发生团聚。市售的锆粉均为液体水封装，在与高氯酸钾混合前，于真空干燥箱中烘干备用，取出时必须置于手套箱内，一旦取出即快速混合，避免生长团聚成大颗粒后再混合。图 4.53（b）所示为大颗粒级锆粉（30 μm）的扫描电镜照片。从图

中可见，大颗粒锆粉分散性也较差，外观呈方块状，尺度分布较宽（10～70 μm）。图 4.53（c）显示平均粒径为 37 μm 的纯高氯酸钾。图 4.53（c）、（d）所示为两种粒径锆粉与高氯酸钾按质量比 1∶1 混合之后的火工药剂。由图可见，锆粉粒径不同，与高氯酸钾混合后火工药剂形貌有很大的差别。首先，小粒径锆粉即 1 μm 锆粉与高氯酸钾混合后状态较均一，锆粉均匀地包覆在高氯酸钾颗粒四周，显示混合效果较好。而 30 μm 锆粉与高氯酸钾混合后状态较复杂，既存在高氯酸钾与锆粉的独立颗粒，也存在两者包覆混合体。分析其原因，小颗粒锆粉相对比表面积较大，活性较高，较易吸附在大粒径的高氯酸钾周围。

在不同升温速率情况下，两种粒度锆粉与高氯酸钾混合的含能药剂相变吸热峰峰值（约 310 ℃）基本相同，而一次分解峰温与二次分解峰温因锆粉粒径的不同而有较大的差别。为了探究锆粉粒径对活化能的影响，测试四种升温速率下高氯酸钾及两种粒度混合物的 DTG 峰温，采用最小二乘法拟合法，拟合 Kissinger 方程及 Flynn - Wall - Ozawa 方程，可得 Kissinger 活化能（E_K）及 Ozawa 法活化能（E_0），结果列于表 4.17 中。

表 4.17　不同加热速率下的第一次分解峰 DTG 峰温及动力学参数

体系组成	$\beta/(℃ \cdot min^{-1})$				$E_K/(kJ \cdot mol^{-1})$	$lg(A_K/s^{-1})$	$E_0/(kJ \cdot mol^{-1})$
	5	10	15	20			
KP	830.9	863.3	868.6	877	178.1	10.449	177.2
KP/1 μm Zr	787.9	803.7	794.3	825.0	140.4	6.823	146.3
KP/30 μm Zr	782.9	786.3	781.9	784.3	71.28	2.161	80.18

由表 4.17 可知，在同一升温速率下，两种粒径锆粉的加入均使 KP/Zr（1 μm）与 KP/Zr（30 μm）热分解第一阶段活化能降低，且小粒径锆粉降低幅度小于大粒径锆粉，说明锆粉粒径的不同影响 KP/Zr 热分解第一阶段的难易程度。第二次结果列于表 4.18 中。

表 4.18　不同加热速率下的第二次分解 DTG 峰温及动力学参数

体系组成	$\beta/(℃ \cdot min^{-1})$				$E_K/$ $(kJ \cdot mol^{-1})$	$lg(A_K/s^{-1})$	$E_0/$ $(kJ \cdot mol^{-1})$
	5	10	15	20			
KP	1 058.1	1 099.4	1 105.7	112.8	238.5	11.498	237.3
KP/Zr（1 μm）	1 180.7	1 209.8	1 233.5	1 253.0	242.5	11.570	242.9

由表 4.17 和表 4.18 可知，纯高氯酸钾在程序升温的情况下热分解分两个阶段进行，通过拟合 DTG 峰值得到两阶段的活化能分别为 178.1 kJ/mol 与 238.5 kJ/mol。加入 1 μm

锆粉后，两阶段活化能分别变为 139 kJ/mol 与 242 kJ/mol。纯 KP 热分解两阶段的最可几机理函数分别为 $G(\alpha) = -\ln(1-\alpha)$、$f(\alpha) = (1-\alpha)$ 与 $G(\alpha) = [-\ln(1-\alpha)]^2$、$f(\alpha) = (1/2)(1-\alpha)[-\ln(1-\alpha)]^{-1}$。可知纯 KP 热分解两阶段反应均受随机成核和随后成长控制。1 μm 锆粉的加入改变了其热分解机理，KP/1 μm 锆（50/50）热分解第一阶段及第二阶段最可几机理函数分别为 $G(\alpha) = [(1-\alpha)^{-1/3} - 1]^2$、$f(\alpha) = 3/2(1-\alpha)^{4/3}[(1-\alpha)^{-1/3} - 1]^{-1}$ 与 $G(\alpha) = [-\ln(1-\alpha)]^{1/2}$、$f(\alpha) = 2(1-\alpha)[-\ln(1-\alpha)]^{1/2}$。可知 KP/1 μm 锆（50/50）热分解反应第一阶段进行三维扩散式反应，第二阶段受随机成核和随后成长控制。

4.3.5　纳米镁粉/聚四氟乙烯的热分解

镁粉/聚四氟乙烯（Mg/PTFE）是一种典型的高能点火药配方，具有燃烧温度高、热值大等优点，常用于推进剂点火剂、诱饵剂、照明剂及其他烟火装置中。已有的文献报道[112,113]主要针对含铝体系的热分解机理进行研究，虽然镁粉在含能材料中应用广泛，然而针对镁粉热反应行为的研究鲜见公开报道。此外，在工业制造中常采用微米级以上的镁粉作为原料，随着纳米技术的飞速发展，纳米级镁粉的制备已经实现工业化水平，因此两种粒径镁粉在含能体系中的反应行为对比具有重要意义。为此，笔者选择典型的含镁高能体系 - 镁粉/聚四氟乙烯为研究对象，采用同步热分析技术研究镁粉粒径对聚四氟乙烯的热分解影响，从而揭示含镁体系的热分解反应机理。

图 4.54 所示为不同粒度镁粉的 SEM 图片。由图 4.54（a）可知，纳米镁粉颗粒形状不规则，基本呈现为类方棱状。因尺度太小，表面活性高，易发生团聚，市售的纳米镁粉均真空封装。在与聚四氟乙烯混合时，必须置于手套箱内，一旦取出即快速混合，图 4.54（b）所示为微米级镁粉的扫描电镜照片，从图中所见，微米镁粉分散性较好，外观呈球形，尺度分布较宽（5~30 μm）。

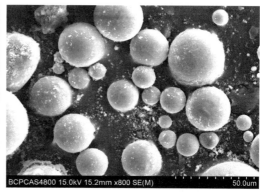

（a）　　　　　　　　　　　　　　　（b）

图 4.54　不同粒度镁粉的 SEM 图片

（a）平均粒径为 80 nm 的镁粉；（b）平均粒径为 15 μm 的镁粉

　　研究者[114]指出，金属颗粒对火炸药性能的影响在很大程度上取决于金属颗粒燃烧的细节，包括颗粒的结团、着火、燃烧及燃烧产物的弥散等过程。因此，研究镁颗粒的着火与燃烧过程，对揭示含能材料反应机理具有非常重要的意义。笔者采用常压热分析技术研究了两种粒度镁粉的热行为。图 4.55 所示为两种粒度镁粉的热分析曲线。

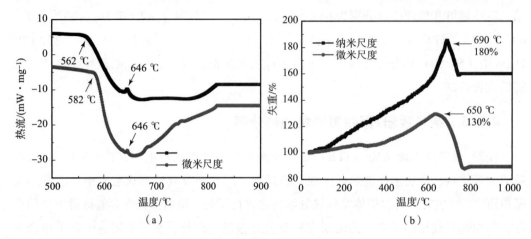

图 4.55　两种粒度镁粉的热分析曲线

(a) DSC 曲线；(b) TG 曲线

　　由图 4.55 (a) 所示 DSC 曲线可知，镁粉受高温刺激，在近 600 ℃ 会发生放热反应。结合 TG 曲线可以看出，放热过程也是增重过程，表明发生了氧化反应，生成固体氧化镁。证实镁粉常压下点火温度为 480 ℃ ~510 ℃，在较低的温度下就会和氧反应。两种粒度镁粉的 DSC 曲线走势相同，纳米镁粉提前发生氧化放热反应，比微米镁粉约提前 20 ℃，而后是一个短暂的吸热峰，是镁粉的熔化峰。因镁粉熔化吸热与氧化放热交叠进行，因此熔化峰的吸热效应不很明显，只是一个微小的鼓包。放热反应持续到约 800 ℃ 终止。从 DSC 曲线预估，两种粒度镁粉的放热量相差不多。由图 4.55 (b) 所示 TG 曲线可见，纳米镁粉的增重接近 180%，根据氧化反应 $2Mg + O_2 = 2MgO$，1 mol 镁（24 g）完全反应生成 1 mol 氧化镁（40 g）增重 170%，这说明反应很彻底，镁粉几乎完全被氧化。图中显示 690 ℃ 以后有一个轻微的失重，说明剩余的极少镁粉在高温下部分蒸发。观察微米镁粉的热重曲线可知，增重明显小于纳米镁粉，只有 130%，说明部分镁粉未完成氧化，因此随后的蒸发失重更为明显。纳米级镁粉的增重过程从 200 ℃ 开始一直持续到近 700 ℃，这是因为平均粒径为 80 nm 的镁粉中有一些小粒子，如 10 nm 左右的粒子，活性非常强，有氧环境中快速氧化，可以看出纳米镁粉的增重曲线比微米镁粉的更陡，说明纳米镁粉的氧化反应速度快，反应充分。而微米镁粉的质量从 400 ℃ 才明显开始增加，增重趋势不明显。

　　采用同步热分析仪首先对纯聚四氟乙烯进行测试，升温速率分别为 5 ℃/min、

10 ℃/min、15 ℃/min、20 ℃/min，使用氩气作为保护气，得到热分解曲线如图 4.56 所示。

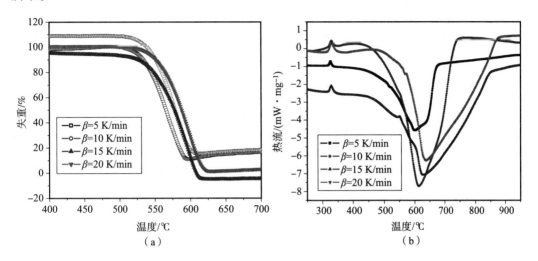

图 4.56 聚四氟乙烯热分解曲线

（a）TG 曲线；（b）DSC 曲线

由图 4.56（a）可知，随着升温速率的增大，聚四氟乙烯热失重曲线形状没有变化，只是在坐标轴上有所移动。随着升温速率增大（5 K/min→20 K/min），失重曲线向高温方向移动，初始失重温度逐渐增大，失重反应完成温度亦增大，整个反应温度逐渐延长。由纵坐标可知，聚四氟乙烯分解失重百分比随程序升温速率增加略有增加，趋于 100%。由图 4.56（b）可知，四种升温速率下纯聚四氟乙烯热分解 DSC 曲线走势基本一致，首先是 300 ℃处的吸热峰，后面是 500 ℃开始的放热峰，两者随升温速率变化规律不一致。300 ℃处凸起的吸热峰是纯聚四氟乙烯的特征熔融峰，500 ℃左右开始的宽而大的放热峰为聚四氟乙烯分解峰，且随升温速率的增加，峰形变得宽大，面积增大，表明放热量增加。

图 4.57 所示为混合镁粉前后的聚四氟乙烯 SEM 照片。市售的聚四氟乙烯呈松散的粉末状，外观如小沙粒一般，混合镁粉之后，发现颗粒的流散性较差，大小不一，预期经过研磨筛分之后会得到窄分布的尺度。

将 80 nm、15 μm 两种粒径的镁粉与纯聚四氟乙烯以质量比 1∶1 混药，取升温速率为 15 K/min，其他条件与上述相同。纳米 Mg/PTFE、微米 Mg/PTFE 与纯 PTFE 的 DSC、TG 曲线如图 4.58 所示。

由图 4.58（a）曲线可知，相比纯聚四氟乙烯初始分解温度 509 ℃，纳米镁粉使聚四氟乙烯初始分解温度提前到 461 ℃，远远低于微米镁粉的 480 ℃，使聚四氟乙烯的初始分解温度提前。对比三种体系 PTFE/Mg 热分解峰温，纳米镁粉使聚四氟乙烯热分解峰温由 624 ℃降低至 591 ℃，而微米镁粉仅降到 600 ℃，可见纳米镁粉催化活性显著

 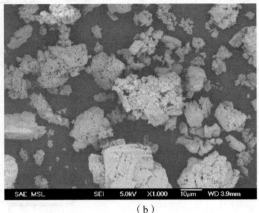

（a）　　　　　　　　　　　　　　　（b）

图 4.57　混合镁粉前后的聚四氟乙烯 SEM 照片

（a）聚四氟乙烯；（b）微米镁粉与聚四氟乙烯的混合

高于微米镁粉。结合 TG 曲线可知，在聚四氟分解以前，两种粒度镁粉均使体系略微增重，这是由于纳米镁粉与微米镁粉分别在 200 ℃ 与 400 ℃ 开始氧化增重。从前面镁粉热分解曲线分析可知，图 4.58（b）所示三种体系失重曲线走势及比例均不同，这是纳米镁粉与微米镁粉催化活性不同造成的。首先，未加入镁粉的纯聚四氟乙烯分解一步完成，中间无增重过程。其次，加入纳米镁粉的 PTFE/Mg 烟火体系分解过程基本分三步进行：第一步迅速分解失重过程，温度升至峰温 591 ℃，主要是聚四氟乙烯受热分解其长链断裂成片段，失重 23.57%；第二步缓慢增重过程，主要是镁粉的氧化增重过程，最终增重 3.96%；第三步失重过程，至 770 ℃，镁粉氧化过程基本完成，极少量变成蒸气，主要是聚四氟乙烯受热分解变成单体四氟乙烯过程，分解完成，失重

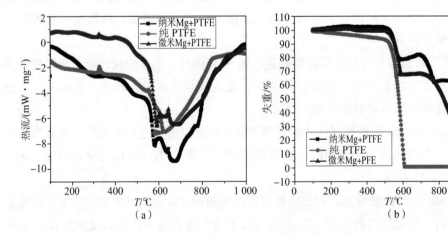

（a）　　　　　　　　　　　　　　　（b）

图 4.58　两种粒度 Mg/PTFE 的热分解曲线

（a）TG 图；（b）DSC 图

20.42%，整个反应过程总失重约 40%。从图 4.57（b）可看出，加入微米镁粉的 PT-FE/Mg 体系，整个热分解过程分两步进行，不同于纳米镁粉的是中间过程没有明显增重，这是由于微米镁粉活性较低，由前文镁粉热分解曲线 4.55 可知，镁粉增重 130% 与聚四氟乙烯长链断裂反应竞争，最终失重 31.43%；第二步为缓慢失重过程，为聚四氟乙烯长链断裂成单体四氟乙烯的过程，失重 29.94%，至 873 ℃ 完成，远高于纳米镁粉分解完成温度 770 ℃，可见纳米镁粉大大缩短了分解反应时间，分解过程总失重 61.3%。添加纳米镁粉体系总失重小于添加微米镁粉体系是由于纳米镁粉活性较高，氧化增重。

利用 TG－DSC－QMS－FTIR 同步热分析仪对其热分解过程进行综合热分析，利用质谱及红外分析推导其产物，从而尝试确立 Mg/PTFE 热分解机理路线。TG－MS 综合热分析如图 4.59 所示。

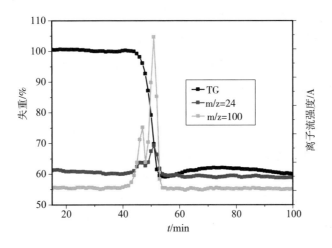

图 4.59　TG－MS 综合热分析图

由图 4.59 可知，在 500 ℃ ~650 ℃ 温度区间，即镁与聚四氟乙烯热分解反应时段（50 ~60 min）内，质谱信号随失重变化而明显变化的是 $m/z = 24 ~ 100$。结合质谱知识，$m/z = 24$，推测很可能是 Mg 蒸气被电离激发所致。结合聚四氟乙烯化学式 $\text{-}(C_2F_4)\text{-}_n$，知 $m/z = 100$ 是 $\text{-}(C_2F_4)\text{-}_n$，在程序升温的情况下，长链断裂产生 C_2F_4。

综合上述分析，推断 Mg/PTFE 热分解路线如下。Mg（s）+ $\text{-}(C_2F_4)\text{-}_n$（s）→Mg（g）+ $\text{-}(C_2F_4)\text{-}_{n-1}$（s）+ C_2F_4（g）。第一步主要是聚四氟乙烯长链断裂反应，$CF_2\text{-}(CF_2\text{—}CF_2)\text{-}_{n-2}CF_2 \to CF_2\text{-}(CF_2\text{—}CF_2)\text{-}_{n-6}CF_2 + F_2C=CF\text{—}FC=CF_2$，伴随微量镁气化 Mg（s）→Mg（g）；第二步主要是气态镁氧化，$2Mg（g）+ O_2 \to 2MgO$；第三步主要是二聚体进一步分解成单体，$F_2C=CF\text{—}FC=CF_2 \to 2F_2C=CF_2$。

4.4 超细硅粉

延期药是控制传爆序列或传火序列延期时间的药剂，被广泛地应用于各种战略战术武器、航空航天系统及民用工业系统中，以实现延期起爆或点火[1]。延期药是延期元件的核心，延期火工元件可靠作用，是实现武器弹药精确打击敌人、运载火箭成功发射及顺利完成微差拆除爆破的有力保障。近年来，融合高新技术的武器弹药技术、航空航天技术和现代爆破技术得以迅猛发展，随着应用要求的提高，对延期药的延期时间、延期精度、作用可靠性、使用安全性都有了更高要求。在高密度装填的延期原件中，药剂点火、传火可靠性不高的缺陷，制约了我军新型弹药器材的研发与装备使用。现代国防和战争对实施精确打击与精确制导的要求日益增长和传统延期技术发展滞后之间的矛盾逐步被激化，研制新型延期药成为解决上述矛盾的核心问题。开发新型药剂的技术途径主要有两个：一是对现有药剂进行改性，通过调整配方、加入其他添加剂来改善药剂的性能，使其满足作战条件下的使用要求；二是研制新型烟火药剂，以提高其燃烧稳定性。

随着微米/纳米技术在含能材料领域的广泛应用，国内外对含能材料的纳米改性研究也逐渐增多。基于以上认识，笔者所在研究团队采用纳米粉体制备技术，将延期药中可燃剂组分纳米化，通过添加碳纳米管（Carbon Nanotubes，CNTs），使可燃剂均匀分散在复合体系中，可以充分发挥纳米级可燃剂的表面特性，实现对现有药剂的改性，改善传统复合含能材料的性能，提高其实际使用效果。将纳米技术应用于含能材料设计中，研制高精度、高可靠性延期药，对我国国防科技的发展和常规兵器的更新换代有着重要的意义。

4.4.1 Si/CNTs 及其延期药的制备

采用球磨法制备 CNTs/Si 复合材料并探讨了其在延期药体系中的应用，分别测试 $Pb_3O_4/Si/CNTs$ 延期药、Pb_3O_4/Si 延期药的导热系数、比热容，计算两种延期药的热扩散系数，对两种延期药的热特性参数进行比较，应用差示扫描量热，研究两种延期药的预点火行为；同时对延期药的燃烧速度进行测量，并通过高速摄像对延期药的燃烧状态进行分析，据此对 CNTs/Si 复合材料在延期药中的性能进行综合评价。

经过正交实验优化后选择球料比为 150∶1、Si∶CNTs 质量比为 10∶1、初始转速为 400 r/min，球磨 32 h 后，将转速调整为 300 r/min，在此工艺条件下制备的样品进行表征分析。为研究不同球磨时间下碳纳米管的表面微观形貌变化情况、Si 粉的粒度变化，CNTs/Si 复合材料微观形貌，分别在不同球磨时间下取样，对样品进行透射电镜分析，样品的透射电镜照片如图 4.60 所示。

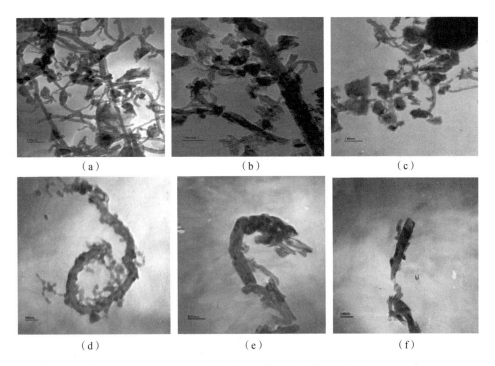

图 4.60　不同球磨时间下样品的透射电镜照片

(a) 12 h; (b) 24 h; (c) 36 h; (d) 48 h; (e) 60 h; (f) 72 h

从 TEM 图可以看出，经过 12 h 球磨后，Si 粉颗粒的粒度与 Si 粉原料粒度相比明显降低，CNTs 仍然保持着较长的管长，与纯化后未经过球磨的 CNTs 相比，分散性要好一些，但是 CNTs 还是有很大一部分互相缠绕在一起；从球磨 24 h 后 TEM 照片中可以看出，此时 Si 粉颗粒的粒度与 12 h 球磨后 Si 粉粒度相比并无明显降低，但是 CNTs 经过球磨撞击后，其微观结构有所变化，有一部分 CNTs 管长明显变短，且出现断口现象，但大部分 CNTs 仍保持着较长的管长，在其周围已有少量粒度较小的 Si 粉黏附在其上；球磨 36 h 后，Si 粉颗粒的粒度进一步降低，此时可以看出 CNTs 互相缠绕的程度减弱，分散性明显提高，分散开的 CNTs 分布在 Si 粉当中；经过进一步球磨，当球磨时间达到 48 h 后，从图 4.60 (d) 中可以看到，此时已经能够剥离出单根的 CNTs，且已经有 Si 粉颗粒负载在其上面，说明此时 CNTs 的分散性得到有效的提高，但是 CNTs 表面原有的微观形貌特征发生变化，仔细观察可以发现此时 CNTs 表面已经存在缺陷，说明经过长时间球磨撞击后，能够使 CNTs 表面原子发生重排，造成晶格缺陷，这将有利于促进 CNTs 与 Si 粉之间的结合。

从图 4.60 (e) 中看，球磨 60 h 后，CNTs 的管长明显变短，表面粗糙不平，且在 CNTs 断口处出现"赘生管"。"赘生管"的出现可能是由于 CNTs 在球磨过程中"母管"中碳原子层发生断裂，多壁 CNTs 本身同一层上碳原子之间以 sp^2 杂化轨道成键。发生断裂后，有部分 sp^2 杂化轨道中的电子不能成键，碳原子层不稳定，具有很高的能量。为使体系稳定，这些断层又重新卷曲形成管状，结果以"赘生管"的形式出现在断口处。从图4.60（e）中看出，继续延长球磨时间，可使 CNTs 的微观形貌继续发生变化，CNTs 的管长变得更加短小，断口处的"赘生管"也变得更加短小。

综合以上分析，可以得出以下结论：

①在高能球磨过程中，可以通过控制球磨时间来提高 CNTs 的分散性，同时保证 CNTs 的微观形貌不发生明显变化；

②球磨 48 h 后，CNTs 的表面出现缺陷，但仍保持着 CNTs 的基本结构，Si 粉颗粒能够较好地分散在其上；

③延长球磨时间，可使 CNTs 发生断裂、管长变短、出现断口，且在断口处发生原子重排，出现"赘生管"，致使 CNTs 的微观结构发生变化。

为进一步研究球磨 48 h 后的 CNTs/Si 复合材料的形貌特征，以及复合材料中 CNTs 表面形貌特征，将上述样品中球磨时间为 48 h 的样品取出进行放大分析，其透射电镜照片如图 4.61 所示。

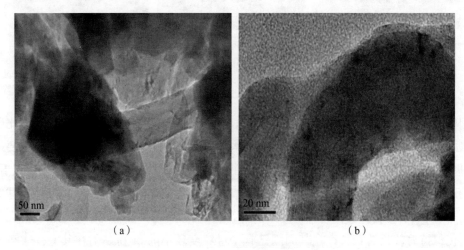

（a）　　　　　　　　　　　　（b）

图 4.61　CNTs/Si 透射电镜照片

从图 4.61（a）可以看出，CNTs 表面有 Si 粉颗粒，Si 颗粒为圆片状，直径为 200 nm 左右，CTNs 深入到 Si 颗粒中间。这种结构有效地控制了纳米 Si 粉的团聚，也有效地阻止了 CNTs 自身的缠绕和聚团。

从图 4.61（b）可以看出，CNTs/Si 表面有缺陷存在，但是仍然保持着 CNTs 的形貌。在图中能够明显地看到 CNTs 有断口，且表面损伤严重，CNTs 形貌被破坏。结合两幅图分析可知，Si 基体材料与 CNTs 在一起进行球磨分散过程中，其与 CNTs 混合较为均匀。在球磨过程中，Si 粉体材料粒度大，其在粉碎过程中能够对 CNTs 起到保护作用。

将上述不同球磨时间下材料的粒度分布进行作图分析，粒度－时间曲线如图 4.62 所示。

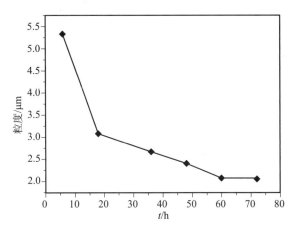

图 4.62　粒度 – 时间曲线

按 $Pb_3O_4/(Si/CNTs) = 92 : 8$ 的比例分别称取，将 Pb_3O_4 和 Si/CNTs 放入混药盆中，手工混合。混合后过 180 目的筛子，再将称取的虫胶溶液加入到混药盆中，用玻璃棒搅拌均匀。将混好后的原料用 30 目筛子造粒，之后放入烘箱，60 ℃ 下烘干 4 h，最后分别过 30 目筛子和 60 目筛子，取 60 目筛子上的颗粒待用。制备出两种延期药的 SEM 和 EDS 如图 4.63 与图 4.64 所示。

图 4.63　$Pb_3O_4/(Si/CNTs)$ 延期药的 EDS 和 SEM

（a）$Pb_3O_4/(Si/CNTs)$ 延期药 EDS 分析；（b）$Pb_3O_4/(Si/CNTs)$ 延期药 SEM 图

图 4.64 Pb_3O_4/Si 延期药的 EDS 和 SEM

（a）Pb_3O_4/Si 延期药 EDS 分析；（b）Pb_3O_4/Si 延期药 SEM 图

从 $Pb_3O_4/(Si/CNTs)$ 延期药扫描电镜照片可以看出，灰黑色物质为 Si 粉，白色物质是 Pb_3O_4，延期药中氧化剂紧密地包覆在可燃剂上面，但仍有少部分 Si 没有被氧化剂所包覆，经过混合造粒后整个颗粒的粒度在 2 μm 左右。由于氧化剂的包覆作用，很难观察到单根的 CNTs。根据 EDS 分析出延期药中各组分的百分含量：碳为 9.38%、氧为 8.48%、硅为 70.77%、铅为 11.36%。需要说明的是，由于在制样过程中样品片上有碳存在，因此，EDS 分析中显示的碳元素含量并不是药剂中实际碳元素的含量。

从 Pb_3O_4/Si 延期药扫描电镜照片可知，该延期药中 Pb_3O_4 并没有充分包覆在 Si 上面，这主要是由于 Si 颗粒的粒度较大，形状不均匀。经过混合造粒后，整个颗粒的粒度为 20 μm 左右，还有些粒度较小的颗粒，这可能是未包覆 Si 粉的 Pb_3O_4 颗粒单独造粒团聚的结果。根据 EDS 分析出延期药各组分的百分比含量：碳为 7.34%、氧为 9.48%、硅为 11.37%、铅为 71.81%，由于该药剂中没有加入 CNTs，从 EDS 元素分析中可以知道样品基片上碳元素的含量为 7.34%。对比两种药剂元素含量，从而可以知

道 $Pb_3O_4/(Si/CNTs)$ 延期药中 CNTs 含量在 2% 左右。将两种药剂表征结果对比分析，可以看出可燃剂 Si 粉经过超细化处理，在造粒过程中可以与氧化剂均匀地混合在一起，同时减少了氧化剂自身团聚造粒的现象，这对提高延期药的点火与传火可靠性有着重要意义。

4.4.2　热物理性能和燃速

延期药的比热容、热扩散系数是研究延期药燃烧机理的重要参数，深入研究这些热性能参数与药剂物理状态之间的关系，有助于分析延期药在不同状态下点火/传火可靠性及燃速的变化规律。因此，我们采用差示扫描量热（DSC）法对延期药不同密度下的比热容进行测量，进而求出热扩散系数。

实验采用 Perkin-Emler DSC-2C 仪器对两种延期药的比热容进行测量。测试条件为：高纯氮气环境，流速 40 mL/min，成型固体试样被加工成厚度为 1 mm，直径为 6 mm 的两面平整圆片；粉末状样品直接装入样品盘中，样品量根据样品比热容的大小而定，装样品时需轻微震动样品盘，以便使样品与盘之间接触良好，样品准确称量至 ±0.01 mg。比热容测量结果见表 4.19。热扩散系数计算结果见表 4.20。

表 4.19　比热容测量结果

样品名称	样品密度/$(g \cdot cm^{-3})$	比热容/$(J \cdot g^{-1} \cdot K^{-1})$
Pb_3O_4/Si 延期药	4.9	0.31
	5.1	0.32
	5.6	0.51
	5.8	0.52
	6.8	0.60
$Pb_3O_4/(Si/CNTs)$ 延期药	5.0	0.31
	6.7	0.30

表 4.20　热扩散系数计算结果

样品名称	样品密度/$(g \cdot cm^{-3})$	热扩散系数/$(\times 10^{-7} m^2 \cdot s^{-1})$
Pb_3O_4/Si 延期药	5.2	1.77
$Pb_3O_4/(Si/CNTs)$ 延期药	5.8	0.89
	5.2	1.72
	5.8	1.57

由表 4.19 和表 4.20 中数据可知，Pb_3O_4/Si 延期药比热容随密度增加而增加，进而造成热扩散系数大幅度下降；而 $Pb_3O_4/(Si/CNTs)$ 延期药在低密度和高密度下的比热

容基本不发生变化。计算所得到的热扩散系数在高密度下明显高于 Pb_3O_4/Si 延期药，说明在延期药中引入 CNTs 能够有效地提高热量在药柱中的扩散，提高药柱中温度均匀一致的能力。

采用本书中第 3.2 节的装置测试两种延期药的燃速；采用 3.3 节的参数计算公式，计算出两种延期药的平均延期时间、延期精度和温度系数。延期时间测试结果见表 4.21。

表 4.21 两种延期药平均延期时间 ($\bar{t}$)、精度 (α) 和温度系数 (β)

样品	$T/℃$	$\bar{t}/s$	$\alpha/\%$	β
Pb_3O_4/Si	70	1.240 0	2.26	
	25	1.497 6	1.46	0.001 3
	−50	1.542 5	1.30	
$Pb_3O_4/(Si/CNTs)$	70	0.614 0	1.63	
	25	0.714 0	1.44	0.000 9
	−50	0.747 1	1.47	

从延期时间测试结果可以看出，两种延期药在高温条件下的延期时间比常温和低温下的短，说明燃烧速率加快，从化学角度来说这符合阿伦尼乌斯定律，即化学反应速率随温度的升高而加快；从温度系数结果可以看出，$Pb_3O_4/(Si/CNTs)$ 的温度系数低于 Pb_3O_4/Si 延期药的温度系数，说明加入 CNTs 能够降低延期药受环境温度变化的影响。

进一步分析可以看出，$Pb_3O_4/(Si/CNTs)$ 延期药平均延期时间低于 Pb_3O_4/Si 延期药，说明引入 CNTs 能够使改性延期药的化学反应速率得到显著提高，使延期药的燃烧速率加快；在高温和常温条件下，$Pb_3O_4/(Si/CNTs)$ 体系延期药延期精度要高于 Pb_3O_4/Si 体系延期药，而在低温条件下，$Pb_3O_4/(Si/CNTs)$ 延期药的延期精度却低于 Pb_3O_4/Si 延期药。

同时可以看出，在不同温度下，$Pb_3O_4/(Si/CNTs)$ 延期药延期时间波动范围较小，波动区间在 0.61～0.74，延期精度受温度变化影响较小；而 Pb_3O_4/Si 延期药不同温度下延期时间波动范围大，波动区间在 1.24～1.54，延期精度受温度影响较大。进一步说明加入 CNTs 能够改善药剂的燃烧性能，降低延期时间的波动区间，提高药剂的延期精度。

在此基础上，我们研究在不同装药密度下延期药的延期时间与密度的关系，同时研究延期药装药密度对延期精度的影响。结果如图 4.65 所示。

Pb_3O_4/Si 和 $Pb_3O_4/(Si/CNTs)$ 延期药的延期时间随密度增加而增加，当装药密度高于理论密度 80% 以后，延期时间随密度成线性变化；随着装药密度的提高，延期精度得到提高，说明在高密度装填下延期药燃烧稳定性好，延期精度高。在同样条件下，

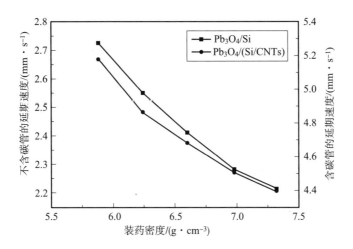

图 4.65　燃速随装药密度变化曲线

$Pb_3O_4/(Si/CNTs)$ 延期药的延期精度高于 Pb_3O_4/Si 延期药。

从以上延期时间测试结果可以看出，引入碳纳米管后。延期药的延期时间变短，一方面是碳纳米管具有高的导热性，将其加入到延期药体系中，使药剂的热扩散系数增加，使药剂的燃烧速率变快，延期时间变短；另一方面，是 Si 粉的粒度变小，比表面积增大，使药剂反应加快，延期时间变短。

4.4.3　延期药的输出性能

密闭爆发器装置是做功火工品输出压力测试系统的重要组成部分，我们采用密闭爆发器对药剂输出压力进行测量，密闭爆发器结构如图 4.66 所示。

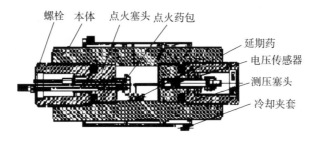

图 4.66　密闭爆发器结构

实验中所用密闭爆发器容积为 100 mL，分别采用 $Pb_3O_4/(Si/CNTs)$ 和 Pb_3O_4/Si 两种体系的延期药进行试验，装药量为 22 g。实验结果如图 4.67 所示。从 $p - t$ 曲线中可以看出，在点火后 74.77 ms，Pb_3O_4/Si 延期药燃烧产生的气体产物压力达到最大值，为 14.8 MPa；$Pb_3O_4/(Si/CNTs)$ 延期药在点火后 50.08 ms 燃烧压力达到最大值，为 17.0 MPa。

在延期药中添加 CNTs 能够使燃烧过程中达到最大压力所需时间缩短，压力峰值提高。这主要是因为延期药中引入 CNTs 后，使其燃烧产物发生变化，燃烧过程中会生成

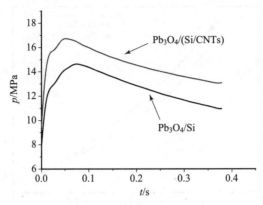

图 4.67　延期药 $p-t$ 曲线图

CO 或 CO_2 气体，气体产物量增多，燃烧压力提高；另外，$Pb_3O_4/(Si/CNTs)$ 延期药燃烧速度较快，使得达到最大压力所需时间明显缩短。

　　为了细致观察延期药的燃烧情况，我们采用日本岛津公司生产的 MEMRECAM fx K5 型高速摄像机对延期药在不同密度下的燃烧过程进行拍摄，进而对药剂的燃烧状态进行分析。将延期药压装在直径为 7 mm 的石英管内，以此确保对燃烧过程的观察。采用点火头对延期药药柱进行点火，同时应用同步触发装置使点火与高速摄像过程同时进行。

　　通过对点火头燃烧过程的观察，能够确定其作用时间，有助于分析延期药的点火和燃烧过程。如图 4.68 所示为点火头发火过程高速摄像图。

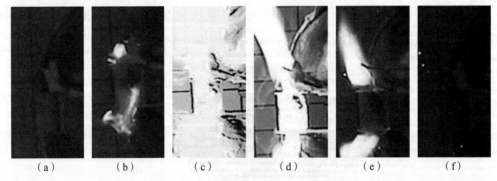

图 4.68　点火头发火过程高速摄像图

（a）$t=0$ ms；（b）$t=10$ ms；（c）$t=20$ ms；（d）$t=40$ ms；（e）$t=60$ ms；（f）$t=80$ ms

　　从点火头发火过程高速摄像照片中可以看出，经过 10 ms 的延迟后，点火头发火，再经过 20 ms 后达到稳定燃烧，稳定燃烧过程可以持续 20 ms。当燃烧时间达到 60 ms 后，由于燃烧过程中药剂逐渐被消耗，80 ms 后点火头熄火。由此可以确定，点火头从作用到熄火的总时间为 80 ms，20 ~ 60 ms 反应最为强烈。

　　在装药密度为 4.0 g/cm³、6.6 g/cm³ 时，对两种延期药的燃烧过程进行拍摄，其典型的高速摄像图如图 4.69 ~ 图 4.72 所示。

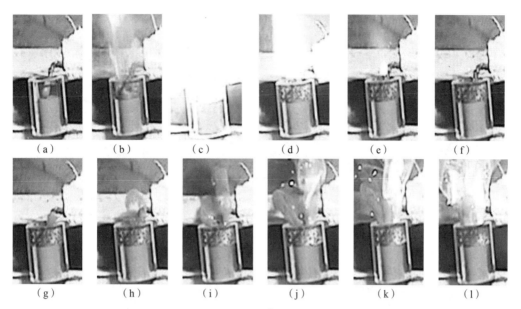

图 4.69　Pb₃O₄/Si（ρ = 4.0 g/cm³）燃烧过程典型的高速摄像图

（a）$t = 0$ ms；（b）$t = 10$ ms；（c）$t = 20$ ms；（d）$t = 60$ ms；（e）$t = 80$ ms；（f）$t = 90$ ms；

（g）$t = 105$ ms；（h）$t = 120$ ms；（i）$t = 170$ ms；（j）$t = 220$ ms；（k）$t = 270$ ms；（l）$t = 320$ ms

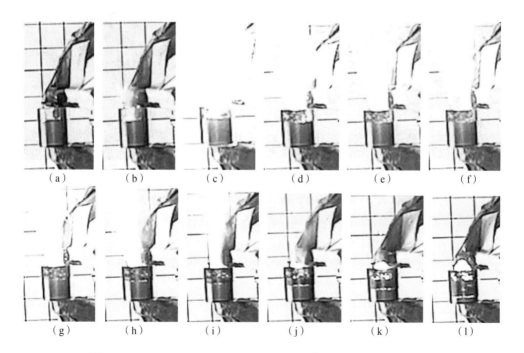

图 4.70　Pb₃O₄/（Si/CNTs）（ρ = 4.0 g/cm³）燃烧过程高速摄像图

（a）$t = 0$ ms；（b）$t = 10$ ms；（c）$t = 20$ ms；（d）$t = 60$ ms；（e）$t = 80$ ms；（f）$t = 90$ ms；

（g）$t = 180$ ms；（h）$t = 270$ ms；（i）$t = 320$ ms；（j）$t = 480$ ms；（k）$t = 640$ ms；（l）$t = 960$ ms

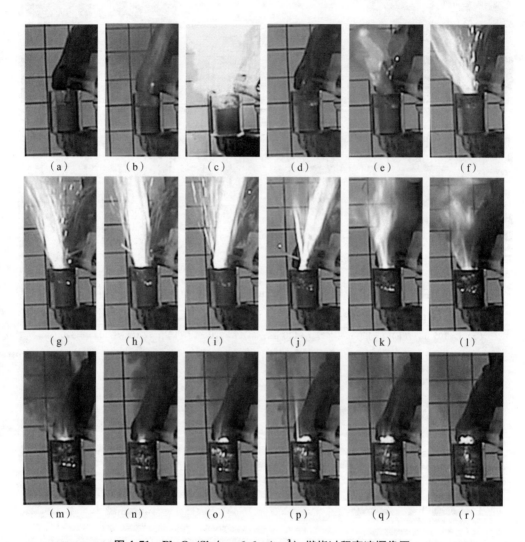

图 4.71   Pb₃O₄/Si（$\rho = 6.6$ g/cm³）燃烧过程高速摄像图

（a）$t = 0$ ms；（b）$t = 10$ ms；（c）$t = 20$ ms；（d）$t = 80$ ms；（e）$t = 160$ ms；（f）$t = 320$ ms；
（g）$t = 480$ ms；（h）$t = 640$ ms；（i）$t = 800$ ms；（j）$t = 960$ ms；（k）$t = 1\,120$ ms；
（l）$t = 1\,280$ ms；（m）$t = 1\,440$ ms；（n）$t = 1\,600$ ms；（o）$t = 1\,760$ ms；
（p）$t = 1\,900$ ms；（q）$t = 2\,100$ ms；（r）$t = 2\,400$ ms

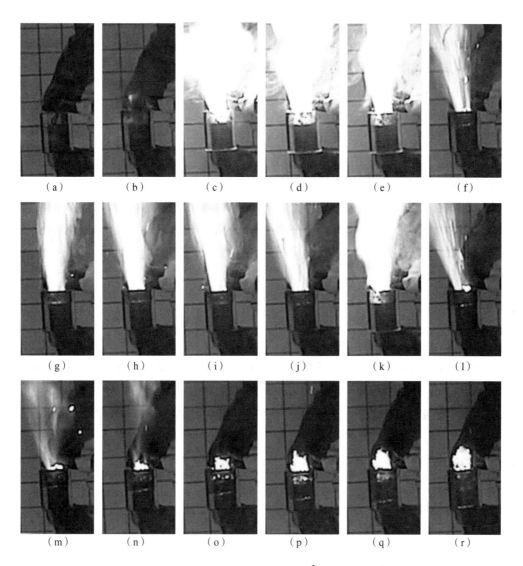

图 4.72 Pb₃O₄/(Si/CNTs)(ρ=6.6 g/cm³)燃烧过程高速摄像图

(a) $t=0$ ms；(b) $t=10$ ms；(c) $t=20$ ms；(d) $t=30$ ms；(e) $t=40$ ms；(f) $t=50$ ms；

(g) $t=80$ ms；(h) $t=100$ ms；(i) $t=120$ ms；(j) $t=160$ ms；(k) $t=180$ ms；

(l) $t=240$ ms；(m) $t=320$ ms；(n) $t=480$ ms；(o) $t=640$ ms；

(p) $t=800$ ms；(q) $t=960$ ms；(r) $t=1\,200$ ms

从图 4.69 中可知，点火头作用时间为 80 ms。在 80~90 ms，Pb₃O₄/Si 延期药组分间发生反应，但是从图 4.69 所示的高速摄像照片中未能观察到明显的反应现象（发烟、发光、火花），即药剂在该段时间内处于阴燃状态；在 105~170 ms，Pb₃O₄/Si 延期药组分之间继续反应，并伴随有发烟现象，220 ms 时开始有灼热粒子喷射出来，到 270 ms 后能够观察到火焰，经过 320 ms 后药剂达到稳定燃烧。

从图 4.70 中可以看出，$Pb_3O_4/(Si/CNTs)$ 延期药在 60 ms 时已经开始发生剧烈燃烧反应，到 80 ms 时药剂的燃烧过程已经达到稳定状态；90～270 ms 气体产物夹杂着固体残渣从石英管中喷射出来，形成火焰；320 ms 后火焰高度减小，其主要原因是反应过程中生成的固体残渣量逐渐增多，阻碍气体产物向外喷射；960 ms 后随着药剂逐渐减少，燃烧反应接近结束。

改变装药密度，研究在装药密度为 6.6 g/cm^3 下延期药燃烧的性能。从图 4.71 中可以看出，Pb_3O_4/Si 延期药在装药密度为 6.6 g/cm^3 的条件下，经过点火头点火，在 80 ms 时可以见到石英管内部有光亮，说明此时药剂已经开始发生反应；在 160 ms 时便有火焰产生，同图 4.69 对比可以看出，此时药剂的反应程度比装药密度为 4.0 g/cm^3 时剧烈，且燃烧速度有所提高，这可能是由于在该密度下药剂之间的空隙率减少，促进了药剂间的反应；在 320～960 ms，药剂剧烈反应，气体产物夹杂着固体产物粒子向外喷射，形成火焰；1 280 ms 以后，由于固体残渣量逐渐增多，使火焰长度明显变短。仔细观察燃烧面，可以发现药剂之间是逐层燃烧的，但是燃烧面并未与石英管端面平行，说明药剂之间的反应程度不同，这是导致延期精度下降的一个原因。

从图 4.72 中可以看出，$Pb_3O_4/(Si/CNTs)$ 延期药在装药密度为 6.6 g/cm^3 的条件下，经点火后，在 40 ms 时已有部分药剂发生反应，50 ms 时有灼热粒子喷出，80 ms 后药剂达到稳定燃烧；180 ms 后燃烧反应产生的固体残渣堵塞石英管口，火焰长度降低；480 ms 后残渣量继续增加，此时气体产物从残渣空隙中溢出，而此时由于残渣的堵塞，气体产物不能将灼热粒子带走，这将有利于热量向燃烧面传递；促进药剂间的反应；能够清楚地看到燃烧面以平行层燃烧的方式向前传播，且燃烧面与石英管断面平行，说明药剂之间的反应稳定，这将有利于提高延期精度。

对比高速影像图片可以得出以下结论：

①Pb_3O_4/Si 延期药在低密度状态情况下，点火可靠性差；在高密度装填下点火可靠性有所提高，燃烧速度比 $Pb_3O_4/(Si/CNTs)$ 延期药的慢；

②$Pb_3O_4/(Si/CNTs)$ 延期药在低密度、高密度两种装填状态下，点火可靠性均高于 Pb_3O_4/Si 延期药，且燃速较快，燃烧过程稳定。

4.5　多孔金属与药剂的复合

铝粉在含能混合药剂中的分散性主要取决于机械混合的效果，而传统工艺使铝粉在混合药剂中的相分布极不均匀，加之高活性铝粉表面存在致密的氧化层，铝粉表层的氧化铝在降低活性铝含量的同时，也影响其参加反应的动力学机理。而开孔泡沫铝具有高达90%以上的铝含量，孔隙率很高，力学性能好，虽然只是金属框架，不是实体金属，但其抗拉、抗压和抗弯曲等力学性能优于传统工艺压制的药柱，而传统药柱由于力学性能差，在高过载或强冲击力下可能破碎或震裂，从而影响其燃爆效果。虽然多孔金属与药剂复合会使力学性能下降，但总体力学性能应当高于裸药柱；而且药柱一般需要装在金属壳内，如果管壳尺度较小，如在 2.5 mm 以下，装药越来越困难，而多孔金属本身具有金属的可加工性，可以按照要求加工成各种形状、尺寸的薄片或柱子，因此多孔金属和药剂复合产物可以取代管壳装药。由于多孔泡沫铝的孔隙率可调，可以灵活调节填充含能物质与金属铝的比例。通过调控氧平衡达到不同的燃爆效果，以满足不同的使用要求，期冀为混合含能材料设计提供新的思路和方法。

4.5.1　多孔金属表征

多孔金属的种类很多，目前实现工业化生产的主要是多孔铝。除铝之外，镁是"21 世纪最具发展前景的绿色工程材料"，不仅受到了各国的重视，而且已在火箭推进剂、燃料添加剂、炸药、烟火剂和燃烧弹中得到广泛应用。纯镁的密度约为 1.74 g/cm^3，比纯铝（2.65 g/cm^3）更小。镁 - 锂合金的密度仅为 0.95 g/cm^3，小于水。可见镁在密度上具有先天的优势，再加上其优良的性能，毫无疑问成为工程上最轻质、最适宜的金属功能材料。

国内外很多学者对不同形态镁的爆炸性能进行了研究。在 B. I. Khaikin 的文献中[115]，提到了 Cassel 等对中位径分别为 15 μm、55 μm 的镁粉颗粒的研究，并指出这两种镁粉的最低着火温度分别为 650 ℃ 和 880 ℃。

A. L. Breiter 等[116]对镁铝合金粉的燃烧性能进行评估，得出当合金粉中镁的质量分数为 60% ~ 70% 时，在火焰面上可直接引燃。V. M. Boiko 等[117]利用高速摄像仪，在激波下对镁粉的燃烧性能进行研究。实验中只观察到镁着火时的火焰外观、燃烧后粒子的运动状态，但对镁粉燃烧的相态、具体的燃烧过程没能做出明确的解释。

范宝春在其专著[118]中对镁的燃烧全面阐释，认为镁颗粒在燃烧时，因其熔点低于火焰温度，易发生熔化，反应在镁蒸气与氧化性气体间进行。燃烧后，氧化产物因熔点高而凝聚。凝聚态的产物（氧化镁）将熔化的镁液滴覆盖，镁蒸气透过覆盖层进入反应区，与气相氧化剂发生反应生成氧化镁。一部分产物扩散到液滴表面，沉积在覆盖面层上；另一部分在反应区悬浮，形成悬浮颗粒云。在镁粉的燃烧产物中，氧化镁熔点较高，而以凝聚态存在。镁粉颗粒的燃烧机制很复杂，特别是氧化物的凝聚机制更复杂，受颗粒种类、大小及环境等因素的影响很大。

1999 年，Edward L. Dreizin 等[119,120]采用高速摄像系统，在微重力环境下，对镁粉尘云的燃烧性质进行研究，指出在镁粉尘云燃烧时，存在燃烧区和预热区；着火时，颗粒的运动速度决定了火焰的传播速度。

2004 年，U. I. Gol'dshleger[121]研究了单个镁粉颗粒在氧气、氩气氛围下的燃烧，并在不同的氧浓度中对高温下镁颗粒的燃烧进行分区，对镁氧化膜的结构特征、与氧化速率之间的关系进行了探索。2005 年，孙金华等[122]基于空气中悬浮铝粒子、铁粒子和镁粒子的燃烧现象，理论预测其燃烧是气相燃烧，并对理论预测进行实验验证，但未进行以镁粉为介质的实验。2006 年，Trent S. Ward 等[123]将中位径 9.7 μm 的镁粉涂在直径为 492 μm 的镍铁铬耐热合金金属丝上，涂层厚度为 56 μm，对其燃烧性能进行研究。实验结果表明，镁粉涂层的着火温度正比于金属丝的升温速度，当升温速率为 100 K/s 时，镁粉涂层的着火温度为 850 K。2008 年，付羽等[124]对镁粉的爆炸过程进行研究，并认为：在爆炸初始阶段，镁粉的燃烧快速进行，由于镁的熔点比火焰温度低，因而熔化。在化学反应中，这个过程属于气固两相流的不定常流动过程。分析镁粉的爆炸过程：首先，悬浮镁粉颗粒部分被点火源加热，颗粒表面产生可燃性气体，遇空气中的氧气后燃烧，燃烧反应的瞬间释放热量，部分高温气体产物经两相流气隙进到预热区，以对流形式进行传热，使未燃烧的颗粒升温；同时，在燃烧反应区中，高温火焰通过热辐射进行传热，使预热区的镁粉颗粒升温，达到颗粒的点火温度时，预热区颗粒开始燃烧，燃烧速度随压力的增大而加快。如此循环，火焰传播和镁粉燃烧不断加速，激烈的燃烧使压力急剧上升，最后发生爆炸。2009 年，付羽等[125]基于镁粉爆炸的过程和特性，研究不同粒径下镁粉的爆炸性能，并得出镁粉粒径对爆炸性能的影响规律。对四种不同粒径的镁粉进行爆炸特性研究后，他们得出，镁粉粉尘层（粉尘云）的最低着火温度、最小点火能量、爆炸下限浓度都随粒径增大而增大；而镁粉的最大爆炸压力、最大压力上升速率随粒径增大而减小。这些实验结果表明，镁粉的粒径越小，其危险性相对较高。事实上，粒径较大的镁粉或镁块相对比较安全，一般情况下不会发生燃烧和爆炸。2011 年，蒯念生等[126]系统地探寻了在镁粉爆炸过程中，镁尘浓度、镁粉粒度、点火能量对最大爆压 p_{max}、最大爆压上升速率 $(dp/dt)_{max}$ 的影响。结果表明，镁尘浓度、点火能量越高，爆炸危害性越大；镁粉粒度越小，爆炸危害性越大；惰化剂含量越高、惰化剂粒度越小，抑爆能力越强。

近年来，越来越多的研究人员尝试向炸药中加入镍或合金镍。2004 年，陆铭等[127]以超细黑索今（RDX）为原料，在其中加入适量的、具有一定粒度的 Ni 粉，通过干混法、湿混法制备超细 RDX/Ni 混合炸药，随后对其撞击感度进行测试。在超细混合炸药中，镍可以起到催化作用，也提高了 RDX 炸药的燃烧速度，同时降低了炸药的临界分压。2011 年，张涛等[128]在炸药中加入超细镍粉，并对其进行研究。结果证明，其感度较原料相比有显著差异。就炸药撞击感度而言，用干混法制备的混合炸药低于用湿混法制备的混合炸药。在相同的制备条件下，镍粉粒径越小，撞击感度越低；镍粉含量越高，撞击感度越低。

综上所述，镁和镍在含能材料设计中具有重要地位。因此，为了增强对比效果，我们将多孔铝、多孔镁和多孔镍作为装药模板使用。多孔金属外观呈银白色，有金属光泽，用肉眼观察可以看到很多的细孔。其硬度和刚性明显低于块状金属，具有一定的可加工性。图 4.73 所示为多孔金属的照片。

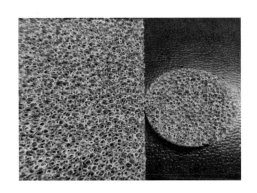

图 4.73 多孔金属的照片

采用美国赛默飞世尔公司生产的XⅡ型等离子质谱仪对多孔金属进行组分检测,结果列于表4.22。由表4.22数据可知,多孔金属镁和镍纯度较高,多孔铝的铝金属含量较低,杂质以铁、镁和硅为主。

表 4.22 多孔金属元素含量数据表

元素	多孔镁含量/%	元素	多孔镍含量/%	元素	多孔铝含量/%
Mg	98.98	Ni	99.836 9	Al	85.08
Al	0.007 81	Al	0.000 001	Ca	0.006 3
Ca	0.001 07	Ca	0.000 003	Cr	0.007 7
Cu	0.000 02	Cu	0.000 022	Cu	0.002 2
Fe	0.000 15	Fe	0.001 565	K	0.003 4
Sr	0.000 01	As	0.000 014	Fe	0.265 9
Mn	0.000 16	Na	0.000 010	Mg	0.462 9
Na	0.000 04	Sn	0.000 002	Mn	0.021 8
Si	0.000 07	S	0.000 005	Na	0.016 2
Pb	0.000 01	Zn	0.000 009	Si	0.118 3
Zn	0.000 79			Ti	0.004 4
S	0.000 07			Zn	0.003 4

研究多孔材料孔结构的方法很多,如压汞法、光学法、N_2 吸附法、X 射线小角度散射法等。压汞法以其原理简单、操作方便、测量范围宽等优点(一般可测量孔直径范围为 4 nm~200 μm)作为测定多孔材料中大孔、中孔结构的一种经典方法,被人们所广泛使用。用压汞法可以测定孔径分布、比表面、孔隙率,甚至可以测定粉末的粒度及其分布,可以反映大多数样品孔结构的状况。

压汞法的测量原理:非浸润液体在施加外压力时方可进入多孔体,在不断增压的情况下，并且进汞体积作为外压力函数时，即可得到在外力作用下进入抽空样品中的汞体积，从而测得样品的孔径分布。测定方式可以采用连续增压方式；也可以采用步进增压方式，即间隔一段时间达到平衡后，再测量进汞体积。在半径为 r 的圆柱形毛细管中压入不浸润液体，达到平衡时，作用在液体上的接触环截面法线方向的压力 $p\pi r^2$ 应与同一截面上张力在此面法线上的分量 $2\pi r\sigma\cos\alpha$ 等值反向，即[129]

$$p\pi r^2 = -2\pi r\sigma\cos\alpha \tag{4.17}$$

即 $p = -\dfrac{2\sigma\cos\alpha}{r}$。

这是著名的瓦什伯恩（washburn）方程，式中，它表明在 α 和 σ 不变的前提下，随着压力的逐渐增大，水银将会逐渐进入孔径更小的孔。α 是汞对固体的接触角，σ 是汞的表面张力。$\alpha=130°$，$\sigma=485$ N/m。根据式（4.17），一定的压力值对应于一定的孔径值，而相应的汞压入量则相当于该孔径对应的孔体积，这个体积在实际测定中是前后两个相邻的实验压力点所反映的孔径范围内的孔体积。所以，在实验中只要测定多孔材料在各个压力点下的汞压入量，即可得到其孔径分布。笔者利用压汞法测试多孔金属的孔结构参数，数据列于表4.23。

表4.23　多孔金属孔结构测试数据

项目	多孔镁	多孔镍	多孔铝
比进汞体积/(mL·g^{-1})	0.331	0.261	0.387
比表面积/(m^2·g^{-1})	0.39	0.04	0.10
孔径分布/μm	2.7~306	2.2~306	0.9~400
最可几孔径/μm	104.7	24.2	180.5
表观密度/(g·mL^{-1})	1.87	12.46	2.85
孔隙率/%	75	74	89

4.5.2　复合装药方法

笔者所在科研团队将三种不同孔径的多孔金属作为含能骨架，选择低熔点炸药为客体材料，采用真空微注装方法和物理浸渍法进行复合含能材料的制备，并对其他装药新方法如凝胶装药及 UV 炸药油墨装药方法也进行了探索性研究。

纵观国内外文献，基于多孔模板制备复合材料可以简单分为两种方法：一是原位合成，也可称为一步法，即利用化学方法在合成模板的同时填塞介质；二是两步法，即先制备得到多孔模板，再利用物理或化学的方法将客体嵌入孔空间。由于合成多孔金属一般均需在高温下进行，而炸药是热敏感材料，因此原位合成的方法不适用于制备炸药/多孔金属复合材料。本节主要介绍两步法合成的原理。

　　鉴于多孔模板主要由高活性的金属元素构成，化学性质非常活泼，而炸药又属于危险材料，因此二者的复合应选择物理方法。据此，我们提出寻找一种流变性可控、固－液相转变不苛刻的炸药单质或含能药剂作为客体，利用熔点温度与热分解温度跨度较大的特点，通过灵活控制药剂的熔融和凝结，从而使之浸入孔洞并固化其中。

　　首先采用真空微注装方法进行装药，原理如下：将模板置于过滤层之上，然后将泡沫铝片放置于装药模板上，模板上除放置多孔金属的部分外，其他地方密封；将含能材料置于熔混药装置中熔化，然后将熔融的含能材料液体滴至模板的泡沫铝片上，同时用真空泵将模板下面的空间抽至一定的真空度，模板上面与大气接触，这样模板中所填充的药剂上下就会形成一定的压力差。在压力的作用下，悬浮液被吸注到整个多孔金属中；持续抽气一段时间，使含能材料药剂充分进入多孔金属中，停止抽气，等炸药固化并留在多孔金属里面即完成装药。真空微注装系统基本流程如图 4.74 所示。

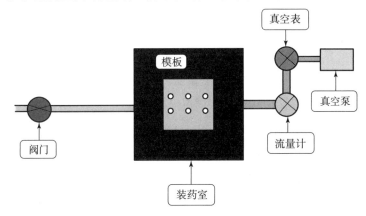

图 4.74　真空微注装系统基本流程图

　　真空微注装装药设备实物图如图 4.75 所示。从左至右各部分依次为阀门、装药室（装药模板）、真空表及流量计。装药系统中，真空表可以读出装药系统中装药室的内外压差；流量计可以控制系统中的真空度；阀门起密封作用，完成装药后，打开阀门平衡内外气压，方便取下多孔金属。真空泵与真空表左端相连。

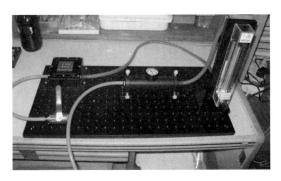

图 4.75　真空微注装装药装置实物图

装药室及真空筛示意图如图 4.76 所示。装药室由两部分组成，下面是底座，上面是真空筛。在底座上有两个气口：一个是进气口，一个是抽气口。用阀门密封住进气孔，再用真空泵从抽气孔抽气，若真空筛上放置装药模板并且密封完好，就可以在底座空间中形成真空室，使模板上的管壳两端形成压力差；真空筛上均匀分布着很多的小孔，保证模板中的管壳与真空室相通。底座与真空筛之间涂抹硅胶密封。装药时在真空筛上为过滤层，过滤层上放置装药模板。

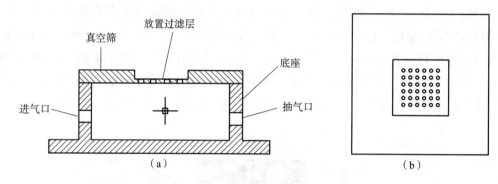

图 4.76　装药室及真空筛示意图

（a）装药室结构示意图；（b）真空筛俯视图

寻找相变条件不苛刻的材料、油墨或纳米炸药颗粒与多孔介质进行复合。实验中需要考虑炸药的固液或固气转化，通过相的改变使炸药的流变性增强，使复合更容易实现。我们选择了低熔点炸药 TNT 与多孔金属进行复合。TNT 的热安定性非常高，100 ℃以下可长时间不变化，100 ℃时第一个和第二个 48 h 各失重 0.1% ~ 0.2%，在150 ℃加热 4 h 基本上不发生分解，在 145 ℃ ~ 150 ℃储存 177 h，熔点由 80.75 ℃降至 79.9 ℃，160 ℃开始明显放出气体产物，在 200 ℃加热 16 h，有 10% ~ 25% 的 TNT 发生分解，还分离出 13% 的聚合物和一些未知结构的产物。下面以多孔铝为例，将多孔金属制作成片状。多孔铝耐热性强，一般熔点在 560 ℃ ~ 700 ℃。

由于装药对象是孔径相通的泡沫铝片，根据真空微注装原理，要想把药剂注入泡沫铝片中，必须在泡沫铝片下方形成一个真空室，并且其周围密封，不允许有气体从此流入泡沫铝片下方的真空室中；而泡沫铝片的上方不必密封，整个真空室只能通过泡沫铝片与大气相通。有了模板的密封作用，若在泡沫铝片上方填充好药剂，并且用真空泵把下方真空室抽至一定的真空度后，药剂就会受到一定的压差，被压入管壳中。由此可以看出，装药模板在整个装药过程中有着十分重要的作用。

装药模板可以分为密封部分和放置泡沫铝片部分。模板设计依据如下：密封部分为凹下去的边缘，如图 4.77 所示，中间凸起部分尺寸是根据真空筛部分中间凹坑的大小及深度而确定的，装药模板凸起部分长宽可以略小于真空筛上凹坑大小，其中密封部分大小为 48 mm × 48 mm，厚度为 3 mm，中间凸起部分尺寸为 35 mm × 35 mm，厚度为 2 mm；图中凹槽部分大小为 20 mm × 10 mm，厚度为 2 mm，为放置泡沫铝片的部分，其中六个小孔的作用是使装药室的内外空气流通，将泡沫铝片放置上面装药时，内外产生压力差，使药剂容易进入泡沫铝片中。

（a）

（b）

图 4.77　装药模板及泡沫铝片实物图

（a）顶端；（b）底面

物理浸渍法是另一种装药工艺，它是利用毛细现象。毛细作用是液体表面对固体表面的吸引力。毛细管插入浸润液体中，管内液面上升，高于管外，毛细管插入不浸润液体中，管内液体下降，低于管外。通过毛细管压力使液体（活性组分）渗透到载体空隙内部；但如果使用真空，则内外压力差也是活性组分进入的一个因素。本实验利用多孔材料具有一定吸附性能及熔融状态的 TNT 流动性比较好的特点，将洁净的多孔铝片浸渍到大量熔融状态的 TNT 中搅拌，由于毛细作用，使 TNT 液体充分进入到多孔铝片内部，等充分固化后，可以得到 TNT 与多孔铝的复合产物。图 4.78 所示为熔混药装置示意图。低熔点炸药可在水蒸气作用下缓慢熔化。然后用镊子夹住多孔金属的边沿，将其完全浸入熔融的炸药中，反复提拉，当样品取出药面时会迅速凝固。浸渍提拉一段时间后记录下不同浸渍时间对应产物的增重。图 4.79 所示为物理浸渍装药工艺示意图。

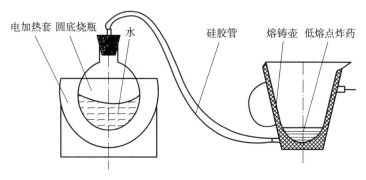

图 4.78　熔混药装置示意图

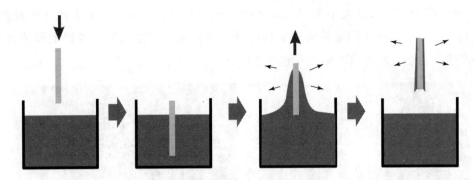

图 4.79　物理浸渍装药工艺示意图

从本质上讲，具有一定流变性的含能物质都有与多孔金属复合的可能，因此我们又进行了另外两种装药工艺的尝试，即凝胶装药和油墨炸药装药。在含能材料领域，快速成型技术将光固化成型（SLA）技术、喷墨三维打印（IJP）成型等技术结合起来，同时基于光固化、树脂固化、喷墨喷涂原理，对含能材料进行配制，形成特定的 UV 油墨（固化油墨），再经喷头喷洒、紫外光照射而快速成型。喷墨成型系统由三维成型平台、UV 光源、成型控制系统、喷头和喷洒机构五部分构成，如图 4.80 所示。采用 0.40 mm 的喷头，对应线宽为 0.70 mm，若想达到更小线宽的喷射效果，可以使用更小口径的喷头。

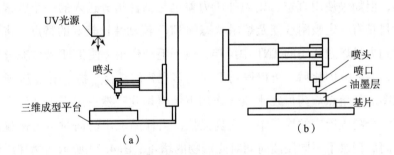

图 4.80　喷墨成型系统机构和喷头图
（a）机构图；（b）喷头图

2007 年，Amy Wilson[130]提出用炸药油墨装药法注装新型雷管——MEMS 雷管，如图 4.81 所示。一些炸药发展机构，如美国陆军装备研究发展技术中心（ARDEC），致力于研究斯蒂芬酸铅、叠氮化铅和 CL－20 炸药油墨等，并在相关领域取得新的成果。他们设计的雷管正投入使用，在这种雷管中装炸药油墨时，不需要任何工装，只需一个装有炸药油墨的注射器，推动注射器的活塞时，炸药油墨材料在雷管空腔中附着，达到装药目的。

在使用炸药油墨装填雷管时，最容易的方法是将气动装置程序化，通过程序控制，将预定量的药沉入空腔中。这种装药方法可在室温下进行，装药过程不需要额外混合。

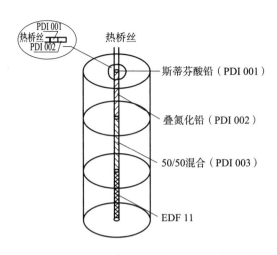

图 4.81　使用炸药油墨的简单热桥丝起爆器

与先前的装药方法相比，该方法减少了人与炸药接触的机会，且装药工艺一致性更好。

UV 炸药油墨主要由两部分组成：炸药固相颗粒和光固化树脂。UV 树脂的组成物——低聚物（预聚物）、活性稀释单体、光引发剂及少量助剂等，均不同程度地影响到固化后的油墨质量，如其硬度、柔韧性、强度、黏附性、耐磨性、耐腐蚀性等性能，并且对 UV 固化的灵敏度也有影响。UV 炸药油墨装药基于光固化原理，光固化反应的本质是光引发、聚合的反应过程。光固化材料经光照后，由液态转化成固态，这个过程分为四个阶段：①光作用于光引发剂，引发剂对光产生吸收，或与光敏剂发生作用；②光引发剂分子发生化学重排，形成自由基或阳离子中间体；③自由基/阳离子中间体攻击低聚物/单体中的不饱和基团，引发链式聚合反应；④聚合反应连续发生，液态组分转变为固态聚合物。

总结上述固化过程，即液态 UV 油墨中的光引发剂受光激发，变为自由基或阳离子中间体，引发不饱和基团物质间的化学反应，以聚合反应为主，形成固化的体型结构。表 4.24 是实验各组分的比例情况，其中 EA 为丙烯酸乙酯，PUA 为聚氨酯丙烯酸酯。

表 4.24　实验各组分的比例情况

样品	低聚物	助溶剂	光引发剂	体积比
1	EA	丙烯基缩水甘油醚	二苯甲酮	5∶4∶1
2	PUA	丙烯基缩水甘油醚	二苯甲酮	5∶4∶1
3	EA、PUA	丙烯基缩水甘油醚	安息香乙醚	2.5∶2.5∶4∶1

4.5.3　装药前后对比

为了更好地了解多孔金属注装炸药后复合物的结构及性能，利用扫描电镜、红外光谱、X-射线衍射、压汞法等手段对复合物进行表观形貌、物相组成、孔结构及比表面积等性能表征，装药后复合物的孔径、孔隙率等参数远小于泡沫铝本身的孔结构参数，说明炸药已经填充到泡沫铝内部，形成复合含能材料。图4.82所示为装药前后多孔金属铝的外观。

（a）　　　　　　　　　　　　（b）

图4.82　装药前后多孔金属铝外观

（a）装药前；（b）装药后

图4.83所示为装药前后多孔铝的扫描电镜照片。从图中可以直观看出不同孔径泡沫铝装药前后的显微形貌。

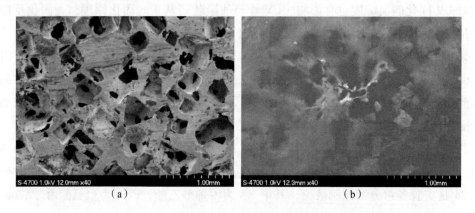

（a）　　　　　　　　　　　　（b）

图4.83　装药前后多孔铝的扫描电镜照片

（a）装药前；（b）装药后

装药后的多孔铝与装药前的相比，原有的孔洞几乎完全填满，说明其表面和内部都附着大量的炸药，装药之后已经观察不到多孔铝表面的金属光泽，说明在多孔铝的表面上也附着一定量的炸药。

为了验证低熔点炸药TNT在与多孔铝发生复合时没有发生性质和结构的改变，我们对多孔铝与TNT复合体系进行红外光谱测试，检测结果如图4.84所示。根据峰形和吸收强度，对指纹区进行分析，在波数3 096 cm^{-1}处为TNT分子中六元环的C—H键伸缩振动吸收峰，在波数1 543 cm^{-1}和1 616 cm^{-1}处的吸收带是苯环骨架振动吸收带，证明苯环的存在。由于芳香族硝基化合物的 $\upsilon(NO_2,as)$ 和 $\upsilon(NO_2,s)$ 吸收带分别位于 1 550 ~ 1 500 cm^{-1}和 1 360 ~ 1 290 cm^{-1}，所以波数 1 543 cm^{-1}和 1 355 cm^{-1}处的峰说明存在芳香族硝基化合物。这些特征峰的位置与单质炸药完全一致，峰位未发生偏移，因此可以证实在孔洞中的 TNT 与铝骨架只是物理复合，没有发生化学作用。

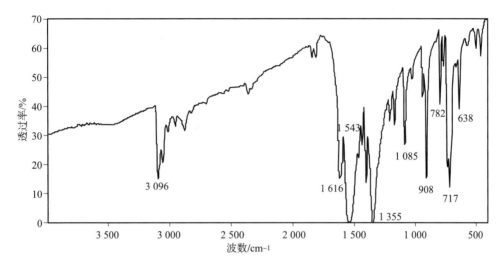

图 4.84　复合物的红外光谱检测结果

应用日本理学 Dmax – RB 型转靶 X 射线衍射分析仪测试多孔铝与 TNT 的复合体系。测试条件：室温，电压 50 kV，电流 100 mA，Cu 靶 K_α 辐射，扫描速率 $2\theta = 4°/\text{min}$，粉末样品。泡沫铝和 TNT 复合体系的 XRD 表征图如图 4.85 所示。

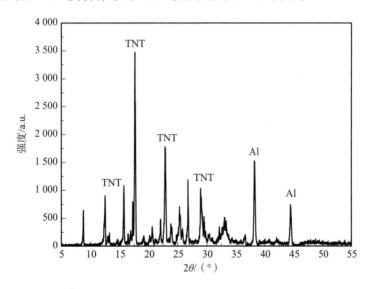

图 4.85　泡沫铝和 TNT 复合体系的 XRD 表征图

图 4.85 所示为 TNT/泡沫铝复合体系的 XRD 谱图。在 2θ 衍射角为 8°、11°、15°、18°、23°、30°处的 6 个衍射峰，是 TNT 的特征衍射峰。在 2θ 衍射角为 38°、44°处的 2 个衍射峰，是 Al 的特征衍射峰。

原始的多孔金属，随着压力的增加，累计进汞量显著增加。同时发现多孔铝的进汞量高于多孔镁和多孔镍。这一数据与表 4.23 相符。装药之后的多孔金属，即使增大压力，进汞量几乎没有变化，这表明大部分的孔隙已经被炸药充满。通过压汞实验，我们可以得知多孔铝、多孔镁和多孔镍的孔隙率分别从 89%、75% 与 74% 降至 13%、9% 和 10%。装药前后累计进汞体积随孔径变化曲线如图 4.86 所示。

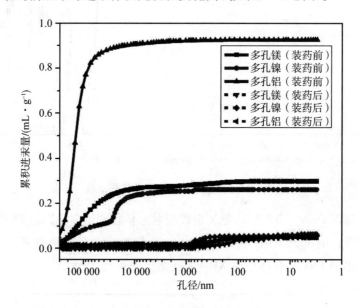

图 4.86　装药前后累计进汞体积随孔径变化曲线

实验采用三种不同的工艺，即真空微注装法、油墨炸药法和物理浸渍法进行装药量的对比。所得实验结果见表 4.25。分别称量了装药前后多孔金属的质量，根据孔隙率，计算出多孔金属的孔体积，最终得到装药密度。从表 4.25 中可以看出，同一工艺条件下，多孔铝的炸药含量明显高于多孔镁和多孔镍。这是多孔铝孔隙率较大所致。真空微注装工艺比物理浸渍和油墨炸药装填法得到的装填量大。基于多孔金属的含能复合物装药密度在 $1.2 \sim 1.4 \ g/cm^3$。经过初步测量发现，多孔金属复合物的能量略低于相同尺寸的单质炸药，原因在于炸药的压装密度高于多孔金属复合物的装药密度；而在同密度下进行比对，发现多孔金属复合产物的能量略高于单质炸药。考虑到多孔金属在反应中主要是发生氧化反应，因此正氧平衡的炸药更适合装填。

表 4.25 装药前后多孔金属的质量和装药密度

多孔金属种类	装药前质量/g	装药后质量/g	净增重/g	炸药所占的比例/%
多孔镁	2.03	5.25（浸渍）	3.22	61.3
	2.06	5.38（油墨）	3.32	61.7
	2.11	5.52（真空）	3.41	61.8
多孔镍	2.41	5.66（浸渍）	3.25	57.4
	2.34	5.71（油墨）	3.37	59.2
	2.44	5.82（真空）	3.38	58.1
多孔铝	2.17	7.04（浸渍）	4.87	69.2
	2.13	7.26（油墨）	5.13	70.7
	2.19	7.32（真空）	5.23	71.4

参 考 文 献

［1］ Ratcliff, Brian. Chemistry ［M］. Oxford：Cambridge University Press, 2000.

［2］ 王凯民，温玉全. 军用火工品设计技术 ［M］. 北京：国防工业出版社，2006.

［3］ 刘璐. 含金属粉火工药剂热反应行为研究 ［D］. 北京：北京理工大学，2015.

［4］ 王泽山，欧育湘. 火炸药科学技术 ［M］. 北京：北京理工大学出版社，2002.

［5］ Mench M M, Kuo K K, Yeh C L, et al. Comparison of Thermal Behavior of Regular and Ultra-fine Aluminum Powders（Alex）made from Plasma Explosion Process ［J］. Combustion Science and Technology, 1998, 135：269 - 292.

［6］ Simonenko V N, Zarko V E. Comparitative Study of the Combustion Behavior of Composite Propellants Containing Ultrafine Aluminum ［J］. Proceedings of the 30th Annual ICT Conference, 1999, 21 - 1.

［7］ Reshetov A A, Shneider V B, Yavorovski N A. Ultradispersed aluminum's influence on the speed of detonation of hexogen ［C］. Mendeleev All-union Society, Abstract. 1984.

［8］ Baschung B, Grune D, Licht H H, Samirant M. Combustion phenpmena of a solid propellant based on aluminum powder［J］. Symposium on Special Topics in Chemical Propulsion, Stresa. 2000.

［9］Walter K C, Pesiri D R, Wilson D E. Manufacturing and performance of nanometric Al/MoO$_3$ energetic materials［J］. Journal of Propulsion and Power, 2007, 23（4）: 645－650.

［10］任慧. 含能材料化学基础［M］. 北京: 北京理工大学出版社, 2015.

［11］Naoharu Sugiyama, Tsutomu Tezuka, Atsushi Kurobe. Fabrication of nano-crystal silicon on SiO$_2$ using the agglomeration process［J］. Journal of Crystal Growth, 1998, 192（3－4）: 395－401.

［12］闫石. 微纳铝、硼可燃剂的改性及其在含能材料中的应用［D］. 南京: 南京理工大学, 2013.

［13］张宝云. 微米硼粉的活化及表征［D］. 南京: 南京理工大学, 2014.

［14］姜菡雨, 李鑫, 姚二岗, 等. 固体推进剂用高活性纳米（非）金属粉的研究进展［J］. 化学推进剂与高分子材料, 2014（6）: 58－65.

［15］Abdullah Ulas, Kenneth K Kuo, Carl Gotzmer. Ignition and combustion of boron particles in fluorine-containing environments［J］. Combustion and Flame, 2001, 127（1－2）: 1935－1957.

［16］Gregory Young, Kyle Sullivan, Michael R Zachariah, Kenneth Yu. Combustion characteristics of boron nanoparticles［J］. Combustion and Flame, 2009, 156（2）: 322－333.

［17］王云霞, 刘宇, 陈林泉, 等. 含硼推进剂固冲发动机补燃室内凝聚相燃烧产物特性试验研究［J］. 固体火箭技术, 2013（5）: 76－80.

［18］Banhart J. Manufacture, Characterization and application of cellular metals and metal foams［J］. Progress in Materials Science, 2001, 46（6）: 559－632.

［19］Benjamin S. Foamlike Metal［P］. US 2553016, 1951.

［20］王德庆, 石子源. 泡沫金属的生产、性能与应用［J］. 大连铁道学院学报, 2001（2）: 34－37.

［21］许庆彦, 陈玉勇. 多孔泡沫金属的研究现状［J］. 铸造设备研究, 1997（1）: 18－24.

［22］何德秤, 陈锋, 张勇. 发展中的新型多孔泡沫金属［J］. 材料导报, 1993（4）: 32－37.

［23］Banhart, John. Manufacturing Routes for Metallic Foams［J］. JOM（Minerals, Metals & Materials Society）, 2000, 52（12）: 22－27.

［24］王晓宇, 任慧. 不同孔径泡沫铝制备及性能表征［J］. 稀有金属材料与工程, 2011, 40（S1）: 18－20.

［25］杨思一，吕广庶. 泡沫铝渗流铸造的工艺因素分析［J］. 热加工工艺技术与装备，2005（5）：44 - 45.

［26］赵玉国. 制备泡沫 Al 的一种新方法：烧结溶解法［J］. 世界科技研究与发展，2003，25（1）：66 - 71.

［27］Gash A E, Simpson R L, Babushkin Y, et al. Nanoparticles［C］. in Energetic Materials：Particle Processing and Characterization edited by Teipel, U., Wiley-VCH, Weinheim, Germany, 2005：267 - 289.

［28］嘉学，童洪辉. 磁控溅射原理的深入探讨［J］. 真空，2004，41（4）：74 - 76.

［29］唐伟忠. 薄膜材料制备原理、技术及应用［M］. 北京：冶金工业出版社，1998.

［30］杨君友，张同俊，崔昆，等. 球磨过程中的碰撞行为分析［J］. 金属学报，1997，33（4）：381 - 385.

［31］陈少春. 碳纳米管基可燃剂制备及其在延期药中的应用［D］. 北京：北京理工大学，2009.

［32］陈津文，吴年强，李志章. 描述机械合金化过程的理论模型［J］. 材料科学与工程，1998，16（1）：19 - 23.

［33］曲喜新，过壁君. 薄膜物理［M］. 北京：电子工业出版社，1994.

［34］王晓丽，焦清介，李国新，等. 真空蒸镀钝化太安（PETN）研究［J］. 真空科学与技术. 2003，27（4）：287 - 289.

［35］Sanchez-Lopez J C, Gonzalez-Elipe A R, Fernandes A. Passivation of nanocrystalline Al prepared by the gas phase condensation method：an X-ray photoelectron spectroscopy study［J］. Mater Res., 1998, 13：703 - 710.

［36］Weigle J C, Luhrs C C, Chen C K, et al. Generation of Aluminum Nanoparticles Using an Atmospheric Pressure Plasma Torch［J］. Phys. Chem. B, 2004, 108（48）：18601 - 18607.

［37］Meda L, Marra G, Galfetti L, et al. Nano-Aluminum as Energetic Material for Rocket Propellants［J］. Materials Science Engineering, 2007, 27：1393 - 1396.

［38］Kwon Y S, Gromov A A, Ilyin A P, et al. Passivation process for superfine aluminum powders obtained by electrical explosion of wires［J］. Applied Surface Science, 2003, 211：57 - 67.

［39］Timothy Campbell, Rajiv Kalai, Aichiro Nakano, et al. Oxidation of aluminum nanoclusters［J］. Phys. Rev. B, 2005, 71：405 - 413.

［40］Vashishta P. Multimillion atom simulation of materials on parallel computers—

nanopixel, interfacialfracture, nanoindentation, and oxidation［J］. Appl. Surf. Sci., 2001, 182 - 258.

［41］王建军, 宋武林, 郭连贵, 等. 金属纳米粒子氧化机理研究进展［J］. 兵工学报, 2006, 27 (6): 1106 - 1110.

［42］Phung X, Groza J, Stach E A, et al. Surface Characterization of Metal Nanoparticles ［J］. Materials Science and Engineering A, 2003, 359: 261 - 268.

［43］Mott N F. Transactions of the Faraday Society ［J］. The Society, 1939.

［44］郭连贵. 核/壳结构纳米铝粉的制备及其活性变化规律的研究［D］. 武汉: 华中科技大学, 2008.

［45］Fathollahi M, Pourmortazavi S M, Hosseini S G. Particle size effects on thermal decomposition of energetic material ［J］. Journal of Energetic Materials, 2008, 26 (1): 52 - 69.

［46］Zhang T L, Hu R Z, Xie Y, et al. The estimation of critical temperatures of thermal explosion for energetic materials using non-isothermal DSC ［J］. Thermochimica Acta, 1994, 244: 171 - 176.

［47］蔡瑞娇, 陈福梅. 火工品设计原理［M］. 北京: 北京理工大学出版社, 1999.

［48］Hu R Z, Gao S L, Zhao F Q, et al. Thermal Analysis Kinetics (Second edition ［M］. Beijing: Science Press, 2008.

［49］Trunov M A, Schocnitz M, Dreizin E L. Ignition of Aluminum Powders under Differents Experiment Conditions ［J］. Propellants, Explosive, Pyrotech, 2005, 40 (1): 36 - 43.

［50］Dreizin E L. Phase Changes in Metal Combustion ［J］. Progress in Energy and Combustion Science, 2000, 26: 57 - 58.

［51］Bazyn T, Krier H, Glumac N. Evidence for the Transition From the Diffusion-limit in Aluminum Particle Combustion ［J］. Proceedings of the Combustion Institute, 2007, 31: 2021 - 2028.

［52］Yetter R A, Risha G A, Steven F S. Metal Particle Combustion and Nanotechnlogy ［J］. Proceedings of the Combustion Institute, 2009, 32: 1819 - 1838.

［53］Lisa Orth Farrell, Herman Krier. Simulation of Detonation in High Explosives with Aluminum Particles ［J］. Combustion Science and Technology, 2000, 161 (1), 69 - 88.

［54］Vadhe P P, Pawar R B, Sinha R K, et al. Cast Aluminized Explosives (Review) ［J］. Combustion, Explosion, and Shock Waves, 2008, 44 (4): 461 - 477.

［55］Brandstadt K, Frost D L, Kozinki J A. Preignition Characteristics of Nano-and

Micrometer-scale Aluminum Particles in Al – CO$_2$ Oxidation Systems [J]. Proceedings of the Combustion Institute, 2009, 32: 1913 – 1919.

[56] Assovskii I G, Streletskii A N, Kolesnikov-Svinarev V I. Mechanism of Formation of the Condensed Phase in Aluminum Combustion in Carbon Dioxide [J]. Doklady Physical Chemistry, 2005, 405 (1): 235 – 239.

[57] Rossi S, Dreizin E L, Law C K. Combustion of Aluminum Particles in Carbon Dioxide [J]. Combustion Science and Technology, 2001, 164 (1): 209 – 237.

[58] Sarou-kanian V, Rifflet J C, Millot F, Veron E. On the Role of Carbon Dioxide in the Combustion of Aluminum Droplets [J]. Combustion Science and Technology, 2005, 177 (12): 2299 – 2326.

[59] Yetter R A, Dryer F L. Metal Particle Combustion and Classification [J]. Micogrvity Combustion: Fire in Free Fall, Academic Presss, 2001: 419 – 478.

[60] Yang V, Sundaram D, Puri P. Multi-Scale Modeling of Nano Aluminum Particle Ignition and Combustion. 2010 Muri Neem Program Review [C]. Nano Engineered Energetic Materials (NEEM), 2010.

[61] Volk F, Schedlbauer F. Analysis of Post Detonation Products of Different Explosive Charges [J]. Propellants, Explos, Pyrotech, 1999, 24: 182.

[62] Lihrmann J M, Zambetakis T, Daire M. High-Temperature Behavior of the Aluminum Oxycarbide Al$_2$OC in the System Al$_2$O$_3$ – Al$_4$C$_3$ and with Additions of Aluminum Nitride [J]. Journal of the American Ceramic Society, 1989, 72 (9): 1704 – 1709.

[63] Bucher P, Yetter R A, Dryer F L. Flames Structure Measurement of Single, Isolated Aluminum Particles Burning in Air [J]. Symposium (International) on Combustion, 1996, 26 (2): 1899 – 1908.

[64] Bucher P, Yetter R A, Dryer F L, Parr T P. Species and Ratiometric Temperature Measurements of Aluminum Particle Combustion in O$_2$, CO$_2$ and N$_2$O Oxidizers, and Comparison with Model Calculations [J]. Symposium (International) on Combustion, 1998, 27 (2): 2421 – 2429.

[65] Ilyin A P, Gromov A A, Tikhonov D V, et al. Properties of Ultrafine Aluminum Powder Stabilized by Aluminum Diboride [J]. Combustion, Explosion, and Shock Waves, 2002, 38: 123 – 126.

[66] Olsen S E, Beckstead M W. Burn Time Measurements of Single Aluminum Particles in Steam and Carbon-dioxide Mixtures [J]. Journal of Propulsion and Power, 1996, 12 (4): 662 – 671.

[67] Trzcinski, Waldemar. Study of the Effect of Additive Particles Size on Non-ideal Ex-

plosive Performance ［J］. Propellants, Explosives, Pyrotechnics. 2007, 32 （5）: 392 - 400.

［68］ Ye S, Wu J H, Xue M A, et al. Spectral Investigations of the Combustion of Pseudo-nanoaluminized Micro-cyclic - ［$CH_2N(NO_2)$］$_3$ in a Shock Wave ［J］. Journal of Physics D-applied Physics, 2008, 41 （23）: 1 - 7.

［69］ Deiter J S, Wang G B. Detonation Chemistry of Underwater Explosives. Proceedings Tenth International Detonation Symposim ［C］. Massachusetts, Bosten, 1993.

［70］ Zhu J, Li S F. Aluminum Oxidation in Nitramine Propellant ［J］. Propellants Explos. Pyrotech, 1999, 24: 224.

［71］ Gliev S D, Anisichkin V F. Interaction of Aluminum with Detonation Products ［J］. Combustion, Explosion, and Shock Waves, 2006, 42 （1）: 107 - 115.

［72］ Gertsman V J, Kwok Q S M. TEM Investigation of Nanophase Aluminum Powder ［J］. Microscopy Microanalysis, 2005, 11: 410 - 420.

［73］ Wong S C, Turns S R. Ignition of Aluminum Slurry Droplets ［J］. Combustion Science and Technology, 1987, 52: 221 - 242.

［74］ Turns S R, Wong S C, Ryba E. Combustion of Aluminum Based Slurry Agglomerates ［J］. Combustion Science and Technology, 1987, 54: 299 - 318.

［75］ Roberts T A, Burton R L, Krier H. Ignition and Combustion of Aluminum/Magnesium Alloy Particles in O_2 at High Pressures ［J］. Combustion and Flame, 1993, 92: 125 - 143.

［76］ Marion M, Gokalp I. Studies on the Ignition and Burning of Aluminum Particles ［C］. AIAA, 1995: 28 - 61.

［77］ Marion M, Gokalp I. Studies on the Ignition and Burning of Aluminum Particles ［J］. Combustion Science and Technology, 1996, 116: 369 - 390.

［78］ Beckstead M W. Correlating Aluminum Burning Times ［J］. Combustion, Explosion, and Shock Waves, 2005, 41 （5）: 533 - 546.

［79］ Dreizin E L. Experimental Study of Aluminum Particle Flame Evolution in Normal and Micro-Gravity ［J］. Combustion and Flame, 1999, 116: 323 - 333.

［80］ Dreizin E L. Surface Phenomena in Aluminum Combustion ［J］. Combustion and Flame, 1995, 101: 378 - 382.

［81］ Prentice J L. Combustion of Laser-Ignited Aluminum Droplets in Wet and Dry Oxidizers ［C］. 12th Aerospace Science Sciences Meeting, AIAA, 1974, 74: 146.

［82］ Orlandi O, Fabignon Y. Numerical Simulation of the Combustion of A Single Droplet in Propellant Gas Environment ［C］. 2nd European Conference on Launcher Technology, Space Solid Propulsion, Rome, 2000, 11: 21 - 24.

［83］Assovskiy I C, Zhigalina O M, Kuznetsov G P, et al. Aluminum Droplet Combustion in Normal and Low-Gravity Environment ［J］. Enercetic Materials, 2000, 8 (3): 114 – 118.

［84］汪亮, 刘华强, 刘敏华. 包覆铝粉破裂燃烧实验观测［J］. 固体火箭技术, 1999, 22 (2): 40 – 44.

［85］Zenin A, Kusnezov G, Kolesnikov I. Physics of Aluminum Particles Combustion at Ultrasonic Levitation ［C］. AIAA, 2003: 0472.

［86］Patrick Lynch, Nick Glumac, Herman Krier. Combustion of 5 – ym Aluminum Particles in High Temperature, High Ptessure, Water Vapor Environments ［C］. AIAA, 2007: 5643.

［87］Salil Mohan, Edward L Dreizin. Aluminum Particle Ignition in Mixed Environments ［C］. AIAA, 2009: 637.

［88］Glassman I. Combustion, First Edition ［M］. New York: Academic Press, 1977.

［89］Law C K. A simplified Theoretical Model for Vapor Phase Combustion of Metal Particles ［J］. Combustion Science and Technology, 1973 (7): 197 – 212.

［90］Law C K, Williams F. On a Class of Models for Droplet Combustion. 12th Aerospace Sciences Meeting ［C］. AIAA, 1974: 74 – 147.

［91］King M. Modeling of Single Particle Aluminum Combustion in CO_2 – N_2 Atmospheres. 17th Symposium (International) on Combustion ［C］. The Combustion Institute, Pittsburg, 1977: 1317 – 1328.

［92］Brooks K P, Beckstead M W. Dynamics of Aluminum Combustion ［J］. Journal of Propulsion and Power. 1995, 11 (4): 769 – 780.

［93］Brooks K P, Beckstead M W. Evaluation of a Flame Model with a Rijke Burner ［C］. 28th JANAF Combustion Meeting, 1991, 2: 509 – 517.

［94］Fedorov A V, Kharlamova Yu V. Ignition of an Aluminum Particle ［J］. Combustion, Explosion, and Shock Wave, 2003, 39 (5): 544 – 547.

［95］Bhatia R, Sirignano W. Metal Particle Combustion with Oxide Condensation ［J］. Combustion Science and Technology, 1993.

［96］Bartlet R W, Ong J N, Fassell W M. Estimating Aluminum Particle Combustion Kinetics ［J］. Combustion and Flame, 1963, 7: 227 – 234.

［97］Trunov M A, Schoenitz M, Dreizin E L. Effect of Polymorphic Phase Transformations in Al_2O_3 Film on Oxidation Kinetics of Aluminum Powders ［J］. Combustion and Flame, 2005, 140: 310 – 318.

［98］Bucher P, Yetter R A, Dryer F L, et al. Condensed-phase Species Distributions about Al Particles Reacting in Various Oxidizers [J]. Combustion and Flame, 1999, 117 (1): 351 –361.

[99] Gromov A, Vereshchagin V. Study of Aluminum Nitride Formation by Superfine Aluminum Powder Combustion in Air [J]. Journal of the European Ceramic Society, 2004, 24 (1): 2879 –2884.

[100] Kwon Y S, Gromov A A, Ilyin A P. The Mechanism of Combustion of Superfine Aluminum Powders [J]. Combustion and Flame, 2003, 133 (4): 385 –391.

[101] Adair J H, Suvaci E, Sindel J. Surface and Colloid Chemistry of Advanced Ceramics [J]. Encyclopedia of Materials: Science and Technology, 2001, 8996.

[102] Crump J E, Prentice J L, Kraeutle K J. Role of the Scanning Electron Microscope in the Study of Solid Propellant Combustion [J]. Combustion Science and Technology, 1969 (1): 205 –223.

[103] Friedman R, Macek A. Ignition and Combustion of Aluminum Particles in Hot Ambient Gases [J]. Combustion and Flame, 1962, 6: 9 –19.

[104] Davis A. Solid Propellants: the Combustion of Particles of Metal Ingredients [J]. Combustion and Flame, 1963, 7 (4): 359 –367.

[105] Kwon Y S, Gromov A A, Ilyin A P, et al. Passivation Process for Superfine Aluminum Powders Obtained by Electrical Explosion of Wires [J]. Applied Surface Science, 2003, 211: 57 –67.

[106] Davydov V Y. Expansion of Detonation Products of Phlegmatized RDX and Its Mixtures with Dispersed Aluminum [J]. Russian Journal of Physical Chemistry B, 2008, 2 (4): 629 –632.

[107] Zolotko A N, Vovchuk Y I, Poletaev N I, et al. Nanooxides Synthesis in Two-phase Laminar Flames [J]. Combustion, Explosion and Shock Waves, 1996, 32 (3): 262 –269.

[108] Altman I S. On Condensation Growth of Oxide Particles During Gas-Phase Combustion of Metals [J]. Combustion Science and Technology, 2000, 160 (1): 221 –229.

[109] Glassman I. Metal Combustion Processes [M]. New York: American Rocket Society Preprint, 1959.

[110] Campbell T, Kalai R, Nakano A, et al. Oxidation of Aluminum Nanoclusters [J]. Phys Rev B, 2005, 71: 405 –413.

[111] Keshavarz M H. Detonation Temperature of High Explosives from Structural Parameters [J]. Hazard Mater, 2006, 137 (3): 1303 –1308.

[112] 黄辉，黄勇，李尚斌. 含纳米级铝粉的复合炸药研究 [J]. 火炸药学报，

2002 (2)：1 - 3.

[113] Yuma Ohkura, Pratap M Rao, Xiaolin Zheng. Flash ignition of Al nanoparticles：mechanism and applications [J]. Combustion and Flame, 2011, 158：2544 - 2548.

[114] 曹泰岳, 张为华, 王宁飞. 轻金属颗粒燃烧理论研究进展 [J]. 推进技术, 1996, 17 (2)：82 - 87.

[115] Khaikin B I. On the ignition of metal particles [J]. Combustion, Explosion, and Shock Waves, 1970, 6 (4)：412 - 422.

[116] Breiter A L. Combustion of individual aluminum-magnesium alloy particles in the flame of an oxidizer-fuel mixture [J]. Combustion, Explosion, and Shock Waves, 1971, 4 (2)：186 - 190.

[117] Boiko V M, et al. Ignition of gas suspensions of metallic powders in reflected shock waves [J]. Combustion, Explosion, and Shock Waves, 1989, 25 (2)：193 - 199.

[118] 范宝春. 两相系统的燃烧、爆炸和爆轰 [M]. 北京：国防工业出版社, 1998.

[119] Edward L Dreizin, et al. Constant pressure combustion of aerosol of coarse magnesium particles in microgravity [J]. Combustion and Flame, 1999, 118：262 - 280.

[120] Edward L Dreizinetal. Experimenis on magnesium aerosol combustion in micro-gravity [J]. Combustion and Flame, 2000, 112：20 - 29.

[121] Gol'dshleger U I. Combustion mode and mechanisms of high-temperature oxidation of magnesium in oxygen [J]. Combustion, Explosion, and Shock Waves, 2004, 40 (3)：275 - 284.

[122] 孙金华, 卢平, 刘义. 空气中悬浮金属微粒子的燃烧特性阴 [J]. 南京理工大学学报, 2005, 29 (5)：582 - 585.

[123] Trent S Ward. Experimental methodology and heat transfer model for identification of ignition kinetics of powdered fules [J]. International Journal of Heat and Mass Transfer, 1999 (49)：4943 - 4954.

[124] 付羽, 陈宝智, 李刚. 镁粉爆炸机理及其防护技术研究 [J]. 工业安全与环保, 2008, 34 (8)：1 - 3.

[125] 付羽, 陈宝智, 李刚. 粒径对镁粉爆炸特性的影响 [J]. 工业安全与环保, 2009, 35 (8)：36 - 38.

[126] Kuai Niansheng, Li Jianming, Chen Zhi, et al. Experiment-based investigations of magnesium dust explosion characteristics [J]. Journal of Loss Prevention in the Process Industries, 2011, 24 (4)：302 - 313.

[127] 陆铭, 孙杰, 陈煜, 等. 包覆方法对 PBX - RDX 撞击感度的影响 [J]. 含

能材料，2004，12（6）：333－337.

［128］张涛，王保国，陈亚芳，等．超细 RDX/Ni 混合炸药的制备及其撞击感度研究［J］．山西化工，2011，31（1）：27－29.

［129］ Barbee T W, Gash A E, Satcher J H. Nanotechnology Based Environmentally Robust Primers［C］. 34th Annual Institute of Chemical Technology Meeting，2003，31：1－13.

［130］ Amy Wilson. Competency Development Detonator Development and Design［R］. AD Report，2007.

第5章 混合型含能材料的微纳米化

如前所述，单质含能化合物受到氧燃比例所限，往往达不到理想的能量释放率，因此，在实际应用中，多采用复合或混合型含能材料配方。在之前的章节中，我们主要针对单质炸药、含能氧化剂、可燃剂等材料的微纳米化技术进行了叙述，在本章，着重讲述复合型或混合型含能材料的纳米化思路与技术途径。

众所周知，在利用纳米材料某种特性的同时，通常会被其他一些附属性质所影响，阻碍了其在工程领域的应用。例如，纳米颗粒巨大的表面和特殊的表面效应同时也导致了这种颗粒的化学性状很不稳定，即化学活性很高，具有很强的氧化性、吸附性，非常容易团聚等[1]。实际的情况是，刚制备获得的新鲜的纳米颗粒一旦暴露于大气中，立即会发生氧化，同时伴随颗粒表面发热与快速升温。温度的升高会加剧颗粒对空气中各种污染物的吸附及颗粒间的团聚，甚至生长。

研究发现，如果将某种物质包覆于纳米或微米颗粒的外表，并对其进行表面改性或制成复合颗粒，将两种性质不同的纳米颗粒或微米颗粒或纳米与微米颗粒制成复合颗粒，都将有效地避免单一纳米（微米）颗粒的团聚问题，而且还可充分发挥纳米（微米）颗粒的优异特性，提高其使用效果[2]。这种复合颗粒除了具有单一超细颗粒所具有的表面效应、体积效应及量子尺寸效应外，还具有复合协同多功能效应；同时也改善了单一颗粒的表面性质，增大两种或多种组分的接触面积，使其使用性能更好。纳米颗粒与微米颗粒进行适当复合不仅会大大降低使用纳米材料的成本，提高微米材料的使用性能及附加值，而且还解决了纳米粉体使用难的问题，为纳米材料的应用开辟了一种新途径。颗粒复合的另一个目的是基于颗粒性能设计，其实质是通过对颗粒的表面特性及功能进行设计，以达到所需的应用效果。无论是表面改性剂的选择，还是复合颗粒成分及尺寸大小的选择，还是复合工艺技术的选择，都是为达到预期目的而进行的一项完整的设计。例如将两种欲进行化学反应的固体物质事先都制成纳米或微米颗粒，然后将它们均匀混合或复合，提高两种物质的接触面积与结合紧密程度，当外界给予适当能量后，两种物质会立即发生化学反应，达到提高化学反应速率的目的。由此可见，颗粒复合在化工及军事领域有着十分重要的意义。

从另一个方面说，纳米含能材料的复合或者组装是微纳米含能器件的设计基础。以纳米尺度的物质单元作为一个基元，按一定的规律排列起来形成一维、二维、三维的阵列称为纳米组装体系，它除了具有纳米微粒的特征（如量子尺寸效应、小尺寸效应、表面效应等）以外，还存在由纳米结构组合引起的新效应，如量子耦合效应和协同效应等[3]。其次，这种纳米复合结构很容易通过外场（电、磁、光）实现对其性能的控制，这也是微纳米含能器件的设计基础。因此，从某种意义上说，微纳米含能复合物的研究更具有深远的意义和实用价值。

5.1 纳米材料表面改性

5.1.1 改性目标与方法

纳米粒子表面修饰（Surface Modification）是纳米材料科学领域十分重要的研究内容。20世纪90年代中期，国际材料会议提出了纳米粒子的表面工程新概念。所谓纳米粒子的表面工程，就是用物理、化学方法改变纳米粒子表面的结构和状态，实现人们对纳米粒子表面的控制[4]。纳米粒子的表面修饰把纳米材料研究推向了一个新阶段，它使人们不但可以有更多的自由度对纳米粒子表面改性，而且可以扩大纳米粒子的应用范围，提高纳米材料的使用效果。纳米颗粒的表面改性和修饰根据实际应用的需求对颗粒表面特性进行物理、化学加工或调整，使纳米粉体表面的物理、化学性质（如晶体结构、官能团表面能、表面润湿性、导电性、表面吸附和反应特性等）发生变化。这不仅使纳米颗粒的物性得到改善，还可能赋予纳米颗粒新的功能。纳米粒子通过表面修饰技术手段，可以达到以下四个方面的目的或效果[5]：

①改善或改变纳米颗粒的分散性；

②改善纳米颗粒的表面活性或相容性；

③改善纳米颗粒的耐光、耐紫外线、耐热、耐候等性能；

④使颗粒表面产生新的物理、化学和力学性能及其他新的功能。

在实际应用中，一般都需要对纳米粒子表面进行改性，对新制备获得的纳米颗粒要进行适当的技术处理，改变纳米粒子的表面态和微观结构，调和不同纳米材料固有特性之间的联系，从而避免纳米粒子的团聚和结块，改善分散性、流变性及光活性等。对制成的纳米颗粒需在采用保护措施后才能进行储存，可以避免颗粒的团聚和性质改变[6]。例如超细含能材料具有非常规的特异性能，然而在制备、储存或使用过程中与空气接触时，这些高活性的原子极易与空气中的氧发生反应，导致活性降低。因此，必须采用适当的措施对其进行处理，才能保护粒子活性，以保证超细粒子在应用过程中发挥这些特异性能。

纳米粒子表面修饰改性的方法很多，新的表面修饰技术也在不断发展之中，但基本可分为物理修饰法和化学修饰法[7]。其中物理修饰法在微纳米含能化合物的表面改性中具有广泛应用，而化学修饰技术因为在纳米粒子表界面会发生化学反应，因此不适用于单质含能化合物（包括微纳米炸药颗粒、氧化剂和可燃剂）的修饰，故而常常用于模板、多孔介质等组装体的修饰。

物理法修饰纳米粒子表面通常采用以下两种技术途径[8]。一种是通过非共价键相互作用，如范德瓦尔斯力（van Der Waals Attraction）、亲水/憎水特性、静电作用、物理吸附等将异质材料吸附在纳米粒子的表面，来防止纳米粒子之间团聚。这种方法经常会引入表面活性剂，注意此时被修饰材料与表面活性剂分子之间没有化学变化，仅仅是弱的物理作用。当纳米粒子在水溶液中分散，表面活性剂的亲油基吸附到微粒表面，而极性的亲水基团与水相溶，这就达到了无机纳米粒子在水中良好分散的目的。反之，在非极性的油性溶液中分散纳米粒子，表面活性剂的极性官能团吸附到纳米粒子表面，而非极性的官能团与油性介质相溶合。表面沉积法是另一种表面物理修饰法。此法是将一种物质沉积到纳米粒子表面，形成与颗粒表面无化学结合的异质包覆层。此外，利用溶胶－凝胶、超临界处理技术等也可以实现对纳米粒子的包覆。

化学法修饰纳米粒子表面是通过纳米粒子表面与修饰剂之间进行化学反应，改变纳米粒子表面结构和状态，实现表面改性的一种方法[9]。纳米粒子比表面积很大，表面键态、电子态不同于颗粒内部，配位不全导致大量悬空键存在，这就为人们用化学反应方法对纳米粒子表面修饰改性提供了有利条件。

无论是物理修饰还是化学修饰，表面修饰剂都起到很重要的作用。表面修饰剂的种类很多，有无机的，也有有机的；按照凝聚态可分为固态的、液态的和气态的；按照组分的结构可分为离子型的和非离子型的。可根据不同的用途要求，既可选用固态组分，也可选用液态或气态组分；既可选用离子型，也可选用非离子型。针对超细含能材料，有时必须合成新的表面修饰剂，新合成的表面修饰剂既可是有机物，也可是无机物，既可是高分子聚合物，也可是低分子材料，视其用途而异。表面修饰剂的选用原则是必须能降低纳米颗粒的表面能态、消除纳米颗粒的表面电荷及纳米颗粒的表面引力。对以增加纳米颗粒与其他介质黏结力为目的的表面改性，表面修饰剂的选用原则除满足上述要求外，还必须与纳米颗粒和介质具有很强的亲和力。

纳米颗粒的表面处理工艺直接关系到表面修饰改性的效果。纳米颗粒的表面改性处理既可在颗粒形成后进行，也可在颗粒形成的过程中进行。研究表明，在颗粒形成的过程中进行表面处理，一般来说其修饰效果较好。总之，针对纳米颗粒的表面修饰改性研究主要包括以下三个方面内容。

①分析和研究纳米颗粒的表面特性，以便有针对性地进行修饰或改性处理。这种分析和研究包括用高倍电子显微镜对颗粒的表面结构状态进行观察分析，用 XPS 和FTIR 测试粒子的表面组成及成分迁移，用电势滴定仪测定粒子的表面电势，用电泳仪测定纳米颗粒的表面电荷，用能谱仪测定纳米颗粒的表面能态，用表面力测定仪测定

纳米颗粒的表面黏着力、浸润角和其他作用力。

②利用上述测定的结果对纳米颗粒的特性，主要是表面特性，进行综合分析评估。

③确定表面修饰剂的适用类型及合适的表面处理工艺并加以实施。

5.1.2 表面包覆原理

研究者们希望通过表面包覆技术改善微纳米含能材料的质量及某些性能（如加工性、易处理性、贮存性等）。如不敏感性，即降低摩擦感度及撞击感度；增强与一般黏结系统的良好相容性；抵抗外界环境的作用，如抵抗湿度和辐射作用等。因此，表面包覆改性是对微纳米含能化合物进行简单物理改性的常用方法，主要有表面物理固相包覆、液相包覆、气相物理包覆和微胶囊包覆[10]。

通过范德华力、氢键等分子间作用力将改性剂吸附到作为包覆核的纳米含能颗粒表面，并在核的表面形成包覆层，以此来降低纳米颗粒原有的表面张力，阻止粒子间的团聚，达到均匀稳定分散的目的。例如，采用高分子聚合物对微纳米炸药进行包覆及表面改性，在敏感的炸药颗粒表面均匀包覆聚合物，在降感的同时增强相容性。通过该包覆层所形成的新表面所具有的特殊官能团参与其他反应，使纳米炸药呈现出新的特性和功能，扩展了应用前景。

在含能材料表面包覆时，最常考虑和采用的工艺是在液相中进行物理沉积[11]。按照含能芯材的类别，目前文献报道包覆效果不错的含能材料/包覆剂组合如下：二硝酰胺铵（ADN）/乙基纤维素；ADN/乙酸丁酸纤维素；ADN/蜡－氨基树脂（ADN 包覆两层，第一层是蜡，第二层是氨基树脂）；六硝基六氮杂异伍兹烷（CL－20）/邻苯二甲酸乙酸纤维素；奥克托今（HMX）/氨基树脂。原则上，只要被包覆的芯材与所用包覆方法相容，均可用于炸药、可燃剂及氧化剂的表面改性。

表面包覆的关键之处在于如何定性乃至定量地设计与描述包覆效果。注意，在很多书籍当中将表面包覆（Surface Coating）和微胶囊技术[12]（Microcapsule）混为一谈。其实二者有很大的差别。表面包覆涵盖了微胶囊技术，微胶囊是表面包覆的一种特例。它们都遵循物理改性的基本原理。

根据 DLVO 理论提出的微小粒子双电层模型，并结合空间位阻效应和空缺稳定理论，能够很好地解释微纳米颗粒通过表面包覆可以增强分散体系的稳定性[13,14]。双电层模型认为，微纳米颗粒表面的电性使其易吸引异电荷颗粒，形成离子氛。当两个颗粒趋近而离子氛尚未接触时，颗粒间并无排斥作用；当颗粒相互接近到离子氛发生重叠时，处于重叠区的离子浓度较大，破坏了原来电荷分布的对称性，引起离子氛中电荷重新分布，即离子从浓度较大区间向未重叠区间扩散，使带正电的颗粒受到斥力而相互脱离，这种斥力是颗粒间距离的指数函数。图 5.1 所示是纳米粒子的"离子氛"和位能曲线。

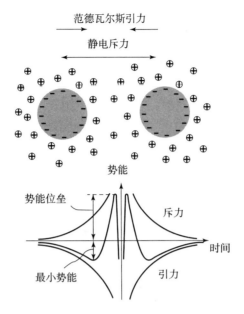

图 5.1　纳米粒子的"离子氛"和位能曲线

颗粒间相互作用的总位能为排斥力位能与引力位能之和。以颗粒间斥能、吸引能及总位能对颗粒之间的距离作图，得出位能曲线（图 5.1）。位能曲线上出现的峰值称为位垒，只要位垒足够高，颗粒的运动无法克服它，则胶体就保持稳定。当两颗粒相距较远时，离子氛尚未重叠，颗粒间"远距离"的吸引力起作用，此时引力占优势，曲线在横轴以下，总位能为负值；随着距离的减小，离子氛重叠，此时斥力开始出现，总位能逐渐上升为正值，斥力也随距离的变小而增大，至一定距离时出现一个峰，即位能上升至最大值，意味着两颗粒间难以进一步靠近，或者说它们碰撞后会分离开。图 5.1 所示说明当颗粒间距离很近时，离子氛产生的斥力正是颗粒避免团聚的重要因素，离子氛所产生斥力的大小取决于双电层厚度，因此，为解决纳米颗粒团聚而对纳米粒子进行表面处理，就是一个减少引力位能或增加排斥力位能或兼而有之的过程。

微纳米颗粒包覆了改性剂后，将产生一种新的排斥位能——空间斥力位能。空间斥力位能对胶体稳定性也起到重要的作用，提高空间斥力位能需要选择与颗粒亲和力大的分散介质，以及吸附力强的包覆材料，以增加吸附层厚度，如图 5.2 所示。但是，空间斥力位能的提高也将使相应颗粒间的吸引能 U_A 发生变化：

$$U_A = -\frac{A_e}{12\pi D^2} \tag{5.1}$$

$$A_e = \frac{2A_{130}}{\left(1+\dfrac{\delta}{D}\right)^2} + \frac{A_{130}}{\left(1+2\dfrac{\delta}{D}\right)^2} \tag{5.2}$$

式中　　A_e——有效 Hamaker 常量；

　　　　D——两颗粒吸附层表面之间的距离。

A 下标数字 0、1、3 分别表示分散介质、颗粒、聚合物。A_{130} 表示颗粒与分散介质被聚合物分隔后的 Hamaker 常量。若 A_e 增大，则吸附层使吸引能上升，胶体稳定性下降，这就是改性剂使粉体团聚的原因；若 A_e 减小，则吸附层使吸引能下降，微纳米粉体稳定性增强。因此，必须控制好改性剂浓度，使吸附层的厚度在允许的范围之内，如图 5.3（a）所示。

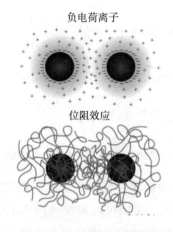

负电荷离子

位阻效应

图 5.2　空间位阻效应

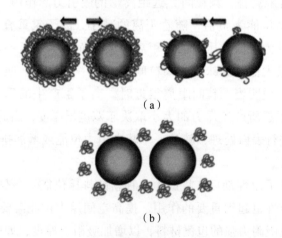

（a）

（b）

图 5.3　聚合物包覆纳米粒子的稳定性

（a）不同浓度吸附层的影响；（b）空缺稳定

另外，由于微纳米颗粒对聚合物产生负吸附，在颗粒表面层聚合物浓度低于溶液的本体浓度，这种负吸附现象导致颗粒表面形成一种"空缺层"。当空缺层发生重叠时，就会产生斥力能或吸引能，使物系的位能曲线发生变化。在低浓度溶液中，吸附

能占优势，胶体稳定性下降。在高浓度溶液中，斥力能占优势，胶体稳定，如图 5.3
（b）所示。由此可见，包覆层特别是高聚物包覆材料能显著地改变颗粒的表面状态和
相互作用，因此常用于微纳米炸药的表面修饰。包覆剂可以选择空间位阻型，以便形
成阻挡层，阻挡颗粒靠近；或者选择静电位阻型的分散剂，靠静电斥力和空间位阻共
同作用使颗粒稳定地分散。

5.1.3　键合剂包覆改性超细 RDX

纵观国内外文献，包覆超细炸药颗粒的方法很多，主要有机械法、异相凝聚法、
种子异相聚合法、微乳液法、沉积法、相转移法及离子束法、超临界流体喷雾法
等[15-18]。实践证明，软化学方法是制备纳米含能复合材料的重要手段（传统的高温固
相反应制备的纳米复合材料称为硬化学方法）。由于软化学技术是一类在温和条件下实
现的化学反应过程，它可制得多种具有"介稳"结构的复合材料体系，易于实现对其
化学反应过程、路径和机理的控制，从而可根据需要控制反应过程的条件，对产物的
组分和结构进行设计，进而达到"剪裁"其物理性质的目的[19]。其优点在于将材料制
备的前沿技术从高温、高压、高真空、高能耗和昂贵的物理方法中解脱出来，尤其适
用于含能材料的处理。因此综合考虑合成成本、操作安全性及产物纯度，并尽可能将
颗粒尺度控制在 100 nm 以内，我们一般采用液相包覆法对超细炸药表面进行修饰。

液相包覆法是将微纳米粉体颗粒置于溶液中，通过物理或化学作用，使改性剂析
出并吸附于微纳米粉体表面，改性剂在粉体表面沉积可以是一层，也可以是几层。液
相包覆法主要分为沉淀法、醇盐水解法、溶胶 – 凝胶法和非均相凝固法[20]。液相包覆
法中的改性全部或部分由成核长大的胶粒包覆到微纳米粉体表面上完成，由于工艺处
理上的局限性，难以实现完整、定量包覆（注意，这与微胶囊工艺有明显的区别）。
图 5.4 所示为炸药表面包覆修饰改性过程，从中可以看到表面改性剂依靠物理作用、
范德华力或氢键的表面吸附或沉积作用力，在纳米炸药核的表层沉积一层或多层新的
包覆层或者黏结点，由此起到稳定内层粒子、降低纳米粒子活性、提高分散性等效果。

笔者所在的课题组曾对超细 RDX 进行了包覆改性研究。在推进剂体系中引入键合
剂对黑索今表面进行改性处理，是改善其力学性能的重要手段。运用键合剂的目的在
于增强固体填料与黏合剂之间的相互作用，键合剂分子中含有两种类型的基团：一种
可以与黏合剂基体产生物理和（或）化学作用；另一种可与填料产生物理和（或）化
学作用，从而起到"分子桥"的作用，将不同种类的分子连接起来，达到改善固体推
进剂力学性能的目的[21]。相对而言，键合剂与黏合剂间的相互作用问题较易解决；而
固体推进剂中常用 HMX、RDX 等均属非补强性填料，其表面非常光滑、基团惰性大，
一般键合剂难以聚集到其表面，且硝酸酯等含能增塑剂又具有很强的极性，所以键合
剂的选择十分困难[5]。一般认为，有希望成为键合剂的化合物与硝铵之间存在着两种

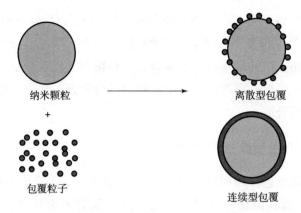

纳米颗粒

+

包覆粒子

离散型包覆

连续型包覆

图 5.4　炸药表面包覆修饰改性示意图

相互作用：氢键和酸碱作用。其中，氢键是硝铵基团中极性的氧原子与键合剂中羟基或胺基官能团间形成的；而在酸碱作用中，硝铵基团起了 Lewis 碱的作用，吸引具有孤对电子的化合物，如胺类化合物。

硝铵类炸药分子具有独特的静电荷分布情况，图 5.5 所示为 RDX 分子的电荷分布图[22]。因氧元素的强电负性，—NO_2 是一个很强的吸电子基团，使 RDX 六元环上的电子云发生图中箭头所示的转移。因此，—NO_2 基团上的氧原子电子云富集，而—CH_2—的氢原子上电子云减少，有形成质子氢（H^+）的倾向，另外，因氮原子的电负性较强，环中 　N—也是电子云密集的原子。在 RDX 分子间和分子中存在着氢键作用，氢键存在于—CH_2—与—NO_2 中的 O 之间，RDX 分子中可供键合的作用点有三个：—NO_2 中的 O 原子、—CH_2—中的 H 原子及叔氮原子，因此，要使键合剂与硝铵炸药形成较强的吸附，就要考虑在这些位点尽可能形成氢键或酸碱作用力。

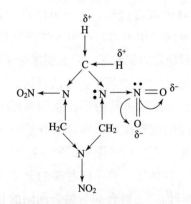

图 5.5　RDX 分子的电荷分布图

氧原子的强负电荷与氢原子的正电荷间会形成较强的氢键作用，从而使这类对称性很好的硝铵分子表面自由能中偶极作用力成分所占比例高达 27.6%，所以，选择适用于硝铵填料的键合剂时，以表面浸润理论原则为依据较为合适。按照这一理论，键合剂应该能够以物理作用而被吸附至填料表面，从而对填料形成良好的浸润。通过分析 RDX 在溶剂中的溶解度及其与各种有机溶剂形成溶剂化物的能力后可看出：大多数与 RDX 形成溶剂的化合物分子中均含有羧基、酰胺基、氨基、腈基等极性基团，说明这些基团与 RDX 表面基团间有较强的相互作用。项目组选择 9 种键合剂进行对比研究。编号为 $1^{\#} \sim 9^{\#}$，分别对应于三乙醇胺、LBA – 603、LBA – 201、LBA – 06、LBA – 702、骨胶蛋白、LTAIC、NPBA 和聚氨酯。[①]

在包覆黑索今实验之前，项目组利用表界面化学原理，对键合剂与黑索今的浸润性进行了讨论分析。表面张力采用拉环/拉片法测试，接触角则采用悬滴法测量，最终求出键合剂和 RDX 的黏附功值 W_a。黏附功值越大，界面黏结得越强；键合剂和 RDX 的界面张力值越小，界面浸润越好。据此可以从理论上预估不同键合剂对 RDX 的改性效果。计算结果如图 5.6 所示。从测试结果可以看出：键合剂中 NPBA、LBA – 201、LBA – 603 和 LTAIC 的黏附功较大，表明其与 RDX 的界面黏结较强。根据上述分析最终优选出四种键合剂，分别为 LBA – 201、NPBA、LTAIC 和 LBA – 603。

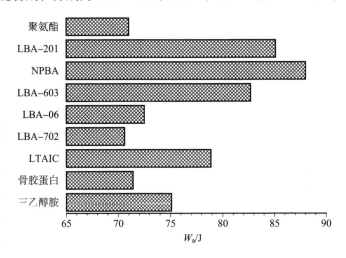

图 5.6　不同键合剂与黑索今界面的黏附功

通过文献调研[13 – 15,23 – 25]，国内外常用的对 RDX 表面改性方法有溶液混合蒸馏法、水溶液悬浮法、溶剂脱出法、破乳法、化学聚合法和化学交联法。针对以上五种化学改性方法，结合课题选用的键合剂类型、RDX 性质和试验条件，我们采用水溶液悬浮法和溶剂脱出法进行改性处理。由于键合剂大多为惰性或低含氮量有机物，因此，在达到表面改性的前提下，键合剂的用量越少越好。同时，考虑到键合剂的溶解性，键

---

① 本节使用的键合剂来源于洛阳黎明化工研究院，键合剂编号是该院提供的合成产物编号。本书在此主要是对比各种键合剂的改性状态，对键合剂的化学结构不做研究。

合剂 LBA – 201、LBA – 603 溶解于水，选择水溶液悬浮法。键合剂 NPBA、LTAIC 溶解于乙酸乙酯，选择溶剂脱出法。

SEM 显微照片能够观察 RDX 晶体改性前后表面状态的变化。图 5.7 所示给出了改性前后的 RDX 晶体放大一定倍数后的微观图像，首先从未改性 RDX 的显微镜图 5.7（a）可以看出，颗粒表面颜色灰暗，没有光泽，颗粒表面有凹凸面，貌似岩石状。

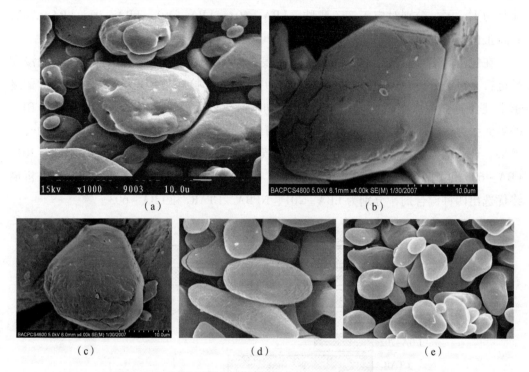

图 5.7　改性前后的 RDX 晶体放大一定倍数后的微观图像

（a）RDX 晶体电镜照片；（b）RDX/LTAIC 电镜照片；（c）RDX/NPBA 电镜照片；

（d）RDX/LBA – 201 电镜照片；（e）RDX/LBA – 603 电镜照片

与图 5.7（a）相对比，用非水溶性键合剂 LTAIC 和 NPBA 改性后 RDX 的 SEM 照片［图 5.7（b）、（c）］明显看出 RDX 晶体表面上附着了一层键合剂，产物表面有明显的褶皱，这两种键合剂是黏稠状液体，从溶剂中析出后直接沉积于 RDX 表面，从电镜几乎观察不到裸露的黑索今颗粒，说明包覆层较为致密。另外，包覆层厚度不均匀，而且有些微区域有局部龟裂现象。其中图 5.7（c）表面包覆较为完整，因为 NPBA 键合剂中 CN 基团含量较高，并含有一定量的羟基，这些官能团与黑索今中的硝基很容易形成氢键作用，因此包覆效果显著。与图 5.7（b）、（c）不同的是，图 5.7（d）、（e）分别采用水溶性键合剂 LBA – 201 和 LBA – 603，包覆原理主要是通过降温冷却使析出的键合剂分子黏附于黑索今表面。由于在后处理过程中需要抽滤，一些游离态的键合剂分子和微量沉积于 RDX 的键合剂分子不可避免要随之流失，所以其显微形貌与非水溶性键合剂包覆产物截然不同。与黑索今颗粒相比，其表面更加光滑，粒子趋于圆润，黑索今表面凹凸不同的坑疤经键合剂包裹后已经观察不到。直观地看，包覆产物的表层没有褶皱，说明形成的包覆层不致密，同时观察不到有一定厚度的包覆层，因此推断，键合剂与黑索今表面应当是点式或微区域结合，即键合剂并没有将 RDX 粒子完整地裹住，而是在其表面形成若干结合点。对比两类键合剂可以看出，非水溶性键合剂形成致密包覆层，说明其投料比例偏大，可能会影响到 RDX 的燃烧，使之感度下降较多，但该工艺的确在 RDX 颗粒周围形成了硬而韧的高模量抗撕裂层，有益于整体推进剂抗拉强度与延伸率的提高；水溶性键合剂虽然没有形成一定厚度的包覆层，但键合剂的加入使 RDX 粒子变得圆滑，且在 RDX 局部形成结合点，说明产物中键合剂的含量相对较少，对推进剂能量及燃烧状态不会有太大的负面影响，通过若干结合点的作用，在黑索今和黏结网络之间构筑"桥联"作用，从而有望解决"脱湿"问题。

　　本研究应用 FTIR 技术，采用衰减全反射法（ATR）研究了键合剂与 RDX 的界面作用，RDX 包覆前后红外光谱图如图 5.8 ~ 图 5.11 所示。从图 5.8 可以看出，标注的位置吸收峰发生位移，键合剂 LBA - 201 中存在甲基基团，包覆产物相应的甲基峰位向高波数漂移，这是—CH_3 与黑索今表面 NO_2 基团发生诱导作用所致。从放大图中可以看出，包覆后黑索今的硝基伸缩振动峰向低波数漂移，原因在于黑索今表面 NO_2 基团与键合剂中的羟基形成分子间氢键（OH⋯N），氢键作用使吸电子基团 NO_2 的伸缩振动频率减小。键合剂中的变形振动 $\delta(NH_2)$ 因氢键作用而移向高波数。

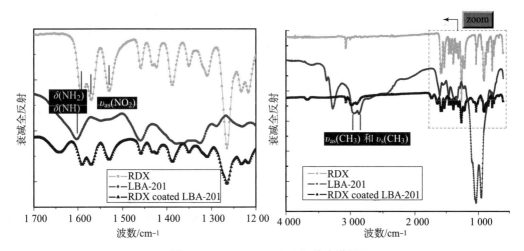

图 5.8　RDX/LBA - 201 红外光谱图

　　由图 5.9 可知，LBA - 603 中的羟基—OH 伸缩振动峰在改性处理之后向低波数方向移动，证实其与黑索今表面的强极性官能团发生氢键作用。同时，包覆后产物原黑索今表面硝基伸缩振动频率向低频方向有微小的位移，进一步证实键合剂与黑索今之间形成氢键。

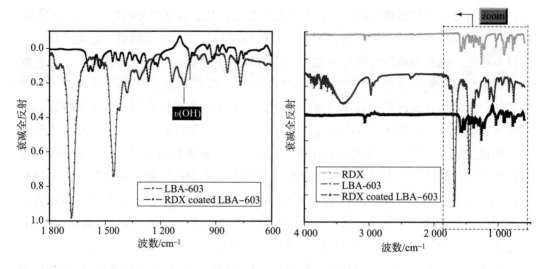

图 5.9　RDX/LBA－603 红外光谱图

　　图 5.10 所示为中性高分子聚合物 NPBA 包覆黑索今前后红外光谱图对比。从图中可以看出，键合剂的羟基伸缩振动峰位在改性产物中向低波数移动较为明显，说明羟基由于氢键作用发生缔合。键合剂中腈基伸缩振动峰 $v(C\equiv N)$ 在改性产物中向高波数发生微小位移，究其原因在于诱导与中介效应的联合作用。当含有孤对电子的原子（如黑索今表面的 N、O 原子）与具有多重键的原子（如腈基）相连时，可引起类似共轭的作用，由分子中 n 电子和双键 $n-\pi$ 共轭所引起的基团特征频率位移，称为中介效应。同时，腈基与黑索今中的硝基存在诱导效应，诱导效应也能使分子中电子分布发生改变，从而改变化学键的力常数，使基团的特征频率发生位移。当分子中诱导效应和中介效应同时存在时，则振动频率位移的方向和程度取决于占优势的效应。当诱导效应大

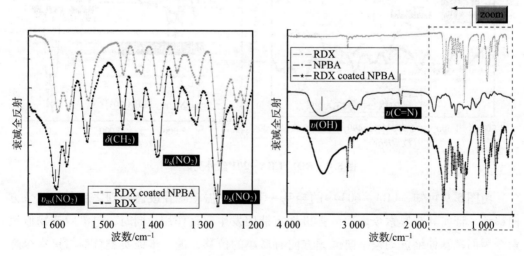

图 5.10　RDX/NPBA 红外光谱图

于中介效应时，振动频率向高波数移动；反之，振动频率向低波数移动，显然，谱图检测结果属于前者。进一步放大细节可以看到原黑索今中硝基伸缩振动峰和亚甲基变形振动峰位均发生低波数方向位移，从而证实键合剂中的羟基与黑索今具有氢键作用。

图 5.11 所示为键合剂 LTAIC 对黑索今进行表面改性处理前后的红外光谱图，从放大图中可以看出键合剂中的酰胺基团在包覆产物谱图中消失，同时原黑索今中硝基的伸缩振动峰位向低波数移动，这是因为键合剂中给电子基团胺基 NH_2 的氢与硝基中的氧原子形成分子间氢键作用，在包覆产物中原黑索今的亚甲基变形振动峰 $\delta(CH_2)$ 的峰位向高波数移动，说明—CH_2 的氢原子与键合剂中的吸电子基团 C ＝O 产生氢键作用，因此给电子基团变形振动频率被氢键增大。

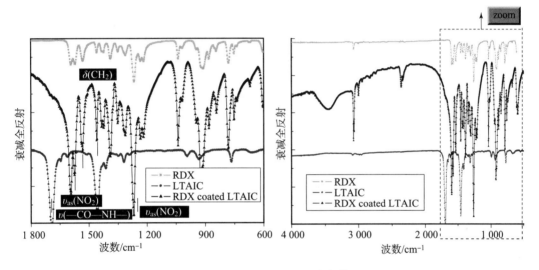

图 5.11　RDX/LTAIC 红外光谱图

综合以上分析，可以得出下面的结论：RDX 颗粒被键合剂包覆后，原有的一些特征峰会发生漂移。RDX 红外谱中 1 600 ~ 1 500 cm^{-1} 的红外吸收峰为 NO_2 基团的非对称伸缩振动 $\nu_{as}(NO_2)$ 的吸收峰，波数分别为 1 593 cm^{-1}、1 573 cm^{-1} 和 1 532 cm^{-1}。从图 5.8 ~ 图 5.11 中均明显地看出，在 RDX 晶体中，$\nu_{as}(NO_2)$ 的部分谱峰在被键合剂包覆后发生了化学位移，其中 RDX/LBA‐201 和 RDX/NPBA 中的 $\nu_{as}(NO_2)$ 化学位移相对较大。RDX/LBA‐201 中胺基氢与硝基氧发生氢键作用，RDX/NPBA 中存在羟基与—NO_2 的分子间氢键、腈基—NO_2 诱导效应的共同作用。RDX/LBA‐603 中只有羟基氢与黑索今的硝基氧形成氢键作用点，在 RDX/LTAIC 中同样存在两个键连作用，即酰胺基团的羰基与黑索今中的—CH_2、酰胺中的胺基氢与硝基氧之间均形成了氢键。另外，从光谱数据可以分析出，当键合剂与 RDX 作用时，RDX 环面是相当稳定的，根据谱峰的指认，RDX 骨架环的伸展振动峰（924 cm^{-1}）及与硝铵 N—N 键有关的谱峰（1 268 cm^{-1}）没有出现化学位移，784 cm^{-1} 和 754 cm^{-1} 为硝基的面外摇摆型的变形振动谱峰，而

RDX/键合剂样品的这两个谱峰没有出现化学位移，因此键合剂的加入不会对 RDX 环面产生影响。四种键合剂的共性在于键合剂分子与 RDX 分子的 NO_2 基团发生了氢键作用。氢键的形成使原有化学键的力常数降低，NO_2 基团吸收频率向低频移动。形成氢键后，NO_2 基团非对称伸缩振动时偶极矩变化增大，因此吸收强度增大，吸收峰略有展宽。对于这个峰出现的化学位移，可以从电子效应、氢键效应和空间效应得到解释。键合剂分子上的羟基、胺基与 RDX 上的 NO_2 基团发生氢键作用，即—N—O⋯H⋯O—键合剂。而部分键合剂分子上的—CN、—C＝O 基团与—CH_2 发生氢键作用，氢键作用使吸电子基团的伸缩振动频率降低，使给电子基团的变形振动频率增大。同时这些吸电子基团与 NO_2 存在诱导效应，诱导作用使双键增强，特征频率向高波数移动，因此键合剂中—CN、—C＝O 的位移方向取决于两个作用力的优势对比。图 5.12 所示为键合剂分子与 RDX 之间相互作用的示意图。

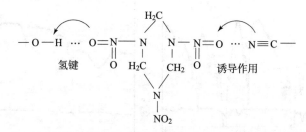

图 5.12　键合剂分子与 RDX 之间相互作用示意图

认识到键合剂对 RDX 的表面修饰属于非共价键作用后，我们通过 XPS 检测样品表面 N 元素的百分含量的变化来研究键合剂对 RDX 晶体的包覆效果。对包覆样品进行能谱测试后处理 XPS 谱图，可得到各样品表面元素的原子质量分数，根据样品表面的 N 原子质量分数进而计算包覆度 R。计算包覆度 R 的公式为[18,26]

$$N_{RDX}(1-R) + N_{LBA}R = N_{sam} \tag{5.3}$$

式中　N_{RDX}——RDX 的表面含氮分数，其测定值为 28.08%；

　　　N_{LBA}——键合剂分子的 N 原子个数含量，其值见表 5.1。

　　　N_{sam}——键合剂包覆后 RDX 表面的氮含量，等于 XPS 谱图中 N1s 峰面积所占的百分数，测试结果列于表 5.2。

包覆度 R_C 数值反映出键合剂在 RDX 表面上的覆盖程度，其值越大，则说明包覆效果越好。需要指出的是，因仪器存在误差，包覆度数据常用作包覆效果的参考比较，它反映的是相对信息。从表 5.2 可见，LBA－201、LTAIC 包覆黑索今样品的包覆度较高，分别为 51.87% 和 71.22 %，表明键合剂在 RDX 表面形成了较致密的包覆层。这与电镜观察结果一致。图 5.13 所示为检测所得黑索今及不同键合剂包覆黑索今产物的 XPS 能谱图。

表 5.1　各种键合剂的含氮量

键合剂种类	LBA - 201	LBA - 603	LTAIC	NPBA
含 N 量/%	17.4	13.2	17.9	9.4

表 5.2　键合剂包覆 RDX 样品的 XPS 测试结果及包覆度

样品名称	表面元素（或基团）质量分数/%			R
	C1s	O1s	N1s	
RDX	43.99	27.93	28.08	0
RDX/LBA - 201	51.35	26.10	22.54	51.87
RDX/LBA - 603	55.05	24.40	21.55	43.90
RDX/NPBA	57.58	21.59	20.83	39.30
RDX/LTAIC	52.06	22.89	20.83	71.22

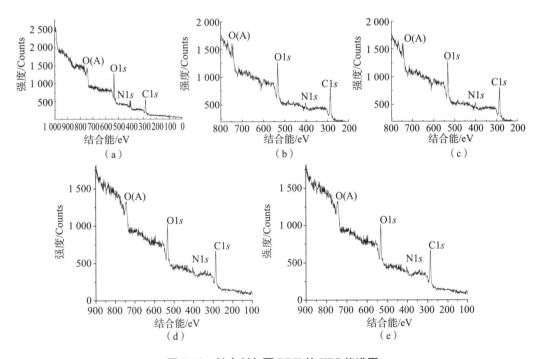

图 5.13　键合剂包覆 RDX 的 XPS 能谱图

（a）RDX 的 XPS 曲线；（b）RDX/LBA - 201 的 XPS 曲线；（c）RDX/LBA - 603 的 XPS 曲线；
（d）RDX/NPBA 的 XPS 曲线；（e）RDX/LTAIC 的 XPS 曲线

上述样品包覆度值 R 是通过对 XPS 的全扫描能谱图计算得到的。在图 5.13 中，把各类键合剂对 RDX 的改性度作对比发现，改性后 RDX 的 C、O、N 各元素的含量发生了明显的变化，证明这些原子周围所处的化学环境发生了变化。改性后的 RDX 表面由于发生了物理、化学吸附作用而"裹"上了一层键合剂，利用化学位移能鉴定元素存在的化学结合能状态。为了避免污染元素的干扰，本研究选择窄扫描 N 元素的 1s 光电子峰为研究对象，对比不同键合剂包覆 RDX 后的 N1s 结合能的化学位移及含量变化。由于同一元素不同化学态下的原子，其 XPS 谱峰峰位很靠近，常常不是形成分立的峰，而是叠加在一起形成"宽峰"。这时要想通过分析这些原子的峰强度（面积）比来获得它们的相对含量，就需要将"宽峰"还原成组成它的各个单峰，也就是退卷积。图 5.14 所示为黑索今/键合剂样品 N1s 谱峰的拟合曲线。表 5.3 给出了黑索今键合剂样品 N1s 谱峰归属。

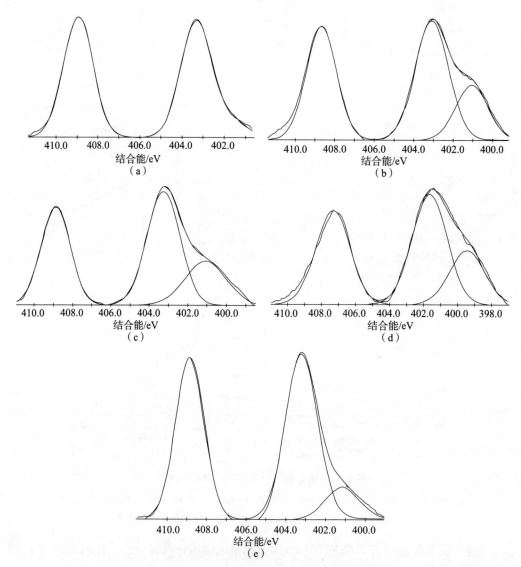

图 5.14 黑索今/键合剂样品 N1s 谱峰的拟合曲线

（a）RDX 样品 N1s 谱峰拟合曲线图；（b）RDX/NPBA 样品 N1s 谱峰拟合曲线；（c）RDX/LBA－201 样品 N1s 谱峰拟合曲线；（d）RDX/LTAIC 样品 N1s 谱峰拟合曲线；（e）RDX/LBA－603 样品 N1s 谱峰拟合曲线

对 RDX/键合剂样品进行 N1s 谱图分析。从图 5.14（a）可以看到 RDX 晶体出现了两个大小几乎完全相等的峰，化学位移分别在 408.89 eV 和 403.32 eV 上，结合能较大的 408.89 eV 是—NO₂基团上的 N 原子光电子能谱峰，而结合能较小的则来自叔氮（ N— ）基团的贡献。其原因在于 O 原子具有孤对电子及强烈的电负性，具有很强的吸电子能力，与其相连的 N 原子 1s 电子则具有较高结合能，因而化学位移要比叔氮的化学位移大。理论上，这两种氮原子在 RDX 晶体中各占一半，但实测当中，硝基上的 N 含量为 50.23%，而叔氮的含量为 49.77%。RDX/键合剂样品的 N1s 谱图中［图 5.14（b）~（e）］，401 eV 和 399 eV 位置附近新出现了两个峰，这是键合剂的包覆引起的，课题组选择的几种键合剂中主要存在的 N 原子种类有酰胺氮（—CO—NH—）、腈基氮（—CN）和胺基氮（—NH₂），由于 N 所处的化学环境不同，导致了能谱峰的位置也不一样。酰胺氮的 N1s 电子结合能要比腈基 N1s 电子结合能高，表明较高的电子云密度降低了核正电荷的屏蔽。当氮原子与电负性小的原子结合时导致了 N1s 电子结合能的降低。这个所谓的化学位移也通常用于原子的氧化态或化学计量。

表 5.3　黑索今/键合剂样品 N1s 谱峰归属

样品	N 原子归属	峰位置/eV	含量/%
RDX	—NO₂	408.89	50.23
	N—（NO₂）	403.32	49.77
RDX/NPBA	—NO₂	408.56	24.95
	N—（NO₂）	403.32	42.15
	—CN	400.95	32.90
RDX/LBA-201	—NO₂	408.30	33.61
	N—（NO₂）	403.28	44.90
	—CO—NH—	399.62	21.49
RDX/LTAIC	—NO₂	408.50	28.84
	N—（NO₂）	403.30	47.63
	—CO—NH—	399.45	23.53
RDX/LBA-603	—NO₂	408.86	41.96
	N—（NO₂）	403.20	48.40
	—CO—NH—	399.15	9.64

从表 5.3 可见，改性后 RDX—NO$_2$ 的 N1s 结合能位置发生了较大的改变，结合能均有不同程度的减少，说明其与键合剂中的给电子基团发生作用，进一步证实黑索今表面吸附有键合剂，键合剂中 N 原子的主要存在形式是酰胺氮（—CO—NH—）。

采用热分析手段对键合剂与黑索今的相容性进行了研究。升温速率 10 ℃/min，氮气流速 40 mL/min。所得结果如图 5.15 所示。

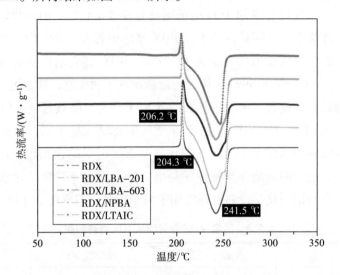

图 5.15 RDX 包覆键合剂前后的 DSC 曲线

从图 5.15 可见 RDX 热分解属液相分解，其分解过程分为两个阶段：DSC 曲线在 206 ℃ 左右有一尖锐的融化吸收峰，紧接着就是一个很强的放热峰，其峰温在 240 ℃ 左右，在放热峰的后半峰有一肩峰，是由 RDX 一次分解产生的 NO$_2$、HCHO、CHN 等气体进一步分解所产生的放热峰。当 RDX 被键合剂包覆后，分解起始温度略有升高，升高不超过 1 ℃，融化吸热峰温升高在 1.3 ℃ 以内，分解放热峰温升高不大于 2.4 ℃，分解热最大减少 368 J/g。这一方面是因为选用的键合剂是惰性低熔变物质；另一方面是因为键合剂与 RDX 分子间形成的氢键使分子的晶格能增加，分子处于较高的稳定状态，致使分解起始温度、融化峰温、分解峰温都有所升高。RDX 包覆前后，肩峰的位置和形状基本没有变化，而且峰温变化较小，说明键合剂的加入并没有抑制 RDX 的热分解，对其热分解影响不大，从而证实包覆材料与黑索今具有良好的相容性，表面改性后的 RDX 安定性良好。

RDX 及改性后的样品撞击感度的测定在卡斯特落锤仪上按国家军标规定的方法进行[27]。采用特性落高法，在落锤仪上用"升降法"测定试样发生 50% 爆炸时的特性落高，表征试样的撞击感度。做实验前先将样品干燥处理：将试样均匀散布在表面皿中，然后放到水浴烘箱里，在 60 ℃ 左右烘干 5 h。试样烘干后放在干燥器内在室温下冷却 1~2 h 后使用。实验用 5 kg 落锤借助于装在中心导轨上的脱锤器而悬挂在两根导轨之间，悬挂高度可任意调节。被测样品 30 mg 装在导向套中的两根基柱之间，每 25 发为一组进行测定，得出样品的特性落高值 H_{50}。摩擦感度的测定用 WM−1 型摩擦感度仪，按国军标规定方法进行。通过限定在两光滑硬表面间的试样，在恒定的挤压压力与外力作用下经受滑动摩擦作用，观测计算其爆炸概率，表征试样的摩擦感度。测试条件为：摆角 90°，表压 3.92 MPa。图 5.16 所示为样品感度测试结果。

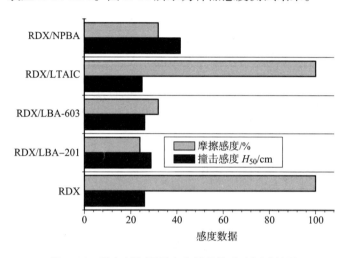

图 5.16　键合剂包覆黑索今样品的感度测试结果

由图 5.16 可以看出，经键合剂表面改性处理后的黑索今比包覆前样品更为钝感。其中 NPBA 键合剂改性后的 RDX 感度比改性前明显降低，特性落高提高了近一倍，说明包覆层致密、完整。LTAIC 包覆 RDX 样品的感度与原黑索今最为接近，结合显微形貌分析结果可知，LTAIC 在黑索今表面形成了均匀包覆层，之所以其比 RDX/NPBA 样品敏感，原因在于 NPBA 键合剂较为惰性，对能量刺激不敏感。其他种类键合剂使 RDX 感度在不同程度上有所降低，说明改性效果良好，能在 RDX 表面形成均匀的包覆层，降低机械感度的同时提高了工艺安全性。但需要指出的是，在满足使用安全性的前提条件下，键合剂属于非含能类材料，加入量过多，会造成推进剂体系总能量的下降，因此，应当优先选择接近 RDX 感度的样品。

上述实验从不同角度对键合剂包覆黑索今样品进行了定性分析，从而揭示了键合剂与黑索今的键合方式，观察了包覆前后样品的表观形貌，通过表面元素分析估算了包覆度，并进行了感度对比。为了定量分析改性处理后样品中黑索今与键合剂的比例，即样品中键合剂所占的质量分数，我们将四种键合剂溶解于乙酸乙酯，而 RDX 在乙酸乙酯中微溶，因此，设计以下实验粗略测试改性层质量分数。

准确称量四种包覆产物 1.000 0 g（W_1），在常温下置于不少于 10 倍质量的乙酸乙酯中浸泡，并充分搅拌，待键合剂完全溶解，滤出不溶的 RDX，真空烘干后称量，得到 RDX 质量（W_2）。据公式 $w = (W_1 - W_2)/W_1 \times 100\%$，求出键合剂占包覆产物的质

量分数 w。每个样品做三次平行实验求取平均值，测试结果见表 5.4。

表 5.4　不同改性产物中键合剂的质量分数

样品名称	改性层的质量分数/%
RDX/LBA - 201	1.38
RDX/LTAIC	1.13
RDX/NPBA	1.92
RDX/LBA - 603	1.58

由表 5.4 中数据可知，在用各种键合剂改性的改性层中，改性质量分数在 1.0% ~ 2.0%，其中用 LTAIC 改性的质量分数最低，NPBA 改性的质量分数最高，这一结果与感度数据吻合。

5.1.4　水悬浮法包覆 CL - 20

ε - HNIW 晶体难以单独成型，添加适量的黏结剂制成高聚物黏结炸药是 ε - HNIW 基钝感高能混合炸药的发展方向。美国劳伦斯利弗莫尔国家实验室（LLNL）制备根据 LX - 14 [HMX/Estane（95.5/4.5）] 配方制备出 LX-19[28] [ε - HNIW/Estane（95.2/4.8）]、RX - 39 - AA [β - HNIW/Estane（95.5/4.5）]、RX - 39 - AA [ε - HNIW/Estane（95.8/4.2）] 和 PBXC - 19 [ε - HNIW/EVA（95/5）]。随后，Braithwaite[29] 报道用聚缩水甘油硝酸酯（PGN）制备高爆速压装配方 ε - HNIW/PGN（95/5），Samson[30] 报道 ε - HNIW/PU（95/5）用于聚能装药。与此同时，Bouma[31] 以聚氨酯为黏结剂，制得几种 HNIW 基不敏感配方；Lee[32] 研究硅橡胶与 HNIW 的相容性，制备了 HNIW 硅橡胶混合炸药；Ahmed[33] 用聚异丁烯（PIB）包覆 HNIW。

高聚物黏结炸药中的黏结剂通常为有机高聚物，它在混合炸药中作为黏结组分，主要起黏结作用，也可以起到钝感剂、增塑剂和炸药载体的作用。高分子黏结炸药将感度高的炸药加以黏结、包覆和钝感，再通过适当的成型加工方法，利用高分子聚合物的优良机械力学性能，可将混合炸药制成各种物理状态和特定形状，满足各种使用要求。用于混合炸药的高聚物黏结剂要具有良好的物理和化学稳定性，对氧、热和水要有良好的安定性和耐老化性，耐水性好，吸湿性小，本身密度高。高聚物同混合炸药中的主体炸药和其他添加剂要有良好的机械、物理及化学相容性。高聚物应有良好的钝感作用，具有较高的比热容，较小的硬度，较小的摩擦系数和导热系数，以保证混合炸药的安全性。高聚物对炸药应有较好的润湿性，良好的包覆作用和黏结作用，以便提高爆炸组分含量和产品质量。高聚物还应具有良好的工艺性，良好的塑性和溶解性。高聚物要有适宜的软化温度和低的玻璃化温度，低模量、高弹性，便于压装。高聚物应来源广泛、价格低廉，易于生产并且无毒。常用于混合炸药的热塑性高聚物主要有聚氨酯、聚醋酸乙烯酯、聚甲基丙烯酸甲酯和丁酯、聚乙烯、聚苯乙烯、醋酸纤维素、乙基纤维素、聚乙烯醇缩丁醛、聚酰胺、热塑性聚氨酯弹性体、聚丙烯腈及丙烯酸乙酯与苯乙烯的共聚物、氯乙烯与醋酸乙烯的共聚物。热塑性高聚物在较高温度下显现较大塑性，可使炸药易于成型，得到高密度药柱。其常温下塑性减小，又可使产品保持较高的强度，所以适宜压装混合炸药。水悬浮法是制备压装炸药的常用方法。水悬浮分为高温滴加法和乳液聚合法。高温滴加法，是在室温或适当加热的条件下，将黏结剂、增塑剂及钝感剂溶于溶剂制成一定浓度的溶液。在装有搅拌、加热和蒸馏装置的反应釜体中加入水和炸药，搅拌形成水浆液，加热使浆液温度升至某一值（低于溶剂沸点）。然后将黏结剂溶液滴入搅拌的高温药浆液中，同时开启蒸馏装置，控制适当的蒸发速度，使溶剂不在悬浮液中大量积累造成大块物料成团，当全部溶剂滴加完毕后，再升温或减压，除去残留溶剂，然后将悬浮液迅速冷却，分离固液，洗涤干燥筛分，即可得到产品。乳液聚合法与高温滴加法工艺相似，先将乳液、药和水按一定比例配好，倒入反应釜内，搅拌均匀后，升温加入破乳剂溶液，待破乳完全后，加入黏结剂的溶剂，同时开启蒸馏装置，升温蒸发残留溶剂，最后冷却、过滤、洗涤、筛分、干燥，获得产品。

　　水悬浮包覆工艺中，黏结剂在炸药表面的黏结机理主要是润湿理论。该理论认为，当高分子黏结剂溶液与固体炸药颗粒接触时，单质炸药被黏结剂黏结，黏结剂对炸药颗粒起黏结作用的必要条件是高分子黏结剂溶液必须对炸药颗粒表面润湿，在溶剂挥发后，黏结剂便黏附在炸药颗粒表面。带有黏结剂的炸药小颗粒又互相黏结成较大的炸药颗粒，这要求单质炸药的表面能与黏结剂的表面张力应配合适当，当黏结剂的表面张力显著高于单质炸药的表面能时，黏结剂体系对炸药颗粒的润湿性不良，使炸药和高分子材料不能充分靠拢到范德华力作用的范围，就不能有效地黏结在一起，致使混合炸药的包覆性能不良，钝感效果差。当黏结剂的表面张力远低于单质炸药表面能时，黏结体系对炸药表面润湿良好，则包覆性能良好，炸药黏结和钝感效果最佳。

　　若要在炸药表面形成包覆层，首先要求添加剂润湿炸药晶体，而润湿分为黏湿、浸润和铺展三个过程[34]。凡能自行铺展的体系，黏湿过程也能自发进行，因而常以铺展系数为体系润湿性的指标，即

$$-\Delta G = \gamma_{sg} - \gamma_{sl} - \gamma_{lg} = S \tag{5.4}$$

式中　S——铺展系数；

　　　γ_{sg}——固气界面张力，J/m^2；

　　　γ_{sl}——固液界面张力，J/m^2；

　　　γ_{lg}——液气界面张力，J/m^2。

　　　S 越大，表示铺展效果越好，$S>0$ 为铺展自发进行的判据。

　　对于高分子黏结炸药而言，无论是在水介质还是在空气中，要求黏结剂与炸药晶

体之间具有良好黏结力，就必须使黏结剂溶液对炸药晶体的润湿性良好。即黏结剂溶液的表面张力和晶体与水之间的表面张力之和等于晶体的表面张力减去黏结剂溶液与水之间的表面张力，即

$$\gamma_1 + \gamma_{sw} = \gamma_s - \gamma_{lw} \tag{5.5}$$

式中　γ_1——黏结剂溶液表面张力，J/m^2；

　　　γ_{sw}——晶体与水之间表面张力，J/m^2；

　　　γ_s——晶体的表面张力，J/m^2；

　　　γ_{lw}——黏结剂溶液与水之间的表面张力，J/m^2。

小分子液体的表面张力可由溶解度参数计算为

$$\gamma = 0.07147\delta^2 V^{1/3} \tag{5.6}$$

式中　γ——表面张力，J/m^2；

　　　δ——溶解度参数，$(MPa)^{1/2}$；

　　　V——摩尔体积，m^3/mol。

对于聚合物和高能液体表面间的表面张力，由式（5.7）近似计算为

$$\gamma_{12} = \gamma_1 + \gamma_2 - 2\sqrt{\gamma_1^d \gamma_2^d} - 2\sqrt{\gamma_1^p \gamma_2^p} \tag{5.7}$$

式中　γ_1和γ_2——分别为 1 和 2 的表面张力，J/m^2；

　　　d，p——非极性分量和极性分量。

高分子黏结剂的溶液确定后，其表面张力可以由实验测出。但是炸药的表面张力和炸药与水之间的表面张力测试相当困难。当炸药与水混合后，由彼此互不接触的水和炸药转变为以界面黏附的水固整体。在恒温恒压下，该过程的吉布斯自由能发生变化，由于水润湿炸药仅发生在相界面上，对各自内部分子热运动无影响。水和黏结剂溶液也发生润湿作用，若要求黏结剂溶液能较好地润湿炸药晶体，要求黏结剂与水接触的润湿焓同炸药与水接触的润湿焓接近或相等，则此种高分子黏结剂溶液才有可能作为该炸药在水中造粒的良好黏结剂。部分溶剂、高聚物和炸药的表面张力[35]见表 5.5。

表 5.5　部分溶剂、高聚物和炸药的表面张力（20 ℃）

溶剂	$\gamma/(mN \cdot m^{-1})$	黏结剂	$\gamma/(mN \cdot m^{-1})$	炸药	$\gamma/(mN \cdot m^{-1})$
水	72.8	聚异丁烯	33.6	HMX	{110} 43.7
乙醇	22.3	聚苯乙烯	40.7	β 型	{011} 43.6
四氯化碳	26.8	聚氨酯	37.5		{010} 43.2
三氯甲烷	27.1	聚四氟乙烯	25.7	HNIW	40.35
正己烷	18.4	EVA	26.83		
正辛烷	21.8	F	25.6		

　　除润湿性外，相容性实验也是遴选高聚物黏结剂的重要依据。表 5.6 为惰性气体环境下 HNIW 与部分黏结剂的相容性实验数据。综合以上分析结果，我们选定牌号为 F2602 的氟橡胶进行水悬浮包覆实验。采用特殊溶剂溶解氟橡胶，通过高温（70 ℃）滴加方法进行造粒，氟橡胶从溶液中缓慢析出，在高速搅拌作用下，包覆在 HNIW 颗粒表面，包覆后的颗粒会发生一定程度的胶黏。在工艺过程中，氟橡胶溶液的滴加速率宜慢，体系内维持较低的负压，避免负压过大，颗粒成团，影响氟橡胶在 HNIW 表面黏结的强度，根据造粒工艺，可以适当调节造型粉的粒度和强度。氟橡胶包覆前后 CL－20 样品的 SEM 如图 5.17 所示。

表 5.6　HNIW 与部分黏结剂的相容性实验数据

组分	晶变温度/℃	初始分解温度/℃	分解峰温/℃
ε－HNIW	170	226	251
ε－HNIW/BR（96/4）	168	215	220
ε－HNIW/Wax（96/4）	168	226	242
ε－HNIW/异戊橡胶（96/4）	167	225	228
ε－HNIW/DOP（99/1）	170	226	229
ε－HNIW/G（99/1）	170	226	251
ε－HNIW/F_{2602}（96/4）	170	226	252
ε－HNIW/PIB（96/4）	170	226	251
ε－HNIW/聚苯乙烯（96/4）	169	235	240

（a）　　　　　　　　　　　（b）

图 5.17　氟橡胶包覆前后 CL－20 样品的 SEM

（a）包覆前的超细 CL－20；（b）包覆后产物

　　由图可见包覆炸药有一定程度的团聚和粘连，因黏结剂用量非常少，所以无法完全包裹炸药颗粒，只是在炸药表面的局部形成黏结层。测试数据表明，随着黏结剂含量的增加，与纯 CL−20 相比，包覆产物的感度和爆轰能量都发生了明显的下降。详见表 5.7 和表 5.8。爆速测试装置和药柱如图 5.18 所示。

表 5.7　HNIW 混合炸药撞击感度（爆炸百分数）

炸药名称	$P/\%$
HNIW（100～250 μm）	100
HNIW（~40 μm）	72
HNIW（~2 μm）	50
HNIW/F（98/2）水悬浮	32
HNIW/F（96/4）水悬浮	10

注：撞击感度测试条件，12 型工具，2.5 kg×15 cm。摩擦 WM−1 型，2.45 MPa，66°。

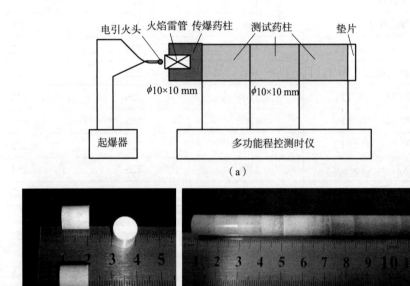

图 5.18　爆速测试装置和药柱

（a）测试装置图；（b）压制药柱尺寸

表 5.8　HNIW 基 PBX 的爆速和爆热

组分	爆热/(J·g^{-1})	爆速/(m·s^{-1})	密度/(g·cm^{-3})	参考文献
LX−19	5 382[39]	9 104	1.929	[36]
HNIW/GAP（98/2）		9 286	1.964	
HNIW/HTPB（98/2）		9 231	1.943	

续表

组分	爆热/$(J \cdot g^{-1})$	爆速/$(m \cdot s^{-1})$	密度/$(g \cdot cm^{-3})$	参考文献
HNIW/Estane（96/4）		9 124[2]	1.929	
HNIW/HTPB（95.5/4.5）		9 020	1.894	[36]
HNIW/Viton A（91/9）		9 023	1.94	[37]
HNIW/C_4（91/9）		8 594	1.77	[37]
HNIW/AB（85/15）		8 228	1.66	[37]
HNIW/PMS（88/12）		8 267	1.74	[37]
HNIW/HTPB（91/9）		8 273	1.73	[38]
HNIW/HTPB（66.8/33.2）	爆压 28.6 GPa	8 235	1.648	[39]
HNIW/HTPB（72.1/27.9）	爆压 30.7 GPa	8 470	1.71	[39]

注：C_4 黏结剂组分，聚异丁烯 25%，DOS 59%；HM46 油 16%。PMS：Polydimethylsiloxane 聚二甲硅氧烷。AB：Acrylonitrile butadiene rubber 丁腈橡胶（Semtex 10 聚合物单体增塑）。

5.2　微胶囊技术

微胶囊（microcapsule）是指一种具有聚合物壁壳的微型容器或包装物。它通过成膜物质将囊内空间与囊外空间隔离开，以形成特定几何结构的材料，其内部可以是填充的，也可以是中空的。微胶囊的大小一般为 5~200 μm，形状多样，取决于原料与制备方法。图 5.19 所示为微胶囊示意图。

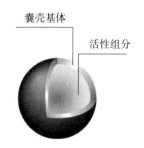

图 5.19　微胶囊示意图

微胶囊造粒技术就是将固体、液体或气体包埋、封存在一种微型胶囊内成为一种固体微粒产品的技术。具体来说，是指将某一目的物（芯或内相）用各种天然的或合成的高分子化合物连续薄膜（壁或外相）完全包覆起来，而对目的物的原有化学性质丝毫无损，然后逐渐地通过某些外部刺激或缓释作用使目的物的功能再次在外部呈现出来，或者依靠囊壁的屏蔽作用起到保护芯材的作用。微胶囊形成的结构多样化[40]，如图 5.20 所示。微胶囊的直径一般为 1 ~ 500 μm，壁的厚度为 0.5 ~ 150 μm，目前超微胶囊（粒径在 1 μm 以下）也已经大量开发应用。在微胶囊设计中，活性成分的控释是关键点。根据囊芯的特点定制以纳米为厚度单位的外壳或纳米结构外壳，使活性成分得以按照设计时间和速度释放，如图 5.21 所示。微胶囊技术在现代科技与日常生活中有重要应用，如药物、染料、纳米微粒和活细胞等都可被包埋形成具有多种不同功能的微胶囊[41]。一些液体炸药或者敏感度高、安定性差的含能药剂，可以采用聚合物外壳包覆含能芯材（微胶囊化）以保护含能材料。微胶囊化工艺开辟了一种制造混合炸药的新方法，也扩展了一些炸药的新应用领域。

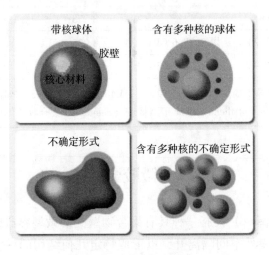

图 5.20　微胶囊的结构

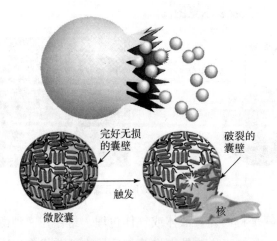

图 5.21　活性成分的控释

微胶囊包覆法可分为物理法、化学法、物理 - 化学法。胶囊化改性中一般称内藏物为芯物质或核物质，称包膜物为膜物质。物理微胶囊包覆法主要是借助流化技术使芯物质与膜物质的混合液同时分散成雾滴，并迅速蒸发或冻结成微胶囊，或将芯物质单独分散，再用膜物质包覆而成。常用的物理微胶囊包覆法有喷雾干燥法、喷雾冻结法、空气悬浮成膜法、静电沉积法等。喷雾干燥法是将芯物质分散在膜物质溶液中，在惰性热气流中喷雾形成非常细微的雾滴，如图 5.22 所示。因其表面积很大，有助于良好的热交换，故可在瞬间将溶剂蒸发，膜物质收缩成膜并包裹芯物质，所得微胶囊直径为 5～600 μm，几乎呈球状。喷雾干燥法特别适合热敏材料的颗粒化，因为微粒温度不会超过周围气流所达到的温度，所以可通过控制气流温度来保证生成的胶囊粉体不失活。而喷雾冻结法是将芯物质分散于熔融的膜物质中，然后将此混合物在冷气流中喷雾凝固而成微囊。凡蜡类、脂肪酸和脂肪醇等在室温下为固体而在较高温度能熔融的膜物质，均可应用喷雾法改性。

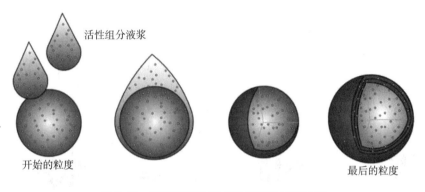

活性组分液浆

开始的粒度　　　　　　　　　　　　　　　　　　最后的粒度

图 5.22　喷雾干燥法形成微胶囊的工艺过程

改变胶囊形成条件可以调节芯物质的溶解性、挥发性，也可起到隔离和屏蔽作用[42]。当覆盖层厚度与颗粒间距相比较大时，覆盖层性质决定颗粒行为；当覆盖层较薄时，颗粒性能起决定作用。胶囊化改性是制备具有一定的表面包覆层的处理技术，是形成单颗粒膜，或者多分子、多颗粒层膜的处理技术。与表面覆盖改性不同的是，包覆的膜是均匀的，而包覆改性一般很难做到均匀。一般的包覆技术对包覆膜的厚度并不予特别重视，只是以较大地改变表面性质为目的。可以假定胶囊化为等厚膜的包覆，胶囊尺寸可有毫米、微米和纳米等级；以粉末的胶囊化为对象时，胶囊的大小主要是微米和纳米级。前者称为微胶囊，后者称为纳胶囊[43]。

模板组装制备结构与性能可控的微胶囊是近年发展起来的新技术，与传统制备微胶囊的技术相比，该技术允许对囊壁组成和结构进行精确控制与调整，从而调控微胶囊的各种性能和功能。这一方面克服了传统微胶囊在形状、大小和壁厚方面分散性大、微胶囊易聚集的缺点；另一方面，易通过环境改变和引入功能性物质来调控微胶囊的各种性质，实现微胶囊的功能化。其几何结构的均匀性为阐明微胶囊的基本化学与物理性能提供了极大方便。由此制备的微胶囊可以认为是一个三维器件：从物理上说它是一个受限空间，能产生特殊的效应与功能；从化学上说它是一个微反应器，会引发特异的反应与机理；从生物上说它是一个最简单的细胞模拟物，也就是智能体系。如果结合纳米压印、激光刻蚀、3D 打印等微纳制造技术，可制备出高质量的微胶囊图案，进一步获得具有特殊功能的微胶囊阵列或者微纳器件。

5.2.1　微胶囊基本原理

微胶囊的制备首先是将液体、固体或气体囊心物质（芯材）细化，然后以这些微滴（粒）为核心，使聚合物成膜材料（壁材）在其上沉积成一层薄膜，将囊芯微滴（粒）包覆。虽然微胶囊制备工艺手段多样（图 5.23），但究其本质，属于非均相成核的表界面反应。下面以溶剂蒸发法制备微胶囊工艺为例，说明微胶囊制备的基本原理。

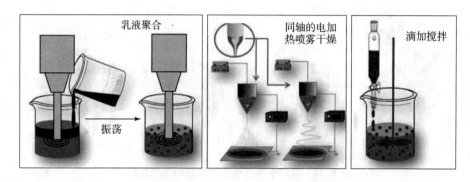

图 5.23　不同工艺路径制备微胶囊

溶剂蒸发实质上是囊壁材料在溶液中达到过饱和并在囊芯表面析出的过程。一般的溶液可能处于三种状态[44]：稳定态、介稳态和不稳态，如图 5.24 所示。图中的 *AB* 线为普通的溶解曲线，*CD* 线代表溶液过饱和而能自发地产生晶核的浓度曲线（超溶解度曲线），它与溶解度曲线大致平行。这两条曲线将稳定 - 浓度图分割为三个区域。在 *AB* 曲线以下是稳定区，在此区域内溶液尚未达到饱和，因此没有结晶的可能。*AB* 曲线以上为饱和溶液区，此区又分为两部分，在 *AB* 和 *CD* 曲线之间称为介稳区，在这个区域又分为第一介稳区和第二介稳区。在第一介稳区不会自发产生晶核，但溶液中如果加入了晶种，这种晶种就会引发结晶，此过程称为非均相成核。在第二介稳区，可自发成核，但需要一定时间，越深入到 *CD* 曲线以上的不稳区，越易自发成核，此过程为均相成核。图中曲线代表恒温蒸发过程，即把溶液中的溶剂蒸发一部分，能使溶液达到过饱和状态。原始浓度为 *E* 点的溶液随着溶剂的蒸发到 *F'* 点，溶液刚能达到饱和，但不能结晶，因为它缺乏作为推动力的过饱和度。从 *F'* 点到 *G'* 溶液处于介稳区，此区域内只要加入晶种，就会引发结晶。

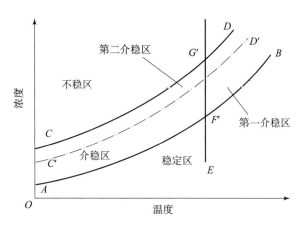

图 5.24　溶解状态图

综合上面分析，当溶液达到过饱和时，囊壁析出可以划分为两个阶段，即成核阶段和生长阶段。囊壁在囊芯表面的析出属于非均相成核，然而当溶剂蒸发速度足够快，过饱和度足够大时，均相成核也将同时存在。生长则分为反应控制的生长和扩散控制的生长。整个过程如图 5.25 所示。通过均相成核和非均相成核的速率计算，得到微胶囊形成后颗粒数的密度分布函数，定量计算出囊壁的厚度。

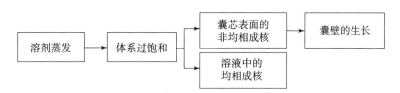

图 5.25　囊壁在囊芯表面的析出过程

囊壁在囊芯表面析出的前提是溶液达到过饱和，而过饱和溶液是亚稳态的，其 Gibss 自由能相对稳态要高，这就是相变驱动力存在的原因，基于此，从相变驱动力的角度出发推导囊壁在囊芯成分表面的成核功和成核尺寸，成核造成键合剂消耗，而蒸馏溶剂又引起键合剂浓度增大，两者相互作用影响着体系是否处于过饱和状态。

单一溶质溶液中的相变驱动力定义为一个溶质原子由溶液相转变为晶相所引起的 Gibbs 自由能的降低，即

$$\Delta \mu = \mu_s - \mu_c \tag{5.8}$$

式中　μ_s，μ_c——分别为一个分子在溶液中和在晶体中的化学势。

这个定义并没有强调溶液是否过饱和，实际上，当 $\Delta \mu > 0$ 时，溶液是过饱和的，溶质有从溶液相向晶体相转变的趋势；而 $\Delta \mu < 0$ 时，溶液是欠饱和的，溶质有从晶体相向溶液相转变的趋势；$\Delta \mu = 0$ 时，溶液处于平衡的饱和状态，此时有 $\mu_{se} = \mu_c$。于是上述驱动力又可表达为

$$\Delta\mu = \mu_s - \mu_{se} = \mu_s(C) - \mu_s(C_e) \tag{5.9}$$

而 $\mu_s(C) = \mu^\theta + kT\ln a$，$\mu_s(C_e) = \mu^\theta + kT\ln a_e$，代入式（5.9）得

$$\Delta\mu = kT\ln(a/a_e) \tag{5.10}$$

式中　　k——Boltzmann 常数；

　　　　T——溶液的绝对温度。

定义过饱和度为

$$S = a/a_e \tag{5.11}$$

则

$$\Delta\mu = kT\ln S \tag{5.12}$$

由式（5.10）可见，相变驱动力 $\Delta\mu$ 由温度和过饱和度决定，即囊壁能否从溶液相中析出为固相，取决于过饱和度。过饱和度越大，则囊壁析出的驱动力越大，当然过饱和度过大时又会造成囊壁均相成核发生偏析。实际上，过饱和度大于 1 时，发生非均相成核的同时，均相成核也不可避免地存在，所以需从非均相成核和均相成核两方面考虑囊壁的消耗。为简化讨论，不妨假定形成一个分子团（指亚稳态或稳态下的晶核）需要向体系输入的 Gibbs 自由能为形成分子团体系前后 Gibbs 自由能之差。由前面的分析可知，一个分子由溶液相转变为晶相时所引起的 Gibbs 自由能变化为 $-\Delta\mu$，所以形成一个 n 分子的分子团，相变引起的 Gibbs 自由能变化为 $-n\Delta\mu$。同时，形成分子团后，由于增加了一个固液界面，所以不得不考虑界面能。设界面能为 g，则由于新的固液界面出现引发体系 Gibbs 自由能变化为 g，因此形成一个 n 分子的分子团体系总的 Gibbs 自由能变化为

$$\Delta G(n) = -n\Delta\mu + g \tag{5.13}$$

形成分子团的功 $W(n)$ 与 $\Delta G(n)$ 是相等的。假设所形成的分子团是球形的，晶体与溶液之间的界面张力设为 γ，那么界面能为

$$g = 4\pi r^2 \gamma \tag{5.14}$$

其中分子团的半径为 $r = \sqrt[3]{\dfrac{3nv_0}{4\pi}}$，$v_0$ 为一个分子在晶体中所占体积，则有

$$g = \sqrt[3]{36\pi n^2 v_0^2}\,\gamma \tag{5.15}$$

代入式（5.13）则形成分子团的功可写为

$$W(n) = -n\Delta\mu + \sqrt[3]{36\pi n^2 v_0^2}\,\gamma \tag{5.16}$$

图 5.26 所示是分子团的形成功与其所含分子个数的关系图[45]。可以看到，如果溶液处于欠饱和的稳定状态，即 $\Delta\mu < 0$，那么形成功是随分子团中分子数单调增大的，即形成分子团只能引起体系 Gibbs 自由能的增加，所以即使溶液中出现了微小的晶体，也会自动消失。如果溶液处于过饱和的亚稳态，即 $\Delta\mu > 0$，那么在形成的分子团较小时，界面能引起的 Gibbs 自由能增加占优势，形成功随分子团中分子数的增大而增大；

而当形成的分子团较大时，相变引起的 Gibbs 自由能降低将超过界面能的影响，从而使形成功随分子团中分子数增大而减小。形成功与分子团中分子数的关系将是一条先增加后减小的曲线，曲线有一最大值，最大值处的分子尺寸即为临界尺寸 n^*，尺寸小于 n^* 的分子团向着减小体系 Gibbs 自由能的方向发展，将会自动消失；而尺寸大于 n^* 的分子团则向着减小体系 Gibbs 自由能的方向发展，会自发长大，因此称为晶核。相应地，形成晶核的功 $W^* = W(n^*)$，即为成核功。

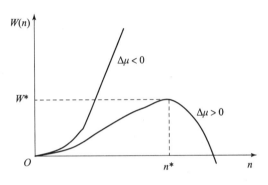

图 5.26　$W(n)$ 与 n 的关系图

根据式（5.16），令 $\dfrac{\mathrm{d}W(n)}{\mathrm{d}n} = 0$，则可求得[46]

$$n^* = \frac{32\pi v_0^2 \gamma^3}{3\Delta\mu^3} \tag{5.17}$$

式中　n^*——一个晶核所含的分子数。

代入式（5.16）得

$$W^* = \frac{16\pi v_0^2 \gamma^3}{3\Delta\mu^2} = \frac{1}{2}n^*\Delta\mu \tag{5.18}$$

根据式（5.18）可知，适当控制囊壁材料浓度很关键。当体系中析出的高聚物尺寸大于某一临界尺寸时，其在囊芯表面才能自发成核，否则不能析出晶核或无法生长。临界条件的控制和设定有赖于工艺参数的调整，如反应温度、加料比例、高聚物的用量、蒸馏溶剂的速度等。成核大小与单分子体积和固液界面张力成正比，与体系自由能成反比，在相同条件下，界面张力越大，则临界尺寸越大，也就是说，囊壁在囊芯表面析出且自发生长所需逾越的阈值将越大，因而不利于改性过程的进行。

假定成核是按 Szilard 机理发生的，溶质是以单个分子的形式吸附和脱离溶质分子团的，那么，分子团的成核速率 J 可表达为[23-27,47-49]

$$J = AS\,\exp\left(-\frac{B}{\ln^2 S}\right) \tag{5.19}$$

式中　J——分子团成核速率，即单位时间单位体积内产生晶核的数目。

$$B = \frac{16\pi v_0^2 \gamma^3}{3(kT)^3} \qquad (5.20)$$

对于扩散控制的过程

$$A = \left(\frac{kT}{v_0^2 \gamma}\right)^{1/2} DC_e \ln S \qquad (5.21)$$

式中　D——扩散系数；

　　　C_e——RDX 表面的键合剂浓度，mol/L。

颗粒表面的生长过程依生长材料和溶液环境的不同可以分为表面反应控制和溶液扩散传质控制两种。如果材料在颗粒表面的相变反应相对溶液中的传质是一个非常缓慢的过程，则生长过程由表面反应控制；如果材料在颗粒表面的相变反应相对传质是一个快速过程，则生长是扩散控制的。对于微胶囊的形成，其析出速度很快，而扩散过程相对较慢，因此视为扩散控制的生长过程。对于扩散控制的过程，扩散速度近似等于成核速度。对颗粒表面附近的扩散过程进行分析，溶质扩散控制方程在球坐标下表达式为

$$\frac{\partial C}{\partial t} = D\left[\frac{1}{r^2}\frac{\partial}{\partial r}\left(r^2 \frac{\partial C}{\partial r}\right) + \frac{1}{r^2 \sin\theta}\frac{\partial}{\partial\theta}\left(\sin\theta \frac{\partial C}{\partial\theta}\right) + \frac{1}{r^2 \sin^2\theta}\frac{\partial^2 C}{\partial\varphi^2}\right] \qquad (5.22)$$

溶质在颗粒表面的扩散过程为拟稳态球对称过程，式（5.22）可以简化为

$$\frac{\partial}{\partial r}\left(r^2 \frac{\partial C}{\partial r}\right) = 0 \qquad (5.23)$$

在搅拌体系中，可以认为溶液主体中溶质浓度各处相同，只在颗粒表面很薄的一层内有浓度梯度分布，定义其边界条件为

$$\begin{aligned} r = R, & \quad C = C_e \\ r = R + \delta, & \quad C = C_\infty \end{aligned} \qquad (5.24)$$

把式（5.23）积分可得

$$r^2 \frac{\partial C}{\partial r} = E_1 \qquad (5.25)$$

再次积分可得

$$C = -\frac{E_1}{r} + E_2 \qquad (5.26)$$

将边界条件代入得

$$E_1 = \frac{(R+\delta)R(C_\infty - C_e)}{\delta} \qquad (5.27)$$

$$E_2 = \frac{(R+\delta)C_\infty - RC_e}{\delta}$$

单个颗粒表面的传质速率为

$$Q = 4\pi r^2 D \frac{\partial C}{\partial r} = 4\pi DE_1 = \frac{4\pi D(R+\delta)R(C_\infty - C_e)}{\delta} \qquad (5.28)$$

式中　Q——囊壁材料的传质速率，$mol/(s \cdot L)$；

　　　δ——囊壁层厚度，cm；

　　　C_e——囊壁在囊芯表面的浓度，mol/L；

　　　C_w——整个体系中囊壁的浓度，mol/L。

微胶囊壁浓度变化过程示意图如图 5.27 所示。

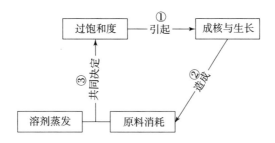

图 5.27　微胶囊壁浓度变化过程示意图

图 5.27 中的①②③三个关系均可以用相应的方程来描述：关系①由式（5.19）和式（5.27）来描述；关系②则可用式（5.29）来描述，即

$$C_{con} = J \frac{n^*}{N_A} + \int_0^\infty Q n(t, R) \, dR \qquad (5.29)$$

式中　$J\dfrac{n^*}{N_A}$——发生均相成核的键合剂消耗速度，$mol/(s \cdot L)$；

　　　C_{con}——均相成核和非均相成核共同的键合剂消耗速率，$mol/(s \cdot L)$；

　　　N_A——阿伏伽德罗常数；

　　　$n(t, R)$——颗粒数密度分布函数；

　　　$n(t, R) dR$——半径尺寸在 R 到 $R + dR$ 之间的颗粒数密度；

　　　$Q n(t, R) dR$——发生非均相成核键合剂的消耗速度。

描述关系③的方程则为式（5.30），即

$$C = \frac{V_0 C_0 - \int_0^t V C_{con} dt}{V} \qquad (5.30)$$

其微分形式为

$$\frac{dC}{dt} = \frac{FC}{V} - C_{con} \qquad (5.31)$$

式中　F——蒸发速率，即有

$$\frac{dV}{dt} = -F \qquad (5.32)$$

将①②③三个关系的描述方程联立，构成方程组，从这个方程组可以解出 $n(t, R)$，最终得到颗粒的分布，从而推知囊壁层的厚度和均匀程度。

5.2.2　含能材料微胶囊化途径

单独采用某些液态炸药组分（如硝化甘油、硝化乙二醇）是比较困难的，因为它们的威力大，撞击感度和摩擦感度均高。为了消除这些缺点，Nobel 在 1866 年用硅藻土吸收硝化甘油制得了硅藻土代那迈特，在 1875 年用硝化纤维素吸收硝化甘油制得了高威力爆胶，在 1876 年用硝化甘油与硝化乙二醇的混合物制得了代那迈特，在 1879 年又制得了硝铵胶质代那迈特。这些可以说是含能材料微胶囊技术的雏形。

液态炸药制作微胶囊产品后的一个突出优点是，与常规的炸药配方相比，微胶囊产品中的液态炸药含量（质量）极高，可达 90%，而常规配方中此值最大只能达 50%。Teipel 等在前不久的一篇专利中谈到对温度特别敏感的粒状可燃剂、炸药及氧化剂的微胶囊化方法[50]，该法根据芯 – 壳原理，将炸药先进行抗湿处理（浸渍），再用氨基聚合物微胶囊化。在完全润滑的条件下，将粒子浸入至少含一种蜡状物的熔体中，让粒子被一层薄而密实的蜡膜所包覆。为了让粒子吸附过量的蜡状物，宜加入氨基聚合物的中空球，这样得到的粒状产品为氨基聚合物微胶囊化。这种方法的一个特别优点是，能合成孔隙率高的非球形细粒固体含能材料。

含能材料微胶囊化还可以采用凝聚法，制备一般步骤如图 5.28 所示。操作时，将拟胶囊化的组分加入成壁材料溶液中，借助搅拌使芯材粒子添加剂分散于聚合物溶液，通过改变溶液的 pH 或温度，或通过往溶液中加入可降低壁材溶解度的组分，凝聚产生富含胶体相微滴，凝聚微滴结合形成包覆层，即形成富含壁材的新相。在一定条件下，凝聚微滴沉淀于芯材粒子的表面上，芯材被新相包覆，随后再以各种方法将包覆壁材收缩、交联、干燥和硬化。这样制得的微胶囊几乎是球形粒子。

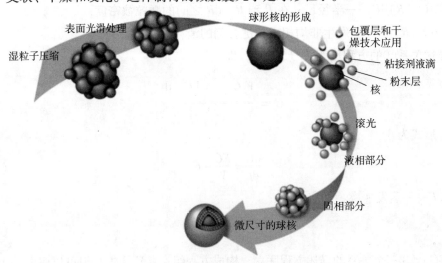

图 5.28　凝聚法制备微胶囊的一般步骤

将有机溶剂的溶液喷雾至粒子流化床上，可使粒子微胶囊化。但是，此技术在实际应用中仍存在一些关键性问题。例如，有机溶剂仅限于包覆直径大于 100 μm 的粒子，否则有机溶剂的毛细管力会使流化床的流化行为停滞[51,48,49]。喷雾溶液必须在高温下进行，所以限制了此技术在对温度敏感物质中的应用[57,48]。采用超临界二氧化碳作为溶剂的流化床微胶囊化工艺既可用于热敏感物质，又能在室温下使粒径为 30 ~ 100 μm 的粒子微胶囊化。国外已将这种工艺用于制作环三次甲亚基三硝胺（RDX）、季戊四醇四硝酸酯（PETN）及 ADN 的微胶囊化[53]。

超临界流体溶液快速膨胀（Rapid Expansion of Supercritical Solutions，RESS）不仅可用于超细炸药的制备，也可用于微纳米含能材料的成膜改性。由于超临界流体在快速膨胀过程中不产生任何液滴，避免了流化床中颗粒的团聚，实现了稳定均匀的颗粒表面包覆。通过喷嘴使超临界溶液雾化，能生产亚微米级的粒子及微滴。这类细微滴有可能改善粒子的沉析，因而可得到更薄的包覆层。此外，因为与有机溶剂相比，超临界流体的内聚力及黏结力较小，毛细管力明显降低，因而有可能包覆直径小于 100 μm 的粒子而不发生聚集[54]。对于此工艺，临界流体既作为包覆材料的溶剂，又作为形成流化床的流体载体。用超临界流体快速膨胀的方法在流化床中进行细颗粒包覆可分为以下三个过程：①包覆剂的超临界萃取；②超临界流体的快速膨胀；③微核在颗粒表面的沉积包覆。图 5.29 所示为 RESS 工艺制备微胶囊过程。

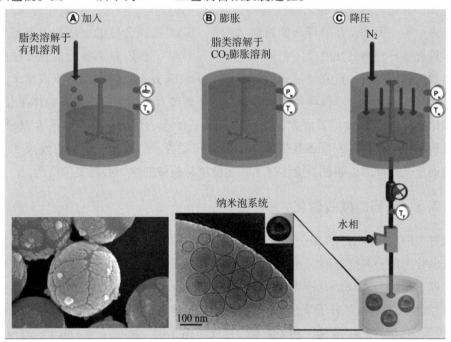

图 5.29　RESS 工艺制备微胶囊过程

溶解压力、溶解温度、预膨胀压力、通气速率和通气时间及它们之间的配合是RESS 覆合工艺的重要技术指标。在囊壁材料需要量比较低时应选择较低的压力，为防止囊壁提前析出，溶解温度与预膨胀温度不应相差很大，低通气速率和适当长的通气时间可以提高覆合质量并防止喷嘴堵塞。在通气速率一定的前提下，囊壁材料的含量随时间成正比增加，以达到精确控制囊厚的目的。研究表明，RESS 覆合过程中，囊壁与囊芯间的结合力主要源自色散吸引作用，色散能作用的计算结果表明，囊壁材料颗粒的尺寸及与囊芯表面的距离是决定结合能大小的关键，采用适当方法降低以上两个参数值可以提高覆合效果。

从查阅文献看，Braud 等是最早成功运用超临界流体技术实现包覆改性的研究者[55]。1990 年，他们运用 RESS 过程成功地在晶体载体表面镀了一层漂亮的氧化铝膜。国内在这一领域的起步较晚，最早是王亭杰、金涌等人，他们于 2000 年开始着手进行了"用石蜡 – CO_2 超临界流体快速膨胀"研究。实验中，把溶有包覆剂——石蜡的二氧化碳流体通过微细喷嘴快速膨胀到装有颗粒的流化床中，膨胀射流中所产生的微核在细颗粒表面均匀沉积，形成细颗粒表面薄层包覆。用同样的方法，张树海等人进行了镁粉和粗、细硝胺炸药（RDX、HMX）的包覆改性研究[56]。结果表明，RESS 技术成功实现了镁粉和较粗颗粒硝胺炸药的包覆改性，在晶粒表面形成了致密、均匀的薄层包覆；而对超细颗粒包覆效果不好。分析原因，主要是超细颗粒存在着严重团聚。众所周知，含能材料对各种刺激很容易起反应，如温度、静电、摩擦和挤压、火花、冲击或碰撞等。因此，在处理含能材料过程中一定要选择合适的方法。由于超临界流体技术具有独特的溶剂性质及工艺安全、环保等优势，所以对那些用常规方法很难制备出超细粉体的材料，超临界流体技术是极好的首选方案。但是，由于该技术是一项多学科交叉的新技术，不仅涉及流体力学、相平衡热力学，而且还涉及晶体生长理论、界面理论等相关学科知识。因此，在结晶产品的形态、性质控制、相平衡基础数据、晶体成核和生长模型等方面还有待进一步研究和完善。随着相关学科的发展和该项技术理论的进一步深入，超临界流体技术在含能材料领域的应用必将更加广泛。

5.2.3　炸药的微胶囊化

聚叠氮缩水甘油醚（GAP）是目前广为关注的推进剂用含能黏结剂之一。具有较低的玻璃化温度、与推进剂组分良好的相容性等特点[57]。常温下 GAP 黏结剂为琥珀色流体，氮含量约为 42%，标准生成焓约为 + 140 kJ/kg，密度 1.30 g/cm^3，玻璃化温度低于 – 35 ℃，平均相对分子质量约为 5 000（多元醇，官能度 2.7），黏度为 12 Pa·s。GAP 的撞击感度（4 kg 落锤，50 cm 落高）及摩擦感度（80°，2.45 MPa）均为 0（爆炸概率）。125 ℃真空安定性试验的放气量为 0.001 mL/(g·48 h)。本研究选用洛阳黎明化工研究院生产的支状 GAP，对超细 RDX 进行了微胶囊处理。

采用溶剂蒸发工艺制备微胶囊，具体操作步骤如下：将 10 g RDX 加入装有 80 mL 蒸馏水的三口烧瓶中，在一定温度下恒温搅拌，分散 20 min，使之形成水浆液。加入预先用乙酸乙酯溶解好的 GAP，增大转速，然后控制一定的真空度减压蒸馏乙酸乙酯，继续搅拌 10 min。抽滤，用蒸馏水多次洗涤样品。在 60 ℃ 水浴烘箱中干燥至恒重。溶剂蒸发工艺制备微胶囊如图 5.30 所示。

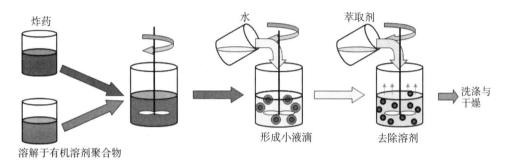

图 5.30　溶剂蒸发工艺制备微胶囊

图 5.31 所示为 GAP 包覆 RDX 产物的电镜照片。黑索今颗粒表面明显有很薄的包覆层，包覆层几乎完全包裹了 RDX 粒子，同时注意到包覆层表面有一些小气泡，这是由于真空抽滤时乙酸乙酯溶剂脱出时造成的。GAP 包覆 RDX 前后的红外光谱图如图 5.32 所示，表 5.9 为 GAP 键合剂红外光谱吸收峰的确认。图中 2 160 ~ 2 095 cm^{-1}（强）、1 340 ~ 1 180 cm^{-1}（弱）为叠氮化合物—N_3 的特征吸收峰，波数分别为 2 104 cm^{-1}、1 288 cm^{-1}。1 100 cm^{-1} 附近是脂肪类 C—O—C 不对称伸缩振动特征峰，波数为 1 121 cm^{-1}，2 901 cm^{-1} 是饱和碳的碳氢伸缩振动吸收峰。

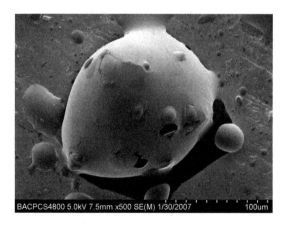

图 5.31　GAP 包覆 RDX 产物的电镜照片

表 5.9 GAP 键合剂的红外光谱吸收峰的确认

吸收峰位置/cm^{-1}	谱峰指认
2 104、1 288	叠氮化合物—N$_3$
1 121	v_s(C—O—C)
2 901	v(CH)

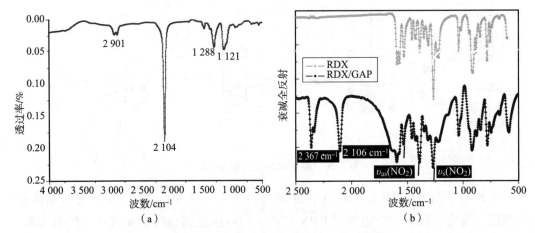

图 5.32 GAP 包覆 RDX 前后的红外光谱图

(a) GAP 红外光谱图;(b) 包覆产物红外光谱图

对比图 5.32 中 RDX 表面改性前后红外光谱图可以发现,包覆产物中原黑索今表面的—NO$_2$ 伸缩振动频率向高波数漂移,这是叠氮基团对其产生的诱导效应所致。为了更好地进行对比,课题组就 RDX/GAP 产物的热分解性能和感度特征进行了测试分析,热分析曲线如图 5.33 所示。撞击感度用 5 kg 落锤,取药量为 30 mg,摩擦感度摆角 90°,

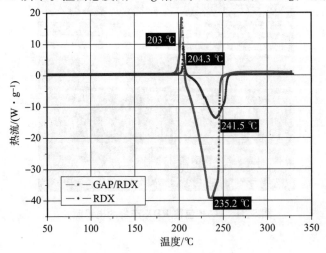

图 5.33 GAP/RDX 与 RDX 热分析曲线对比

表压为 3.92 MPa，RDX/GAP 的撞击感度特性落高为 $H_{50}=40$ cm，摩擦感度爆炸百分率为 26%。分析数据可知，包覆 GAP 后比原黑索今机械感度降低较多，这是 GAP 本身钝感且包覆层均匀、致密所致。从图 5.33 可见，GAP/RDX 曲线首先是很小的吸热峰，其峰顶温度比 RDX 熔融峰温提前 1.3 ℃，而后是迅速的放热峰，其放热量远大于纯 RDX，这是由于产物中含有叠氮基团，同时注意到放热峰的峰顶温度为 235.2 ℃，比 RDX 分解放热峰温提高 6.3 ℃。将 GAP 添加入 RDX 中明显地促进了反应体系的热分解，并增加输出能量。

为了定量表征 GAP 包覆效果，采用溶剂溶出法，将 GAP 外壳去除，求出其包覆层的厚度。具体步骤如下：称取一定质量的 RDX 包覆样品，记为 m_1，将其溶解于 200 mL 乙酸乙酯中，强力搅拌 2 h，待 GAP 溶解完全，滤出不溶的 RDX，用蒸馏水洗涤三次，烘干至恒重后称量，得到质量为 m_2 的 RDX 颗粒。假设被包覆的 RDX 颗粒为球形且粒径相等，GAP 均匀地包覆于 RDX 颗粒表面，且包覆前后 RDX 颗粒数目不变。根据球体积公式和质量公式，包覆厚度 δ 可由式（5.33）计算得出，即

$$\rho \frac{4}{3}\pi[(R+\delta)^3 - R^3] \cdot N = m_1 - m_2 \tag{5.33}$$

式中　R——RDX 颗粒的半径，根据假设条件有 $R = D_{50}/2$ 成立；

　　　ρ——GAP 的密度，$\rho = 1.30$ g/cm³；

　　　N——m_2 g RDX 所含有颗粒的数目，$N = \dfrac{3\,m_2}{4\rho_{RDX}\pi R^3}$，$\rho_{RDX}$ 为 RDX 的密度，$\rho_{RDX} = 1.8$ g/cm³。

实验取 $m_1 = 5$ g，做 5 次平行实验，δ 取平均值 $\bar{\delta}$，测得 m_2 的值分别为 4.829 4、4.950 7、4.956 0、4、945 7、4.957 5 g。计算所得 δ 取值分别为 0.181 7、0.157 9、0.140 5、0.173 3、0.135 4 nm，算术平均后得 $\bar{\delta} = 160$ nm，此即包覆层厚度的近似值。

5.3　组装技术

5.3.1　组装技术概论

由一般的合成方法所得到的纳米粒子其大小和形状均不易控制，粒子无序排列，体系的性质是无规则分布的纳米粒子性质的统计平均值。为了充分利用纳米粒子的特性，必须把纳米粒子按一定的方向做有序排列（称为"纳米有序组装"），形成超晶格和有序阵列，这是当前十分活跃的前沿领域。它的基本内涵是以纳米颗粒（纳米线或纳米管）为基本单元在二维和三维空间组装排列成具有纳米结构的体系，包括纳米阵列体系、介孔组装体系、薄膜镶嵌体系等，纳米颗粒可以有序或者无序地排列于其

中[58]。图 5.34 所示为纳米单元组装过程示意图。

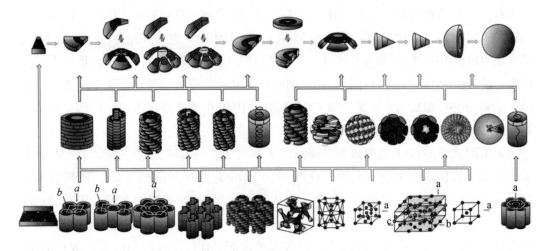

图 5.34　纳米单元组装过程示意图

　　如果说起初的纳米材料制备研究带有一定随机性的话，那么纳米结构组装体系的研究更强调按人们的意愿设计、组装、开发出自然界中尚不存在的新物质体系，以合成出具有人们所期望特性的纳米材料。可以认为，纳米结构组装体系是今后纳米材料合成研究的主导领域，是将纳米粒子走向器件应用的关键一步。因此，探索既能方便控制粒子尺寸和形状，又能同时进行粒子有序排列的方法是纳米材料研究领域中的一个热点，也是一个难点。纳米材料组装方式总的来说可分为两种，即自组装方式和他组装方式。

　　纳米结构的自组装体系（self assembly system）是指通过弱的和较小方向性的非共价键，如氢键、范德瓦尔斯力和弱的离子键协同作用把原子、离子或分子连接在一起构筑成一个纳米结构或纳米结构的图案[59]。自组装过程的关键不是大量原子、离子、分子之间弱作用力的简单叠加，而是一种整体的、复杂的协同作用。分子组装技术（molecule assembly technique）是将具有一定功能的分子，在分子或超分子（supermolecules）尺度范围内，通过物理或化学的方法聚集成稳定的有序体系的方法。

　　自组装属于基于分子间非共价键弱作用的超分子化学，有机分子及其他结构单元在一定条件下，自发地通过非共价键缔结成具有确定结构的点、线、单分子层、多层膜、块、囊泡、胶束、微管、小棒等各种形态的功能体系的物理化学过程，如图 5.35 所示。自组装的最大特点是自组装过程一旦开始，将自动进行到某个预期的终点，分子等结构单元将自动排列成有序的图形，即使是形成复杂的功能体系，也不需要外力的作用[60]。自由能的最小化是隐藏在背后的支配原则。从一般原则上讲，自组装的关键是界面分子识别，内部驱动力包括氢键、范德华力、静电力、电子效应、官能团的立体效应和长程作用等。自组装过程的关键不是大量原子、离子、分子之间弱作用力的简单叠加，而是一种整体的、复杂的协同作用。纳米结构自组装体系的形成有两个重要条件：一是有足够数量的非共价键或氢键存在，这是因为氢键和范德华力等非共价键（2~4 kJ/mol）很弱，只有足够量的这些弱作用力存在，才能通过协同作用构筑成稳定的纳米结构体系；二是自组装体系能量较低，否则很难形成稳定的自组装体系。

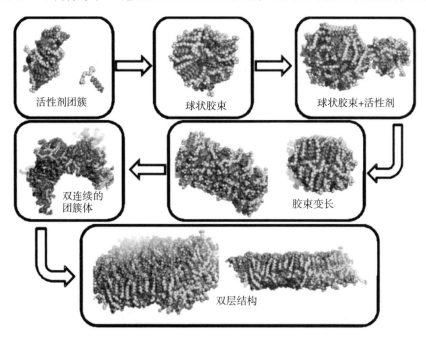

图 5.35　基于表面活性剂的分子自组装行为

　　他组装原理是用介孔材料组装单质、化合物等精细复合功能材料，主要是利用介孔材料中规整划一的孔道和空笼充当某些化学反应构筑与稳定纳米团簇的"反应容器"和"固体溶剂"，而且这些孔道和空笼在二维或三维空间的（长程）有序性又可为组装有序的纳米超晶格（量子超晶格）材料起到导向与模板作用。图 5.36 所示为酶刺激下的生物分子组装[61]。在这类组装体系中，整个分子筛晶体就像一种固体溶剂，使纳米团簇得以均匀分散。分散着的纳米团簇在孔道和笼壁（即分子筛骨架）的限制与包围之中，成为尺寸均匀的量子点。量子点的材料属性可以是金属、半导体和绝缘体的纳米团簇，甚至是潜藏着功能特性的有机分子。有控制地增大量子点浓度可使量子点由孤立状态过渡到相互作用的"连接"状态，即产生穿流作用。当量子点浓度超过穿流阈值后即可形成（一维）量子线和（三维）量子超晶格。

　　组装过程既包括化学过程，也包括物理过程。所谓化学过程，是因为组装动力主要源于分子间电子交换或不同分子电位与极性之间的相互吸引和排斥。其主要特征是高度的方向性和选择性，即组装只在特定分子之间或沿特定分支方向进行。所谓物理过程，主要指分子或原子在固体表面的迁移和扩散，这是分子和原子能够实现自组装

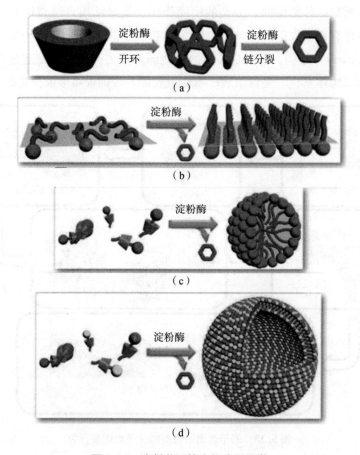

图 5.36　酶刺激下的生物分子组装

的前提条件。相比之下，纳米粒子的组装则完全是物理组装，即由随机排列变成有组织的有序二维或三维排列。单纯纳米粒子组装只能形成二维或三维类晶体结构，这种纯粹的二维或三维类晶体结构的实用价值非常有限。大多数应用需要某种特殊图形的类晶体结构。如何引导类晶体自组装按照特定二维图形发展，是纳米粒子组装能够有望应用于加工技术的关键。图 5.37 所示为纳米粒子组装得到的三维结构[62]。为了实现可控纳米粒子自组装，需要对纳米粒子组装的条件进行控制。控制纳米粒子组装导向的物理条件主要包括表面物理形貌、表面亲疏水性和静电力等。

　　所谓表面形貌导向，是指在固体表面通过传统微纳米加工方法制作一些表面起伏的几何图形，如坑槽之类的结构。由于物理边界的限制，纳米粒子只在这些坑槽中自组装[63]。有表面起伏几何图形的衬底相当于一个模板（template），模板导向是控制纳米粒子自组装的一个重要方法。纳米粒子自组装生成的类晶体宏观结构取决于模板的几何结构。图 5.38 所示简单说明了表面形貌在可控纳米粒子组装中的作用。

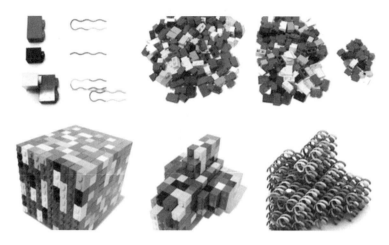

图 5.37 纳米粒子组装得到的三维结构

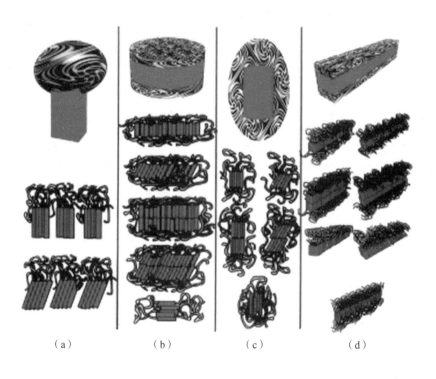

（a）　　　　　　（b）　　　　　　（c）　　　　　　（d）

图 5.38 表面形貌导向组装

（a）蘑菇；（b）薄片；（c）类球体；（d）条纹

所谓表面能量导向，是控制固体表面的亲疏水性，表面能高为亲水表面，表面能低为疏水表面。使纳米粒子悬浮液仅在特定的亲水表面区域附着，这样只有亲水表面区域才有纳米粒子自组装发生。改变表面亲疏水性的方法很多，如硅表面经过氢氟酸处理后呈疏水性，经过氧等离子体处理后呈亲水性。成功实现表面能量导向自组装的关键是获得尽可能高的表面能反差，即相邻亲水区与疏水区之间的表面能相差越大越好。获得高表面能反差的方法之一是利用自组装单层膜（SAM）技术[64]。图5.39所示为单分子膜组装。

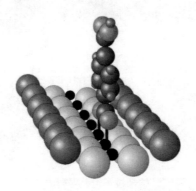

图5.39　单分子膜组装（二氧化钛表面吸附多环分子）

静电力引导纳米粒子自组装是利用带静电电荷的纳米粒子会吸附到带相反极性电荷表面的原理。与化学亲和势、表面张力及范德瓦耳斯力等短程力相比，静电力是长程力，可以在大范围内影响纳米粒子的自组装。实现静电力导向纳米粒子自组装的关键是使纳米粒子和衬底表面带电，使衬底表面带静电荷的方法之一是利用带有分子或离子的SAM覆盖表面，也可以用接触法将电荷从一个固体表面转移到另一个固体表面。静电力导向也可以与表面毛细管力结合实现纳米粒子在衬底表面的自组装。首先通过静电力导向使带电胶体悬浮粒子聚集到衬底表面带电区域，然后将衬底从胶体溶液中取出，让衬底表面的溶液蒸发，随着液面的降低，毛细管力发生作用，推动纳米粒子自组装。如果表面带电区域足够小，这种方法甚至可以将单个纳米粒子固定在表面电荷区。

纳米含能材料常用的制备方法中，自组装方法研究的较少。大分子能够通过自组装方式形成一些可控的特殊结构，如囊泡、中空胶束、蜂窝状等。这些结构都可以有效地应用于纳米含能材料自组装制备研究。另外，大分子与纳米粒子的协同自组装，可以实现纳米粒子的可控有序分布，进而可以有效克服团聚问题。这些方法如果可以移植到纳米含能材料的自组装研究中，必将为纳米含能颗粒的分散、结构调控等研究提供新思路。但由于影响自组装因素较多，使得自组装形态的控制变得非常复杂和困难，再加上研究含能体系危险系数较高，所以这种新思路还需要更多的实验、理论和模拟研究，而将其应用于武器中则更是一个长期的目标，需要科学研究者的不懈努力。

5.3.2　层层组装制备含能颗粒

逐层组装法（Lay-by-layer，LBL）最初由Decher等用于制备膜材料，后被延伸为制备微纳米材料。LBL 自组装技术基于静电吸附作用或氢键作用驱动原理[65]。LBL 技术的优点在于：①有机高分子聚合物的包覆层厚度可通过改变沉积层数量及溶液条件来精确控制；②多层聚合物复合膜可通过选择大量不同的有机高分子聚合物进行组装；③不同尺寸、形状和成分的乳胶颗粒都可以作为核（模板）被包覆。采用 LBL 技术将有机高分子聚合物沉积到纳米颗粒表面可以制备具有很好形态的复合物胶体粒子。其操作示意图如图 5.40 所示。逐层组装法制备球核，球壳时，其内径可由模板粒径控制，并且壳层材料可以按任意组成、任意层状结构进行可控的组装，因而可以制备单一无机壳层材料，也可以制备无机－无机、无机－有机等复合壳层材料的空心球。同时，壳层厚度可由组装包覆的层数决定，克服了沉积和表面反应法中壳层厚度不均的缺点。但要得到壳层较厚的核/壳粒子，用逐层组装需要多次反复进行沉积、提纯等单调、烦琐操作，比较费时，要用大量的起架桥作用的聚电解质。

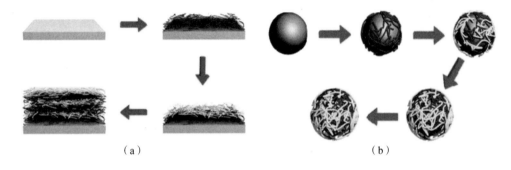

图 5.40　层层组装示意图

　　层层组装是指在平衡条件下，分子间通过非共价相互作用力（包括静电作用、范德瓦尔斯力、疏水作用力、氢键等）自发组合形成的一类结构明确、稳定、具有某种特定功能或性能的分子聚集体或超分子结构的过程。氢键是超分子自组装的基本驱动力之一[66]，若一组分上只带有质子供体，另一组分上只带有质子受体，则两者形成的自组装体系结构最稳定。氢键基本构成是 X—H—Y，可以组成氢键的原子 X、Y 包括与 H 原子有电负性差异的 C、N、O、F、P、S、Cl、Se、I 等，X—H 称为质子供体（proton donor），含孤对电子的 Y 原子称为质子受体（proton acceptor）。单个氢键的强度与 X—H 偶极矩以及 Y 原子上孤对电子有关，同时溶剂的影响也很重要；而对于多重氢键，影响氢键强度的因素除了组成氢键原子的种类及氢键重数外，还和相邻供体与受体之间的附加作用密切相关。

　　配位键驱动自组装在超分子化学领域中占有相当重要的位置[67]，由于金属离子和配体的多样性，利用配位键构筑超分子时，人们可以根据金属离子特性和配体结构进行超分子工程设计。堆积效应主要包括两种相互作用：$M - \pi$ 相互作用和 $\pi - \pi$ 相互作用。在水溶液或极性溶剂中，非极性分子趋向于聚集在一起，这是由疏水作用导致的，疏水作用是一种方向性较差的弱相互作用，但在超分子自组装过程中却是一种不可忽视的作用。应用分子、离子等作为模板进行的自组装就叫模板驱动自组装。其特点是可以使组装超分子具有独特的结构或功能，主体分子与模板之间的作用力是非共价键力。

为改善推进剂性能，笔者所在研究团队以 RDX 为核心物质、硝化棉（NC）为最外层、高分子键合剂 CBA[①] 为中间层，利用层层组装（LBL）技术制备了 NC – CBA – RDX 包覆球。制备过程如图 5.41 所示。其中高分子键合剂 CBA 起"分子桥"作用，其分子中具有的较多官能团，可与 RDX 和 NC 同时形成氢键或其他非化学键相互作用，从而改善 RDX 与黏合剂的界面黏结力，改善推进剂性能。

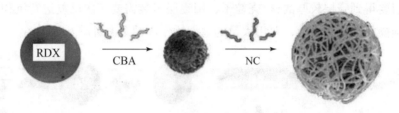

图 5.41　层层组装包覆炸药过程示意图

实验研究了真空度和搅拌速度对包覆效果、包覆球假密度和粒度的影响。驱溶过程是溶剂从球内向外扩散，硝化棉大分子借化学键和表面张力作用逐渐向里收缩相互靠近，最终形成密实球体的过程。脱除溶剂的初始阶段，溶解在水中的溶剂蒸发或汽化，水中溶剂浓度下降，在渗透压作用下溶剂从包覆球中扩散到水中。若真空度太高，包覆球中的溶剂迅速汽化，可能使包覆球上浮，产生"放泡"球，并且由于混合液中溶剂蒸发速度大于从包覆球内部扩散出来的速度，溶剂不能及时扩散到水中，而聚集在包覆球表面，使包覆球表面变黏，造成包覆球结块变形。根据拉乌尔定律[68]，若真空度过低，气液两相平衡时，溶液上方的总蒸气压高，平衡溶液中溶剂乙酸乙酯的摩尔分数相应较高，而此时包覆球内部的溶剂与溶液中溶剂也处于渗透平衡状态，剩余的大量溶剂无法被除去。造成包覆球松软，容易破碎，同时影响球的密实性。

实验中真空度从 0.01 MPa 升至 0.06 MPa 所用的时间与相应的包覆球假密度（ρ_b）和形状测试结果见表 5.10。从表 5.10 可知，真空度升高太快时，混合液中溶剂迅速蒸发，致使包覆球严重结块，假密度也较小。随着真空度升高速度的减慢，包覆球的圆球率增加。真空度从 0.01 MPa 升至 0.06 MPa 耗时 20 ~ 25 min 时，可以得到假密度较大、圆球率较高的小粒径包覆球。而真空度升高太慢时，在较高搅拌速度的作用下，包覆球被破碎成粉末状。因此，实验采用缓慢升高真空度和温度来驱除溶剂。

---

① 键合剂由洛阳黎明化工研究院提供，CBA 是编号，没有其他化学含义。

表 5.10　不同驱溶时间下球形药的假密度和形状

时间/min	5	10	15	20	25	35
假密度/$(g \cdot cm^{-3})$	0.46	0.58	0.69	0.81	0.83	1.00
样品形状	扁块状	椭球状，有少量结块	椭球状	较均匀的圆球	均匀的小圆球	粉末状

我们还研究了搅拌速度对包覆球粒度的影响，实验中得到的不同搅拌速度下各样品中位径（d_{50}）和分布宽度（$SPAN$）值见表 5.11，各样品的激光粒度分布图如图 5.42 所示。

表 5.11　不同搅拌速度下各样品的中位径（d_{50}）和分布宽度（$SPAN$）的值

项目	样品号					
	$1^{\#}$	$2^{\#}$	$3^{\#}$	$4^{\#}$	$5^{\#}$	$6^{\#}$
$n/(r \cdot min^{-1})$	2 000	1 800	1 500	1 300	1 000	700
$d_{50}/\mu m$	18.4	34.8	70.3	138.6	253.1	386.7
$\lvert SPAN \rvert$	0.107	0.131	0.190	0.279	0.303	0.334

注：n 是搅拌速度；d_{50} 是包覆球的中位直径；$SPAN = \dfrac{d_{90} - d_{50}}{d_{10}}$。

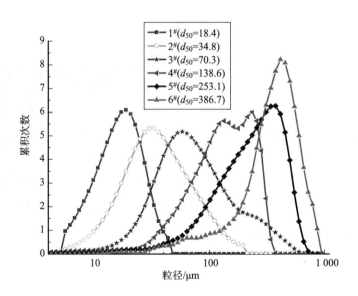

图 5.42　不同搅拌速度下各样品的激光粒度分布图

结合表 5.11 和图 5.42 可知，搅拌速度从 700 r/min 增加至 2 000 r/min 时，包覆球的中位径（d_{50}）从 386.7 μm 减小至 18.4 μm，分布宽度（$SPAN$）的数值从 0.334 减

小至 0.107，即在其他条件相同时，包覆球的粒度取决于溶剂脱除时的搅拌速度。随着搅拌速度的增加，包覆球粒度和分布宽度的数值逐渐减小。搅拌速度低于 1 000 r/min 时，如 5# 和 6# 样品，形成的包覆球较大，且形状不规则，粒度分布范围较宽。

只有在较高搅拌速度下，才能使反应器内的硝化棉溶胶与 RDX 充分混合，然后在大量水溶液存在的条件下剪切溶胶相成为球形小颗粒，并使球形小颗粒在溶液中保持均匀悬浮状态，阻止其相互黏结。2#、3# 样品得到较均匀的包覆球，而且圆球率较高。实验中的 4# 样品搅拌速度在 1 300 r/min 左右，不足以使球形小颗粒保持均匀悬浮状态，此时存在二次粒子，小颗粒相互碰撞重新形成大粒子，在激光粒度分布图上表现为双峰（如 2# 样品），粒径分布宽度的数值也较大。

过高的搅拌速度也会给实验设备和工艺安全性带来很大危险，而且过高的搅拌速度会粉碎已经成型的包覆球。中位径为 18.4 μm 的 1# 样品从外形上观察和未成球的 RDX 颗粒形状比较相像，没有明显的圆球状。分析认为是搅拌速度过高造成的。因此，适宜的搅拌速度为 1 500 ~ 1 800 r/min。

层层组装后得到的样品基本呈球形，粒径分布均匀，结构致密，流散性好。样品微观形貌如图 5.43 所示。由 SEM 和 TEM 照片可见，层层组装后得到样品的形状基本呈球形，粒径分布较均匀，结构致密，流散性好。包覆球的粗糙表面由 NC 沉积而成。高分子键合剂 CBA 起"分子桥"的作用，加强了 RDX 和 NC 的黏结。包覆球表面粗糙度的增加，加上双基复合改性推进剂是以 NG 塑化的 NC 为黏结剂，当把包覆球置于推进剂中时，有利于增加包覆球与黏结剂的接触面积，改善 RDX 与黏结剂的界面黏结力。

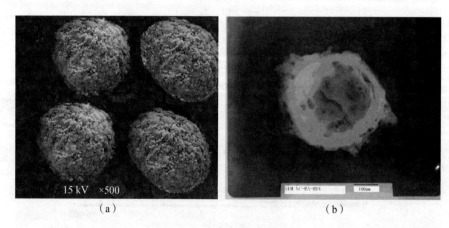

图 5.43　样品微观形貌

(a) SEM；(b) TEM

由图 5.44 可知，硝化棉的起始分解温度为 200 ℃左右，在 208 ℃左右有强放热峰。在硝化棉的作用下，包覆球的熔化吸收峰强度明显减弱，峰温降低 1.7 ℃，熔化起始温度降低2.1 ℃，硝化棉的引入加速了 RDX 的熔化分解。键合剂 CBA 的热分解过程则为吸热过程，在键合剂作用下，RDX 分解放热峰温升高4 ℃，分解热（ΔH）减少 142 J/g。与成球前相比，RDX 分解峰的后半峰变得陡直，二次分解肩峰消失，这是由于分解主峰向高温方向移动，肩峰被主峰掩盖所致。

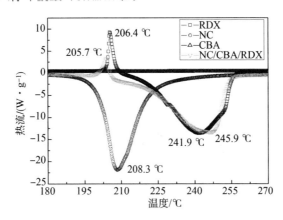

图 5.44　硝化棉/键合剂/黑索今产物的热分解

5.3.3　基于多孔介质的组装

多孔材料是 20 世纪发展起来的一种新型复合材料，它包括金属多孔材料和非金属多孔材料。其显著特点是具有规则排列、大小可调的孔道结构，大的比表面积和大的吸附容量，在大分子催化、吸附与分离、纳米材料组装及航空、航天等众多领域具有广泛应用前景。按照国际纯粹与应用化学协会的定义，孔径大于 50 nm 的孔称为大孔，小于 2 nm 的孔称为微孔，孔径为 2 ~ 50 nm 的多孔材料称为介孔（中孔）材料[69]。用于组装含能材料的一般是介孔或大孔材料。

介孔材料具有蜂窝状的孔道，其孔道是有序排列的，包括层状、六方对称排列和立方对称排列等，可以让一些有机大分子、生物高分子通过，可以"筛选"大分子；此外，介孔材料由于量子尺寸效应及界面耦合效应的影响而具有奇异的物理、化学等优良性能，这些性能使其在分离提纯、生物材料、催化、新型组装材料等方面有着巨大的应用潜力。

介孔材料具有以下特点[70]：①长程结构有序；②孔径分布窄并可在 1.5 ~ 10 nm 可调可变；③比表面积大，可高达 1 000 m²/g；④孔隙率高；⑤表面富含不饱和基团等。介孔材料按照化学组成分类，可分为硅基和非硅基组成介孔材料两大类，但非硅组成的介孔材料热稳定性较差，经过煅烧，孔结构容易坍塌，且比表面积、孔容均较小，合成机制还欠完善，不及硅基介孔材料研究活跃。介孔材料按照介孔是否有序分类，又可分为无序介孔材料和有序介孔材料，其中有序介孔材料是 20 世纪 90 年代初迅速兴起的一类新型纳米结构材料，它利用有机分子 - 表面活性剂作为模板剂，与无机源进行界面反应，以某种协同或自组装方式形成由无机离子聚集体包裹的规则有序的胶束组装体，通过煅烧或萃取方式去除有机物质后，保留无机骨架，从而形成多孔的纳米结构材料。常见的有序介孔材料结构有：一维层状结构（p2），二维六方结构（p6mm），三维体心立方结构（Ia3a），三维体心立方（Im3m）结构，三维简单立方结构（Pm3n），三维六方（P63/mmc）和三维面心立方结构（Fm3m）的共生结构[71]，如图 5.45 所示。

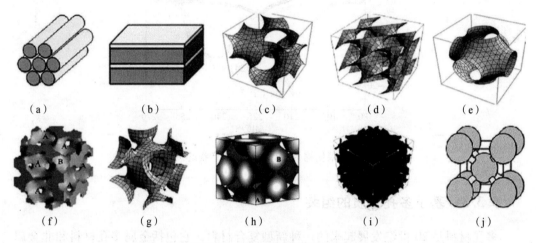

图 5.45　不同结构的介孔材料
（a）2D - 六方结构；（b）薄层状；（c）Ia3a；（d）Pn3m；（e）Im3；（f）Pm3n；
（g）Fm3m；（h）Im3m；（i）Fd3m；（j）体心立方

近年来，科学家们努力尝试各种方法来合成介孔材料，包括常用的利用表面活性剂机理合成介孔材料的软模板法，还有最近研究出来的新方法，如硬模板法、纳米晶粒组装法等。这些方法大大拓展了介孔材料及其复合物的合成途径。

软模板（soft templates）法主要是指以表面活性剂或两亲高分子为模板剂，在溶液中利用有机相和无机物种之间的界面组装作用力，通过纳米自组装技术来合成有序的介孔材料，如图 5.46（a）所示。其合成机理主要是液晶模板机理和协同机理，适用于硅基和非硅基介孔材料。软模板合成路线的核心过程是溶胶 - 凝胶，通过对含有表面活性剂（模板剂）、硅源（有机硅酸酯、硅酸钠等）、钛源（有机钛酸酯、钛酸盐等）的溶胶 - 凝胶晶化而制得。根据合成条件的不同，软模板合成路线法又分为水热合成、室温合成和微波合成等。目前，大多数介孔材料都采用传统的水热法合成。纳米晶粒组装法是近年来发展起来的一种介孔材料的新制备方法，其合成机理与经典的软模板法合成介孔材料非常类似，不同之处在于软模板法一般是由无机前驱体离子在模板剂上的自组装，而纳米晶粒组装法是由经表面修饰后的成型纳米晶粒（一般为几个纳米）

在模板剂上的自组装。还有一种称为硬模板法的方法，是利用有序的介孔材料作为硬模板（rigid templates），通过纳米复制技术得到其反介孔结构，如图 5.46（b）所示。硬模板法的主要过程是利用预成型的有序介孔固体的空穴，内浸入所要求的无机盐前驱物，随即在一定温度下矿化前驱物使其转变成目标组分，最后除去原固体模板得到所要求组分的反介孔结构材料。

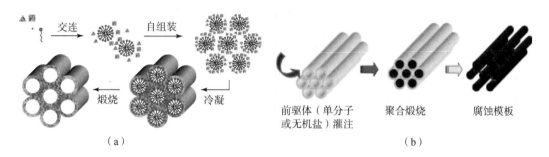

图 5.46　制备介孔材料的方法

（a）软模板；（b）硬模板

近年来，国外一些学者将微纳米多孔介质引入纳米含能材料设计[72]。将纳米孔空间作为微反应器，通过在其界面实施人工干预与控制，将纳米含能物填塞在纳米孔洞或孔道中，以获得性能更加优良的以多孔材料为基的纳米含能复合物。这方面的研究从无序多孔材料开始，逐渐发展到有序多孔材料的控制与填充，从简单的吸附实验到含能物质的精确定位组装，成为近期国内外研究热点。

美国劳伦斯利弗莫尔国家实验室的 Simpson 研究员和他的同事先后以间苯二酚–甲醛缩聚物、多孔 SiO_2 为骨架，采用适当方式将 RDX、PETN、AP、AN 等含能单元加入纳米孔洞中，形成粒径小于孔洞尺寸的纳米晶体。这些基于无序多孔模板构筑的纳米含能材料相比传统药剂能量释放率高、钝感，有的已经投入工程应用或正在进行演示论证[73,74]。

Mikulec[75] 等人对多孔硅的爆炸特性进行了更深入的研究，采用电化学腐蚀的方法制备了最大孔隙直径为 $2~\mu m$ 的纳米多孔硅，将 $Gd(NO_3)_3$ 的乙醇溶液直接注入多孔硅的微孔中，乙醇逐渐挥发之后，$Gd(NO_3)_3$ 分布在多孔硅的微孔中，当有机械力或者电火花触发时，即可发生爆炸。通过改变原料氢氟酸和乙醇的浓度比可以改变其爆炸强度。

Becker[76] 等人利用电化学腐蚀的方法制备了多孔硅，通过浸渍扩散渗透高能氧化剂 $NaClO_4$ 的方法制备了纳米多孔硅复合含能材料，并测试了其燃速。结果表明，复合含能材料的燃速为 $2~170~m/s$，比表面积约为 $840~m^2/g$，孔隙率为 $65\% \sim 67\%$ 的纳米多孔硅，燃速可达 $3~050~m/s$，远高于纳米 Al 与 Bi_2O_3 形成纳米铝热剂的燃速（$2~500~m/s$）。

Plessis[77]等人在纳米多孔硅中直接注入氧化剂，并且对复合含能材料的爆炸性能进行了研究。他将 S、Gd(NO₃)₃ 和 NaClO₄ 作为氧化剂分别溶于 CS₂、CH₃CH₂OH 和 NaClO₄ 中并填充到多孔硅，研究不同氧化剂对爆炸性能的影响。结果表明，NaClO₄ 作为氧化剂爆炸能量最强，其次是 Gd(NO₃)₃，最后是 S。

中国工程物理研究院化工材料研究所与重庆大学合作，对多孔硅/硝酸盐复合材料进行了研究，发现多孔硅单晶片或粉末与镧系硝酸盐的复合材料均具有很强的爆炸性质。黄辉[78,79]等人用溶胶－凝胶法对含能材料进行包覆，得到 RDX/SiO₂、RDX/RF 等复合物。这样既可得到分散性较好的纳米含能材料，而且由于有惰性材料的包覆，复合含能材料摩擦感度和撞击感度有所降低。美国陆军研究实验室与武器研究发展与工程中心对这种新型材料进行了敏感性试验，演示了如何利用 0.5～1.5 N 的摩擦力引燃多孔硅含能材料。该含能材料能够通过微加工工艺集成到硅片中，从而应用到引信微型安全与解除保险装置中。在美国陆军研究实验室与美国陆军武器研究发展与工程中心联合开展的一项研究中，研究人员开始探索将多孔硅含能材料集成到基于 MEMS 的微型安全与解除保险系统中[80]。在芯片上嵌入多孔硅含能材料和 MEMS 系统，可以实现含能材料与多种传感器及作动器的集成。这些传感器可以直接影响多孔硅含能材料的输出，从而提高智能化程度，以便设计出更高效的安全与解除保险系统。试验结果说明，纳米多孔硅含能材料可以直接和安全与解除保险装置集成，且其输出能量可传输至起爆药和传爆药。

蔡华强、杨荣极[81]等采用蒸发诱导自组装的方法将高能炸药 CL－20 填充到有序介孔硅的孔道中，形成了一种新的纳米含能材料。氢键被认为是复合过程的主要驱动力，装填分数最高达到了 70%。对复合后的产物进行 XRD、TEM、氮气吸附、TG、DSC 等系统表征，复合后产物与单纯的物理混合相比，热分解峰温降低了 11 ℃，而总的放热量有轻微的减少。

从国内外学者的研究中可以发现，将多孔材料引入微纳米含能材料设计后，含能材料的性能可以得到显著的改善，并且多孔材料的种类、含量、结构等因素对微纳米含能材料有不同的影响规律。

5.3.4　介孔炭吸附炸药研究

黑火药中含有大量的天然木炭，将木炭粉置于电镜下观察，如图 5.47 所示[82]，发现其微观形貌呈多孔结构，极易吸附相对分子质量小的物质，因而具有较强的反应活性。受这一表征结果的启发，我们将多孔材料引入微纳米含能材料设计。将孔空间作为微反应器，通过在其界面实施人工干预与控制，将含能物填塞在孔洞或孔道中，以获得性能更加优良的微纳米含能混合物。

图 5.47　黑火药原料木炭粉的显微结构

纳米孔结构材料通常具有空旷的骨架结构，结构中有许多孔径均匀的孔道和内表面很大的孔穴。与一般材料不同，纳米孔结构材料不仅能和原子、离子与分子在材料的表面发生作用，而且这种作用还能贯穿于整个材料体相内的微观空间，具有选择性吸附分子的能力。笔者所在学科组在制备介孔炭的基础上分别采用物理吸附和液相复合方法得到炸药与多孔介质的组合体。通过调节孔结构、炸药种类、炸药与模板的质量比等参数，可以获得感度高低不一，能量输出各异的火工药剂，以满足点火、传火、起爆和延期等作战需求。

介孔材料的制备通常分为两个阶段：一是有机－无机液晶相（也就是介孔结构）的产生。利用具有双亲性质（亲水和疏水）的表面活性剂有机分子和多聚物或者可聚合的无机单体分子在一定条件下自组装产生有机物和无机物的液晶状态的结构相。二是利用高温热处理或者其他物理化学的方法脱除有机模板剂（表面活性剂），所留下的空间就构成了介孔孔道。以三嵌段共聚物为模板制备，正硅酸乙酯为硅源制备介孔二氧化硅白色粉末。具体工艺如下[83]：称取 2 g 的双亲三嵌段共聚物，溶于 15 g 去离子水和 60 g 浓度为 2 mol/L 的盐酸溶液中，搅拌的同时缓慢加入 4.25 g 正硅酸乙酯（TEOS），形成均相溶液，各物质最初的摩尔比为 $n(三嵌段共聚物):n(TEOS):n(HCl):n(H_2O) = 1:59:348:2\,417$。加入一定量的醋酸，将混合溶液在 40 ℃下搅拌 24 h，然后于 100 ℃的反应釜内晶化 2 d，将得到的晶体产物过滤，用去离子水洗涤并于室温下干燥，最后在静态的空气中煅烧 24 h 去除三嵌段共聚物，就可以得到白色介孔二氧化硅粉末。图 5.48 所示为制备介孔硅流程。

以制得的介孔二氧化硅为模板制备介孔炭材料，具体过程为：先将 1 g 介孔硅分散于 5 g 水中，然后加入 1.25 g 蔗糖和 0.14 g 硫酸，一般会保持蔗糖和硫酸的质量比为 10:1，于 80 ℃~100 ℃条件下烘干，再于 160 ℃烘箱内烘 6 h 进行初步碳化。将初步碳化产物分散于 5 g 水中，加入 0.75 g 蔗糖和 0.08 g 硫酸，重复烘干和碳化过程。最后在氮气保护下于 900 ℃下保持 4 h，完成整个碳化过程。所得产物用 5%HF 溶液除去二氧化硅，得到介孔炭材料。其制备流程示意图如图 5.49 所示。

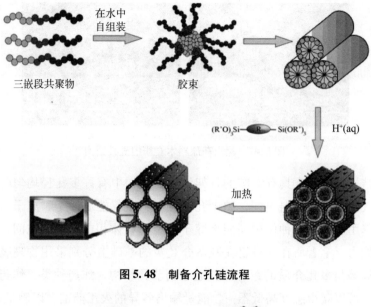

图 5.48　制备介孔硅流程

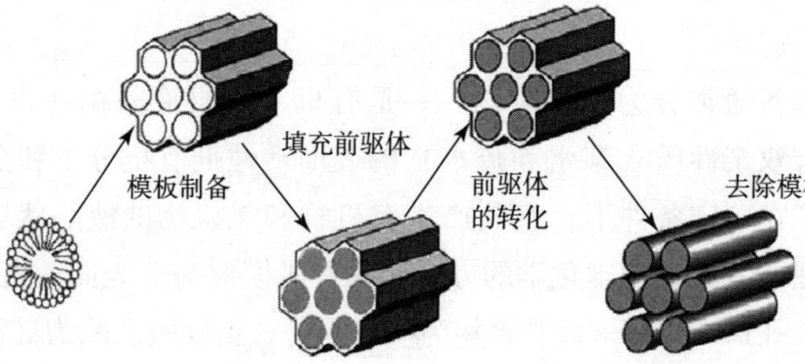

图 5.49　由介孔硅制备介孔炭流程示意图

在制备过程中，可通过多种方式调节介孔材料的孔径和比表面积，如控制反应时间[84]、温度[85,86]，在反应过程中加入芳香烃[87,88]或者三羟基铵类溶胀有机分子[89,90]，调节表面活性剂和离子浓度[71]，改变煅烧条件[91]等。

实验样品测试所用电子显微镜为日本日立公司 S4800 型 SEM。将粉末材料超声分散于无水乙醇当中，取少量液滴滴于导电胶上，用红外快速干燥仪干燥后即可检测。所得样品扫描电镜照片如图 5.50 所示。

从电镜图可以看到，介孔炭呈颗粒状，粒子较均匀，大小约为 30 nm，外形较规整，因粒度太细，部分发生团聚，但总体分散效果不错。颗粒之间的间隙较均匀。对比之下，介孔二氧化硅的团聚现象更为严重，粒子之间有粘连，孔隙在 50 nm 以下，大小及分布比较均匀。

采用美国麦克公司的 ASAP2020 系列全自动快速比表面积及中孔/微孔分析仪测试样品的比表面积，介孔炭和介孔硅的氮气吸附、脱附曲线如图 5.51 所示。由图可知，

 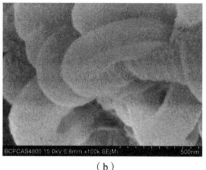

（a）　　　　　　　　　　　　　（b）

图 5.50　所得样品扫描电镜照片

（a）介孔炭；（b）介孔硅

介孔二氧化硅和介孔炭的吸附曲线与脱附曲线相差都较大，说明体系中存在大量的孔结构，导致等温线出现了滞后圈，并且可以认为滞后圈是由两端开口的管状孔结构造成的。根据 Brunauer 对吸附等温线的划分[92]，图 5.51 所示的两条曲线都属于第四类等温线，是固体均匀表面上谐式多层吸附的结果。开始阶段氮气快速进入，随着 p/p_0 的增加，二者的吸附等温线呈缓慢上升趋势，当介孔硅的 p/p_0 达到 0.6，而介孔炭的 p/p_0 达到 0.45 左右时，二者的吸附等温线急剧上升，此时体系发生了毛细凝聚现象，使得吸附、脱附能力呈指数关系变化。

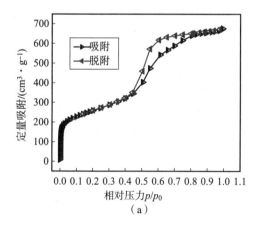 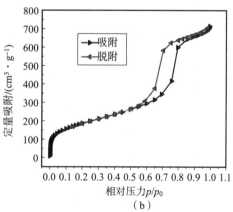

（a）　　　　　　　　　　　　　（b）

图 5.51　介孔炭的氮气吸附、脱附曲线

（a）介孔炭；（b）介孔硅

采用 BJH 孔容积和孔径分布方法得到介孔材料孔径对孔体积和孔径对比表面积分布，从而得出介孔硅孔径绝大多数分布在 5～15 nm，介孔炭孔径绝大多数分布在 3～13 nm。由 BET 数据分析计算出介孔硅和介孔炭的孔尺寸参数，见表 5.12。

表 5.12　介孔材料的孔尺寸参数

介孔材料	平均孔径/nm	平均孔体积/($cm^3 \cdot g^{-1}$)	比表面积/($m^2 \cdot g^{-1}$)
介孔硅	6.5	1.1	678.9
介孔炭	4.7	1.1	912.0

由 BET 数据可知，介孔材料具有较大的比表面积和适宜的孔结构，因此我们设想用介孔材料吸附炸药，利用毛细管力和静电吸附作用将炸药填塞入孔隙，其吸附原理如图 5.52 所示。

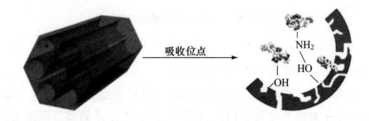

图 5.52　介孔材料吸附原理

为探究炸药在介孔材料中的吸附行为，需要研究固液两相界面作用。实验思路是先将 CL - 20 溶于某种溶剂，而后利用紫外分光光度计检测溶液的光谱特性。通过这个实验一方面遴选适宜的有机溶剂，另一方面得到能够用来定量分析 CL - 20 含量的标准曲线。首先要确定 CL - 20 在紫外波段（10 ~ 400 nm）的最大吸收波长，需要将 CL - 20 溶于一种溶剂，此溶剂在紫外波段没有吸收，从而对 CL - 20 检测无干扰。经过多次尝试，选择无水甲醇作为溶剂。使用紫外分光光度计检测，可知 CL - 20 的甲醇溶液在 $\lambda = 230$ nm 时吸收最大，故最大吸收波长为 230 nm。于一系列 20 mL 洁净的碘量瓶中精确配置浓度分别为 4 mg/L、12 mg/L、20 mg/L、28 mg/L、36 mg/L 的 CL - 20 甲醇溶液。超声振荡使 CL - 20 充分溶解。使用紫外分光光度计，分别测试在波长为 230 nm 时，不同浓度溶液的紫外吸光度值并做记录，得到不同浓度 CL - 20 吸光度的标准曲线，如图 5.53 所示。

已知 CL - 20 甲醇溶液的标准曲线，就可以通过测定未知浓度溶液的吸光度来推测溶液浓度。实验采用密封振荡平衡法进行，用紫外分光光度计测量吸附平衡后的浓度。下面以介孔炭为吸附剂进行实验研究，具体方法如下：在装有浓度分别为 4 mg/L、12 mg/L、20 mg/L、28 mg/L、36 mg/L 的 CL - 20 的甲醇溶液的碘量瓶中分别加入称量好的 0.03 g 介孔炭，在超声振荡仪中振荡 0.5 h（由于介孔炭粉末颗粒很细，振荡时间过长会形成悬浮液），在恒温金属浴中静置 10 h，使其充分吸附达到平衡。将恒温金属浴的温度分别设置为 303 K、313 K、323 K、333 K，重复上述工作，即可得在不同温度下的吸附数据。

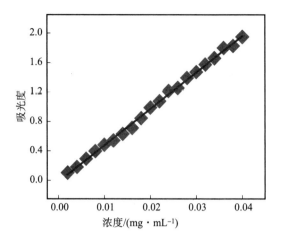

图 5.53　CL - 20 甲醇溶液的紫外分光标准曲线

待体系达到吸附平衡后过滤，使用紫外分光光度计检测上层清液在 $\lambda = 230$ nm 的吸光度值，根据标准曲线，可知其平衡浓度，代入公式（5.34）中即得 C_e。液相吸附的吸附量 q 可根据甲醇溶液中 CL - 20 吸附平衡前后浓度的变化计算得出，由式（5.34）可知其吸附量

$$q = \frac{V(C_0 - C_e)}{m} \tag{5.34}$$

式中　q——吸附量，mg/g；

　　　V——溶液体积，L；

　　　C_0、C_e——分别为原溶液和吸附平衡时溶液的浓度，mg/L；

　　　m——介孔炭的质量，g。

吸附平衡时，恒温金属浴设定温度分别 303 K、313 K、323 K、333 K，不同温度下介孔炭的吸附结果见表 5.13。不同温度下的吸附曲线如图 5.54 所示。介孔炭吸附量随溶液初始浓度的增加而增大，温度越高，吸附量也有所升高。说明吸附反应是吸热过程，升温有利于吸附反应的进行。

表 5.13　不同温度下介孔炭的吸附结果

温度/K	吸附前浓度/ ($mg \cdot mL^{-1}$)	吸光度	介孔炭 复合后	复合后浓度/ ($mg \cdot mL^{-1}$)	吸附量 $q/(mg \cdot g^{-1})$
	0.036	1.801	1.401	0.028 7	4.867 0
	0.028	1.392	1.067	0.021 9	4.040 0
303	0.020	0.990	0.733	0.015 2	3.206 7
	0.012	0.542	0.408	0.008 6	2.246 7
	0.004	0.182	0.075	0.001 9	1.393 3

温度/K	吸附前浓度/ (mg·mL^{-1})	吸光度	介孔炭 复合后	复合后浓度/ (mg·mL^{-1})	吸附量 q/(mg·g^{-1})
313	0.036	1.801	1.366	0.028 0	5.353 0
	0.028	1.392	1.055	0.021 7	4.200 0
	0.020	0.990	0.726	0.015 1	3.300 0
	0.012	0.542	0.390	0.008 3	2.486 7
	0.004	0.182	0.064	0.001 9	1.546 7
323	0.036	1.801	1.326	0.027 2	5.886 7
	0.028	1.392	0.976	0.020 1	5.266 7
	0.020	0.990	0.677	0.014 1	3.960 0
	0.012	0.542	0.385	0.008 2	2.553 3
	0.004	0.182	0.041	0.001 2	1.853 3
333	0.036	1.801	1.202	0.024 7	7.560 0
	0.028	1.392	0.850	0.017 6	6.966 7
	0.020	0.990	0.568	0.011 9	5.426 7
	0.012	0.542	0.272	0.005 6	4.080 0
	0.0040	0.182 0	0.031	0.001 0	1.986 7

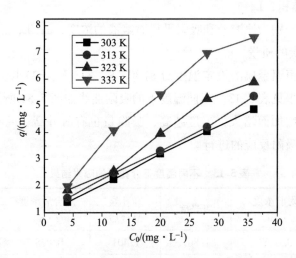

图 5.54 不同温度下介孔炭的吸附曲线

分别采用 Langmuir 方程和 Freundlich 等温方程对吸附过程进行拟合。Langmuir 方程的基本假设是：吸附是单分子层的，体相溶液和吸附层均可视为理想溶液，溶质和溶剂分子体积相等或有相同的吸附位。式（5.35）为 Langmuir 等温方程[93]，即

$$\ln q_e = \ln K_F + \frac{\ln C_e}{n} \tag{5.35}$$

式中　q_e——平衡吸附量，mg/g；

　　　C_e——吸附平衡浓度，mg/L；

　　　K_F——常数，用来表示吸附能力的大小，其值越大，吸附能力越大；

　　　n——与吸附推动力的强弱有关，n 值越大，吸附强度越大。

值得注意的是，Langmuir 公式在溶液吸附中的应用带有更大的经验性。采用 Langmuir 模型拟合温度在 303 K、313 K、323 K、333 K 时 CL-20 分子在有序介孔炭上的吸附等温线，拟合参数见表 5.14。

表 5.14　Langmuir 模型拟合吸附等温线参数

温度/K	K_F	n	拟合系数
303	3.174 56	7.654 04	0.998 66
313	3.559 00	7.085 16	0.992 55
323	4.610 10	5.953 44	0.964 66
333	10.442 35	4.266 39	0.924 37

Freundlich 等温方程为

$$\frac{1}{q_e} = \frac{1}{\chi_m} + \frac{1}{\chi_m \cdot \alpha_L \cdot C_e} \tag{5.36}$$

式中　q_e——平衡吸附量，mg/g；

　　　C_e——吸附平衡浓度，mg/L；

　　　χ_m、α_L——Freundlich 常数。χ_m 表示吸附质的极限吸附量，其广泛应用于物理吸附和化学吸附，它既可以描述多分子层的吸附，又可以描述单分子层的吸附。

采用 Freundlich 模型拟合温度在 303 K、313 K、323 K、333 K 时 CL-20 分子在有序介孔炭上的吸附等温线，Freundlich 模型拟合吸附等温线参数见表 5.15。

表 5.15　Freundlich 模型拟合吸附等温线参数

温度/K	χ_m	α_L	拟合系数
303	8.921 40	0.038 58	0.992 87
313	8.251 50	0.050 56	0.940 08
323	15.346 83	0.024 55	0.994 63
333	10.073 54	0.113 39	0.966 90

从表 5.14 和表 5.15 中可以看出，这两个方程均能较好地描述 CL-20 在介孔炭上的吸附行为。进一步分析比较拟合系数发现，Freundlich 方程能更好地描述 CL-20 在

介孔炭上的吸附。有序结构介孔炭对 CL-20 的吸附规律可以通过热力学函数 ΔG、ΔH 及 ΔS 的计算来解释。

$$\Delta G = -RT\ln K = -RT\ln\frac{\chi_m \cdot \alpha_L}{s \cdot t} \tag{5.37}$$

$$\Delta G = \Delta H - T\Delta S \tag{5.38}$$

$$\ln K = -\frac{\Delta H}{RT} + \frac{\Delta S}{R} \tag{5.39}$$

式中　　K——吸附平衡常数；

　　　　χ_m、α_L——Freundlich 常数；

　　　　S——碳纳米管比表面积，m^2/g，取 $912\ m^2/g$；

　　　　t——吸附质在固体表面的吸附层厚度，取值 50 nm。

由式（5.37）可得 ΔG 值，根据式（5.39）以 $\ln K$ 对 $1/T$ 作图，从所得直线方程可解出 ΔH 和 ΔS 的值，结果见表 5.16。

表 5.16　介孔炭吸附热力学参数值

温度/K	$\Delta G/(kJ \cdot mol^{-1})$	$\Delta H/(kJ \cdot mol^{-1})$	$\Delta S/(J \cdot mol^{-1} \cdot K^{-1})$
303	-5.09		
313	-5.76		
323	-5.67	28.88	110.80
333	-8.92		

从表中可以看出 CL-20 在有序介孔炭上的吸附焓变值 $\Delta H > 0$，自由能 $\Delta G < 0$，$\Delta S > 0$，说明吸附过程为自发的吸热、熵增过程。

固体吸附剂对溶液中溶质的吸附动力学过程可用准一级、准二级、韦伯-莫里斯内扩散模型和班厄姆孔隙扩散模型来进行描述。准一级动力学模型是基于固体吸附量的 Lagergren（拉格尔格伦）一级速率方程，是最为常见的应用于液相的吸附动力学方程。模型公式为

$$\lg(q_e - q_t) = \lg q_e - \frac{k_f}{2.303}t \tag{5.40}$$

式中　　q_e——平衡吸附量，mg/g；

　　　　q_t——时间为 t 时的吸附量；

　　　　k_f——一级吸附速率常数。

以 $\lg(q_e - q_t)$ 对 t 作图，如果能到一条直线，说明其吸附机理符合一级动力学模型。准二级动力学模型是基于假定吸附速率受化学吸附机理的控制，这种化学吸附涉及吸附剂与吸附质之间的电子共用或电子转移。其动力学模型为

$$\frac{t}{q_{t}} = \frac{1}{k_{s}q_{e}^{2}} + \frac{1}{q_{e}}t \tag{5.41}$$

式中　q_{e}——平衡吸附量；

　　　q_{t}——时间为 t 时的吸附量；

　　　k_{s}——二级吸附速率常数。

　　根据线性拟合判定系数 R^{2} 判断是否符合。我们选取准一级动力学模型和准二级动力学模型做吸附实验，进行动力学模拟。将恒温金属浴的温度设定为 313 K，分别在 2 h、3 h、4 h、5 h、6 h、7 h 测定上层清液的吸光度，从而计算得出吸附量。作不同浓度溶液吸附量随时间的变化曲线，如图 5.55 所示。从图中曲线可以看到，在开始阶段吸附速率较大，之后逐渐趋于平缓，并且趋于饱和。

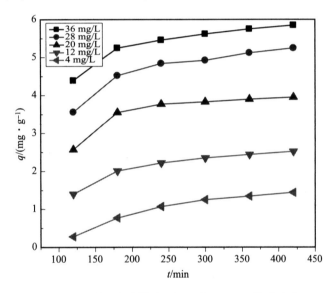

图 5.55　介孔炭对不同浓度 CL – 20 甲醇溶液吸附量随时间的变化曲线

　　依据准一级动力学方程式拟合直线图，如图 5.56 所示。以 t/q_{t} 对 t 作图应为一直线，通过直线的截距和斜率分别求得 k_{2} 和 q_{e}。依据准二级动力学模型拟合直线图，如图 5.57 所示。

　　准一级与准二级力学方程参数见表 5.17。从相关系数可以看到，准二级动力学模型更加符合介孔炭对 CL – 20 溶质的吸附过程。从数据分析可知，因介孔孔径很小，吸附量不大，鉴于此，我们利用亲水疏水作用原理，将炸药在介孔材料表面结晶析出，从而形成大面积的沉积。图 5.58 所示直观地反映了两种复合方式的区别。实验步骤如下，实验原理如图 5.59 所示。

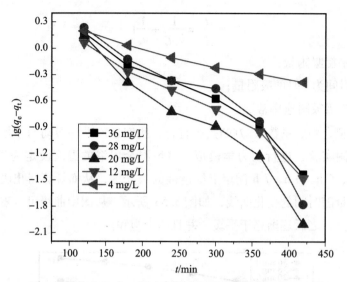

图 5.56　准一级动力学方程式拟合直线图

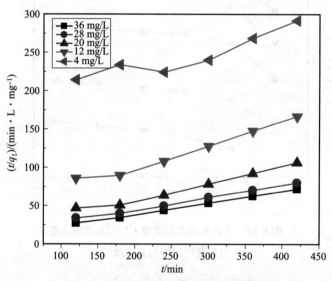

图 5.57　准二级动力学模型拟合直线图

表 5.17　准一级与准二级动力学方程参数表

浓度 C_0/ ($mg \cdot L^{-1}$)	q_e/($mg \cdot g^{-1}$) （实验值）	准一级动力学方程			准二级动力学方程		
		q_e/($mg \cdot g^{-1}$) （计算值）	k_1/min^{-1}	R^2	q_e/($mg \cdot g^{-1}$) （计算值）	k_2/ ($g \cdot mg^{-1} \cdot min^{-1}$)	R^2
36	5.89	5.96	0.011	0.950 240	6.630 860	0.002 782	0.997 850
28	5.27	10.47	0.013	0.859 680	6.281 410	0.001 988	0.993 570
20	3.96	7.50	0.014	0.944 080	4.798 230	0.002 596	0.976 680
12	2.55	4.44	0.011	0.964 310	3.510 000	0.001 847	0.971 110
4	1.85	2.43	0.004	0.973 020	4.139 760	0.000 324	0.828 850

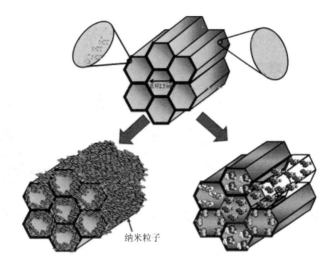

图 5.58　介孔材料对炸药的物理吸附和表面沉积

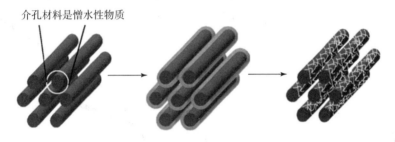

图 5.59　炸药在介孔材料表面沉积的实验原理

①配置 CL - 20 丙酮溶液。用电子天平准确称取一定量的 CL - 20 置于锥形瓶中，加入 200 mL 丙酮，搅拌加速溶解，得到 CL - 20 的丙酮溶液。

②称取一定量的介孔硅置于烧杯中，加入上述 CL - 20 丙酮溶液，混合均匀，置于超声波清洗器上超声 1 h 使其混合充分，接着将其置于 50 ℃ 的水浴锅中加热以加速溶剂丙酮的挥发，待溶剂挥发完全，取出固体将其置于真空干燥箱中 50 ℃ 干燥 2 h。最后经过研磨得到介孔硅/CL - 20 粉末。

③采用类似方法得到介孔炭/CL - 20 粉末。通过控制 CL - 20 与介孔材料的用量，可以得到不同比例的复合产物。

将样品分别涂于导电胶上进行 SEM 测试，得到样品的表面图像如图 5.60 所示。从图中可以清楚地看到介孔炭表面吸附了一层白色的 CL - 20，介孔炭表面的孔隙也有所减少。介孔硅的直径明显变粗，证实介孔硅表面同样附着了一层 CL - 20。介孔材料复合产物的氮气吸附、脱附曲线如图 5.61 所示。与图 5.61 相比，介孔材料吸附 N_2 的量明显减少，均从 700 cm^3/g 左右下降到 200 cm^3/g 和 400 cm^3/g。吸附和脱附曲线有一定的差别，说明体系中依然存在着大量的孔结构，但是孔体积明显减小，介孔硅/CL - 20

在 p/p_0 达到 0.65 时，介孔炭/CL - 20 在 p/p_0 达到 0.5 时，二者 N_2 进入的量急剧增加，可认为此时发生了毛细凝聚现象。

（a）　　　　　　　　　　　　（b）

图 5.60　介孔材料复合炸药的扫描电镜

（a）介孔炭/CL - 20；（b）介孔硅/CL - 20

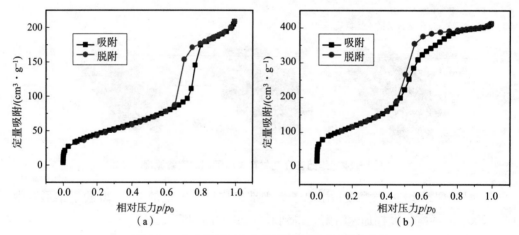

（a）　　　　　　　　　　　　（b）

图 5.61　介孔材料复合产物的氮气吸附、脱附曲线

（a）介孔硅/CL - 20；（b）介孔炭/CL - 20

采用 BJH 孔容积和孔径分布方法，可以得出复合体系孔径对孔体积及比表面积分布。复合产物孔尺寸参数见表 5.18。与表 5.12 进行对比，介孔硅和介孔炭的平均孔体积从 1.1 cm^3/g 分别降为 0.3 cm^3/g 和 0.6 cm^3/g，比表面积分别从 678.9 cm^2/g 和 912.0 cm^2/g 降为 167.5 cm^2/g 和 423.9 cm^2/g。由此推测复合效果比较理想。

表 5.18　复合产物的孔尺寸参数

材料	平均孔径/nm	平均孔体积/($cm^3 \cdot g^{-1}$)	平均孔比表面积/($m^2 \cdot g^{-1}$)
介孔硅/CL - 20	7.7	0.3	167.5
介孔炭/CL - 20	6.0	0.6	423.9

采用德国 Bruker 公司的 VERTEX 70 型红外光谱仪对 CL－20 原料及其介孔材料复合物进行红外光谱测试与对比分析，得到红外光谱图如图 5.62 所示。对 CL－20 红外吸收峰分析可知，$3\,035\ cm^{-1}$、$2\,851\ cm^{-1}$ 为 C—H 键的伸缩振动峰；$1\,605\ cm^{-1}$ 和 $1\,280\ cm^{-1}$ 分别为—NO_2 对称和反对称伸缩振动峰；$1\,045\ cm^{-1}$ 为 C—C 的振动吸收峰。介孔硅/CL－20 的红外光谱图主要吸收峰与 CL－20 的峰大致相同。值得注意的是，Si—O 键的吸收峰 $1\,084\ cm^{-1}$ 较宽，与 $1\,054\ cm^{-1}$ 的 C—C 键吸收峰发生了重合，导致此处的峰较宽。介孔炭/CL－20 的红外吸收峰与 CL－20 峰位也大致相同，说明复合之后红外特征峰没有发生迁移，炸药与多孔材料之间没有形成新的化学键，不发生化学反应，只是物理复合。

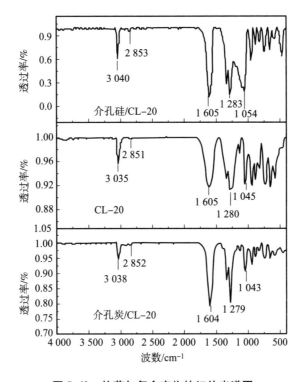

图 5.62　炸药与复合产物的红外光谱图

采用德国 NETZSCH 公司 STA449F3 型差示扫描量热仪对复合产物热分解性能进行测试，对所制备的介孔材料/CL－20 进行热分析测试。实验选取介孔材料含量为 5% 的复合材料进行测试。采用氩气作为吹扫气，流速为 245 mL/min，升温速率为 5 K/min。复合产物与原料的 DSC/TG 曲线如图 5.63 所示，介孔炭/CL－20 的 DSC/TG 曲线分解峰温为 233.6 ℃，比原料 CL－20 提前了 7.9 ℃。介孔硅/CL－20 的 DSC/TG 曲线分解峰温为 234.0 ℃，比原料 CL－20 提前了 7.5 ℃。因此，介孔硅和介孔炭对 CL－20 的热分解均有较小的催化作用。介孔材料含量分别为 5%、15% 和 25%，不同升温速率下样品的峰温数据见表5.19。采用 Kissinger 方法和 Ozawa 方法分别计算介孔材料复合体系的活化能，见表5.20。

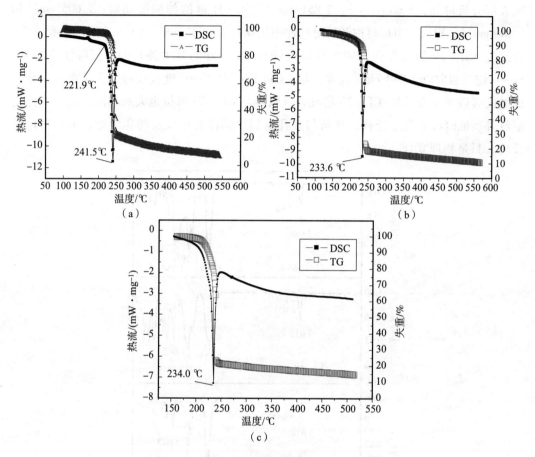

图5.63　复合产物与原料的 DSC/TG 曲线

（a）CL－20；（b）介孔炭/CL－20；（c）介孔硅/CL－20

表5.19　不同升温速率下的不同样品的峰温数据

样品	5 K/min 峰温/℃	10 K/min 峰温/℃	15 K/min 峰温/℃	20 K/min 峰温/℃
CL－20	241.5	245.7	250.1	251.7
5% 介孔炭/CL－20	238.5	246.8	240.9	243.0
15% 介孔炭/CL－20	233.6	239.0	240.6	248.6
25% 介孔炭/CL－20	238.3	245.0	248.3	249.4
5% 介孔硅/CL－20	233.7	241.7	233.1	241.5
15% 介孔硅/CL－20	234.0	241.8	233.6	241.8
25% 介孔硅/CL－20	233.6	234.9	241.1	236.0

表 5.20　采用 Kissinger 方法和 Ozawa 方法计算含有不同比例介孔材料复合体系的活化能

样品	Kissinger 方法				Ozawa 方法		
	活化能 $E/$ $(kJ \cdot mol^{-1})$	指前因子 lgA_K	线性相关系数	标准偏差	活化能 $E/$ $(kJ \cdot mol)$	线性相关系数	标准偏差
CL – 20	282.90	26.76	−0.99	8.96×10^{-2}	277.20	−0.99	3.89×10^{-2}
5% 介孔炭/CL – 20	145.20	12.79	−0.39	0.67	146.20	−0.41	0.29
15% 介孔炭/CL – 20	191.40	17.68	−0.93	0.26	190.10	−0.94	0.11
25% 介孔炭/CL – 20	256.00	24.13	−0.99	0.10	251.60	−0.99	4.40×10^{-2}
5% 介孔硅/CL – 20	107.80	8.99	−0.40	0.67	110.60	−0.42	0.29
15% 介孔硅/CL – 20	116.80	9.941	−0.42	0.66	119.20	−0.44	0.29
25% 介孔硅/CL – 20	232.00	22.08	−0.59	0.59	228.70	−0.61	0.25

从表 5.20 可以看到，无论是 Kissinger 方法[95]还是 Ozawa 方法[96]，含有三种比例介孔材料复合含能物的活化能随着介孔材料比例的增加而升高。含有同比例介孔硅复合含能物的活化能要低于介孔炭复合含能物。活化能越低，物质发生反应所需要的能量越低，对外界表现越敏感。介孔材料含量为 5% 的复合体系活化能均低于原料 CL – 20，这与热分析实验中介孔材料催化 CL – 20 的热分解结果相符。经过计算，活化能最低的样品为 5% 介孔硅/CL – 20，两种方法计算结果分别为 107.8 kJ/mol 和 110.6 kJ/mol。

5.4　微纳米复合技术

"纳米复合材料"（nanocomposites）一词是 20 世纪 80 年代初由 Roy 和 Kom – Arneni 提出来的。与单一相组成的纳米材料不同，它是由两种或两种以上的吉布斯固相，至少在一个方向以纳米级大小（1 ~ 100 nm）复合而成的复合材料。之所以将组装与复合分开来论述，主要原因在于，组装专指微纳米单元的有序复合过程，而复合主要是微纳米单元在小尺度内的无序杂化或者局部有序的聚集。应当说，满足以上要求的复合方法和技术手段有很多种，但是本书重在阐述微纳米含能材料的制备，因此这里只针对适用于或者可能应用于含能材料领域的技术进行论述。

5.4.1　旋涂和浸渍提拉

旋转涂膜（spinning coated）的方法最初起源于电子工业领域，是有机发光二极管中常用的制备方法[97]，是将基片（一般为硅或者其他表面粗糙度很低的材料）垂直于自身表面的轴旋转，同时把液态涂覆材料涂覆在基片上的工艺。主要设备为匀胶机，

图 5.64 所示为旋涂装置。旋涂法包括配料、高速旋转、挥发成膜三个步骤，通过控制匀胶的时间、转速、滴液量及所用溶液的浓度、黏度来控制成膜的厚度。

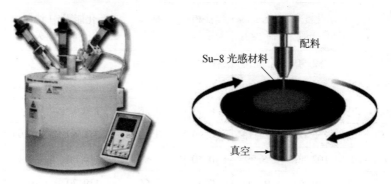

配料

Su-8 光感材料

真空

图 5.64　旋转涂膜装置

旋涂法在很多领域都有广泛的应用，其优点是成膜均匀、速度快，而且可以根据设计者的要求在同一个基底材料上复合多层膜，膜间是纯粹的物理复合。旋涂工艺的核心在于溶胶体系的选择，根据溶胶的性质及溶胶与基底的浸润性来调节转速和旋转时间。图 5.65 所示为单层膜及多层膜的成膜过程。

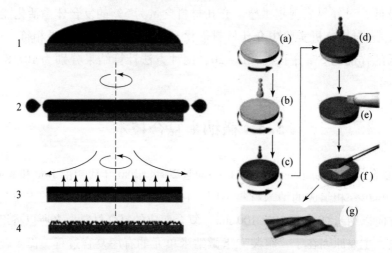

图 5.65　单层膜及多层膜的成膜过程

如第 3 章所述，溶胶－凝胶工艺可以衍生介孔材料，利用其中的孔可将炸药或其他含能物质镶嵌在里面。在第 3 章中我们讲述用室温干燥、冷冻干燥或者超临界干燥等均可以对凝胶炸药/含能复合物进行后处理，而后得到预期的含能粉末。普通的溶胶－凝胶工艺通常采用热处理的方法直接得到产物，很显然热处理不适宜含能体系的制作。这里需要指出的是，除了上述三种干燥手段之外，旋涂法同样可以完成溶胶状含能复合物的干燥。不同的是，旋涂法得到的是膜状产物。这预示着采用旋涂工艺，可以将为纳米含能材料制备与微纳器件加工合二为一。

在溶胶－凝胶工艺中，前驱体分子经过水解和缩合反应，从而形成纳米团簇。老化过程将使这种纳米团簇形成凝胶，它由溶剂和固体的三维渗透网络所构成。当溶剂在后续干燥过程中被去除时，由于毛细管力作用驱动的固体凝胶网络坍塌会造成孔隙度和比表面积的损失。然而，这样一种过程一般不会导致致密结构的形成。这是因为凝胶网络的坍塌将促进表面凝结并造成凝胶网络强化。当凝胶网络强度达到足以抵御毛细管力的作用时，凝胶网络的坍塌将停止，孔隙将被保留下来。尽管在动力学和凝胶网络强度上存在明显差异，在溶胶经过老化变成凝胶，以及凝胶化之前溶剂蒸发形成膜时，也会发生类似的过程。通常溶胶－凝胶法合成的多孔材料孔径范围从亚纳米至几十纳米，从而形成一种高度分支的纳米团簇结构，随后形成高孔隙材料。将炸药或者纳米金属粉等活性组分提前加入胶体网络中可形成含能溶胶。具有一定流动性的溶胶都可以进行旋涂，因此可以采用溶胶－凝胶与旋涂相结合的工艺，将内嵌炸药或铝热剂的含能膜置于基底。图 5.66 所示为旋涂工艺制备含能复合膜工艺流程。

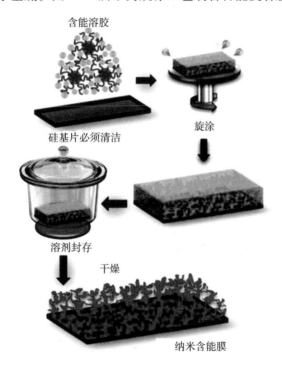

含能溶胶

硅基片必须清洁　　旋涂

溶剂封存

干燥

纳米含能膜

图 5.66　旋涂工艺制备含能复合膜

在第 4 章里我们提到过将多孔金属浸泡在黏稠的熔融态炸药中，利用物理浸渍的方法反复提拉，可以使一部分炸药进入孔洞中并快速凝固。提拉浸渍方法同样适用于溶胶炸药体系。用镊子夹取基板，基板上可能预先附有一定量的表面活性剂，也可以先附着经过 LB 技术或者旋涂法得到的膜。通过反复浸渍提拉（dip coated），可以在基底的两面附着一定量的含能材料。图 5.67 所示为浸渍提拉的机理。

图 5.68 所示为多层浸渍提拉装置。浸渍提拉机又称垂直提拉机，是一款专门为液相制备薄膜材料而设计的精密仪器，可在不同液体中浸渍提拉生长薄膜。提拉速度、提拉高度、浸渍时间、镀膜次数（多次多层镀膜）、镀膜间隔时间均连续可调；对镀膜基质无特殊要求，适用于硅片、晶片、玻璃、陶瓷、金属等所有固体材料表面涂覆工艺。

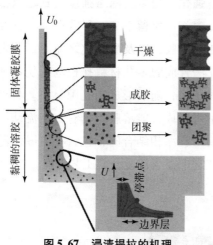

图 5.67　浸渍提拉的机理

图 5.68　多层浸渍提拉装置

基于溶胶–凝胶法可制备单层或多层薄膜材料。将不同溶胶放置在旋转台上，将洁净基片夹持在夹具上，通过设置镀膜程序，基片进入溶液提拉镀膜，然后旋转台将下一层薄膜的溶液自动旋转至基片正下方，基片下降进入溶胶提拉镀膜，后续膜层依次完成。整个基片浸渍镀膜参数、溶液旋转、不同膜层的间隔时间等流程由镀膜程序全自动控制。镀膜程序设定后，从下降到浸渍，再到提拉镀膜的整个镀膜过程全自动运行。镀膜时液面无振动，使膜层更均匀、无条纹。采用独特设计的平口型夹具，两面均匀夹持样片，不会夹坏样片。上、下两端均安装限位传感器，提拉或下降运行时，到限位处自动停止，避免提拉或下降的超限运行。图 5.69 所示为浸渍提拉法制备微纳米含能薄膜的工艺过程。

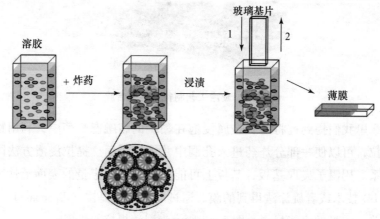

图 5.69　浸渍提拉法制备微纳米含能薄膜的工艺过程

中国工程物理研究院的郁卫飞等人用溶胶 – 凝胶法制备了纳米 RDX/RF 薄膜[98]。参照溶胶 – 凝胶方法配制一定配料比的溶胶，90 ℃下恒温加热一定时间后，用玻璃基片提拉并干燥制得了纳米 RDX/RF 复合物薄膜。实验所得薄膜半透明，呈棕红色至黄色。结果表明：溶胶恒温加热时间较短时，所得薄膜的单层厚度较小，较平整，附着力小，干燥后易脱落；恒温加热时间较长时，所得薄膜的单层厚度较大，不易脱落，但表面平整性较差。

笔者所在学科组通过在二氧化硅（SiO$_2$）溶胶向凝胶转变过程中，依次加入黑索今（RDX）的 N,N – 二甲基酰胺（DMF）溶液和聚乙烯醇（PVA）的水溶液，采用提拉法和旋涂法制备了白色、半透明、膜状质量分数为 80% 的 RDX/SiO$_2$ 传爆药。图 5.70 所示为膜状 RDX/SiO$_2$ 传爆药外观及扫描电镜照片。

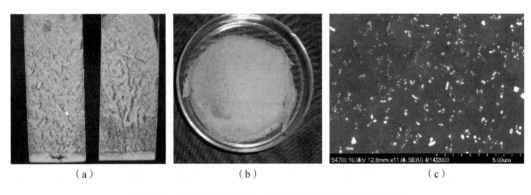

（a）　　　　　　　　　　（b）　　　　　　　　　　（c）

图 5.70　膜状 RDX/SiO$_2$ 传爆药外观及扫描电镜照片

（a）提拉浸渍法制备的产物；（b）旋涂法制备的产物；（c）SEM

从外观来看，提拉法制备的 RDX/SiO$_2$ 膜呈白色半透明状，表面光滑，并发生卷曲，韧性差，在 1 000 倍光学显微镜下，粗测膜厚度在 0.1 ~ 0.5 mm。由图 5.70（a）清晰可见，楔形膜层底部已经开裂，并且部分已经粉化，分析原因主要是两个方面：一是 RDX 含量过高，二是浸渍工艺控制参数的问题。一般来说，浸渍法所需溶胶黏度在 (1.5 ~ 2) × 10^{-3} Pa·s，提拉速度为 1 ~ 20 cm/min[13,99]，若陈化时间短，凝胶黏度过小，提拉成膜较薄，易脆裂。而旋涂制备出的膜层较厚，如图 5.72（b）所示，膜厚在 0.5 ~ 0.8 mm，表面平整，基本无开裂，但密度较小，强度较差，原因是微纳米 RDX 结晶时，液相中形成大量的晶核，在无外界诱导作用下，通过微小晶核的无序堆垛凝并完成，即晶体在介观领域生长具有独特性，其晶核生成阶段与经典结晶相似。但晶核的生长是靠晶核的凝并，必将导致单位体积内液相晶核生成率的降低，晶核生成率的降低有利于液相进一步产生更多的晶核，而晶核的增多导致无序堆垛的继续，从而形成一个循环的晶体成核 – 堆垛生长模式，形成的纳米材料表面原子排列具有无序性。

由扫描电镜图可以看出，白色亮点为 RDX 晶体，有球状、块状和条状，其三维尺寸都在 0.3 ~ 1 μm，分布相对比较均匀，而白色球状小颗粒则为 SiO_2，其粒径都在 100 nm 以下，处于纳米量级。RDX 在 SiO_2 凝胶孔内结晶，SiO_2 凝胶孔结构对 RDX 晶体生长起到控制调节作用，达到了控制晶形和粒径的目的。通过进一步摸索工艺参数，反复实验，结果表明当正硅酸乙酯（TEOS）和乙醇摩尔比为 1∶4 时，随乙醇水摩尔比的适当减小，膜的韧性降低并且成膜后 RDX 粒径变小；溶胶在 60 ℃陈化时，随着陈化时间的增加，溶胶黏度由 3 Pa·s 增至凝胶点时的 13 Pa·s。此时涂膜，所得薄膜表面平整。电镜结果显示，在薄膜内部，300 ~ 500 nm 的球状 SiO_2 黏附在 RDX 表面，形成 3 ~ 5 μm 且呈块状的 RDX/SiO_2 复合膜膜。依据感度实验标准测试膜状 RDX/SiO_2 和相同组分机械混合物的撞击感度，结果见表 5.21。

表 5.21　RDX/SiO_2 复合粒子与机械掺杂的撞击感度

样品	（2.50 kg 落锤）H_{50}/cm	标准偏差
RDX/SiO_2	40.83	0.040
RDX + SiO_2	23.51	0.062

结果表明，RDX/SiO_2 复合粒子撞击感度比相同成分的 RDX + SiO_2 混合物撞击感度明显降低，与欧育湘等[100]制备出的 RDX/SiO_2 ［80/20（质量比）］干凝胶复合粒子 38.3 cm 接近。张景林等[101]认为 SiO_2 是一种敏化剂，当其作为炸药中的刚性粒子填料时，炸药撞击感度应增大。但是，由于 SiO_2 凝胶结构的存在，使 RDX/SiO_2 撞击感度明显降低，这种方法可以使 RDX 与惰性基体 SiO_2 紧密混合[12,102]。SiO_2 纳米结构的存在使得撞击压力平均分配，在热点形成初始阶段，由于热点表面积/体积比值大，热散失速度大于热产生速度，热点不易形成，从而起到降低感度的作用。

另外，从微观角度来看，炸药颗粒越小，各部分的密度和性质更趋于均匀，受外界冲击摩擦作用时，小颗粒间相互运动速率理论上小于大颗粒间相互运动速率，而且内部受力不易集中到某一微小区域或某一点上，冲击力很快均匀分散到整个装药体系中，不易形成热点[13,103]，炸药撞击感度降低。颗粒受到外界撞击作用时，会沿着弱晶面产生裂纹、错动、摩擦而生热，引起炸药爆炸，其对于大颗粒炸药比较明显。列依特曼认为，许多硝基化合物由正常晶体过渡到 14 μm，它们撞击感度没有显著变化。对亚微米甚至纳米 RDX 来说，其晶粒粒径均小于 14 μm，并且结构完整，在受撞击时难以形成活性中心，因此撞击感度下降。

炸药粒径改变引起导热性能、绝热压缩中气泡大小和比表面积的改变，对摩擦感度的影响机理与撞击感度相似，只是形成热点的侧重点不同。炸药在受到摩擦作用时，主要是通过微凸体的摩擦和黏性或塑性流动造成的，在炸药受到摩擦发生塑性流动过程中，炸药颗粒之间、炸药与黏结剂之间、炸药与接触面之间发生摩擦，小颗粒晶体中缺陷少，需要更大的起爆能量。刘玉存[104]发现 RDX 摩擦感度随平均粒径减小呈降低趋势，尤其当 RDX 平均粒径小于 15 μm 时，摩擦感度显著降低。杨斌林[105]认为薄层 RDX 的摩擦感度与粒度无多大关系，而膜状 RDX/SiO₂ 传爆药兼有复合粒子和膜层的共同特征，其摩擦感度见表 5.22。

表 5.22　RDX/SiO₂ 复合粒子与机械掺杂物的摩擦感度

样品	（WM-1 型摩擦感度仪）爆炸百分数/%
RDX/SiO₂	0［摆角（90±1)°，表压 2.5 MPa］
RDX + SiO₂	20［摆角（90±1)°，表压 2.5 MPa］

表 5.22 中，RDX/SiO₂ 复合粒子的摩擦感度比相同成分的 RDX + SiO₂ 混合物的摩擦感度明显降低，可能是 RDX + SiO₂ 混合物中刚性 SiO₂ 与 RDX 颗粒发生摩擦而形成热点，RDX 在热点处发生熔化，熔化后在压力作用下发生黏性流动，造成局部升温而达到爆发点。但是，RDX/SiO₂ 复合粒子中的 RDX 被限制在 SiO₂ 纳米框架内，加之黏结剂的隔热缓冲作用，即使形成热点，RDX 也不会发生塑性流变，并且 RDX 粒径小、晶形规整，外围由 SiO₂ 和黏结剂包覆，需要的起爆能量更大，摩擦感度降低。

利用电子探针法测量了爆速。根据炸药爆轰时爆轰波阵面的电离导电特性或压力变化，测定爆轰波通过炸药内各探针所需要的时间而求出炸药的平均爆速。实验中膜层厚度分别为 3 mm、4 mm、5 mm 和 6 mm，密度为 0.7~0.75 g/cm³，粒径 1~3 μm，在 10 mm 厚有机玻璃板约束条件下，膜状 RDX/SiO₂ 爆速 v_D 见表 5.23。

表 5.23　不同厚度膜状 RDX/SiO₂ 爆速

厚度/mm	3	4	5	6
v_D/(m·s⁻¹)	不传爆	传爆 1/5 熄灭	4 069	4 188

由表 5.23 可知，在此条件下，RDX 膜的临界起爆直径（d_{cr}）为 φ3~5 mm。因为 RDX 的 d_{cr} 与化学性质、装药密度、温度、物理状态、粒径和约束条件有关，对于 RDX，当装药密度 ρ_0 一定时，装药直径必须大于临界直径 d_{cr}（对应于稳定爆轰的最小装药直径），才能发生爆轰，因为理想爆轰把爆轰波阵面当作严格的一维平面，认为装药直径无限大，忽略了爆轰产物侧向飞散造成的能量损失。实际上，由于爆轰产物的侧向飞散，形成了向反应区推进的旁侧膨胀波，膨胀波传播到化学反应区，使其温度和压力降低，化学反应速率减慢，结果使爆轰波的传播速率降低，波阵面的形状也相应改变。因此，只有当装药直径（≥5 mm）足够大时，旁侧膨胀波才可以忽略，影响 RDX/SiO₂ 膜传爆的主要因素是临界直径。若能在提高膜密度同时保证一定强度，临界直径会减小。

将膜状 RDX/SiO₂ 压制成 φ10 mm × 12 mm 和 φ5 mm × 5 mm，密度为 1.40 g/cm³ 的

传爆药柱，测定其爆速分别为 6 944 m/s 和 6 661 m/s，与钝化 RDX 在 $\rho_0 = 1.407$ g/cm³ 的爆速 7 271 m/s[106] 相比，略微偏低，原因可能是惰性成分的加入，使 RDX 分子间空隙增大，降低了爆轰波的速率。膜状 RDX/SiO₂ 密度增大后，粒子间空隙减小，加之亚微米 RDX 粒径小，反应区内化学反应速度越快，化学反应时间越短，化学反应区宽度也就越窄；反应区内受膨胀波影响的区域越小，支持爆轰传播的能量也越多，爆轰成长期缩短，符合微纳米炸药的爆轰成长规律。

5.4.2 纺丝纤维复合

为了更好地发挥纳米粉末的优势，颗粒团聚是必须解决的问题，因此通过静电纺丝技术制备出外径在微纳米尺度的高聚物纤维，同时填充纳米炸药晶粒，是目前纳米复合的技术途径之一。静电纺丝是聚合物溶液或熔体在静电作用下克服表面张力和黏弹性力，进行喷射和拉伸从而得到微纳米级纤维的方法[107]。其工作原理图如图 5.71 所示，实验的装置由三部分组成，分别是高压直流电源、带有针头的注射器和接收装置。直流电源的正极和注射器的金属针头相连接，负极和接收装置相连接。实验时首先将高分子溶液装入注射器中，调节针头倾角直到液滴悬到针口处，打开电源开关，针头与接收装置之间出现电场，这时管口液滴所受的电场力和液滴的表面张力相抗衡，二者达到平衡时，在针口处形成"Taylor"圆锥，进一步加大电压，电场力会克服液体的表面张力，带电溶液会以纤维束的形式从喷口喷射而出，向负极移动。在这个过程，喷出的纤维束在电场拉伸的作用下经过了一系列不稳定的过程，逐渐劈裂，纤维束直径不断变小，溶剂逐渐挥发离开表面，最终在接收装置上可以获得干燥的纳米纤维。纤维上的正电荷与负极的负电荷中和，形成多层叠加的带正电的纳米纤维。纤维之间

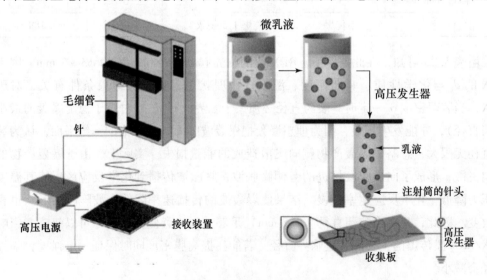

图 5.71　静电纺丝工作原理图

会形成孔隙不一的孔洞，通过调节电压，针口与接收装置之间的距离可以控制孔隙的大小，采用转筒式电纺可以获得排列规整有序的大孔纤维。由于电纺丝技术操作简单、成本较低，其在纳米传感器、生物芯片、催化剂负载等领域都有广阔的应用前景。

迄今为止已有超过 30 多种直径在 40～500 nm 范围的聚合物纤维通过静电纺丝成功合成出来[108]。纤维形貌依赖于过程参数，包括溶液浓度、施加电场强度和前驱体溶液供给速率。近年来静电纺丝广泛用于合成超细有机 - 无机杂化纤维[109]。美国马里兰大学的含能材料中心成功纺制了硝化棉纤维，并在纺丝的同时将纳米硼颗粒负载在纤维表面。笔者所在科研团队将纺制的硝化棉纤维浸泡在纳米铝热剂的溶胶前驱体中，经过自然陈化之后，得到外表裹有纳米铝热剂的纤维复合物。图 5.72 所示为上述两种工艺的复合流程图。

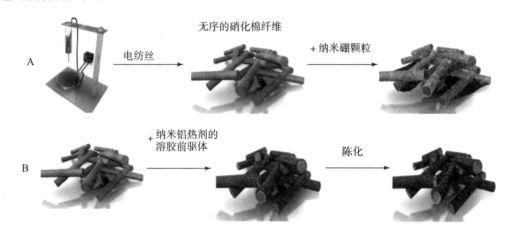

图 5.72　硝化棉纤维与纳米硼、纳米铝热剂的复合流程图

静电纺丝技术通过调控静电压力、进料浓度和速度等参数可以得到不同形貌、尺度的微纳米纤维，如果调整喷嘴的结构，不仅可以控制纤维生长的有序性，也可以得到预设形态的纤维，如中空纤维、双芯、三芯纤维等。因此静电纺丝技术不仅是制备纳米含能纤维的有效方法，而且可以通过同轴喷嘴得到内嵌炸药晶粒的复合材料，将含能纳米粒子封装或包埋于纤维内腔中，从而得到新结构的微纳米含能材料，此法特别适于敏感的高能炸药。图 5.73 所示为有序中空粗纤维电镜照片。

中国工程物理研究院的学者就含能纤维的制备申请了发明专利，他们利用金属/金属氧化物纳米颗粒（MIC）与硝化棉通过静电纺丝方法制备微纤维。具体操作方法如下：将金属/金属氧化物纳米颗粒（MIC）与硝化棉加入到混合溶剂中，配制成静电纺丝溶液，再通过静电纺丝装置制备微纤维。他们在硝化棉的纺丝溶液中加入了含能催化剂 - 金属/金属氧化物纳米颗粒（MIC），能有效提高硝化棉的燃烧性能和能量密度；

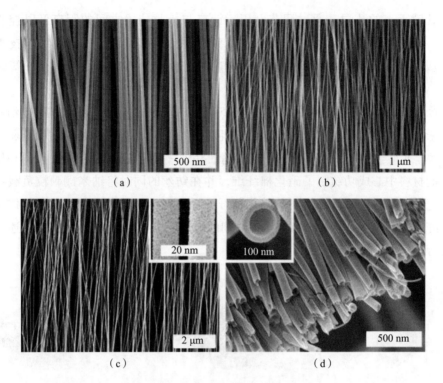

图 5.73   有序中空粗纤维电镜照片

选取有机试剂作为混合溶剂，防止了无机纳米粒子与水分子间的反应；将 MIC 制成微纤维，增加了 MIC 的存在形式；金属/金属氧化物纳米颗粒（MIC）/硝化棉微纤维直径均匀可控，适合微型器件设计的需求，在微推进剂和微起爆器等领域具有潜在应用前景。

笔者所在的研究小组也就静电纺丝制备纳米含能复合物展开了探索性研究。我们将静电纺制的纤维视为大孔材料，因为超细纤维之间会有不同大小的孔隙，通过一定的技术手段在纤维上可以制造出均匀的孔洞。采用自建的静电纺丝装置制备了高聚物纤维。采用扫描电子显微镜观察制备所得的大孔纤维的显微形貌，并分析其红外特征和热分解性能，从而对纤维薄膜的化学组成和热分解特性有了更加全面的认识。

大孔纤维高聚物薄膜的 SEM 如图 5.74 所示。从图中可以看到，静电纺丝纤维呈无序状分布，外形像交缠的棉线，纤维之间空隙较大。纤维粗细均匀，直径约为300 nm。纤维表面有不规则花斑，并有细微的凹凸不平，有一定的粗糙度。因此从显微形貌分析，不仅是纤维之间的空隙可以附着炸药，纤维表面也可能有一定的吸附活性。这为下一步制备含能复合物提供了契机，有利于大量炸药的黏附与沉积。

图 5.74　大孔纤维高聚物薄膜 SEM

采用 KBr 压片法进行制样，测试波段为 4 000 ~ 400 cm^{-1}，得到的红外光谱图如图 5.75 所示。分析图谱中主要的吸收峰，2 924 cm^{-1} 和 2 855 cm^{-1} 处的红外吸收峰为甲基 —CH$_3$、亚甲基—CH$_2$ 中碳氢键的伸缩振动峰；2 245 cm^{-1} 处为腈基 C≡N 的伸缩振动峰；1 634 cm^{-1} 处的红外吸收峰为共聚物末端孤立 C══C 双键的伸缩振动；1 457 cm^{-1} 处的红外吸收峰为亚甲基—CH$_2$ 的弯曲振动吸收峰。

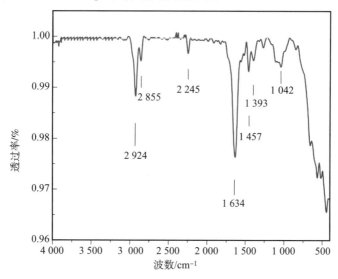

图 5.75　纤维薄膜的红外光谱图

　　采用德国耐弛公司生产的 STA449F3 型同步热分析仪对所制备的大孔纤维薄膜进行热分析测试。采用氩气作为吹扫气，流速为 245 mL/min，升温速率为 5 K/min。大孔纤维薄膜的 DSC/TG 曲线如图 5.76 所示，纤维薄膜的本质是高分子聚合物，受热后会发生一系列物理变化和化学反应。由 TG 曲线可以看到，在 200 ℃ ~ 450 ℃，高聚物的热分解可以分为两个阶段：第一阶段为 270 ℃ ~ 320 ℃，在此阶段高聚物开始分解放热，在 294.6 ℃出现放热峰。同时还有腈基聚合反应，腈基在 200 ℃左右就有放热环化反应，在这个温度下反应更为剧烈[110]。此时放出的气体主要是 HCN、NH₃、H₂，HCN 由聚合物主链形成双键时放出，NH₃ 由聚合物端基处形成的亚胺和胺转化而成，H₂ 由线状链段脱氢反应产生[111]。400 ℃以后出现较大的失重过程，同时是缓慢放热的过程。此阶段放出的气体主要为 NH₃、HCN，可能来自分子中未形成梯形共聚物部分的断裂，发生的反应主要是分子链间脱氢交联以及主链、侧链和末端基发生分解。

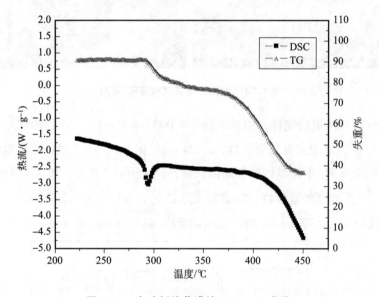

图 5.76　大孔纤维薄膜的 DSC/TG 曲线

　　将纺丝纤维充分浸渍 CL - 20 的丙酮溶液，置于超声波清洗器超声 1 h 使其混合充分，接着将其置于 50 ℃水浴锅中加热以加速溶剂的挥发，待溶剂挥发完全，取出固体将其置于真空干燥箱中 50 ℃干燥 2 h，用电子天平称量记录，最后可以获得 CL - 20/纺丝纤维的复合体系。经过称重计算，复合体系中 CL - 20 含量分别为 30% 和 70%。

　　对 CL - 20/纺丝纤维的复合体系进行显微形貌测试，取少量粘贴于导电胶上，对其进行 SEM 测试。纤维薄膜与 CL - 20 复合后 SEM 如图 5.77 所示。与图 5.74 相比，与 CL - 20 复合后，纺丝纤维上明显裹了一层 CL - 20，纤维表面已经观察不到原有的花斑，直径略微变粗并且外层着附有 CL - 20 纳米晶粒。

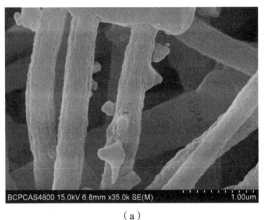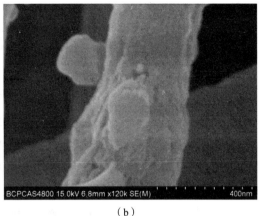

（a）　　　　　　　　　　　　　（b）

图 5.77　纤维薄膜与 CL - 20 复合后的 SEM

对比分析可知，CL - 20/纺丝纤维的红外光谱图主要吸收峰基本上是高聚物纤维和 CL - 20 红外吸收峰的简单加和，因此可以断定二者之间是物理复合，没有发生化学变化。将 CL - 20 和复合物作热分析对比，采用氩气作为吹扫气，流速为 245 mL/min，升温速率为 5 K/min。经过测试，二者的 DSC/TG 曲线如图 5.78 所示。图 5.78（a）所示为 CL - 20 的 DSC/TG 曲线，可以看到 CL - 20 在 221.9 ℃开始分解，分解峰温为 241.5 ℃。图 5.78（b）所示为 CL - 20 纺丝纤维的 DSC/TG 曲线，从图中可以发现，从 183.8 ℃开始出现小的放热峰，判断为 CL - 20 起始放热。可见纳米纤维的存在对 CL - 20 的放热起到了催化的作用，使放热起始点提前 38 ℃左右。在 204 ℃出现小的放热峰，放热峰温为 222.6 ℃比 CL - 20 放热峰温提前 19 ℃。同时发现此时 TG 曲线基本呈竖直状态，说明放热速度快、失重大。分析认为 CL - 20 于 204.7 ℃开始分解放热，纺丝纤维吸收放出的热量发生了快速分解，高聚物的快速分解放热又进一步促进了 CL - 20 的热

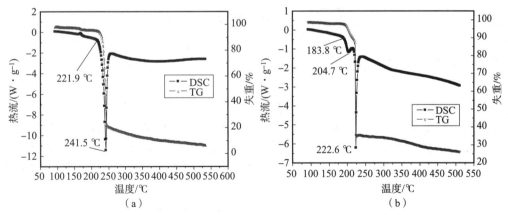

（a）　　　　　　　　　　　　　（b）

图 5.78　CL - 20 与 CL - 20/纺丝纤维的 DSC/TG 曲线

（a）CL - 20；（b）CL - 20/纺丝纤维

分解。与图 5.76 对比，复合物中没有观察到高聚物自身发生的缓慢热分解过程，可以认为纺丝纤维与 CL - 20 的热分解有相互促进作用。

采用日本 Photron 公司的 SIMD8 高速摄影仪，将大孔纤维薄膜与 CL - 20 的复合体系做热点火实验，观察不同炸药含量复合体系的燃烧特性。两种样品的 CL - 20 含量分别为 70% 和 30%，将纤维薄膜放入石英管内（尺寸 $\phi5 \times 7$ mm）。

图 5.79 所示是 CL - 20 含量为 70% 的含能复合物从引发电点火头到燃烧结束整个过程。可以观察出燃烧过程分为 5 个阶段：图 5.79（a）是电点火头点火的过程，由电点火器引发，通电后直接引燃电点火头，可以看到电点火头的引燃也是一个火焰从增加到减弱的过程；图 5.79（b）是石英管开口处 CL - 20/纺丝纤维的引燃过程，电点火头燃烧产生的热量引燃了开口处的 PAN/CL - 20，从图中可以看到明亮的火焰，并且火焰逐渐变得更长更亮，火焰长度达 6 cm 以上；图 5.79（c）是 CL - 20/纺丝纤维的稳定燃烧过程，由于接近开口区域，纤维薄膜与空气中的氧气接触较充分，所以燃烧很稳定，产生的火焰较为明亮并且能够维持较长时间；图 5.79（d）是 CL - 20/纺丝

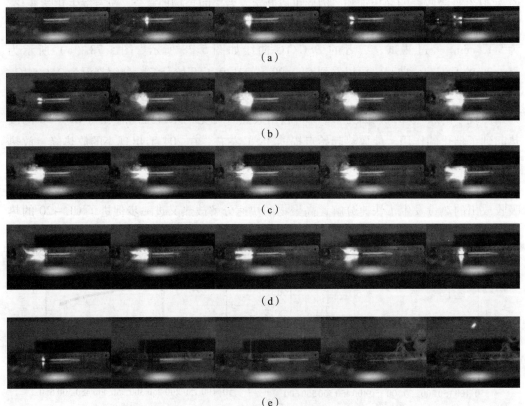

图 5.79　CL - 20/纺丝纤维燃烧过程的高速摄影（炸药含量 70%）

（a）电点火头点火过程；（b）石英管开口处复合物的引燃；（c）稳定燃烧过程；

（d）燃烧减弱过程；（e）石英管深处的燃烧

纤维的燃烧减弱过程，随着石英管的深入，火焰变得较为暗淡并且长度减小；图 5.79（e）是石英管末端 CL-20/纺丝纤维的燃烧过程，由于进入石英管内部的氧气较少，燃烧不充分，看不到明亮的火焰，只是产生了大量黄褐色的烟。

　　将 CL-20 含量为 30% 的复合材料和纤维薄膜填塞入石英管做点火实验，进行对比分析。图 5.80 所示为 CL-20/纺丝纤维（CL-20 为 30%）燃烧过程的高速摄影。从图中可以发现，石英管开口处没有明显的火焰，只是在石英管内部发生了阴燃，两端开口处均可以看到大量的烟。图 5.81 所示是纺丝纤维的点火过程。从图中可以发现，电点火头引燃后，只有开口处的少许纺丝纤维被引燃，燃烧效果不明显，而且不能持续燃烧。综上，纤维薄膜在电点火头作用下不能持续燃烧，CL-20 含量为 70% 的复合物可以稳定燃烧，CL-20 含量为 30% 的复合产物发生阴燃，没有明显火焰。

图 5.80　CL-20/纺丝纤维燃烧过程的高速摄影（炸药含量 30%）

图 5.81　纺丝纤维的点火过程图

5.4.3　模板改性复合

　　模板合成方法是近十几年来发展起来的合成新型纳米材料的较为简单的方法，其应用范围非常广泛，可用于制备合金、金属、半导体、导电高分子等纳米材料[112]。所谓模板法，即选用具有特定结构的物质来引导纳米材料的制备与组装，从而把模板的结构复制到产物中去的过程。模板合成的原理很简单，设想存在一个纳米尺寸的"笼子"，让成核和生长在该"纳米笼"中进行。反应充分进行后，"纳米笼"的大小和形状就决定了作为产物的纳米颗粒尺寸与形状。这些"纳米笼"就是合成中的模板，这种模板属于外模板。与此相对应的还有内模板，即利用纳米尺寸的物种作"核"，在该"核"上继续生长其他物种，在反应充分进行后除掉该"核"（内模板）即得到纳米结构的其他物种。模板合成技术可以同时解决颗粒尺寸、形状控制和分散稳定性问题，因此利用和设计模板就显得尤为重要。

　　根据模板的结构，大致可以分为硬模板法、软模板法及生物分子模板法。其中硬模板法主要采用的是预制好的刚性模板，使得金属纳米微粒在模板的纳米级孔道中生长。而软模板法是当表面活性剂溶液浓度达到一定值后，可以在溶液中形成 LB 膜、液晶、胶束、微乳液等，从而引导金属纳米材料的生长。硬模板多是利用材料的内表面或外表面为模板，填充到模板的单体进行化学反应，通过控制反应时间，除去模板后可以得到纳米颗粒、纳米棒、纳米线或纳米管、空心球和多孔材料等。通过调整制备模板的各种参数或选择不同模板，可制得不同尺寸的纳米结构，这从某种程度上来说真正实现了对纳米结构的有效控制。经常使用的硬模板包括碳纳米管、径迹蚀刻聚合物膜、多孔氧化铝膜、聚合物膜纤维、二氧化硅模板、聚苯乙烯微球等。

与软模板相比，硬模板在制备纳米结构方面有着更强的限域作用，能够严格控制纳米材料的大小和尺寸。但是，硬模板法合成低维材料的后处理一般都比较麻烦，往往需要用一些强酸、强碱或有机溶剂除去模板，这不仅增加了工艺流程，而且容易破坏模板内的纳米结构。另外，反应物与模板的相容性也影响着纳米结构的形貌。软模板通常为两亲分子形成的有序聚集体，主要包括 LB 膜、胶束、微乳液、囊泡及溶致液晶（LLC）等，这些模板分别通过介观尺寸的有序结构及亲水、亲油区域来控制颗粒形状、大小与取向。前面章节中提到的微乳液法就是软模板的一类。

众所周知，碳纳米管具有非常高的导热性，引入含能体系具有调节燃速和控制燃烧过程的潜力；其高强度特性无疑对提高药剂的力学性能有益，从而保证弹药系统在残酷实战环境下的作用可靠性；碳纳米管在体系中形成许多微观的"通道"或"孔洞"，有利于改善高密度装填条件下火焰的稳定、快速传播，减少输出压力的跳动，使含能材料的安全性得以提高。基于以上认识，课题组在国家自然科学基金的资助下，以国内工业化生产的碳纳米管为原材料，通过表面修饰技术使纳米氧化剂、可燃剂粒子与碳管外表面悬挂的基团产生弱的相互作用，从而使含能物分子负载或沉积在碳管外壁，由此制备出纳米结构含能材料，研究体系构筑过程决定或影响反应进行方向的因素。掌握反应过程"制备技术－复合结构"之间的影响规律，达到在一定范围内精确控制产物结构的目的，并对比分析复合体系与传统药剂的燃爆特性。相关的国内外研究成果列举如下。

2006 年和 2010 年分别有两篇美国专利[113,114]讲述了氮杂碳纳米管及含能富勒烯衍生物的制备技术，并指出这些产物在含能材料领域有着巨大的应用价值。美国马里兰州立大学的 Ramaswamy 博士和 ARL 的 Bratcher[115]博士将碳纳米管与某些有机物或聚合物结合、功能化后用于推进剂，希望推进剂的点火、总能量、安全性及力学性能等方面得到显著增强。在碳纳米管内填充含能物质后应用于火炸药配方，就如同在火药基体中分布有许多纳米级的具有引信特征的引发单元，可起到增强点火和大范围调节控制火药燃速的作用[116]。黄辉等在碳纳米管有序阵列中成功填充了 RDX，得到装填 RDX 纳米线的碳纳米管有序阵列。试验结果表明，对 RDX 而言，碳纳米管封装技术相当于对其进行了纳米级的钝感包覆，能降低其感度，从而为其应用提供了可能。

崔平[117]等采用溶剂蒸发法制备了碳纳米管（CNTs）/AP 复合粒子，并用 TEM、SEM、FTIR 和 XRD 对其进行表征，用 DTA 研究了纳米复合粒子中 CNTs 对 AP 热分解的催化性能，并与纯 AP 及相同含量的 CNTs 与 AP 简单混合物进行对比。结果表明 CNTs 对 AP 的热分解有一定催化作用，且 CNTs/AP 复合粒子中 CNTs 对 AP 的催化性能优于 CNTs 与 AP 的简单混合物。

顾克壮等人[118]采用干混法、水混法、丙酮混法制备了 CNTs/AP 复合材料。通过热分解过程和燃烧性能的对比研究发现，CNTs 对 AP 的热分解过程具有催化作用，且使 AP 的燃烧速度增加，燃烧压力指数降低。

碳纳米管是一种无机纳米管，常用作模板来合成纳米线。管与管之间具有较强的吸附力，因此碳纳米管不溶于水和有机溶剂，并且成束难以均匀分散，兼之碳纳米管具有巨大的相对分子质量和很强的化学惰性，很难与其他分子稳定均匀地复合。这极大地限制了碳纳米管在含能材料中的应用。通过改性和功能化处理可以改变碳管表面的状态和结构，提高其反应活性，改善其分散性和溶解性，增强与其他物质的相容性。因此，碳纳米管的表面改性及功能化处理具有非常重要的理论意义和实用价值。

笔者所在科研团队曾分别采用弱酸（HCl）纯化、两步混酸酸化的方法处理碳纳米管，利用 FTIR、TG－DSC、XPS、TEM 等分析手段，测试比较这两种酸对碳纳米管处理的效果。图 5.82 所示为碳管表面功能化前后的红外光谱图。从图中 a 显示的结果可以看出，MWCNTs（多壁碳管）在 1 627 cm^{-1} 出现了很明显的吸收峰，是碳纳米管本身的碳—碳骨架振动产生的伸缩振动峰，同时在 1 429 cm^{-1} 处出现了微弱的小峰，这是—CH 弯曲振动峰。上述两个峰为酸处理前后碳纳米管所共有的。图中 b 为弱酸纯化后的样品，在 3 444 cm^{-1} 出现了比未处理的 MWCNTs 更为明显的吸收峰，这表明纯化后 O—H 吸收峰增强了，证明化学修饰后碳纳米管上有一些羟基，同时可以看到纯化后碳管在 2 919 cm^{-1}、2 851 cm^{-1} 处出现了明显的吸收峰，这是—CH 伸缩振动峰。对于强酸酸化的碳管来说（图 5.82 中的 c），在 3 444 cm^{-1} 处出现了十分明显的强吸收峰，说明酸化改性后的碳管中存在大量 O—H 官能团；在 2 919 cm^{-1}、2 851 cm^{-1} 处的—CH 伸缩振动峰增强，在 1 721 cm^{-1} 处出现了较明显的吸收峰，这是 C＝O 的伸缩振动峰，说明有 C＝O 官能团的存在；在 1 163 cm^{-1} 处有吸收峰出现，这是 C—O 的吸收峰，说明经过强酸氧化后在 MWCNTs 表面产生了—COOH。因此，可以初步断定通过强酸酸化确实可以在 MWCNTs 表面产生—COOH。

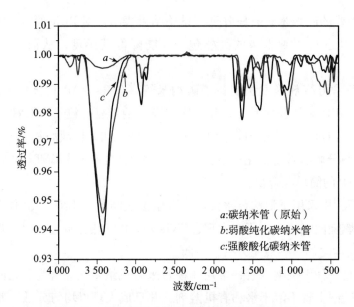

图 5.82　碳管表面功能化前后的红外光谱图对比

　　采用 XPS 方法定量比较弱酸纯化法、混酸酸化法处理的碳纳米管表面羧基含量。用 XPS 研究有机氧的赋存形态是一种有效、可行、简捷的方法，但也有一些不足之处。例如，对醚氧基与羟基氧无法分辨，这就降低了该方法的分辨力。但是利用 XPS 研究碳管中有机氧的赋存形态，仍可为研究碳管分子结构及酸化方法提供科学依据。由各元素的峰面积可以求出元素组成百分比。

　　根据 XPS 数据计算得到，酸处理后表面氧元素含量有所增加，弱酸处理后碳纳米管表面氧元素含量为 2.03%，而强混酸处理后氧元素含量达到 12.28%。图 5.83 所示分别用高斯曲线对原始碳纳米管、弱酸纯化后的碳纳米管、强酸酸化后的碳纳米管 C1s 进行拟合的结果。其中图 5.83（a）中，结合能 284.35 eV、285.29 eV 分别对应原始碳管表面 C 元素的 sp^2 和 sp^3 杂化结构；结合能为 290.15 eV 的曲线对应体系中 $\pi-\pi^*$ 的跃迁拟合曲线。图 5.83（b）中，结合能 284.20 eV、285.00 eV 分别对应弱酸纯化处理后的碳纳米管表面 C 元素为 sp^2 和 sp^3 杂化结构；结合能为 286.12 eV 的拟合曲线为醚氧键或羟氧键的 C1s 拟合曲线；结合能为 288.74 eV 的拟合曲线为羧基中碳原子 C1s 的拟合曲线；结合能为 290.68 eV 的拟合曲线对应共轭体系中 $\pi-\pi^*$ 跃迁的拟合曲线。图 5.83（c）中，结合能 284.40 eV、285.30 eV 分别对应强酸酸化后的碳纳米管表面碳元素的 sp^2 和 sp^3 杂化结构；结合能为 286.80 eV 的拟合曲线为 C—O 的碳原子 C1s 的拟合曲线；结合能 288.71 eV 为—C＝O 中碳原子 1s 的拟合曲线；结合能为 290.31 eV 的拟合曲线为共轭体系中 $\pi-\pi^*$ 跃迁的 C1s 拟合曲线。

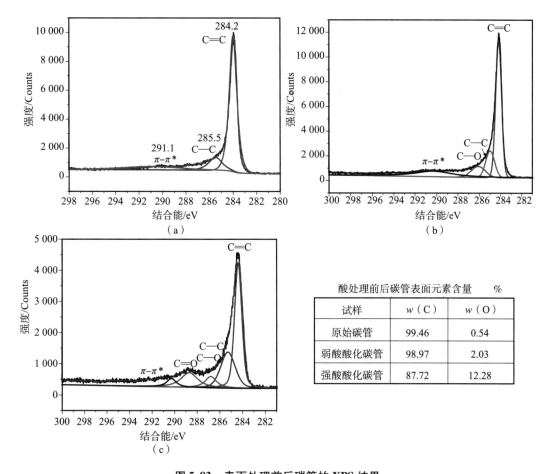

图 5.83　表面处理前后碳管的 XPS 结果

（a）原始碳纳米管 C1s 峰拟合图；（b）弱酸纯化后的碳纳米管 C1s 峰拟合图；

（c）强酸酸化后的碳纳米管 C1s 峰拟合图

酸处理前后碳管表面元素含量　%

试样	$w(C)$	$w(O)$
原始碳管	99.46	0.54
弱酸酸化碳管	98.97	2.03
强酸酸化碳管	87.72	12.28

　　TG 与 DSC 联用检测碳纳米管的化学改性前后官能团含量、热稳定性及相应物理性质的变化。图 5.84 所示为不同种类酸处理下的碳纳米管在氩气流量为 50 mL/min，升温速率为 20 K/min 条件下的热失重曲线图。由图 5.84 可以看到，无论是弱酸纯化碳纳米管还是强酸酸化处理后的碳纳米管，与纯碳纳米管相比失重都显著增大。对于未经过处理的碳纳米管来说（图 5.84 中 a），在 580 ℃之前是没有明显失重的，在 580 ℃以后，未经处理过的碳纳米管开始缓慢分解。

　　如图 5.84 中 b 所示，对于弱酸纯化过的碳纳米管来说，纯化后的碳纳米管失重在 1.75% 左右，说明通过弱酸纯化后的碳纳米管表面缺陷点增多，这种结构变化使得纯化后碳管在较低温度开始分解，同时纯化后的碳纳米管侧壁上也有可能连接有少量 —COOH 或者—OH 官能团，这些官能团热稳定性比碳管要差，所以增加了在 580 ℃之前的失重率。对于强酸酸化后碳管（图 5.85 中 c），在 580 ℃失重为 10%。在 580 ℃前

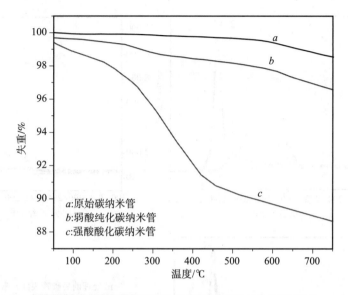

图 5.84　不同种类酸处理下的碳纳米管的热失重曲线图

的失重可以分为两个阶段：第一阶段是 150 ℃ ~ 450 ℃，这个温度段的失重主要是由于碳纳米管侧壁连接的不是很稳定的官能团分解为 CO_2、CO 产生的；第二阶段是 450 ℃ ~ 750 ℃，这个温度段的失重主要是由于比较稳定的官能团分解及碳管侧壁分解。

　　综上所述，随着处理所用酸的氧化性增强，碳纳米管失重逐渐增加，这是由于在强氧化剂的作用下，反应过程中产生更多的自由氧，对碳纳米管侧壁的侵蚀作用增强。因此，经过混酸处理的碳纳米管比盐酸处理的碳管羧基含量高，而且混酸处理条件对碳纳米管羧基含量有重要影响。

　　图 5.85 所示为表面处理前后碳纳米管在高分辨透射电子显微镜下的照片。从图 5.85（a）可以看出，原始多壁碳纳米管的微观结构中有不少黑色斑点存在，这说明原始多壁碳管中含有一些金属等杂质，并且可以看出碳管侧壁有一层很厚的无定形碳

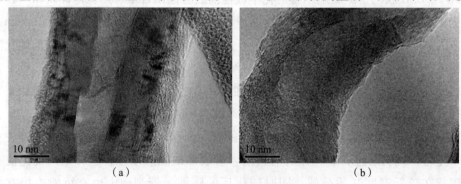

（a）　　　　　　　　　　　　　　　　（b）

图 5.85　表面处理前后碳纳米管的透射电镜照片

（a）原始碳纳米管；（b）强酸酸化后的碳纳米管

层。经过弱酸纯化后的碳管，金属杂质黑色斑点消失了，而且无定形碳层变薄了，说明大部分杂质已经被除去。经过混酸酸化处理之后，多壁碳管外壁的无定形碳层完全消失 [图 5.85 (b)]，且多壁碳管的结构比较清晰，说明混酸酸化处理对碳管侧壁破坏不是很严重，同时可以看到多壁碳管侧壁被部分破坏，形成缺陷。

在此基础上，我们又详细对比研究了不同的混酸酸化工艺对碳管表面羧基、羟基等官能团含量的影响。图 5.86 (a) 所示为不同酸化工艺得到的碳管红外谱图。因羧基是我们关注的重点，所以将这个波段进行了放大。1 721 cm^{-1} 是 C=O 的伸缩振动峰，说明强酸酸化后有 C=O 官能团的存在，但是可以看出峰的大小有明显区别，两步混酸的 C=O 峰最强，其次是混酸回流酸化，超声酸化的 C=O 峰是最弱的。采用酸碱滴定方法对羧基化多壁碳纳米管表面羧基含量进行定量分析，数据如图 5.86 (b) 所示。

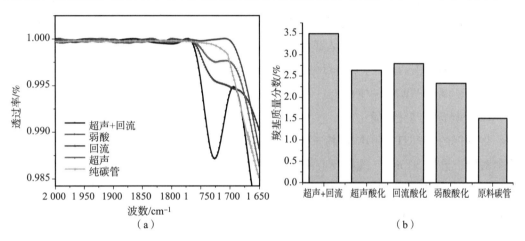

图 5.86　不同工艺得到的碳管表面羧基质量分数
(a) 检测到羧基的红外峰；(b) 酸碱滴定法得到的羧基质量分数

利用混酸法在碳管外壁悬挂了一些羧基、羟基等官能团，这些含氧官能团为进一步共价功能化提供便利。为了不使碳管的加入降低含能药剂输出能量，我们重点研究含氮官能团的嫁接。

(1) 制备酰基叠氮碳管

将之前制备的羧基化 MWCNTs (135 mg) 放在烧杯中，加入 10 mL 的无水 DMF 后超声振荡 1 h 来分散 MWCNTs，缓慢滴加 1.4 mL 的 DPPA，反应混合物放在恒温水浴锅中 35 ℃时反应 24 h。然后将反应混合物离心 30 min，DMF 从黑色固体中分离出来。之后将黑色固体在 30 ℃下真空干燥 48 h，制得 MWCNTs–CON$_3$。制备酰基叠氮碳管的工艺路径如图 5.87 所示。

(2) 制备酰胺化碳管

首先将所制得的羧基化碳管用研钵磨碎，之后称取 100 mg 的羧基化碳管并置于三

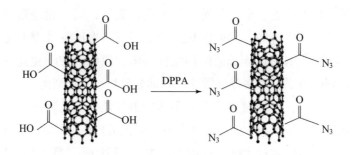

图 5.87   制备酰基叠氮碳管的工艺路径

口烧瓶中，再加入二氯亚砜 25 mL，在 70 ℃水浴锅中搅拌回流，反应 24 h 后将得到的溶液用聚四氟乙烯微孔滤膜减压抽滤，同时用四氢呋喃（THF）反复清洗至中性，最后将得到的黑色粉末在 50 ℃下真空干燥，制得 MWCNTs—COCl。称取制得的 MWNT—COCl 粉末置于三口烧瓶中，加入碳酸铵后缓慢加入浓氨水，回流搅拌 6 h 后用聚四氟乙烯微孔滤膜减压抽滤除去溶剂，并用蒸馏水反复清洗，将得到的黑色粉末在 50 ℃下真空干燥，制得 MWNT—CONH$_2$。

（3）制备胺基化碳管

将制得的 MWNT—CONH$_2$ 粉末置于烧瓶中，在 0 ℃ ~ 5 ℃条件下缓慢滴加 30 mL 次氯酸钠，静置 30 min，搅拌反应 4 h 使其完成霍夫曼消去反应。然后在 70 ℃水浴锅里反应 2 h，冷却后用聚四氟乙烯微孔滤膜减压抽滤，并用蒸馏水反复清洗，将得到的黑色粉末状在真空干燥箱中烘干得到 MWNT—NH$_2$。图 5.88 所示为酰胺化碳管和胺基碳管的制备路径。

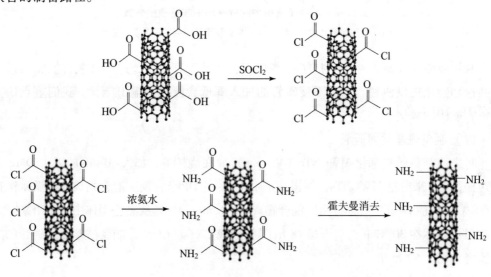

图 5.88   酰胺化碳管和胺基碳管的制备路径

利用红外光谱仪对两种产物进行定性分析，如图 5.89 所示。酰基叠氮碳管中 C＝O 伸缩振动峰的位置比羧基碳管 C＝O 的位置向低频移动，这是由于叠氮基、羟基虽然都是吸电子基团，但是叠氮基的吸电子能力比羟基弱。同时，在 2 172 cm^{-1} 和 1 283 cm^{-1} 位置都出现了很强的吸收峰，它们分别对应于—N$_3$ 的伸缩振动峰和 C—N 的伸缩振动峰，证实在碳纳米管表面成功进行了酰基叠氮功能化。

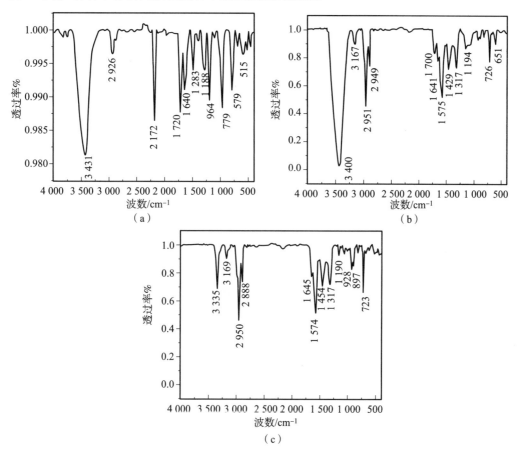

图 5.89　含氮官能团碳管的红外谱图

（a）MWCNTs－CON$_3$；（b）MWCNTs－CONH$_2$（c）；MWCNTs－NH$_2$

MWCNTs—CONH$_2$ 中 C＝O 伸缩振动峰的位置有所变化，这是由于胺基的影响，使得 C＝O 的伸缩振动峰向低波数位移，一般伯酰胺 C＝O 的位置大概在 1 700～1 650 cm^{-1}，从图 5.89 中可以看出，C＝O 的位置在 1 699 cm^{-1} 处，所以可以认为 C＝O 是受到了伯胺的影响。同时，在 3 400 cm^{-1} 和 3 167 cm^{-1} 处有两个峰，这是 N—H 的伸缩振动峰，一般来说 N—H 的伸缩振动峰位于 3 500～3 100 cm^{-1}，游离伯酰胺的 N—H 位于 3 520 cm^{-1} 和 3 400 cm^{-1}，而形成氢键而缔合的 N—H 的伸缩振动峰位于 3 380 cm^{-1} 和 3 180 cm^{-1}附近，且均呈双峰。N—H 弯曲振动峰是酰胺的第 Ⅱ 谱带，伯酰胺 N—H 弯曲振动峰位于 1 640 ~ 1 600 cm⁻¹，从图 5.89 中可以看出酰胺化多壁碳管在 1 640 cm⁻¹ 处出现了峰，以上均说明改性后的碳纳米管中确实存在 N—H 键。除此之外，图 5.89 中还存在 C—N 键的伸缩振动峰（即酰胺的第Ⅲ谱带）。一般来说，伯酰胺 C—N 的伸缩振动峰出现在 1 430 ~ 1 400 cm⁻¹ 处，从图 5.89（b）中可以看出，C—N 的峰出现在 1 428 cm⁻¹ 处，证明酰胺化官能团的存在。

从 MWCNTs—NH₂ 谱图中可以看出，3 334 cm⁻¹ 和 3 168 cm⁻¹ 处出现了双峰，这是缔合的 N—H 的伸缩振动峰。一般来说，游离的 N—H 键的伸缩振动峰位于 3 500 ~ 3 300 cm⁻¹ 处，但是缔合的位于 3 500 ~ 3 100 cm⁻¹ 处。含有胺基的化合物无论是游离的氨基或缔合的氨基，其峰强都比缔合的 OH 峰弱，且谱带稍尖锐一些。由于胺基形成的氢键没有羟基的氢键强，因此当胺基缔合时，吸收峰位置的变化不如 OH 那样显著，引起向低波数方向位移一般不大于 100 cm⁻¹，而且伯胺 3 500 ~ 3 100 cm⁻¹ 有两个中等强度的吸收峰（对称与不对称的伸缩振动吸收）。1 317 cm⁻¹ 处的峰是 C—N 的伸缩振动峰。N—H 的弯曲振动峰位于 1 645 cm⁻¹ 处，伯胺的 N—H 振动吸收峰均是中等强度的。

在 XPS 宽扫描模式下，酰基叠氮化碳管、酰胺化碳管与胺基化碳管不仅有 C、O 两种元素的特征峰，同时还在 399 ~ 401 eV 结合能特征区间范围内有特征峰出现，这一区间对应于 N 元素的特征峰，说明经过进一步的改性，确实在碳纳米管的表面连接有 N 元素。图 5.90 所示为两种含氮官能化碳管的 XPS 数据分析结果。

图 5.90（a）中，结合能 284.90 eV、285.50 eV 分别对应酰基叠氮化后碳纳米管表面 C 元素的 sp^2 和 sp^3 杂化结构；结合能为 286.10 eV 的拟合曲线为 C—N 键的碳原子 C1s 的拟合曲线；结合能 289.10 eV 为羰基中碳原子 C1s 的拟合曲线。以上分析可以看出，经过 DPPA 改性后的羧基化碳纳米管中存在—C =O 及—C—N 键，结合上文 FTIR 的分析可以得出羧基化碳管已经被成功转变为酰基叠氮化碳管。图 5.90（b）所示为酰基叠氮化碳管 N1s 峰的分析，结合能 399.53 eV 为 N—C 键氮原子 N1s 的拟合曲线；结合能 400.51 eV 为叠氮键氮原子 N1s 的拟合曲线。图 5.90（c）所示为酰胺化碳纳米管表面 C1s 高斯分峰拟合曲线。图中结合能 284.36 eV、285.60 eV 出现特征吸收峰，分别对应酰胺化碳纳米管表面 C 元素的 sp^2、sp^3 杂化结构；结合能为 286.60 eV 的拟合曲线对应醚键或与羟基相连的碳原子 C1s 的拟合曲线；结合能为 287.60 eV 的拟合曲线对应 C—N 中碳原子 C1s 的拟合曲线；结合能为 288.70 eV 的拟合曲线对应 C =O 中碳原子 C1s 的拟合曲线；结合能为 290.70 eV 的拟合曲线对应共轭体系中 $\pi - \pi^*$ 跃迁的 C1s 吸收拟合曲线，因此可以证明酰氯化碳管已经成功转变成酰胺化碳管。图 5.90（d）所示为胺基化碳纳米管表面 C1s 高斯分峰拟合曲线。结合能 284.31 eV、285.50 eV 分别对应酰胺化碳纳米管表面 C 元素的 sp^2、sp^3 杂化结构；结合能为 287.70 eV 的拟合曲线对应 C—N 中碳原子 C1s 的拟合曲线；结合能为 288.80 eV 的拟合曲线对应 C =O 中碳原子 C1s 的拟合曲线；结合能为 290.70 eV 的拟合曲线对应共轭体系中 $\pi - \pi^*$ 跃迁的

C1s 吸收拟合曲线，同时可以看到，结合能 286 eV 处没有拟合峰出现，说明 C ═O 键已经消失。因此可以推断酰胺化碳管发生了霍夫曼消去反应，生成了胺基化碳管。

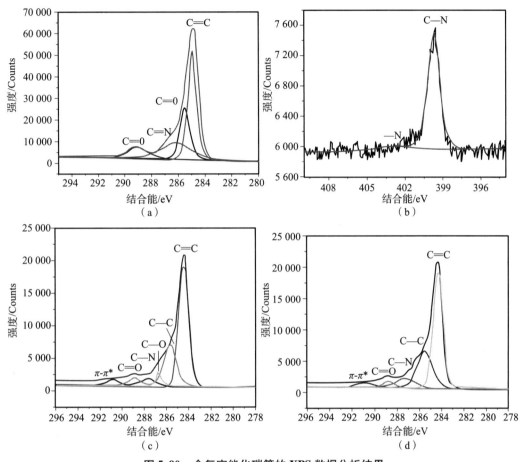

图 5.90　含氮官能化碳管的 XPS 数据分析结果

（a）MWCNTs—CON$_3$ C1s 峰；（b）MWCNTs—CON$_3$ N1s 峰；

（c）MWCNTs—CONH$_2$ C1s 峰；（d）MWCNTs—NH$_2$ C1s 峰

对含氮官能团的碳管进行热分解规律研究。图 5.91 所示为改性多壁碳纳米管的 TG 曲线。由图 5.91 中 a 所示，羧基化碳纳米管初始分解温度为 427 ℃，终止分解温度为 578 ℃。酰胺化碳管（图 5.91 中 b）和羧基化碳管相比，初始分解温度和终止分解温度没有明显变化，只是略微迁移，初始分解温度变为 380 ℃，终止分解温度为 556 ℃。表明从 MWNT—COOH 到 MWNT—CONH$_2$ 的转化过程中，对碳纳米管的影响不大。而胺基修饰后的碳纳米管（图 5.91 中 c），TG 曲线有两个失重台阶，分别在 150 ℃ ~358 ℃ 和 358 ℃ ~558 ℃，前一个台阶归属为修饰在碳纳米管表面的基团氧化分解，后一个归属为碳纳米管的氧化分解。

图 5.92 所示为酰基叠氮化碳纳米管在空气流量为 50 mL/min，升温速率 20 K/min 时

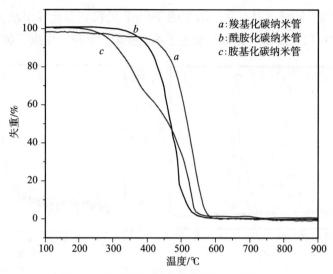

图 5.91　改性多壁碳纳米管的 TG 曲线图

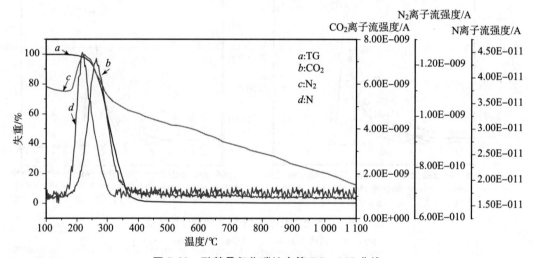

图 5.92　酰基叠氮化碳纳米管 TG – MS 曲线

的 TG – MS 曲线。从 TG 曲线可以看出，酰基叠氮化碳纳米管分解温度较羧基化碳管来说大幅度提前，初始分解温度变为 217 ℃，终止分解温度为 445 ℃。这是因为酰基叠氮官能团不稳定，在较低温度下就能分解，而且分解放出的热量促使碳纳米管进一步分解。从酰基叠氮化碳纳米管的质谱图可以看出，酰基叠氮化碳管分解产物中除了有 CO_2 气体产生以外，还存在 N_2 和 N。同时可以看出 N_2 的离子流强度在 225 ℃ 达到最大，而 CO_2 的离子流强度在 255 ℃ 达到最大，这进一步说明叠氮基先分解，之后碳骨架才分解。

　　由于表面悬挂羧基或羟基的官能团具有较强的亲电子特性，相比之下含氮官能团更容易与高氮化合物分子形成氢键等弱的相互作用（如胺基中的氢与炸药分子中的氮或氧），从而实现含能单元在碳管界面的有效组装。因此，通过溶剂 – 反溶剂方法，利用 HMX 疏水性和改性碳管表面的活性位点，在碳管溶液中缓慢滴加 HMX 和乙酸乙酯的混合溶液，控制溶液温度变化，使其均匀沉积于碳管外壁。图 5.93 所示为以碳管为模板沉积炸药前后的扫描电镜照片。

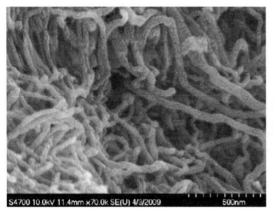 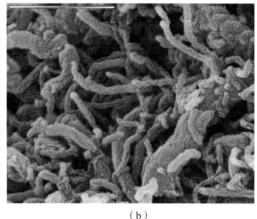

（a）　　　　　　　　　　　　　　　　（b）

图 5.93　以碳管为模板沉积前后的扫描电镜照片

（a）含氮官能团的碳管；（b）沉积炸药的碳管

硝胺颗粒分子具有独特的静电荷分布情况。因氧元素的强电负性，—NO: 是一个很强的吸电子基团，引发 HMX 六元环上的电子云转移。因此，—NO$_2$ 基团上的氧原子电子云富集，而—CH$_2$ 的 H 原子上电子云减少，有形成质子氢（H$^+$）的倾向。另外，因 N 原子的电负性较强，环中 ＼N— 也是电子云密集的原子。因此可知 HMX 分子中可供键合的作用点有三个：—NO$_2$ 中的 O 原子、—CH$_2$ 中的 H 原子及叔氮原子，因此，要使硝胺颗粒在碳管界面形成较强的吸附，就要尽可能形成氢键或酸碱作用。一般地，氧原子的强负电荷与氢原子的正电荷间会形成氢键作用，从而使这类对称性很好的硝胺分子表面自由能中偶极作用力成分所占比例高达 27.6%。据红外光谱分析结果显示，原 HMX 的硝基峰向低波数方向移动了 10 cm^{-1}，显示形成氢键。其余骨架伸缩峰和硝胺 N—N 峰未见移动，说明 HMX 的环面很稳定，改性碳管并未对 HMX 主要结构造成影响，二者之间是非共价键作用。

采用日本 BEL 公司的 BELSORP – max 型比表面积测试仪对纯化后 CNTs 和 HMX/CNTs 复合含能材料进行比表面积分析，结果如图 5.94 所示。由图 5.94 可知，CNTs 和 HMX/CNTs 复合材料吸附曲线和脱附曲线不重合，其中 CNTs 吸附曲线和脱附曲线相差比较大，说明体系中存在大量的孔结构，导致等温线出现了滞后圈，滞后圈是由两端开口的管状孔结构造成的；而 HMX/CNTs 复合材料的吸附曲线和脱附曲线比较接近，说明孔隙相对 CNTs 要少很多。

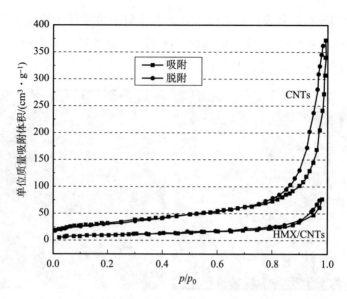

图 5.94 CNTs 和 HMX/CNTs 复合材料吸附－脱附等温线

根据 Brunauer 对吸附等温线的划分，图 5.94 中所示的吸附等温线属于第三类等温线。在低压下，CNTs 和 HMX/CNTs 复合材料的吸附等温线均呈缓慢上升趋势，而当 p/p_0 接近 1.0 时，CNTs 的吸附等温线急剧上升；HMX/CNTs 复合材料吸附等温线上升幅度相对较小。因此，当 p/p_0 大于 0.9 时，体系发生了毛细凝聚现象，使得吸附－脱附能力呈指数关系变化。另外，通过对 CNTs 和 HMX/CNTs 复合材料进行比表面积分析，得到两者比表面积分别为 118.3 m²/g 和 37.9 m²/g。由以上分析可知，HMX/CNTs 复合材料的吸附能力比 CNTs 的小，且其比表面积也急剧下降，说明 HMX 在 CNTs 上的负载使得 CNTs 端口被填充，管壁被包覆。

将炸药沉积碳管的产物加入到现有的高能点火药配方，对比研究了碳管的加入与否及加入方式对整体含能材料热物理参数的影响规律。含 CNTs 点火药对比研究配方组成见表 5.24，点火药导热性能测试结果见表 5.25。

表 5.24 含 CNTs 点火药对比研究配方组成 %

配方	组分					
	Al	Fe₂O₃	HMX	CNTs	HMX/CNTs	FE2601
1#	22.0	50.0	20.0	0	0	8.0
2#	22.0	50.0	20.0	1.0	0	7.0
3#	21.5	48.8	19.5	3.9	0	6.3
4#	21.0	49.0	0	0	24.0（20/4）[①]	6.0
①HMX/CNTs 复合物组分为 24%，其中 HMX 在整个点火药中占 20%，CNTs 占 4%。						

表 5.25   点火药导热性能测试结果

配方	试样厚度/ mm	测试压力/ kPa	热流量/ W	测试热阻/ ($\times 10^3 m^2 \cdot K \cdot W^{-1}$)	导热系数/ ($\times 10^2 W \cdot m^{-1} \cdot K^{-1}$)
1#	0.57	80.64	2.89	8.68	6.56
2#	0.67	81.20	2.59	9.86	6.80
3#	0.66	94.36	2.50	9.82	6.92
4#	0.66	70.74	2.92	8.69	7.59

由表 5.25 可知，配方 1# ~ 4# 点火药导热系数随碳管含量增加而呈现上升的趋势，说明 CNTs 加入会提高点火药导热性能。

感度是指材料对外界刺激的敏感程度。含能材料必须经过感度考核才能判定合格与否。采用特性落高来表示点火药的撞击感度。撞击感度测试条件为 1.2 kg 落锤，试验药量为 20 mg，试验次数为 25 次。按照 GJB 770A—2005 的规定，采用 CGY – 1 型撞击感度测试仪测试含 CNTs 点火药 1# ~ 4# 配方，测试结果见表 5.26。

表 5.26   点火药撞击感度测试结果

配方	1#	2#	3#	4#
H_{50}/cm	27.2	27.3	28.6	33.4
落差/cm	3.0	0.8	1.9	1.5

由表 5.26 中感度测试结果可知，原点火药和添加了 CNTs 但是通过机械混合的点火药的撞击感度变化不大，而含 HMX/CNTs 复合含能材料点火药的特性落高远大于其他点火药的特性落高，说明制备产物使点火药钝感，即提高了药剂的使用安全性。由于点火药中的 HMX 为较为敏感的成分，因此 HMX 的感度直接关系到点火药的感度。添加 HMX/CNTs 的复合含能材料使点火药感度降低的主要原因是：①复合材料中纳米 HMX 的存在使得点火药的热点形成机制发生了改变；②纳米 HMX 在 CNTs 上的负载提高点火药的导热性能，热量得不到有效积累，形成热点的概率被降低，从而使点火药机械感度降低。

就一般粒度的凝聚相炸药来说，在外界机械作用下，会在炸药内部的空穴、间隙、杂质和密度间断处存在热量累积，使得该处的温度远远高于其他区域的温度，因此在该处形成热点。在热点区域范围内，引起周围炸药颗粒的燃烧而释放能量，并由燃烧转变为爆轰。对于微细 HMX 颗粒来说，随着粒度的降低，其比表面积迅速增大，在受到外界机械作用下，作用力会迅速传递到颗粒表面。因此，在相同作用力下，由于颗粒粒径的降低及比表面积的增加，使得微细 HMX 颗粒表面承受的作用力明显降低，这样就使得微细 HMX 颗粒形成热点所需的外界能量要较普通 HMX 颗粒高。

　　另外，颗粒形成热点不仅仅是由于外界冲击作用，还与颗粒之间的摩擦作用有关。当 HMX 颗粒较大时，在外界机械作用下，颗粒之间的相对运动速率较大；而当颗粒为纳米级时，在同样能量下，颗粒之间发生相对滑动速率较小，因此摩擦生热也较小，热点不易形成。

　　由上述可知，在 HMX/CNTs 复合含能材料中，纳米 HMX 内部热点不易形成，撞击感度显著降低；由于纳米 HMX 颗粒负载在 CNTs 上或散落在 CNTs 周围或被 CNTs 包覆，并且 CNTs 本身具有较好的导热性能，因此即使 HMX 颗粒在撞击下温度局部升高，热量也会被 CNTs 传导到周围区域，使得整体温度降低和平衡，热点不易形成。而对于点火药配方 2# 和 3#，则可能是由于 HMX 颗粒较大，CNTs 分散不均匀，使得其感度没有明显的变化。利用热分析仪测试碳管加入对复合型含能材料热分解的影响。结果如图 5.95 所示。其中图 5.95（a）、（b）、（c）、（d）对应的是表 5.24 中列出的 1#~4# 号点火药。

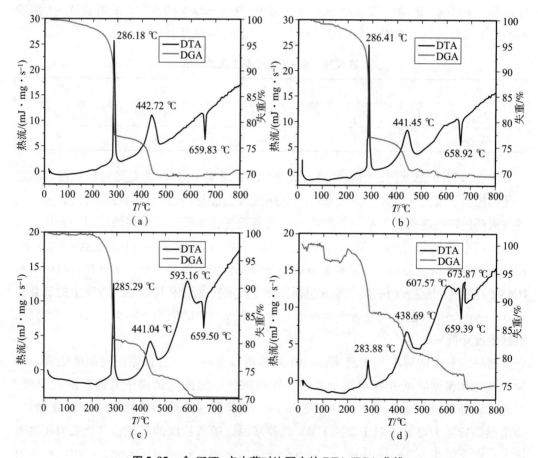

图 5.95　含 CNTs 点火药对比配方的 DTA/TGA 曲线

　　由图 5.95 可以看出，四种点火药配方均在 285 ℃、440 ℃ 左右有放热峰，在 659 ℃

左右有吸热峰。很显然，285 ℃ 放热峰为 HMX 的分解放热峰；440 ℃ 为体系中黏结剂氟橡胶的热分解温度；659 ℃ 为 Al 粉的熔化吸热温度。因此，在这三个温度处，四种点火药的分解性能区别不大。在图 5.95 （c）、（d）中，600 ℃ 左右均有放热峰，在此处 CNTs 发生分解，而图 5.95 （b）CNTs 的分解不是很明显。在 659 ℃ 左右，图 5.95 （a）、（b）中 Al 粉熔化后，放热趋势比较平缓；而图 5.95 （c）、（d）中 DTA 曲线较为陡峭，说明配方 3# 和 4# 中的铝热反应比较剧烈。

综上分析，碳管的加入及加入量的微小变化对点火药宏观热分解性能影响不显著，随着碳管含量的增加，点火药中 Fe_2O_3 与 Al 的反应剧烈程度呈现递增趋势，说明纳米碳管会影响铝热反应的动力学效应。

除碳纳米管之外，笔者所在的研究团队还就石墨烯、氧化石墨烯及其衍生物、富勒烯等碳纳米材料进行改性和表面修饰，并基于非共价键作用原理与微纳米含能颗粒进行复合，从而得到一些新的实验现象和燃烧特性。关于这方面的研究情况可关注相关国内外期刊上发表的学术论文，在此因篇幅有限，不一一赘述。

5.4.4 LB 膜复合技术

除去上述我们提到的微纳米复合方式之外，还有很多适用于微纳米含能材料制备及微纳含能器件制造的技术[119,120]，例如 LB 膜、3D 打印、纳米压印等。

美国科学家 Langmuir 于 1917 年发表的一篇论文中系统研究了气 - 液界面膜（langmuir 膜），测定比较了众多化合物的分子面积和膜厚，证实了该界面膜的厚度相当于一个分子的长度。20 世纪 30 年代，他的学生布罗杰特（Blodgett）首次将长链羧酸单层膜转移到固态基片上形成了多层膜，即 LB 膜，实现了分子的超薄有序组装（organized assembly）。

LB 膜的制备原理是利用具有疏水端和亲水端的两亲分子（如硬脂酸）在气 - 液界面的定向性质，在侧向施加一定压力的条件下，形成分子紧密定向排列的单分子膜，然后这种定向排列可通过一定的挂膜方式，有序地、均匀地转移到固定载片上[121]。如果固体基片反复地进出水面，就可形成多层膜（可多达 500 层），一个分子的纵向长度为 2~3 nm，因此单分子层的厚度也为 2~3 nm。图 5.96 （a）所示为 LB 膜技术的工作原理。为了得到单分子膜，固态材料必须首先溶解到一种合适的溶剂中，而溶剂必须能够溶解适当数量的单分子材料，溶剂是用来扩展单分子层的，所以它同单分子层材料不能起化学反应，当然也不能溶解于底相溶液，溶剂最终能在适当的时间内蒸发掉，常用的溶剂有三氯甲烷、正己烷等。

制备 LB 膜需要有特殊的设备，并受到衬基的大小和拓扑学及膜的质量和稳定性的制约，如图 5.96 （b）所示。采用 LB 膜技术制备出的复合材料既具有纳米微粒特有的量子尺寸效应，又具有分子层次性、膜厚可控、易于组装等优点；缺点是复合的基体多为分子质量相对较小的有机物，膜的稳定性相对较差。通过改变成膜材料、纳米粒

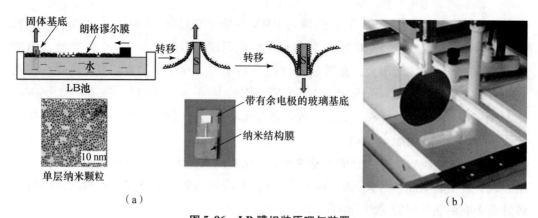

图 5.96　LB 膜组装原理与装置

（a）LB 膜技术的工作原理；（b）LB 膜制备装置

子的种类及制备条件，可以改变材料的光学特性，因而此技术在微电子学、光电子学、非线性光学和传感器等领域有着十分广阔的应用前景。

将一个亲水性（或亲油性）固体表面垂直而缓慢地插入浮有单分子层的水中，将该固体表面垂直上提时，浮着的单分子膜就会附着在表面上，随沉积过程不同，所形成的膜的结构分为 X 型、Y 型和 Z 型[122]，如图 5.97 所示。X 型 LB 膜是在每次浸入时

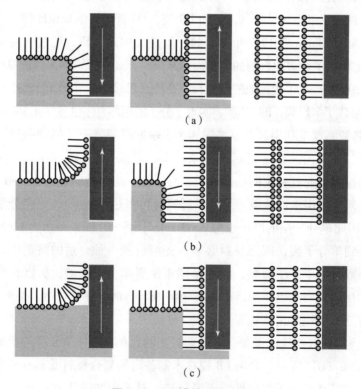

图 5.97　LB 膜的三种结构

（a）X 型膜；（b）Y 型膜；（c）Z 型膜

只有单分子层的疏水部分和基片接触而形成的，其结构是"基片—尾—头—尾—头"，即各单分子层都是按亲水基朝向空气的方式排列。Z 型 LB 膜与 X 型相反，它是在每次拉出时只有单分子层的亲水部分连接到基片上而形成的，其结构是"基片—头—尾—头—尾"，即各单分子层均按疏水基朝向空气的方式组合。Y 型 LB 膜是最普遍的排列，也最容易得到，它是在浸入和拉出时均有单分子层沉积在基片上而形成的，即两分子层按照头对头、尾对尾的方式组合。需要特别说明的是，Z 型和 X 型膜都是以单分子层为单位的层状结构，不如 Y 型膜稳定，并有可能转变为 Y 型结构。基片上单分子层的结构及 LB 膜的类型由成膜物质的性质、基片性质、表面压及制备方法等决定。

应用 LB 膜技术可以实现纳米粒子的有序化。原则上，只要是水溶性的带有电荷的纳米微粒，就可以运用该方法形成单层微粒膜。LB 膜复合纳米微粒常见的制备方式有以下三种：①先形成复合有金属离子的单层或多层 LB 膜，再与 H_2S（或 H_2Se、H_2Te 等）形成硫化物等纳米微粒，构成有机/无机交替型 LB 膜结构。②以纳米微粒的水溶胶作为亚相，通过静电吸附，在气 - 液界面上形成复合膜，再转移为单层或多层复合有纳米微粒的 LB 膜。③在水面上分散表面活性剂稳定的纳米微粒，使其直接成膜，得到纳米微粒单层膜。膜的尺寸、物理性质及粒子的分布可以精确控制。

要在这种有序的单层膜上组装有序的纳米结构，无机纳米粒子就必须能够和构成单层膜的有机分子远离基底一端的基团发生静电作用。因此，用有机单分子膜为模板组装纳米结构薄膜时，组装单层膜的有机分子需要具有双功能基团，一端用于基底表面的组装，一端用于组装无机纳米粒子。用于组装无机纳米粒子的功能基团主要包括—CN、—NH_2、—SH、—COOH 等。在利用静电相互作用组装纳米微粒的过程中，微粒间的静电排斥作用会使微粒在同一层内不易形成致密的排列，所以有时制备的层状纳米微粒薄膜结构不一定是层状有序的。除了静电作用之外，纳米微粒的层状自组装还可以通过配位作用进行。此外，氢键作用同样可以用作层状自组装膜的成膜驱动力。除了静电、氢键和共价配位作用之外，纳米微粒和有机物之间还可以通过分子端基的化学反应来形成纳米微粒薄膜。在组装过程中，人们可以预先设计，使这种方法具有较大的灵活性。这种方法的缺点是微粒组装的可控性较差。该方法的突出优点是具有很大的灵活性，除了以金属为基底外，半导体也是研究者常常选择的基底，而且可以选择不同尺寸和形状的纳米微粒作为成膜材料；并且微粒在 LB 槽上能被有效控制，易于制备二维有序的纳米结构薄膜。有文献报道将 LB 技术和刻印技术相结合可以制作纳米线有序阵列图形。因此，LB 拉膜技术可以与其他技术相结合，如微接触印刷技术、3D 喷墨打印技术等，大大增加了组装的多样性和灵活性，使其在构筑纳米微粒单层膜、多层膜及更为复杂的纳米有序结构研究中具有深远的意义。

参 考 文 献

［1］张立德. 超微粉体材料制备和应用技术［M］. 北京：中国石油出版社，2001.

［2］李凤生，刘宏英，陈静，等. 微纳米粉体技术［M］. 北京：科学出版社，2010.

［3］朱静，等. 纳米材料和器件［M］. 北京：清华大学出版社，2006.

［4］张万忠，乔学亮，陈建国，王洪水. 纳米材料的表面修饰与应用［J］. 化工进展，2004，23（10）：1067 – 1071.

［5］马晓燕，梁国正，鹿海军. 纳米复合材料［M］. 北京：科学出版社，2009.

［6］徐云龙，赵崇军，钱秀珍. 纳米材料学概论［M］. 北京：华东理工大学出版社，2008.

［7］腾新荣. 表面物理化学［M］. 北京：化学工业出版社，2009.

［8］吴崇浩，王世敏. 纳米微粒表面修饰的研究进展［J］. 化工新型材料，2002，30（7）：1 – 5.

［9］邹玲，乌学东，陈海刚，王大璞. 表面修饰二氧化钛粒子的结构表征及形成机理［J］. 物理化学学报，2001，17（4）：305 – 309.

［10］van der Heijden A E, Bouma D M, et al. Application and Characterization of Nanomaterials in Energetic Compositions［C］. Materials Research Society Symposium Proceedings, 2004, 800：1 – 18.

［11］Brousseau P, Dubois C. Polymer-Coated Ultra-Fine Particles［J］. Material Research Society Symposium Proceedings, 2006, 896：1 – 11.

［12］梁治齐. 微胶囊技术及其应用［M］. 北京：中国轻工业出版社，1999.

［13］Russel W B, Saville D A, Schowalter W R. Colloidal Dispersions［M］. Cambridge：Cambridge University Press, 1989.

［14］Pophristic Vojislava, Goodman Lionel. Hyperconjugation not steric repulsion leads to the staggered structure of ethane［J］. Nature, 2001, 411（6837）：565 – 8.

［15］Ingale S V, Sastry P U, Wagh P B, et al. Preparation of Nano-Structured RDX in a Silica Xerogel Matrix［J］. Propellants Explosives Pyrotechnics, 2013, 38（4）：515 – 519.

［16］Kappagantula K, Pantoya M L, Hunt E M. Impact ignition of aluminum-teflon based energetic materials impregnated with nano-structured carbon additives［J］. Journal of Applied Physics, 2012, 112（2）.

［17］Li R, Xu H, Hu H, et al. Microstructured Al/Fe_2O_3/Nitrocellulose Energetic

Fibers Realized by Electrospinning [J]. Journal of Energetic Materials, 2014, 32 (1): 50 – 59.

[18] Prakash A, McCormick A V, Zachariah M R. Tuning the reactivity of energetic nanoparticles by creation of a core-shell nanostructure [J]. Nano Letters, 2005, 5 (7): 1357 – 1360.

[19] 汪信, 郝青丽, 张莉莉. 软化学方法导论 [M]. 北京: 科学出版社, 2007.

[20] 程花蕾, 杜红亮, 周万城, 等. 纳米颗粒包覆方法的研究进展及其应用 [J]. 材料导报, 2012, 15: 33 – 38.

[21] Allen H C. Composite solid propellant with additive to improve the mechanical properties thereof [P]. US 3745074, 1973.

[22] 蒋承炜, 马建功, 李圣英. 高能炸药表面能研究 [J]. 兵工学报 (火炸药专集), 1987 (1): 8 – 11.

[23] Knollman G C, Martinson R H, LBellin J. Ultrasonid assessment of cumulative internal damage in filled polymers [J]. J. Appl. phy, 1980, 51 (6): 3164 – 3170.

[24] Liu C T. Acoustic evaluation of damage characteristics in a composite soild propellant [C]. AIAA, 89 – 1351.

[25] 周建平, 化学不稳定的工程材料的粘弹性损伤本构模型 [D]. 长沙: 国防科技大学, 1989.

[26] Nicholeson D W. On the detachment of a rigid inclusion from an elastic matrix [J]. J. Addison, 1979, 10: 225 – 260.

[27] GJB 770A—2005, 火药试验方法 [S]. 国防科学技术工业委员会, 1997.

[28] Arver C M, Simpson R L, Urtiew P A. Shock initiation of an (epsilon) – CL – 20 – estane formulation [R]. Washington: Department of Energy, 1995.

[29] Braithwaite P C, Lund G K, Wardle R. B. High Performance pressable explosive compositions [P]. US 5587553, 1996.

[30] Samson S S, Ushadevi R N, Girish M G, et. al. Studies on an improved plastic bonded explosive (PBX) for shaped charges [J]. Propellants Explosives, Pyrotechnics, 2009, 34: 145 – 150.

[31] Bouma R H B, Duvalois W. Characterization of a commerical grade CL – 20. 31th International Annual Confe rence of ICT [C]. Karlsruhe, Germany, 2000, 105: 1 – 9.

[32] Lee J S, Jaw K S. Thermal decomposition properties and compatibility of CL – 20, NTO with silicone rubber [J]. Journal of Thermal Analysis and Calorimetry, 2006, 85 (2): 463 – 467.

[33] Ahmed Elbeih, Jiři Pachman, Waldemar A. Trzciński, et al. Study of plastic ex-

plosives based on attractive cyclic nitramines（Part I）—Detonation characteristics of explo-sives with PIB binder［J］. Propellants Explosives，Pyrotechnics，2011，36：433 –438.

［34］顾惕人. 表面化学［M］. 北京：科学出版社，1999.

［35］孙业斌，惠君明，曹欣茂. 军用混合炸药［M］. 北京：兵器工业出版社，1995.

［36］Nair U R，Sivabalan R，Gore G M，et al. Hexanitrohexaazaisowurtzitane（CL –20）and CL – 20 – based formulations（Review）［J］. Combustion，Explosion and Shock Waves，2005，41（2）：121 –132.

［37］Ahmed E，Marcela J，Svatopluk Z，et al. Explosive strength and impact sensitivity of several PBXs based on attractive cyclic Nitramines［J］. Propellants，Explosives，Pyrotechnics，2012，37：329 –334.

［38］Jingyu Wang，Chongwei An，Gang Li，et al. Preparation and performances of castable HTPB/CL – 20 booster explosives［J］. Propellants，Explosives，Pyrotechnics，2011，36：34 –41.

［39］欧育湘，刘进全. 高能量密度化合物［M］. 北京：国防工业出版社，2005：157 –170.

［40］刘永霞，于才渊. 微胶囊技术的应用及其发展［J］. 中国粉体技术，2003，9（3）：36 –40.

［41］许时婴，张晓鸣，夏书芹. 微胶囊技术：原理与应用［M］. 北京：化学工业出版社，2006.

［42］张可达，徐冬梅，王平. 微胶囊化方法［J］. 功能高分子学报，2001，14（4）：474 –480.

［43］曲健健，但卫华，林海，等. 微胶囊技术的研究进展［J］. 中国科技论文在线（http：// www. paper. edu. cn）.

［44］李武. 无机晶须［M］. 北京：化学工业出版社，2006.

［45］Ducote M E. Amine bonding agents in polyester binders［P］. US 4531989，1985.

［46］Lampert. Siloxane coatings for solid propellant ingredient［P］. US 3984264，1976.

［47］Dehm. Composite modified double-base propellant with filler bonding agent［P］. US 4038115，1977.

［48］John F Kincaid. Process for the solvent-free manufacture of compound pyrotechnic products containing products thus obtained［P］. US 4657607，1986.

［49］Allen H C. Bonding agent for nitramines in rocket propellants［P］. US 4389263，1983.

［50］Teipel U，Heintz T，Krause H，et al. Verfahren zum Mikroverkapseln von Partikeln aus Treibund Explosivst of Fen und nach diesem Verfahren hergestellte Partikel ［P］. Ger. Patent 19923202 A1. 1999.

［51］ Wurster D E. Fluid bed processes ［J］. J. Am. Pharm. Assoc, 1959, 48：451.

［52］ Wurster D E. Method of applying coatings to edible tablets or the like ［P］. US 2648609, 1953.

［53］ Niehaus M, Bunte G, Krause H. Oberkritische Extraktion von Ammonium dinitramid ［R］. Report Fraunhofer ICT 10, 1996.

［54］ Sunol A K. Supercritical fluid aided encapsulation of particles in a fluidized bed ［C］. In：Proc. 5th Meeting on Supercritical Fluids' Nice, 1998：409.

［55］ Braud J W, Gilbreath H G. Water based high solids adhesives and adhesive application system including pressurized canister ［P］. US 5931354, 1999.

［56］ 张树海. 粒子设计 – 用 RESS 法包覆硝胺炸药 ［D］. 太原：中北大学, 2003.

［57］ 罗运军, 王晓青, 葛震. 含能聚合物 ［M］. 北京：国防工业出版社, 2011.

［58］ Lehn J M. Perspectives in Supramolecular Chemistry-From Molecular Recognition towards Molecular Information Processing and Self-Organization ［J］. Angew. Chem. Int. Ed. Engl, 1988, 27 （11）：89 – 121.

［59］ Lehn J M. Supramolecular Chemistry-Scope and Perspectives：Molecules, Supermolecules, and Molecular Devices （Nobel Lecture） ［J］. Angew. Chem. Int. Ed. Engl, 1990, 29 （11）：1304 – 1319.

［60］ 江明, 艾森伯格, 刘国军, 张希, 等. 大分子自组装 ［M］. 北京：科学出版社, 2006.

［61］ Vikas Nanda. Do-it-yourself enzymes ［J］. Nature Chemical Biology, 2008, 4：273 – 275.

［62］ Lin Y, Skaff H, Emrick T, et al, Nanoparticle Assembly and Transport at Liquid-Liquid Interfaces ［J］. Science, 2003, 299 （5604）：226 – 229.

［63］ Mann S, Shenton W, Li M, et al. Biologically Programmed Nanoparticle Assembly ［J］. Advanced Materials, 2000, 12 （2）：147 – 150.

［64］ Schwartz D K. Mechanisms and Kinetics of Self-Assembled Monolayer Formation. Mechanisms and kinetics of self-assembled monolayer formation ［J］. Annu. Rev. Phys. Chem, 2001, 52：107 – 37.

［65］ Iler R K. Multilayers of colloidal particles ［J］. Journal of Colloid and Interface Science, 1966, 21：569.

［66］ Nicholas A Kotov. Layer-by-layer self-assembly：The contribution of hydrophobic interactions ［J］. Nanostructured Materials, 1999, 12：789.

［67］ 斯蒂德，阿特伍德．超分子化学［M］．北京：化学工业出版社，2006.

［68］ 韩德刚，高执棣，高盘良．物理化学［M］．北京：高等教育出版社，2011.

［69］ Dullien F L. Porous Media. Fluid Transport and Pore Structure［M］. Academic Press, 1992.

［70］ 刘培生．多孔材料引论［M］．北京：清华大学出版社，2004.

［71］ Mark E Davis. Ordered porous materials for emerging applications［J］. Nature, 2002, 417: 813 – 821.

［72］ Stephen B Margolis, Forman A Williams. Structure and Stability of Deflagrations in Porous Energetic Materials［R］. Sandia Report, SAND99 – 8458, 1999.

［73］ Randy Simpsom. Nanoscale chemistry yields better explosive［R］. Science & Technology Review, 2000.

［74］ Tillotson Thomas M, Hrubesh Lawrence W. Nanostructured metal-oxide-based energetic composites and nanocomposites especially thermites prepared by sol-gel process［P］. WO 200194276, 2001.

［75］ Mikulec F V, Kirtland J D, Sailor M J. Explosive Nanocrystalline Porous Silicon and Its Use in Atomic Emission Spectroscopy［J］. Advanced Materials, 2002, 14（1）: 38 – 41.

［76］ Becker C R, Apperson S, Morris C J, et al. Galvanic Porous Silicon Composites for High-Velocity Nanoenergetics［J］. Nano Letters, 2011, 11（2）: 803 – 807.

［77］ du Plessis M. Properties of porous silicon nano-explosive devices［J］. Sensors and Actuators a-Physical, 2007, 135（2）: 666 – 674.

［78］ Huang Hui, Wang Zeshan, Han Hengjian, et al. Researches and Progresses of Novel Energetic Materials［J］. Chinese Journal of Explosives & Propellants, 2005, 28（4）: 9 – 13.

［79］ 杨荣极，蔡华强，黄辉，聂福德，官德斌．有序多孔材料在含能材料研究中的应用［J］．含能材料，2012, 3: 364 – 370.

［80］ Braeuer J, Besser J, Wiemer M, et al. A novel technique for MEMS packaging: Reactive bonding with integrated material systems［J］. Sensors and Actuators a-Physical, 2012, 188: 212 – 219.

［81］ Cai H, Yang R, Yang G, et al. Host-guest energetic nanocomposites based on self-assembly of multi-nitro organic molecules in nanochannels of mesoporous materials［J］. Nanotechnology, 2011, 22（30）: 305 – 602.

［82］ 崔庆忠．硝酸钾/类木炭体系烟火药若干问题研究［D］．北京：北京理工大学，2006.

［83］李含健. 微/纳米 HMX 基点火药制备及其燃爆性能研究［D］. 北京：北京理工大学. 2010.

［84］Corma A，Kan Q，Navarro M T，et al. Synthesis of MCM – 41 with different pore diameters without addition of auxiliary organics［J］. Chemistry of Materials，1997，9（10）：2123 – 2126.

［85］Sayari A，Hamoudi S. Periodic mesoporous silica-based organic-inorganic nano-composite materials［J］. Chemistry of Materials，2001，13（10）：3151 – 3168.

［86］Lei J，Fan J，Yu C，et al. Immobilization of enzymes in mesoporous materials：controlling the entrance to nanospace［J］. Microporous and Mesoporous Materials，2004，73（3）：121 – 128.

［87］Lefèvre B，Galarneau A，Iapichella J，et al. Synthesis of large-pore mesostructured micelle-templated silicas as discrete spheres［J］. Chemistry of Materials，2005，17（3）：601 – 607.

［88］Namba S，Mochizuki A. Effect of auxiliary chemicals on preparation of silica MCM – 41［J］. Research on Chemical Intermediates，1998，24（5）：561 – 570.

［89］Nishiyama N，Tanaka S，Egashira Y，et al. Vapor-phase synthesis of mesoporous silica thin films［J］. Chemistry of Materials，2003，15（4）：1006 – 1011.

［90］Cho E B，Kwon K W，Char K. Mesoporous organosilicas prepared with PEO-containing triblock copolymers with different hydrophobic moieties［J］. Chemistry of Materials，2001，13（11）：3837 – 3839.

［91］Zhu H，Jones D J，Zajac J，et al. Periodic large mesoporous organosilicas from lyotropic liquid crystal polymer templates［J］. Chemical Communications，2001（24）：2568 – 2569.

［92］近藤精一，石川达雄，安部郁夫. 吸附科学［M］. 李国希，译. 北京：化学工业出版社，2006：58 – 87.

［93］Masel，Richard. Principles of Adsorption and Reaction on Solid Surfaces［M］. Wiley Interscience，1996.

［94］李含健. 多维度微纳米钼系铝热剂可控制备与点火特性［D］. 北京：北京理工大学，2016.

［95］Kissinger H E. Reaction kinetics in differential thermal analysis［J］. Analytical Chemistry，1957，29：1702 – 1706.

［96］Ozawa T. A new method of analyzing thermogravimetric data［J］. Bulletin of the Chemical Society of Japan，1965，38：1881 – 1886.

［97］Scriven L E. Physics and applications of dip coating and spin coating［J］. MRS

Proceedings，2011，121.

［98］郁卫飞，黄辉，张娟，夏云霞，等. 溶胶－凝胶法制备纳米 RDX/RF 薄膜技术研究［J］. 含能材料，2008，4：391－394.

［99］姜夏冰，张景林，等. 溶胶－凝胶法制备 RDX/SiO$_2$ 传爆药薄膜技术研究［J］. 含能材料，2009，17（6）：689－693.

［100］欧育湘，王才，潘则林，等. 六硝基六氮杂异伍兹烷的感度［J］. 含能材料，1999，7（3）：100－102.

［101］张景林，吕春玲，王晶禹，等. 亚微米炸药感度选择性［J］. 爆炸与冲击，2004，24（1）：59－62.

［102］Sivabalan R，Gore G M，Nair U R，et al. Study on ultrasound assisted precipitation of CL－20 andits effect on morphology and sensitivity［J］. Journal of Hazardous Materials，2007，A139：199－203.

［103］Mohan N P，Gore G M. Ultrasonically controlled particle size distribution of explosives：A safe method［J］. Ultrasonics Sonochemistry，2008，15：177－187.

［104］刘玉存，王建华，安崇伟，等. RDX 粒度对机械感度的影响［J］. 火炸药学报，2004（2）：7－9.

［105］杨斌林，陈荣义，曹晓宏. RDX 炸药粒度对其爆轰性能的影响［J］. 火工品，2004（3）：50－52.

［106］《炸药理论》编写组. 炸药理论［M］. 北京：国防工业出版社，1982.

［107］丁彬，俞建勇. 静电纺丝与纳米纤维［M］. 北京：中国纺织工业出版社，2011.

［108］王德诚. 静电纺丝的技术进展［J］. 合成纤维工业，2009，32（2）：42－45.

［109］Li R，Xu H，Hu H. Microstructured Al/Fe$_2$O$_3$/Nitrocellulose Energetic Fibers Realized by Electrospinning［J］. Journal of Energetic Materials，2014，32（1）：50－59.

［110］Xue T J，McKinney M A，Wilkie C A. The thermal degradation of polyacrylonitrile［J］. Polymer Degradation and Stability，1997，58（1）：193－202.

［111］王茂章，贺福. 碳纤维的制造、性质及其应用［M］. 北京：科学出版社，1984：50－72.

［112］李静，李利君，高艳芳，等. 模板法制备纳米材料［J］. 材料导报，2011，25（18）：5－9.

［113］Chriatian Adams. Explosive/ Energetic Fullerenes［P］. US：7025840B1，2006.

［114］Farhad Forohar，Craig Whitaker，William M. Koppes. Functionalization of Carbon Nanotubes［P］. US 7807127 B1，2010.

［115］Bratcher M，Rossi R，Pesce A L. Ramaswamy. Nanotube Modification of energetic materias［C］. Proceedings of the 38th Meeting of the JANNAF combustion sub-committee, Destin：FL, 2002.

［116］Esawi A, Morsi K. Dispersion of carbon nanotubes（CNTs）in aluminum powder ［J］. Composites：Part A, 2007, 38：646 – 650.

［117］崔平, 李凤生, 周建, 等. 碳纳米管/高氯酸铵复合粒子的制备及热分解性能［J］. 火炸药学报, 2006, 4（29）：25 – 28.

［118］顾克壮, 李晓东, 杨荣杰. 碳纳米管对高氯酸铵燃烧和热分解的催化作用［J］. 火炸药学报, 2006（1）：48 – 51.

［119］Wang S, Peng H, Zhang W, et al. Review on Energetic Thin Films for MEMS ［J］. Energetic Materials 2012, 20（2）, 234 – 239.

［120］Rossi C. Two Decades of Research on Nano-Energetic Materials［J］. Propellants Explosives Pyrotechnics, 2014, 39（3）, 323 – 327.

［121］欧阳健明. LB 膜原理与应用［M］. 广州：暨南大学出版社, 1999.

［122］Chen Xiaodong, Lenhert Steven, et al. Langmuir-Blodgett Patterning：A Bottom-Up Way to Build Mesostructures over Large Areas［J］. Accounts of Chemical Research, 2007, 40（6）：393 – 401.